“十三五”国家重点出版物出版规划项目 材料科学研究与工程技术系列图书
黑龙江省精品图书出版工程 / “双一流”建设精品出版工程

铁磁形状记忆合金的制备、相变与性能

PREPARATION, MARTENSITIC TRANSFORMATION AND PROPERTIES IN FERROMAGNETIC SHAPE MEMORY ALLOYS

张学习 钱明芳 著

哈爾濱工業大學出版社
HARBIN INSTITUTE OF TECHNOLOGY PRESS

内 容 简 介

铁磁形状记忆合金是近二十年来发展迅速的一类功能材料，在航空航天、智能机械、能源转换等领域应用广泛。本书主要介绍铁磁形状记忆合金的制备、相变、性能和应用。材料种类上聚焦于 Ni－Mn 基铁磁形状记忆合金，材料形态上包含块体合金、多孔合金、薄膜与薄带、纤维和颗粒。本书在阐述制备加工技术－成分组织－马氏体相变－磁性能（磁相变）关系的基础上，系统总结了合金的马氏体相变、磁相变、超弹性、磁（弹）热效应及其潜在的工程应用。

本书是系统论述铁磁形状记忆合金的尺寸效应的著作，具有较强的科学性和实用性，可作为相关领域科研人员和工程技术人员的参考书，也可供研究生作为教材使用。

图书在版编目(CIP)数据

铁磁形状记忆合金的制备、相变与性能/张学习，钱明芳著.
—哈尔滨:哈尔滨工业大学出版社，2021.4
ISBN 978－7－5603－8890－8

Ⅰ.①铁…　Ⅱ.①张…　②钱…　Ⅲ.①铁磁材料－形状记忆合金－研究　Ⅳ.①TG139

中国版本图书馆 CIP 数据核字(2020)第 110845 号

策划编辑　许雅莹　李子江
责任编辑　张　颖　李青晏　李　鹏
封面设计　屈　佳
出版发行　哈尔滨工业大学出版社
社　　址　哈尔滨市南岗区复华四道街 10 号　邮编 150006
传　　真　0451－86414749
网　　址　http://hitpress.hit.edu.cn
印　　刷　黑龙江艺德印刷有限责任公司
开　　本　720mm×1020mm　1/16　印张 22.75　字数 446 千字
版　　次　2021 年 4 月第 1 版　2021 年 4 月第 1 次印刷
书　　号　ISBN 978－7－5603－8890－8
定　　价　68.00 元

前　　言

形状记忆材料是重要的智能材料之一，以 Ti－Ni 合金为代表的传统形状记忆合金，已广泛应用于工程和生物医学等领域。铁磁形状记忆合金是一种新型的形状记忆合金材料，兼具感知温度场、应力场和磁场驱动而输出应力、应变、热等效应的能力，是一种极具潜力的驱动、传感和制冷材料。同时，磁场驱动下快速产生可逆应变的特性，也使其具有比传统 Ti－Ni 合金更高的响应频率。1996年，Ullakko 等在 Ni_2MnGa 单晶合金中获得了 0.19％的可恢复磁感生应变，很快 O'Handerly 提出应变是由高磁晶各向异性能引起的孪晶变体再取向导致的。随后的几年中，单晶合金的实测磁感生应变达到了理论应变值，这使得以 Ni－Mn－Ga为代表的铁磁形状记忆合金获得了广泛关注。2006 年，Kainuma 等又报道了 Ni－Mn－Co－In 合金的磁致相变特性，其展现出的驱动和制冷方面的巨大应用潜力在铁磁形状记忆合金领域掀起了一波研究热潮。

Ni－Mn－Ga 单晶合金磁感生应变性能优异，但单晶生长速度慢、成分易偏析、制备成本高；多晶合金虽制备方便、成本低，但晶界对孪晶界运动的制约限制了磁感生应变的产生。在多晶块体合金中引入织构、孔隙（尺寸与晶粒同等数量级），或制备成薄膜、薄带和纤维等小尺寸材料以减小晶界的制约，被证实是提高磁感生应变性能的可行措施。此外，Ni－Mn－X（X ＝ Ga，In，Sn，Sb）合金用作制冷材料时，减小材料尺寸可以提高比表面积，降低热/磁滞后和涡流损耗，增大传热效率，加速退磁时间，提高制冷频率等，是提高材料制冷效率的重要途径。另外，小尺寸材料也可以直接用于微机械系统。因此，通过微型化改善材料性能是本领域研究的重要思路之一。

十多年来，作者系统研究了铁磁形状记忆合金，特别是其小尺寸形态材料的制备、加工、相变和性能，取得了一系列的研究成果。现将研究成果进行提炼与总结，形成此书，便于与国内外同行进行交流。本书简要回顾了铁磁形状记忆合金的发展历史和性能特点(第1章)，给出了块体合金特别是单晶合金的制备方法和性能(第2章)，随后依次介绍了多孔合金(第3章)、薄膜和薄带(第4章)、纤维(第5、6章)、颗粒(第7章)的制备技术、相变和功能特性，最后展望了可能的应用领域(第8章)。本书主要由作者的原创性科研成果，以及指导的本科生和研究生的论文相关成果组成，同时也纳入了国内外同行的部分最新研究成果。本书聚焦铁磁形状记忆合金的尺寸效应，阐述多维度下铁磁形状记忆合金的制备、相变和主要功能特性，不求多而全，但力求内容新颖有参考价值。本书可作为相关领域研究人员、工程技术人员及高校研究生的参考书。

在本书的撰写过程中，哈尔滨工业大学耿林教授和同事给予了支持和帮助，作者指导的研究生魏陇沙、张鹤鹤、刘艳芬、张若琛、马思遥、朱雪洁等参与了素材整理等相关工作，在此向他们表示由衷的感谢。本书研究工作的完成得到了国家自然科学基金、国家留学基金、中国博士后科学基金、黑龙江省“头雁”团队等项目的支持，在此一并表示感谢。

限于作者水平，书中不足之处在所难免，期盼读者多加指正。

作　者

2020 年 12 月

目　　录

第1章

铁磁形状记忆合金的种类、相变与性能

本章归纳了铁磁形状记忆合金的发展历史和研究现状，根据铁磁形状记忆合金相图，展示了其成分与晶体结构特征，最后介绍了其马氏体相变特征及性能，包括形状记忆效应、超弹性、磁感生应变和磁热性能等。

1.1 概 述

形状记忆材料始于1932年瑞典的奥兰德在金镉合金中首次观察到的记忆效应，即低温下改变了形状的合金在加热到跃变温度后，可恢复到原来的形状。1963年，美国海军军械研究所的Buehler偶然发现镍钛(Ni－Ti)合金具有形状记忆效应，真正开启了形状记忆合金研究和应用的大门。作为一种多功能材料，形状记忆材料在生物医疗、航空航天、能源和国防等领域获得了广泛应用。

形状记忆材料的功能性主要源于热、电、磁、光等驱动下的热弹性马氏体相变。热驱动的形状记忆合金(如Ni－Ti)受传热和散热速率的影响，响应频率往往小于1 Hz。铁磁形状记忆合金的母相和马氏体具有不同的磁性，因此可由磁场驱动马氏体相变。目前广泛研究的铁磁形状记忆合金主要包括：①Ni系，如Ni－Mn－X(X＝Ga, Sn, In, Sb)、Ni－Fe－Ga、Ni－Mn－Al；②Co系，如Co－Ni－Ga、Co－Ni－Al；③Fe系，如Fe－Pd、Fe－Pt。铁磁形状记忆合金除了响应频率高以外，还具有形状记忆效应(Shape Memory Effect，SME)、超弹性(Superelasticity，SE)等传统功能特性，以及磁感生应变(Magnetic Field Induced Strain，MFIS)和磁热效应(Magnetocaloric Effect，MCE)等新特性，成为重要的多功能材料。铁磁形状记忆合金在磁场作用下，孪晶界运动产生MFIS，较磁致伸缩材料(如Terfenol－D)的应变大一个数量级以上。Ni－Mn－Ga合金由于优异的MFIS成为铁磁形状记忆合金的典型代表。国内外对铁磁形状记忆合金的关注始于在Ni－Mn－Ga合金中发现了大的MFIS。从表1－1中可以看到，Ni－Mn－Ga合金集合了应变大(与压电和磁致伸缩材料相比)、响应快(与传统形状记忆合金相比)等驱动材料所需的优点，引起了材料科学领域的广泛关注。

表1－1　不同种类驱动材料参数对比

材料种类	PZT 5H	Terfenol－D	Ni－Ti	Ni－Mn－Ga
驱动机制	压电效应	磁致伸缩	传统形状记忆	铁磁形状记忆
最大应变/%	0.13	0.2	2～8	9.5
弹性模量/GPa	60.6	48	M(马氏体)－28、A(奥氏体)－90	M－0.2、A－70
响应频率/Hz	$>10^6$	$(1\sim2)\times10^4$	$\leqslant10^2$	$>10^5$
最大输出应力/MPa	6	112	200～800	300
相变温度范围/K	253～473	273～523	可调	可调

迄今为止，单晶 Ni－Mn－Ga 合金 MFIS 已达到 10%，然而单晶制备困难、成本高，容易出现成分偏析，限制了其实际应用。多晶 Ni－Mn－Ga 细晶合金 MFIS 非常小(小于 0.01%)，原因是晶界阻碍了孪晶界的运动，或者相邻晶粒之间较大的取向差抵消了总应变。显然，增大晶粒尺寸、减少晶粒数量、引入织构或通过训练可以减小晶界对孪晶界运动的阻力。例如，通过训练可以在具有强织构的少晶 Ni－Mn－Ga 合金中获得约 1%的 MFIS。对于铁磁形状记忆合金来说，磁晶各向异性能(K_u)是磁场作用下发生孪晶界运动结构变化的驱动力，用以克服孪晶界运动阻力(例如，Ni－Mn－Ga 单晶孪晶界运动阻力 $\sigma_{tw}=2\sim6$ MPa)，其中 Ganor 等认为减小样品尺寸可以提高 K_u，而通过调整成分、改变马氏体结构、减小晶界面积等方法可降低孪晶界阻力 σ_{tw}。

Ni－Mn－Ga 合金不仅具有优异的 MFIS 特性，还具有良好的磁热效应。研究者在其他 Ni－Mn－X(X＝In，Sn，Sb)合金中也发现了巨磁热效应。磁制冷材料具有磁熵密度高、组成结构简易、污染小、制冷效率优异及功耗低等特点，用其替代氟利昂等制冷材料用于冰箱、冰柜、空调等制冷设备可以有效消除环境污染，具有非常重大的意义，有望成为新型的制冷材料。然而，Ni－Mn 基合金在作为磁制冷材料的研究中仍然存在以下几方面的问题：①磁熵变(ΔS_m)值与磁制冷能力(Refrigeration Capacity，RC)的协调。Ni－Mn－Ga 合金一级与二级相变发生耦合时，可得到大 MCE，但是耦合状态相变区间较窄，导致 RC 值下降。②工作温度。工作温度为室温或稍高于室温是实用性的关键。③滞后问题。一级相变往往伴随热滞后，大大降低制冷效率。④循环寿命。一级相变伴随体积变化，对于脆性材料来说较易在多次循环后发生开裂与破坏。⑤成形问题。脆性限制形状可塑性。⑥散热问题。制冷过程中热量无法有效散失将影响制冷机的工作效率。将合金制备成多孔泡沫可以提高材料的比表面积，降低相变过程中材料滞后和开裂的趋势，但是这种方法会在一定程度上“稀释”材料的 MCE。

铁磁形状记忆合金在制备技术、相变特性和物理性能及应用研究等方面取得了巨大进展。基础研究方面，小尺寸材料的研究受到极大的关注。这源于三方面的原因：一是小尺寸材料(如多孔合金、颗粒、纤维、薄膜/薄带等)特殊的组织和性能，如在微米直径纤维或微米孔隙多孔材料中，可以获得单晶、竹节晶或少晶等组织状态，产生一定的织构，具有块材不具有的新特性；小尺寸材料比表面积大，可增强与介质热交换能力，减小热滞后现象；减小单晶尺寸可增大其输出功等。二是小尺寸材料可直接应用于多个领域，如微米纤维可用于微纳器件，薄膜/薄带材料可作为微电子器件基片等。三是小尺寸材料涡流和惯性小，可提高响应频率，减小工作滞后。代表性的工作是传统形状记忆合金的尺寸效应，以及 Ni－Mn－Ga 多孔合金的研究。

1.2 发展历史和国内外研究现状

目前发现的铁磁形状记忆合金均为有序金属间化合物，晶体结构与 Heusler 合金类似。Heusler 合金分子式有 XYZ 和 X_2YZ 两种（X、Y 为过渡族元素，Z 为Ⅲ～Ⅴ族元素，如图 1－1 所示），分别称为半 Heusler 合金和全 Heusler 合金。常见的 Ni_2MnGa 合金属于全 Heusler 合金。

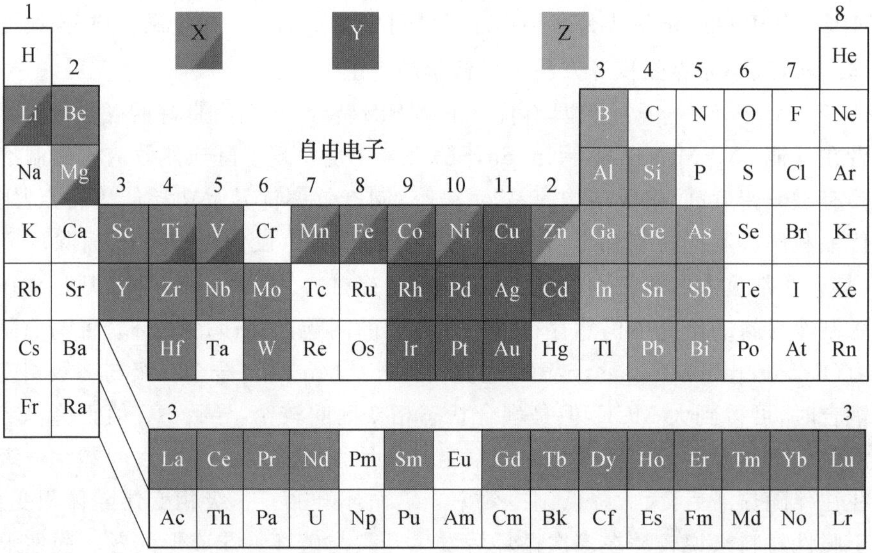

图 1－1 Heusler 合金中 X、Y、Z 三种元素在周期表中的分布（见附录彩图）

Ni_2MnGa 是最早被发现同时兼具铁磁和热弹性马氏体相变的 Heusler 合金。1984 年，Webster 等通过中子粉末衍射方法研究了符合化学计量比的 Ni_2MnGa 合金的晶体结构和磁性能，发现 Mn 原子最近邻、次近邻、第三近邻原子分别是 Ni、Ga、Mn，对应的原子间距离约为 2.6 Å[①]、3 Å、4.2 Å，Mn－Mn 之间磁耦合借助 Ni 和 Ga 原子的巡游电子来实现；4.2 K 温度下的中子衍射结果表明，Ni_2MnGa 合金的磁矩主要集中于 Mn 原子（局部磁矩约 4.17 B），沿〈111〉方向排列，而 Ni 原子局部磁矩小于 0.3 B；温度高于居里温度，Mn 原子磁矩大小不变、方向变为无序，使得 Ni_2MnGa 呈现顺磁态，温度低于居里温度则呈铁磁态。

Ni_2MnGa 研究的突破始于 1996 年，Ullakko 等在 Ni_2MnGa 单晶中发现

① 1 Å＝0.1 nm。

0.19%的磁感生应变，随后的几年时间里，MFIS 不断提高：2000 年，Murray 等在 5M 马氏体的 $Ni_{47.4}Mn_{32.1}Ga_{20.5}$ 单晶中获得了 6%的 MFIS；2003 年，Sozinov 等在小于 1 T 磁场下 7M 马氏体的 Ni－Mn－Ga 单晶中获得了约 10%的 MFIS。实际上，由晶格参数可知，5M 和 7M 马氏体的极限 MFIS 分别为 6.0%和 9.4%，Murray 和 Sozinov 获得的应变已达理论极限值。Ni－Mn－Ga 合金中 NM 马氏体孪晶界运动临界应力远高于 5M 和 7M 马氏体，若通过训练使得 NM 马氏体孪晶界运动临界应力降低至磁力的水平，则有产生 20%MFIS 的巨大潜力。尽管单晶 MFIS 性能优越，但是单晶制备困难、成本高，单晶生长的成分偏析影响材料性能，因此多晶 Ni－Mn－Ga 合金的研究受到越来越多的关注。

2007 年，美国西北大学报道了单重孔隙 Ni－Mn－Ga 合金的 MFIS 约为 0.24%，与广泛采用的磁致伸缩 Terfenol－D 材料类似；随后制备了双重孔隙 Ni－Mn－Ga合金，将 MFIS 提高到 8.7%。Gaitzsch 等在 Ni－Mn－Ga 纤维中，通过间接方法获得的 MFIS 约为 1%，随后其采用定向凝固制备含织构多晶材料，减小晶粒之间的制约，也实现了较大的 MFIS。

Ni－Mn－X(X＝In,Sn,Sb)合金结构、磁性和输运性质等的研究始于 20 世纪 60 年代，但当时未发现其热弹性马氏体相变现象。直到 2004 年，Sutou 等在富 Mn 的 Ni－Mn－X(X＝In,Sn,Sb)合金中观察到完整的马氏体相变以及变磁性转变(Metamagnetic Transformation)带来的优异性能，使得这类合金受到广泛关注。

1.3　相图、成分与晶体结构

1.3.1　Ni－Mn－Ga 合金

图 1－2 所示为 Ni－Mn－Ga 合金相图，可以看出，Ni－Mn－Ga 合金的结构随温度和成分发生变化。在降温过程中，首先发生液－固相变。随 Mn 含量的不同，合金相变温度变化很大。当 Mn 元素的原子数分数小于 15%时，相变温度较高，发生液态到 A2 结构相(完全无序结构)的转变；当 Mn 元素的原子数分数在 15%～40%变化时，相变温度降低，发生液相到 B2'相(简单立方结构，Ni 原子占据体心，Mn 和 Ga 原子随机占位)的转变。

随着温度的进一步降低，A2(B2')相向有序的 $L2_1$ 结构转变，无序－有序转变温度随成分变化较大。在 Ni－Mn－Ga 合金中，各组成元素的 X 射线散射因子差别甚微，因此 $L2_1$ 有序结构特征几乎无法用 X 射线衍射或电子衍射观察到，一般只能出现 B2'结构的特征。最终根据三种元素的中子散射因子相差较大的特点，证实了 $Ni_{48}Mn_{30}Ga_{22}$ 合金在 373～293 K 具有立方 $L2_1$ 型有序结构。

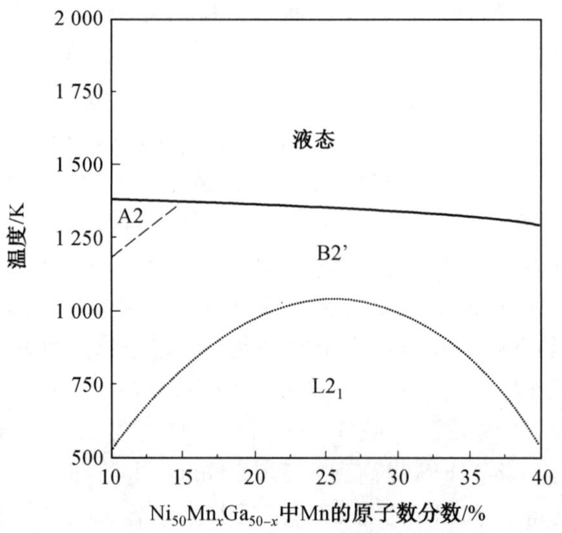

图 1－2 Ni－Mn－Ga 合金相图

$L2_1$型有序结构的化学分子式为 A_2BC。Webster 等早在 1984 年就已对 Ni_2MnGa的结构进行了研究，并且明确给出了 $L2_1$结构中各个原子在晶格中的位置。根据 $L2_1$结构原子占位，以 Ni_2MnGa 为例，晶胞结构示意图如图 1－3 所示。

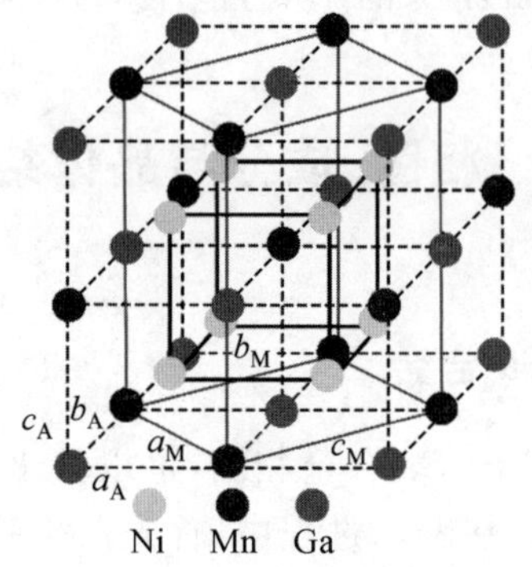

图 1－3 Ni_2MnGa 合金奥氏体 $L2_1$ 晶胞结构示意图

Ni 原子分别占据八个立方体的体心，Mn 原子占据整个大立方晶胞的棱边中心和体心，Ga 原子占据棱角和面心。一般来说，Ga 原子对磁矩的贡献可忽略不计，而 Mn 原子的贡献是 Ni 原子的 10 倍。众所周知，单质的 Mn 金属是一种反铁磁性的材料，但 Ni－Mn－Ga 合金中 Mn 原子的占位使其原子间距略大于 Mn 单质金属，从而改变了 Mn 原子外层电子之间的交换能，使其发生了从顺磁态到铁磁态的转变，从而成为 Ni－Mn－Ga 合金铁磁性的主要来源。

随着温度的继续降低，首先发生奥氏体顺磁－铁磁转变，转变温度为居里温

度(T_C)。接着 $L2_1$ 型铁磁奥氏体向低对称性铁磁马氏体相发生转变,即马氏体相变。为了简化马氏体结构的表述,同时简化温度场、磁场或者应力场诱发马氏体孪晶重取向而导致的一系列变化,一般采用母相奥氏体三个主轴 a_A、b_A、c_A 所构成的立方坐标系来表征马氏体的结构,如图 1－3 所示。在这种情况下,Ni－Mn－Ga合金主要存在三种马氏体结构,可以表述为近四方结构的五层调制马氏体(5M)、近正交结构的七层调制马氏体(7M)和四方结构的非调制结构马氏体(NM)。然而,若是为了更准确地反映调制结构马氏体的长周期堆垛特征,需要采用马氏体的三个主轴 $a_M(1/2[1\bar{1}0]_{(A)})$、$b_M([001]_{(A)})$、$c_M(1/2[110]_{(A)})$组成的正交轴坐标系来反映马氏体的特征。Ni－Mn－Ga 合金奥氏体以及基于两种坐标系下的马氏体的晶格常数见表 1－2。

表 1－2 Ni－Mn－Ga 合金基于不同坐标系下 $L2_1$、5M、7M 和 NM 结构参数

相	结构	晶格常数/Å			角度/(°)		
		a	b	c	α	β	γ
奥氏体	$L2_1$	5.82	5.82	5.82	90	90	90
马氏体	$5M_M$	4.24	5.66	20.5	90	90.5	90
	$7M_M$	4.23	5.51	29.4	90	93.5	90
	$5M_A$	5.94	5.94	5.59	c/a=0.94		
	$7M_A$	6.12	5.80	5.50	c/a=0.90		
	NM	5.46	5.46	6.58	c/a=1.21		

三种马氏体结构特征如下。

(1)5M 马氏体。

五层调制结构的马氏体(5M 马氏体)是指从母相奥氏体向马氏体转变的过程中,晶体结构沿着母相$(110)[1\bar{1}0]_A$ 方向发生周期性的错动或者沿着母相$(110)_A$ 密排面的长周期堆垛,以 5 个$(110)_A$ 面为周期。在母相立方坐标系下,5M 马氏体是近似四方结构,其晶格常数见表 1－2,c 轴为易磁化轴,理论 MFIS 为 6.0%。在正交坐标系下,5M 马氏体是单斜结构,并且随着成分的变化,晶格参数和 β 角度也随之调整。

(2)7M 马氏体。

7M 马氏体调制周期为 7 个$(110)_A$ 面。在马氏体坐标系下为单斜结构,在母相立方坐标系下为近似正交结构,晶格常数见表 1－2,其中 c 轴也为易磁化轴,理论 MFIS 为 10.0%。图 1－4 所示为 Ni－Mn－Ga 合金 5M、7M 和 NM 马氏体 298 K 下 c/a 值与 e/a(合金的自由电子浓度)的关系图,发现 5M 和 7M 结构可能在一定 e/a 范围内同时出现,但是总体来说 5M 出现的 e/a 值范围更宽。

(3)NM 马氏体。

NM 马氏体为非调制结构马氏体，具有四方结构，晶格常数见表 1－2，与 5M、7M 马氏体不同的是其 $c/a>1$，并且没有易磁化轴，而 a 轴和 b 轴组成的面为易磁化面，理论 MFIS 为 20.5%。然而，由于孪晶界运动具有高的临界应力，因此目前报道的在 NM 马氏体中获得的 MFIS 都非常小。如图 1－4 所示，NM 马氏体一般出现在 e/a 较高的区域。

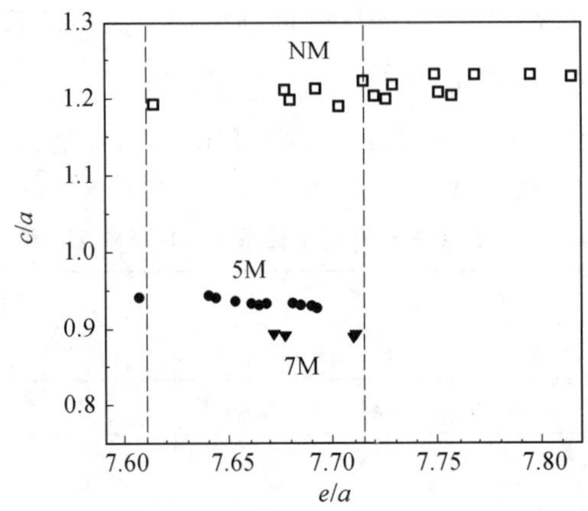

图 1－4　Ni－Mn－Ga 合金 5M、7M 和 NM 马氏体 298 K 下 c/a 值与 e/a 的关系图

如前所述，$L2_1$ 结构的奥氏体转变成马氏体，马氏体相可显示出不同的堆垛次序，即不同的调制结构，例如 5M(图 1－5)、7M(图 1－6)和 NM(图 1－7)马氏体晶体结构，这种调制结构主要取决于合金的成分。这些不同调制状态的合金具有不同的孪生应力，从而对磁感生应变性能具有巨大的影响。5M 晶体结构是通过[110]方向的横向切变波调制，即沿着(110)[$\bar{1}$10]系的周期性错动或者(110)密排面的长周期堆垛，在倒易空间[110]方向的每 2 个主衍射斑点之间有 4 个额外弱衍射斑点，$c/a<1$。7M 与 5M 类似，表现为在倒易空间[110]方向每 2 个主衍射斑点之间存在 6 个额外弱衍射斑点，$c/a<1$。NM 马氏体不存在调制，且 $c/a>1$。三种结构 5M、7M、NM 的稳定性依次降低，导致 5M 马氏体相的出现是由母相直接转变过来的，而 NM 马氏体可能由 5M 或 7M 通过两步相变而生成。Ni－Mn－Ga 合金中还发现了从母相进行微调制结构而形成的预马氏体相。这些复杂的马氏体结构变化极大地丰富了 Ni－Mn－Ga 合金的功能特性。

富 Mn 的 Ni－Mn－Ga 合金的 T_C 约为 80 ℃，且随成分变化很小，利用二级相变实现磁制冷的温度偏高。对于 MFIS 来说，具有超大 MFIS 的 5M 和 7M 马氏体往往相变温度偏低而无法应用。Jiang 等发现马氏体相变温度可以以 42 K/Cu(原子数分数(%)，下同)替代 Ni 的速度下降，以 65 K/Cu 替代 Ga 的速

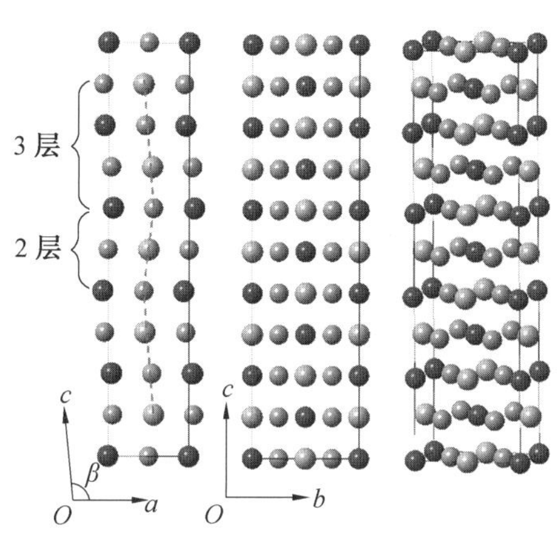

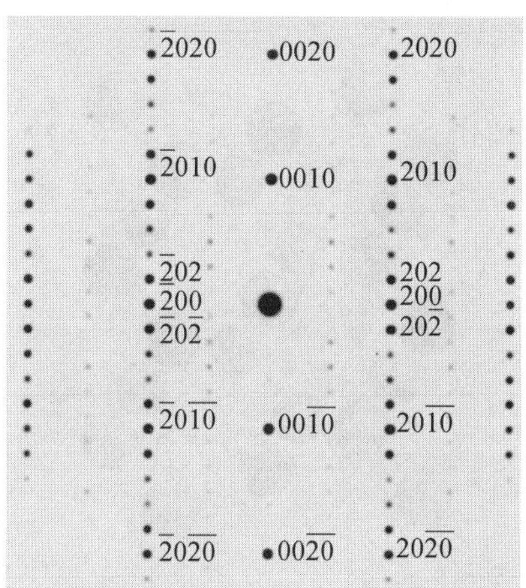

(a) 5M晶体结构　　(b) 5M马氏体沿[010]晶带轴方向的模拟衍射斑点

图 1－5　Ni_2MnGa 合金 5M 马氏体晶体结构

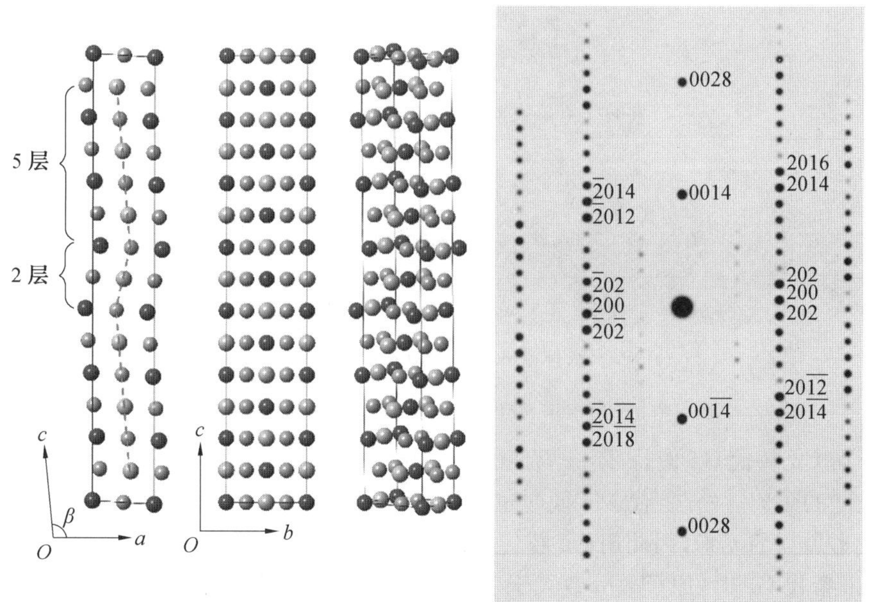

(a) 7M晶体结构　　(b) 7M马氏体沿[010]晶带轴方向的模拟衍射斑点

图 1－6　Ni_2MnGa 合金 7M 马氏体晶体结构

度上升。奥氏体 T_C 可以以 3 K/Cu 替代 Ni 的速度上升而以 8 K/Cu 替代 Ga 的速度下降。众所周知，铁磁形状记忆合金的马氏体相变温度随价电子浓度的增加而增加且随晶胞体积的增加而减小。因此，Cu($3d^{10}4s^1$)替代 Ga($4s^2 4p^1$)必然会引起 e/a 的增加，并且 Cu 原子体积较 Ga 原子小，因此晶胞收缩，相变温度增

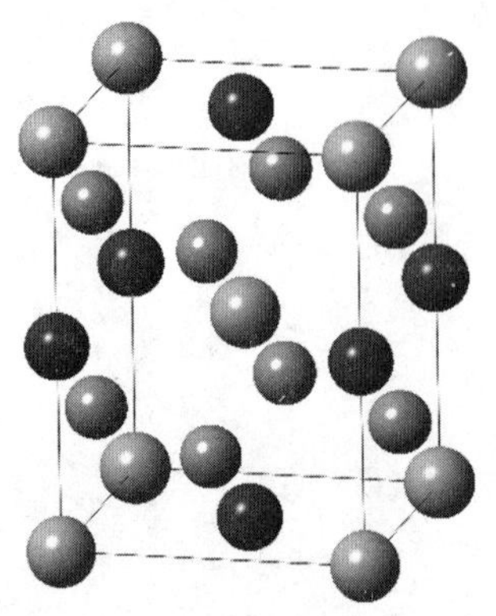

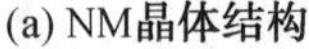

(a) NM晶体结构

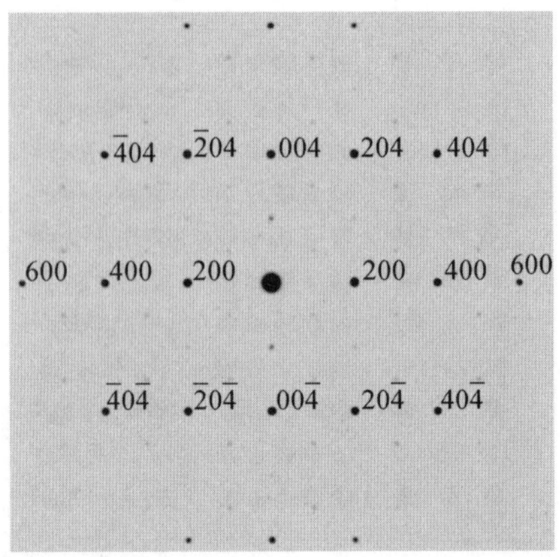

(b) NM马氏体沿[010]晶带轴方向的模拟衍射斑点

(c) NM马氏体沿[001]晶带轴方向的模拟衍射斑点

图 1－7　Ni_2MnGa 合金 NM 马氏体晶体结构

加。而 Cu 替代 Ga 使得 T_C 下降的原因在于 Cu 原子的存在影响了 Mn—Mn 原子之间的距离。Cu 替代 Mn 同时也会提高合金的有序化程度。由于 Ga 是合金中成本最高的元素，因此用 Cu 替代 Ga 可以降低材料的成本。研究表明，当大量用 Cu 替代 Ga 时(原子数分数大于 18%)出现第二相，并且合金的塑性得到了显著提高，随着 Cu 原子数分数稍微降低($8\%<x(Cu)\leqslant10\%$)，合金变为单相，显示优异的塑性和高温 SME。当 Cu 原子数分数进一步降低($3\%<x(Cu)\leqslant4\%$)时，则出现上述马氏体相变温度升高而 T_C 下降的现象。因此，掺 Cu 可以调节合金相变温度和提高塑性以及降低成本。

过渡族元素(如 Fe、Co 等)、稀土元素(如 Gd、Dy 等)以及主族元素(如 In、Si 等)也可用来对 Ni－Mn－Ga 合金进行改性。过渡族元素中，Fe 和 Co 是铁磁性

金属元素，用铁磁性金属元素 Fe 替代 Ni 或者 Ga 导致 e/a 下降，引起马氏体相变温度下降。同理，基于 e/a 的变化，Co 取代 Ni 导致马氏体相变温度下降，而取代 Mn 或者 Ga 使得相变温度上升。然而，Fe 元素替代 Mn，虽然 e/a 值增加，但是 Fe 元素是一种奥氏体稳定化元素，它的添加会使得马氏体难以形成，另外，Fe 元素的加入增加了电子自旋交互作用，因此合金磁性能增加，T_C 上升。Gd、Dy 等元素在 Ni－Mn－Ga 合金中的固溶度很低，因此倾向于在晶界或者亚晶界析出。研究发现，掺 Gd 元素在高 e/a 范围可以提高合金的磁化强度。另外，Gd 元素的加入可以显著提高马氏体相变的温度。主族元素中，Si、Sn、Ge 和 In 等元素的掺杂均有助于降低合金的马氏体相变温度，而 C、Pb、Bi 等元素的影响不大。总之，在不降低 Ni－Mn－Ga 合金本身优异性能的前提下，合金化对于获得具有可调节相变温度、高韧塑性、优异的磁热性能和大 MFIS 的高性能铁磁形状记忆合金有重要意义。

1.3.2　Ni－Mn－X(X＝In,Sn,Sb)合金

图 1－8 所示为 $Ni_{50}Mn_{50-y}X_y$(X＝In，Sn，Sb)铁磁形状记忆合金相变温度和居里温度与成分的关系。可以看出，当 $y<16.5$ 时，$Ni_{50}Mn_{50-y}X_y$ 合金发生了马氏体相变，随着 Mn 原子数分数的降低，马氏体相变温度升高。与 Ni－Mn－Ga 相比，Ni－Mn－X(X＝In，Sn，Sb)马氏体相变对合金成分的变化更加敏感，而且铁磁马氏体只存在于较窄的富 Mn 成分中。Ni－Mn－X(X＝In，Sn，Sb)合金中马氏体相除了 5M、7M、NM 结构，还有 4O、6M 等多种结构。

图 1－9 所示为 Ni－Mn－Sn 合金纵截面相图，可以看出与 Ni－Mn－Ga 合金相图不同，Ni－Mn－Sn 在降温过程中可以形成多种第二相，如 T 相和 Ni_3Sn_2 相，这也是 Ni－Mn－Sn 合金热处理淬火通常采用水冷的原因；否则合金中会析出第二相，严重影响合金的磁性能、相变温度、记忆效应、超弹性和变磁性转变。此外，要获得 $L2_1$ 有序结构的合金成分，合金中 Sn 的原子数分数应为 12％～26％。

大部分 Ni－Mn－Ga 合金发生的马氏体相变是从铁磁母相到铁磁马氏体的转变，两者之间的磁化强度差值较小。对外加磁场，敏感的铁磁马氏体可产生更大的响应，这也就解释了为何多数磁感生应变的研究集中在 Ni－Mn－Ga 体系。然而，Ni－Mn－X(X＝In,Sn,Sb)体系展现了完全不同的磁特性。2006 年，Kainuma 等发现 Ni－Co－Mn－In 在 8 T① 磁场下由诱发的马氏体相变产生了 3％的感生应变，其输出应力可达 100 MPa，这一发现意味着除温度和应力外，磁场也可直接诱发马氏体相变来

① 1 T＝10 kOe。

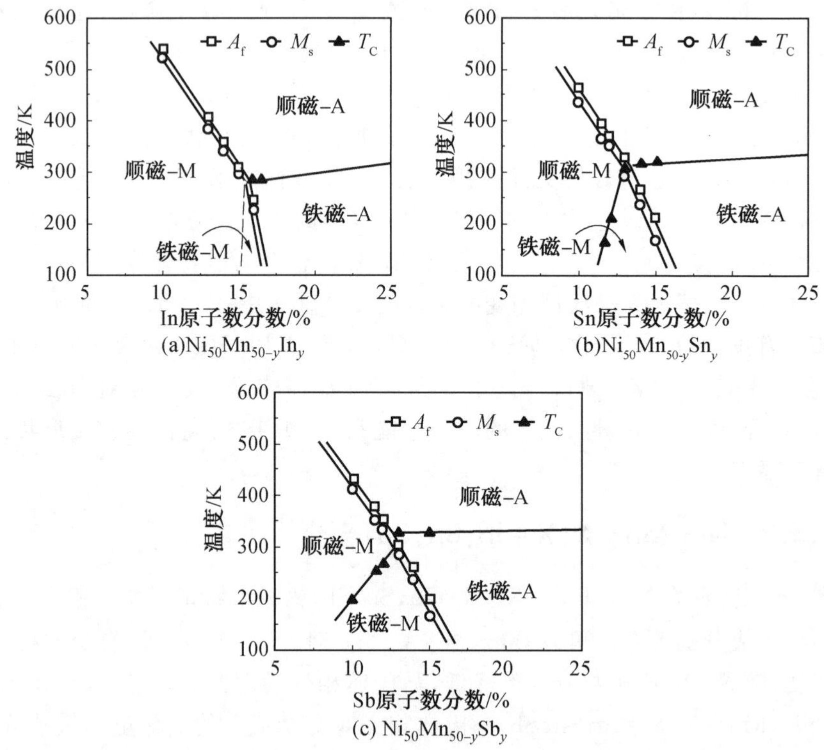

图 1－8　$Ni_{50}Mn_{50-y}X_y$(X＝In，Sn，Sb)铁磁形状记忆合金相图

实现形状记忆效应。图 1－10 所示为 $Ni_{45}Co_5Mn_{36.6}In_{13.4}$ 合金磁场诱导马氏体逆相变。

与 Ni－Mn－Ga 合金相比，富 Mn 的 Ni－Mn－X(X＝In，Sn，Sb)合金母相呈现顺磁或铁磁态，马氏体相表现为弱磁性，如反铁磁、顺磁、超顺磁性等。在外磁场的作用下，可诱发弱磁马氏体向铁磁奥氏体的逆相变。变磁性转变过程中，高温奥氏体和低温马氏体之间磁化强度差值大，使该合金体系在磁阻、磁热等性能方面比 Ni－Mn－Ga 更加突出。Ni－Mn－X(X＝Ga，In，Sn，Sb)合金磁性源自 Mn 原子之间的磁性耦合。研究报道 Mn—Mn 之间距离小于 2.83 Å 为反铁磁相互作用，大于或等于 2.83 Å 为铁磁作用。图 1－11 所示为 Ni－Mn－Sn 合金中不同 Mn 原子占位的磁性示意图。当合金为正化学计量比 $Ni_{50}Mn_{25}Sn_{25}$ 时，图 1－11(b)左图中最近邻 Mn 原子 1 和 2 之间距离较远，Mn—Mn 铁磁相互作用主要通过 Ni 和 X 的自由电子间接完成。当合金富 Mn 时，多余的 Mn 原子占据了图 1－11(b)左图中的 Sn 原子 3 的晶位，得到图 1－11(b)右图所示的原子排列，Mn 原子与占据 Sn 位置的 Mn 原子之间距离减小，它们直接耦合形成反铁磁作用，而铁磁性依旧来源于晶格中正确占位的 Mn 原子之间的磁性耦合。发

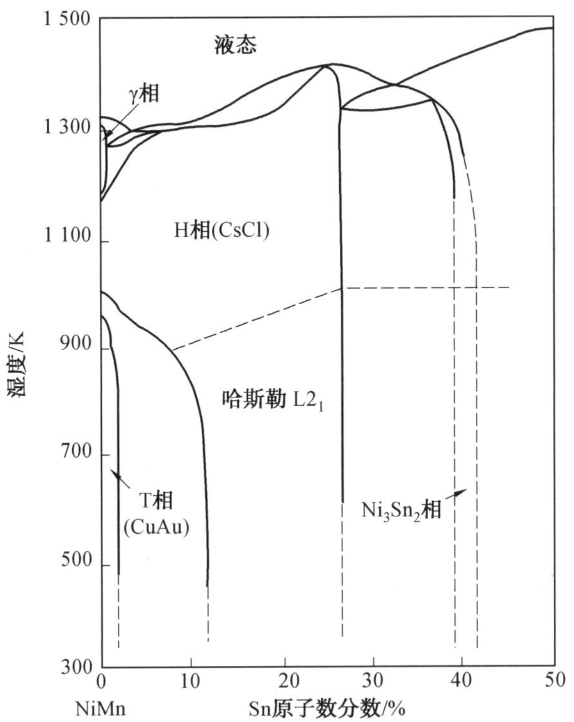

图 1—9　Ni—Mn—Sn 合金纵截面相图

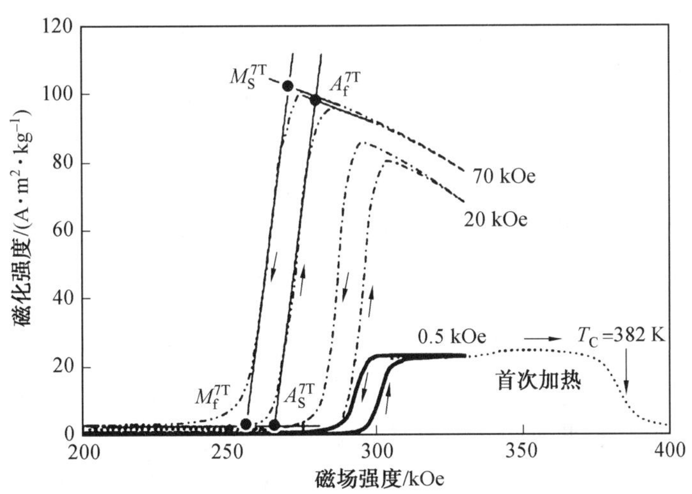

图 1—10　$Ni_{45}Co_5Mn_{36.6}In_{13.4}$ 合金磁场诱导马氏体逆相变

生马氏体相变后，晶格切变使得 Mn—Mn 之间距离进一步缩短，使马氏体处于铁磁和反铁磁相共存态。虽然三元 Ni—Mn—Z(Z＝Ga，Sn，In，Sb)合金具备很多优异的性能，但是强度低、脆性大等缺点限制了其发展和应用。利用适量的过渡族金属元素掺杂(如Co、Fe等)，可制备出高有序度Ni－Mn基四元铁磁形状记忆合金，使其性能得到进一步改善。

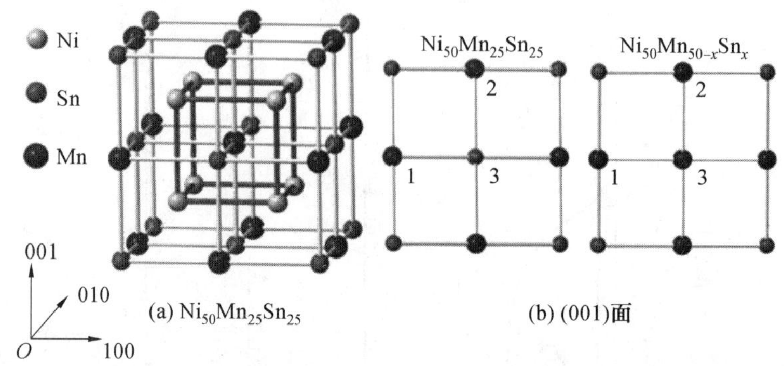

图1－11　Ni－Mn－Sn合金中不同Mn原子占位的磁性示意图

图1－12所示为$Ni_{50-x}Fe_xMn_{38}Sn_{12}$合金在0.05 kOe下的$M-T$曲线。合金在零场下冷却到低温，然后加0.05 kOe的磁场后升温得到的$M-T$曲线称为零场冷却曲线(ZFC)，保持0.05 kOe的磁场降温得到的$M-T$曲线称为场冷曲线(FC)。各合金在0.05 Oe下的$M-T$曲线如图1－12(a)所示。从图中可以看出，随着Fe含量的增加，合金在相变区磁性呈增加趋势，说明Fe掺杂可以提高合金的磁化强度。另外，在马氏体居里点T_C^M以下ZFC和FC(或FH)出现明显的劈裂，这是因为富Mn的$Ni_{50-x}Fe_xMn_{38}Sn_{12}$合金中，额外的Mn原子占据了Sn的位置导致Mn原子和Mn原子的距离减小，引发了Mn原子之间的反铁磁交换作用，在无磁场作用下，反铁磁相被铁磁相钉扎住而表现出明显的劈裂现象。这说明铁磁马氏体和反铁磁相表现出磁晶各向异性，即两相共同存在并且相互竞争。

同时，合金随着温度的下降，在奥氏体居里点T_C^A附近发生了由顺磁奥氏体向铁磁奥氏体的转变，从曲线中表现为合金磁化强度的急剧升高。继续降温时相变发生了两种变化，当x(Fe)≤2.9%时，合金发生了由铁磁奥氏体向顺磁马氏体的转变，由于二者磁性相差较大，因此磁化强度大幅度下降。温度继续降低，温度在马氏体居里点T_C^M附近发生了由顺磁马氏体向铁磁马氏体转变。当x(Fe)>2.9%时，在低温区马氏体相变为铁磁奥氏体转化为铁磁马氏体。原因是x(Fe)>2.9%时，$T_C^M \geqslant M_s$。$x=8.5$时，马氏体相变温度低于10 K，如图1－12(b)所示。

低磁场下FC曲线的一阶导数最大值对应的温度定义为马氏体峰值温度(M_P)，将$Ni_{50-x}Fe_xMn_{38}Sn_{12}$合金基体$e/a$与$M_P$、$T_C^M$和$T_C^A$之间的关系绘成磁－结构相图，如图1－13所示。可以发现，Fe元素替代Ni元素后，e/a对T_C^M和T_C^A

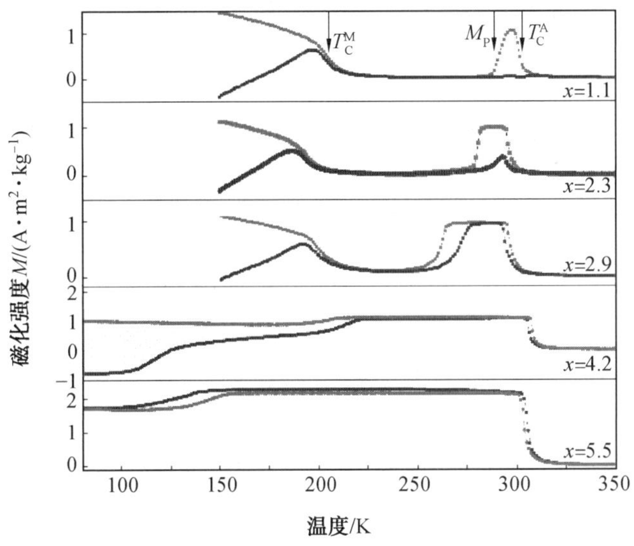

(a) $Ni_{50-x}Fe_xMn_{38}Sn_{12}$(x=1.1, 2.3, 2.9, 4.2, 5.5)合金

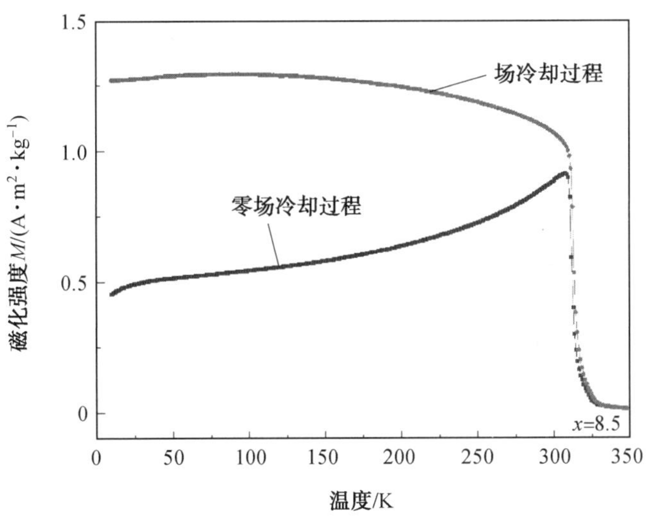

(b) $Ni_{50-x}Fe_xMn_{38}Sn_{12}$ (x=8.5)合金

图 1—12　$Ni_{50-x}Fe_xMn_{38}Sn_{12}$合金在 0.05 kOe 下的 $M-T$ 曲线

的影响比较小，T_C^M 和 T_C^A 几乎保持不变，分别为 200 K 和 300 K。而 M_P 随 Fe 原子数分数的增加而降低，当合金出现第二相（$x(Fe)\leqslant 2.9\%$）前，合金的 M_P 随 e/a的增加近似线性增加，得到了合金的成分与 M_P 的关系：$M_P=233.1x(Mn)-54.4x(Ni)-141.9x(Fe)-459.4x(Sn)$。当合金出现第二相（$x(Fe)>2.9\%$）后，$M_P$ 随基体的 e/a 增加显著提高，这是因为第二相出现后，基体中 Sn 的含量

显著增加，而 Sn 元素的原子半径明显比 Ni 和 Mn 大，此时晶胞体积的变化对合金相变温度的影响占主导地位。

M_P、T_C^M 及 T_C^A 将 $Ni_{50-x}Fe_xMn_{38}Sn_{12}$ 合金磁一结构相图分成三个区域，如图 1－13 所示。区域Ⅰ：随温度的降低发生顺磁奥氏体(PA)→铁磁奥氏体(FA)→铁磁马氏体(FM)变化($x>4.2$)，马氏体相变发生在铁磁马氏体区；区域Ⅱ：随温度的降低发生顺磁马氏体(PA)→FA→PM→FM 变化($4.2\geqslant x>0.5$)，马氏体相变发生铁磁奥氏体向顺磁马氏体的变磁性转变，形成磁一结构耦合，这是 Ni－Mn－X(X＝In，Sn，Sb，Al)新型铁磁性合金的研究热点，具有优异的磁驱动性能，如磁热效应、磁阻效应、磁致形状记忆效应等；区域Ⅲ：随温度的降低发生 PA→PM→FM 变化($x\leqslant 0.5$)，发生顺磁奥氏体向顺磁马氏体转变，没有磁性的转变。

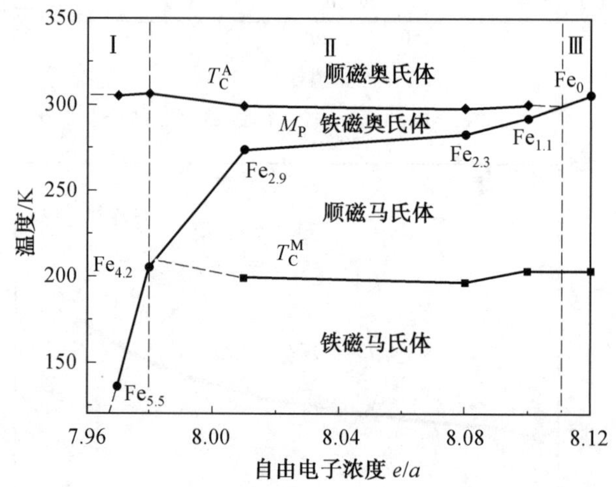

图 1－13 $Ni_{50-x}Fe_xMn_{38}Sn_{12}$ 合金磁一结构相图

$Ni_{50-x}Co_xMn_{39}Sn_{11}$($0\leqslant x\leqslant 10$)四元合金相图如图 1－14 所示。该相图以 $Ni_{50-x}Co_xMn_{39}Sn_{11}$ 合金中 Co 元素的原子数分数为横坐标，以温度为纵坐标。从图中可以看到，当 Co 原子数分数为 0 时，合金马氏体相变温度(T_M)为 400 K，随 Co 的增加，马氏体相变温度不断下降，其中在 $0\leqslant x(\text{Co})\leqslant 4$ 时下降幅度较缓慢，$5\leqslant x(\text{Co})\leqslant 8$ 时下降幅度显著增加，直至 $9\leqslant x(\text{Co})\leqslant 10$ 时不再出现马氏体相变。此外，$0\leqslant x(\text{Co})\leqslant 4$ 时，由于奥氏体的居里温度低于马氏体相变温度，因此合金在降温过程中直接从顺磁奥氏体转变为顺磁马氏体而不存在区间；随着温度的继续降低，顺磁马氏体首先转变成超顺磁马氏体(转变温度为 T_S)，至温度降至 100 K 左右时转变为应变玻璃态马氏体(转变温度为 T_P)。与之不同的是，$5\leqslant x(\text{Co})\leqslant 8$ 时，顺磁马氏体消失，顺磁奥氏体在降温过程中在居里温度(T_C)转变成铁磁奥氏体，继续降温过程同样继续转变为超顺磁马氏体和应变玻璃态马氏

体。而在 $9 \leqslant x(\text{Co}) \leqslant 10$ 时，不再出现任意状态的马氏体，合金奥氏体在降温过程中从顺磁态转变为铁磁态，并且其铁磁态在 10 K 时依然稳定存在。

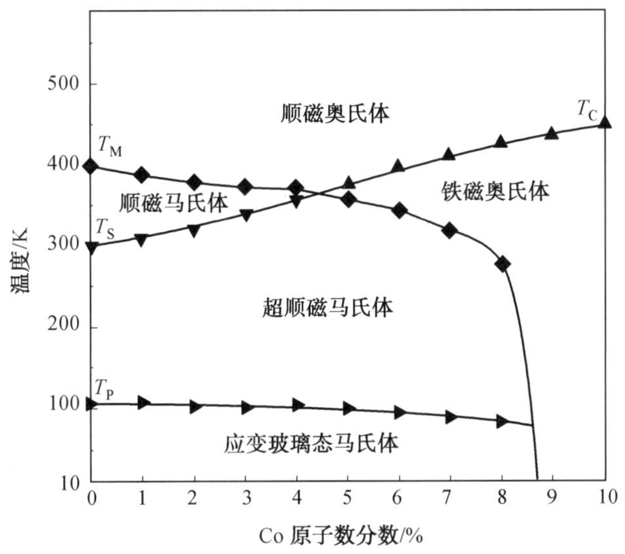

图 1－14　$Ni_{50-x}Co_xMn_{39}Sn_{11}$（$0 \leqslant x \leqslant 10$）四元合金相图

1.4　马氏体相变与磁相变

1996 年，自 Ullakko 首次在 Ni_2MnGa 单晶中发现了 0.19％的 MFIS 以来，Ni－Mn－Ga 铁磁形状记忆合金引起了世界范围的关注。Ni_2MnGa 合金是一种典型的 Heusler 合金，标准化学计量比的 Ni_2MnGa 合金相变温度极低，并且 Ni－Mn－Ga合金的相变温度对成分的依赖性很高。因此，近年来人们对其研究主要集中在非标准化学计量比的情况下。本节以 Ni－Mn－Ga 合金为例探讨铁磁形状记忆合金的相变过程。

1. 马氏体相变

Ni－Mn－Ga 合金同时具有传统形状记忆合金热驱动马氏体相变的特征。从纯化学自由能的角度来说，降温过程中，存在母相与马氏体相的自由能相等时的相变平衡温度 T_0，如图 1－15 所示。但是，在实际相变的过程中存在一部分非化学自由能，这部分非化学自由能与可逆的弹性应变能和不可逆的弹性应变能损耗以及缺陷、界面移动等摩擦损耗有关。当非化学自由能部分只有可逆的弹性应变能存在时，这部分弹性应变能在马氏体相变中形成，并且在逆相变时完全释放，使得马氏体相变与逆相变途径重合，如图 1－15 中的(a)所示。由于弹性

应变能是马氏体相变的阻力，因此相变结束温度 T_f 低于理论相变温度 T_0，而这部分能量是逆相变的助力，使得逆相变在 T_f 就开始发生，如图 1－15 中的(b)所示。

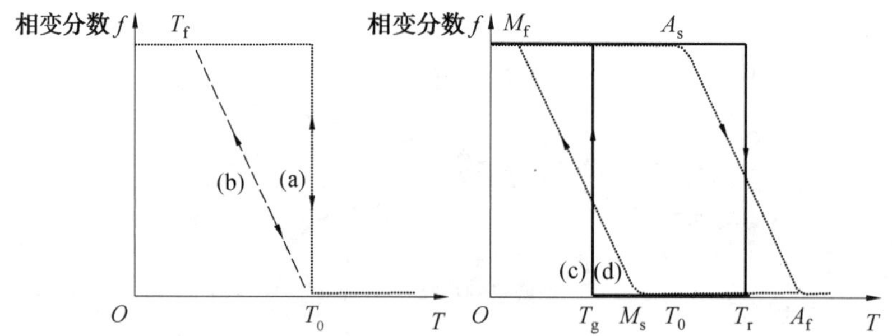

图 1－15　考虑不同能量情况下马氏体相变过程示意图

当非化学自由能部分只考虑不可逆的损耗而忽略弹性应变能时，如图 1－15 中的(c)所示，马氏体相变和逆相变的开始温度分别是 T_r 和 T_g。这种情况在单晶中只有单个孪晶界面的情况下可能出现。由于这种情况下存在不可逆阻力，界面的移动受阻，需要更多的化学自由能来提供相变的动力，因此相变过程中出现了大的滞后环。图 1－15 中的(d)则是考虑了所有能量的理想相变过程。图中马氏体相变开始温度为 M_s，结束温度为 M_f，逆相变开始温度为 A_s，结束温度为 A_f。不可逆的非化学自由能的存在会成为马氏体相变的阻力而使得在实际相变的过程中一般存在一个过冷度 ΔT，使得 $M_s<T_0$ 时才能发生马氏体转变，并且由于储存的弹性应变能成为相变阻力，因此马氏体转变结束温度 M_f 低于 T_g。逆相变过程中，由于部分弹性应变能的损耗和其余能量损耗，因此需要提供更多的化学自由能才能发生逆转变，从而 $A_s>T_0$。相变过程中，相变宽度($|M_s-M_f|$或$|A_f-A_s|$)的大小只与弹性应变能的大小有关，相变过程储存的弹性应变能越大，相变宽度越大；相变滞后($|A_s-M_f|$)的大小与储存的弹性应变能和相变过程中不可逆的能量损耗均有关系，弹性应变能损耗和缺陷、摩擦等损耗越大时，相变滞后越大。

马氏体相变温度具有成分依赖性。1995 年，Chernenko 等研究了马氏体相变温度与各元素的化学计量的关系(图 1－16)：Ni 含量固定、Mn 含量增加引起相变温度升高；Mn 含量固定、Ga 含量增加相变温度降低；Ga 含量固定、Ni 含量增加相变温度升高。1999 年，Chernenko 根据自由电子浓度，对Ni－Mn－Ga合金进行了分类，见表 1－3。表中 M_s 为马氏体相变温度；ΔH 为相变焓；T_C 为铁磁马氏体与顺磁奥氏体转变的居里温度；e/a 为 Ni－Mn－Ga 合金的自由电子浓度。

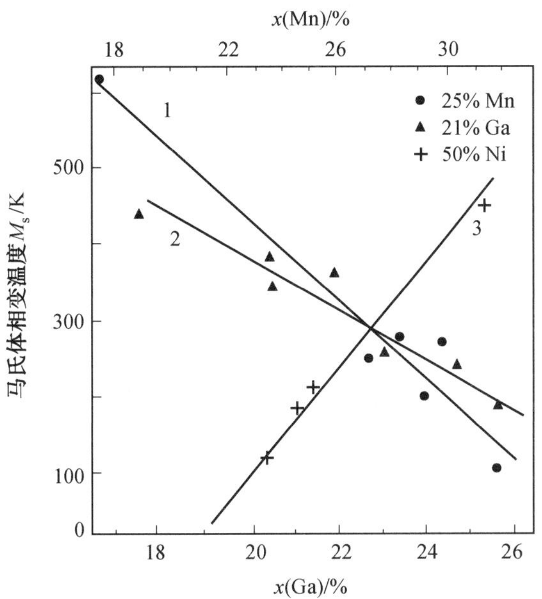

图 1－16　Ni－Mn－Ga 合金马氏体相变温度与各元素的化学计量的关系

表 1－3　根据 M_s 和相变焓(ΔH)对 Ni－Mn－Ga 合金的分类

类别	e/a	M_s/T	$\Delta H/(\mathrm{J\cdot g^{-1}})$
第Ⅰ类	≤7.55	$M_s \leqslant \mathrm{RT} \leqslant T_C$	约为 1.6
第Ⅱ类	7.55～7.7	$M_s \approx \mathrm{RT} < T_C$	约为 4.2
第Ⅲ类	≥7.7	$M_s \geqslant T_C$	约为 8.5

Ni、Mn 和 Ga 原子的自由电子数分别为 10($3d^8 4s^2$)、7($3d^5 4s^2$)和3($4s^2 4p^1$)，因此 e/a 为

$$e/a=\frac{10x(\mathrm{Ni})+7x(\mathrm{Mn})+3x(\mathrm{Ga})}{x(\mathrm{Ni})+x(\mathrm{Mn})+x(\mathrm{Ga})} \tag{1.1}$$

2002 年，Jin 等总结了 Ni－Mn－Ga 合金马氏体相变温度 M_s 与 e/a 之间的关系，如图 1－17 所示。需要注意的是，大量合金的实测结果与图 1－17 的平均偏离值达到 44.7 K，最大偏离值达到 140.2 K，这表明合金的马氏体相变温度与其他因素，如内应力和原子有序度，也有很大关系。

根据图 1－17，M_s 与 e/a 之间的关系可以采用线性迭代法得到，如下式所示：

$$M_s=702.5(e/a)-5\ 067 \tag{1.2}$$

2003 年，Wu 等归纳了 Ni－Mn－Ga 合金化学成分和马氏体相变起始温度的关系式：

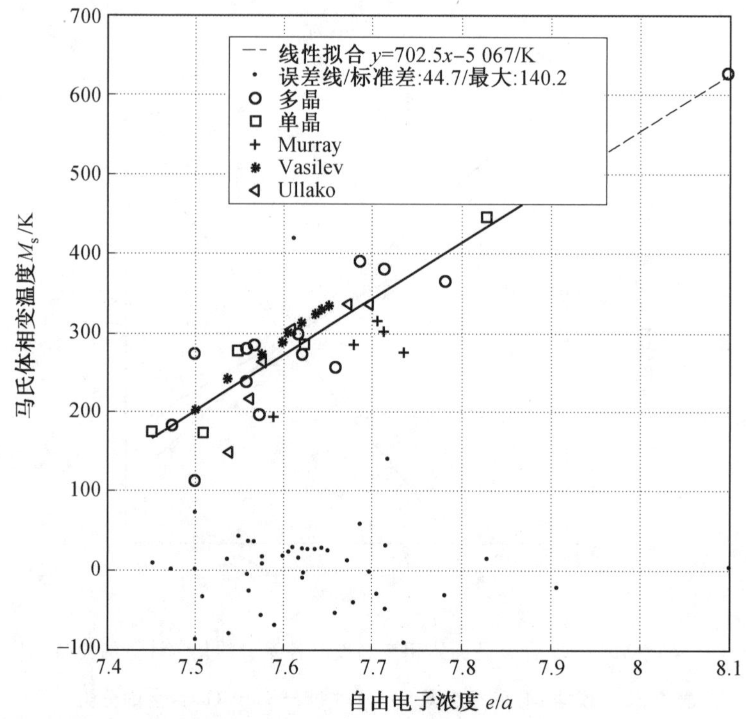

图 1−17　Ni−Mn−Ga 合金马氏体相变温度 M_s 与 e/a 之间的关系

$$M_s = 25.44x(\mathrm{Ni}) - 4.86x(\mathrm{Mn}) - 38.83x(\mathrm{Ga}) \tag{1.3}$$

式中　x(Ni)——Ni 的原子数分数,%;

x(Mn)——Mn 的原子数分数,%;

x(Ga)——Ga 的原子数分数,%。

除了以上成分因素外,母相原子有序度也会影响马氏体相变温度,如正化学计量比 Ni_2MnGa 合金马氏体相变温度为 202 K,低原子有序度合金马氏体相变温度降低到 100 K。与马氏体相变温度相比,Ni−Mn−Ga 合金的居里温度(T_C)随成分(x(Mn)=20%~35%,x(Ga)=16%~17%)改变而变化的幅度远小于 M_s。符合化学计量比的 Ni_2MnGa 合金 Mn−Mn 原子间距最大、铁磁性最强,因此 T_C 值最小(约 376 K)。随着成分偏离化学计量比,Mn−Mn 最近邻原子距离减小,Mn−Mn 原子间的交互作用(铁磁交互作用)减弱,因此 T_C 值会稍微增加。马氏体相变温度和磁相变温度重叠的状态,称为磁−结构耦合状态。

同钢的马氏体相变一样,可以采用时间−温度−转变量(TTT)曲线表征铁磁形状记忆合金马氏体转变的动力学过程。图 1−18(a)所示为 Fe−24.9Ni−3.9Mn合金等温马氏体转变曲线。Kakeshita 等通过热力学方程计算了马氏体和奥氏体相的吉布斯自由能,表明在鼻温以上和以下温度,转变的

曲线是非对称的(虚线);试验测量结果证实了计算结果。此外,在外磁场作用下,合金转变动力学过程加快(图 1—18(b))。这种鼻温形转变动力学曲线在 $Ni_{45}Co_5Mn_{36.5}In_{13.5}$ 合金中也获得了证实,如图 1—19 所示。

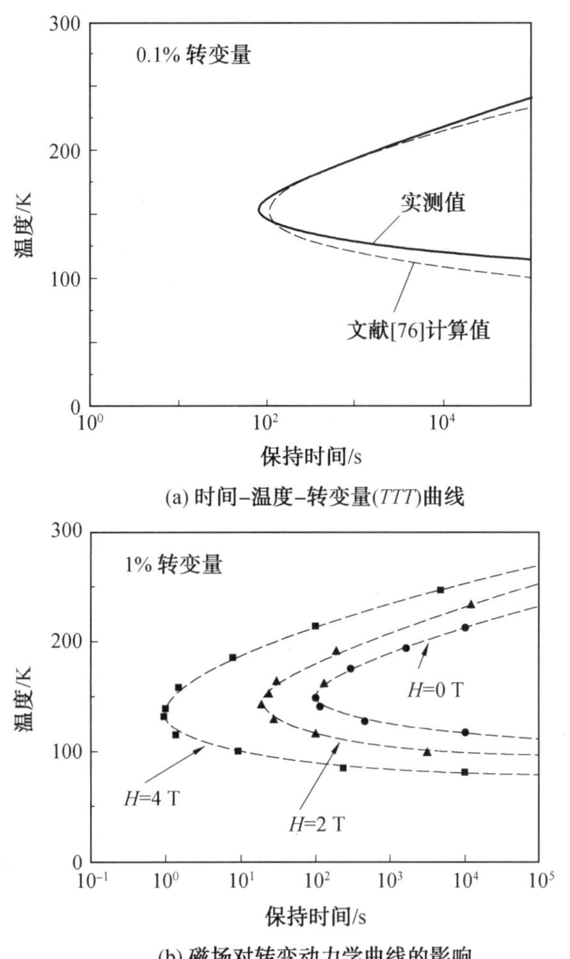

(a) 时间-温度-转变量(TTT)曲线

(b) 磁场对转变动力学曲线的影响

图 1—18 Fe—24.9Ni—3.9Mn 合金等温马氏体转变曲线

马氏体相变温度还会随外加应力场发生改变,图 1—20 所示为形状记忆合金相变过程中的温度—应力相图,由图中可见,随着外加应力的增加,外加应力提供了一部分相变所需要的能量,从而导致合金的相变温度整体向高温方向移动,即使马氏体稳定化。最后,马氏体相变温度还与合金的有序化程度有关,在一定温度下对合金进行有序化热处理可以提高 $L2_1$ 相的原子有序度,从而可以提高合金的饱和磁化强度,并且伴随马氏体相变温度和 T_C 的提高。

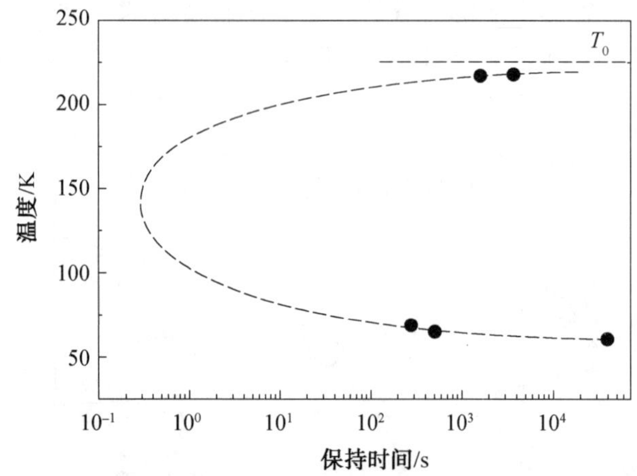

图 1—19　$Ni_{45}Co_5Mn_{36.5}In_{13.5}$合金转变的时间—温度—转变量曲线

（对应于马氏体转变量 1%，磁场 0.1 T）

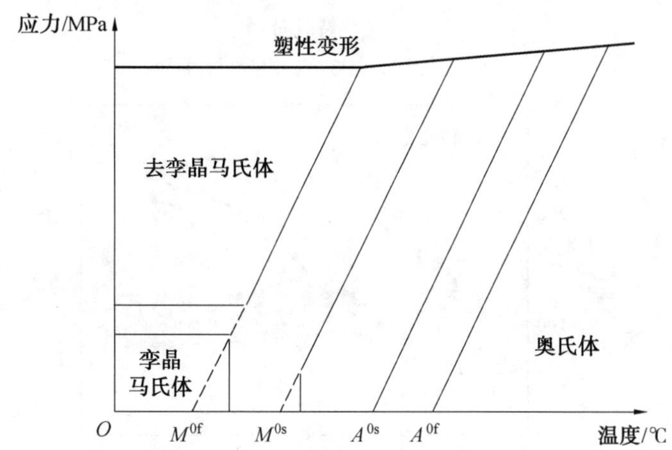

图 1—20　形状记忆合金相变过程中的温度—应力相图

2. 预马氏体相变

根据马氏体相变温度的不同可将马氏体分为三类，见表 1—3。预马氏体相变一般出现在相变温度较低的情况下，即第Ⅰ类马氏体中。预马氏体相变的出现会伴随材料物理性能的变化。在温度谱曲线上可以发现其内耗 tan δ 值不断上升，到达一定程度后开始下降，这个转折点即为马氏体相变点。声子模随温度软化的现象也在预马氏体相变中观察到。

3. 中间马氏体相变

Ni—Mn—Ga 合金中三种马氏体的稳定性不同，因此可以在一定的条件下

由不稳定的马氏体向稳定的马氏体进行转化，即存在中间马氏体相变。铁磁形状记忆合金只能在不发生中间马氏体相变的温度范围内使用，因此中间马氏体相变给出了合金服役的下限。中间马氏体相变有很多种方式，Chernenko 等发现 Ni－Mn－Ga 合金在降温相变过程中，首先出现 5M 或者 7M 马氏体，然后继续降温转变成 NM 马氏体，但是在升温逆相变过程中，只有从 NM 马氏体向奥氏体的单一转变。Segui 等研究了应力对中间马氏体相变的影响，指出 NM 马氏体是马氏体的基态，即可发生 5M 马氏体或者 7M 马氏体向 NM 马氏体转变。随着外加载荷的增大，奥氏体相先转变为 5M 马氏体，再转变为 7M 马氏体，最终转变为 NM 马氏体，或者转变为 7M 马氏体后再转变为 NM 马氏体，或者由奥氏体直接转变为 NM 马氏体。中间马氏体相变对应力非常敏感，Wang 等发现样品内部晶格畸变导致的 14 MPa 的内应力就能够使 Ni－Mn－Ga 单晶相变过程中未发生畸变时能够出现的中间马氏体相变彻底消失。Chernenko 证实了非化学自由能中的弹性应变能对马氏体相变有很大的影响。对于纤维和薄带材料，快速凝固制备过程产生的内应力和细小晶粒使得样品具有比单晶更高的协调能力，因此在该类样品中中间马氏体相变很难出现。

1.5　形状记忆效应与超弹性

Ni－Mn－Ga 合金拥有优异的热驱动 SME 和 SE，其中 SME 还分为单程(OWSME)和双程(TWSMB)。在 Ni－Mn－Ga 单晶中，已报道产生 6.1%的 SME 应变和 6%的 SE 应变。在 Ni－Mn－Ga 多晶合金中，Zhang 等在 Taylor 法制备得到的纤维中获得了 10.9%的 SE 应变。Callaway 等在热－机械循环训练之后的 NM 马氏体结构的 $Ni_{53}Mn_{25}Ga_{22}$ 单晶中得到了 3.8%的 TWSME 应变，Chernenko 等在 $Ni_{57.5}Mn_{22.5}Ga_{20}$ 单晶中获得了 9%的 TWSME 应变。另外，许多学者通过添加第四组元方法来提高多晶合金的塑性，从而得到较好的 TWSME。

1.5.1　形状记忆效应

OWSME 循环过程晶体结构的变化如图 1－21(a)所示，当奥氏体在无应力下冷却过程中发生马氏体相变时，如果没有内应力和缺陷等因素的影响，则会形成自适应形态的马氏体，没有应变产生。对自适应马氏体施加应力，应力的作用使得孪晶变体重取向，导致变体数量减少，形成了单变体或者少变体的马氏体(此处统称去孪晶马氏体)，从而产生了宏观可见应变。由于变体取向在卸载后不发生变化，因此卸载过程应变不恢复，需要热能驱动逆相变即升高温度发生马

氏体向奥氏体的结构转变之后应变才会恢复，接着降温过程中依然形成自适应形态的马氏体。OWSME 应力－应变曲线(温度小于 M_f)如图 1－21(b)所示。一般弹性恢复应变 ε_{el} 与相变恢复应变 ε_{sme} 的总和组成总恢复应变 ε_{rec}。有序程度高的合金拥有更高的屈服应力，从而使得在形变过程中只发生孪晶界的运动而不产生由位错运动而导致的不可逆应变，这也是提高合金有序化程度的又一重要原因。

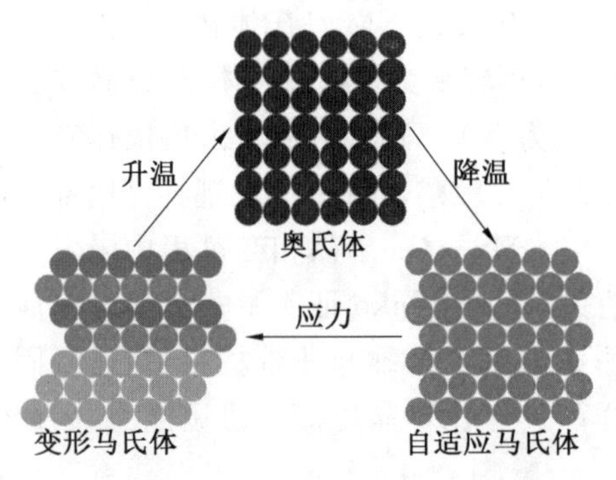

(a) OWSME 循环过程晶体结构的变化

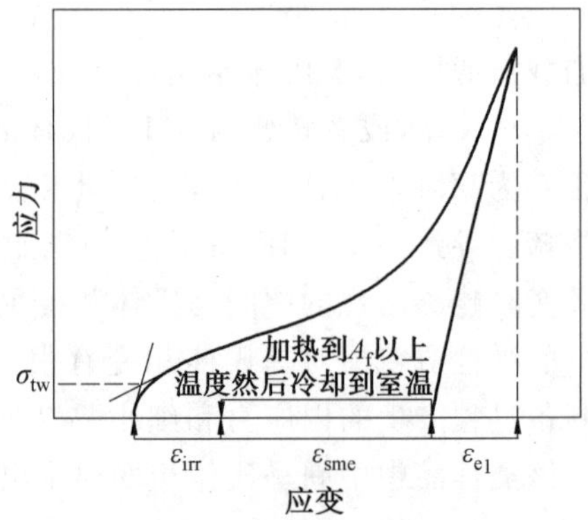

(b) OWSME 应力-应变曲线(温度小于M_f)

图 1－21　OWSME 循环过程及其应力－应变曲线示意图

具有 TWSME 的合金，拥有在升/降温过程中同时记忆母相和马氏体形状的特性，如图 1－22(a)所示。这种现象需要经过特殊的引入缺陷的工序，一般采用热－机械训练。热－机械训练过程会在合金内部引入如内应力、位错等永久的缺陷，从而导致在降温过程中形成某种特定取向的马氏体，即在降温过程中直接形成去孪晶马氏体而产生较大的应变和形状变化，升温过程中恢复母相形状，降温后又恢复马氏体形状。然而相比于 OWSME，同一种合金的 TWSME 应变值往往会大大减小。因此，尽管理论上对于 TWSME 的定义应该是在无应力作用下的热循环，但是在传感器的应用过程中，为了保证稳定性和应变值，一般是在一个外加应力的作用下在热循环中进行使用。在应力作用下的整个相变过程中，通过相变所导致的形状变化克服外力做功来达到传感的目的。

理想情况下，TWSME 中应变随温度的变化曲线应该呈现闭合环，然而由于不可逆缺陷在循环过程中的添加，因此最终出现不可逆应变 ε_{irr}，如图 1－22(b)所示。根据不同应力($\sigma_{applied}$)条件下的 TWSME 的总恢复应变(ε_{rec})可以计算材料的输出功(W_{output})：

$$W_{output}=\varepsilon_{rec}\cdot\sigma_{applied} \tag{1.4}$$

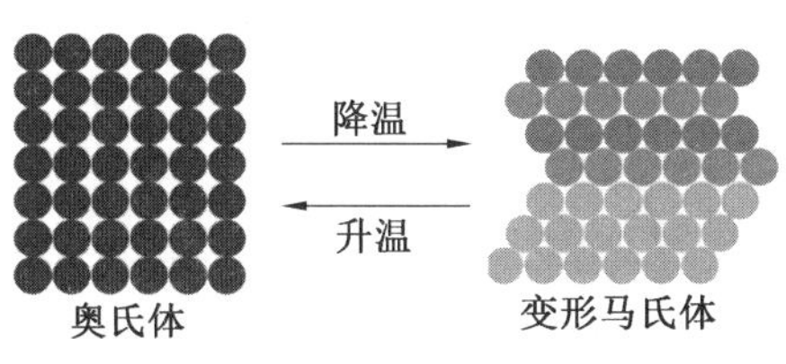

(a) TWSME循环过程晶体结构的变化

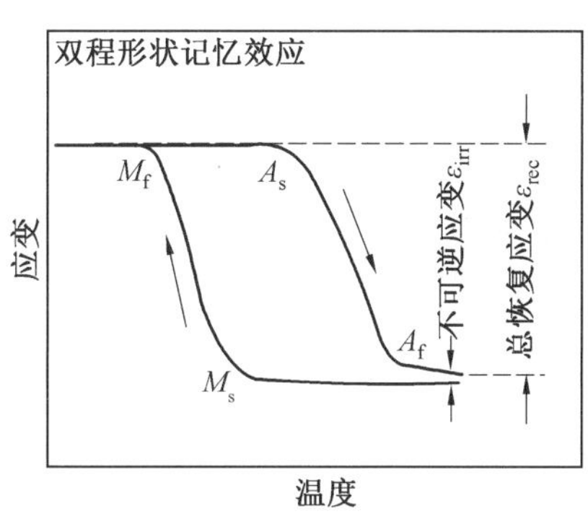

(b) 应变-温度曲线

图 1－22　TWSME 过程及其应变－温度曲线示意图

1.5.2　超弹性

超热弹性形状记忆合金在奥氏体状态下，在适当温度下施加应力即会产生 SE。SE 的原理在于应力诱发奥氏体向马氏体的转变（Stress－induced Martensitic Transformation，SIMT），如图 1－23(a)所示。这个过程形成由外应力方向决定的择优取向的去孪晶马氏体，从而产生较大应变。卸载后应变恢复，原因在于失去了应力提供的驱动力，马氏体相变点又下降到原始水平，从而发生逆相变而恢复到初始形状。

SE 过程可以通过应力－应变曲线来评价，如图 1－23(b)所示。处于奥氏体状态下的合金在应力作用下，达到 SIMT 的临界应力 σ_{M_s} 时，即开始发生奥氏体向马氏体的相变，产生应力平台，形成大的应变。相变结束后，即开始出现马氏体的弹性变形，而这个相变结束时的应力为 σ_{M_f}。卸载过程马氏体在 σ_{A_s} 时开始发生逆相变，至 σ_{M_f} 时相变结束，最终奥氏体从 σ_{M_f} 下降至 0 的过程发生弹性恢复到初始状态。理论上在完全奥氏体状态下应力诱发的马氏体在卸载过程中是可以完全恢复的，但实际上由于相变过程中储存的弹性应变能的损耗以及相界面移动、缺陷等摩擦损耗消耗了部分能量，因此 SE 的恢复需要更多的化学自由能来提供驱动力，即在温度较高的情况下才能产生完全 SE。另外，当温度升高到一定温度 M_d 时，位错运动将先于应力诱发马氏体过程而发生，从而抑制 SE 的产生或者在 SE 过程中引入不可逆缺陷而产生不可逆应变 ε_{irr}。总恢复应变 ε_{rec} 包括 SE 相变应变 ε_{se} 和弹性恢复应变 ε_{el}。

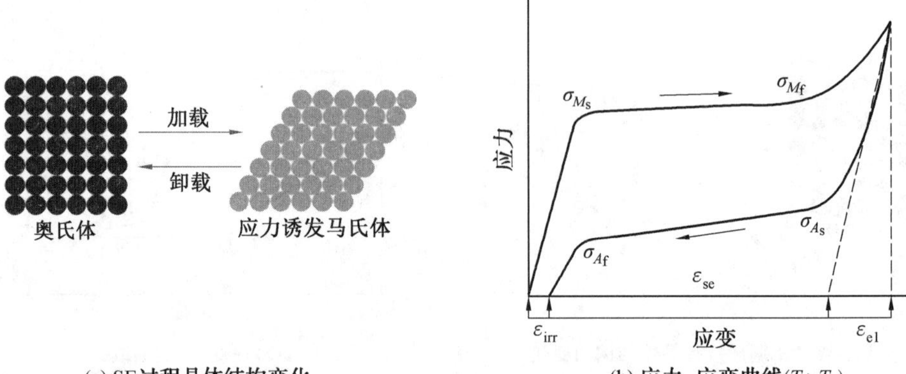

(a) SE过程晶体结构变化　　(b) 应力–应变曲线($T>T_f$)

图 1－23　SE 过程及其应力－应变曲线示意图

1.5.3　训练处理

一般对于形状记忆合金来说，要获得较好的性能，训练是必不可少的环节。热－机械训练是指在一个恒定应力的作用下，对材料进行跨越马氏体相变区间的热循环。该外力可以在单轴或者多轴情况下交替施加，在这个过程中孪晶变体会倾向于沿着外力的方向长大，最终减少孪晶变体的数量，并降低孪晶界运动临界应力。

磁－机械训练方式包括：①马氏体状态合金置于旋转的磁场中反复变形，在单晶中，该种情况会使得孪晶界来回运动，最终形成只有沿 a 轴和 c 轴的孪晶变体；②相互垂直的应力和磁场相互交替作用在马氏体上，若是选择 a 轴和 c 轴方向，则结果与①相同。

机械训练是在 2 个或 3 个互相垂直的方向上交替施加应力，达到减小孪晶界运动的临界应力的结果。图 1－24 所示为定向凝固 Ni－Mn－Ga 多晶合金在三向交替压缩训练下的应力－应变曲线，从图中可以发现，机械训练降低了孪晶界运动的临界应力。一般来说，机械训练适用于大块材料，热－磁训练适用于小尺寸材料。

热－磁训练是在外磁场下，对材料进行跨越马氏体相变区间的热循环的过程。由于材料的易磁化轴倾向于沿着外场的方向排列，而对于调制结构的 Ni－Mn－Ga合金来说易磁化轴恰好是晶体结构的 c 轴，因此该训练过程同样有助于减少孪晶变体。

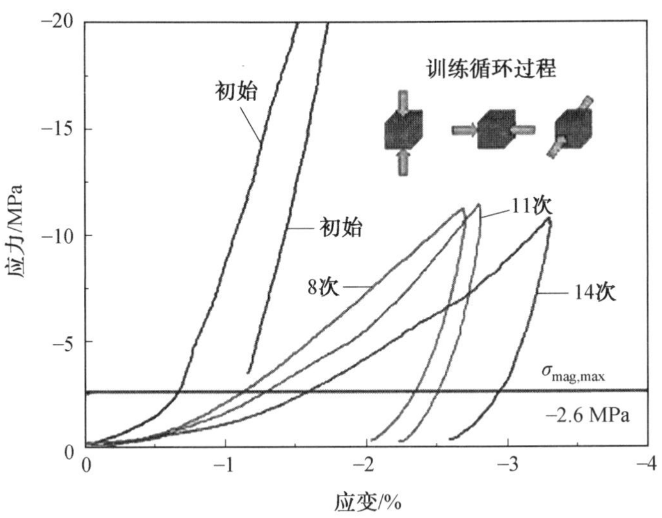

图 1－24　定向凝固 Ni－Mn－Ga 多晶合金在三向交替压缩训练下的应力－应变曲线

1.6　磁感生应变和磁驱动相变应变

1.6.1　磁感生应变

1. 磁晶各向异性

铁磁形状记忆合金不同晶向上的磁化性质差异，称为磁晶各向异性，磁晶各向异性能 K_u 的定义为将磁矩从易磁化轴转到难磁化轴所需要做的功。单变体状态 Ni－Mn－Ga 合金易磁化和难磁化方向上的磁化曲线如图 1－25 所示。

根据图 1－25 可知，外加磁场作用在合金上导致孪晶变体运动的磁驱动力为

$$f_{mag}(H)=\int_0^H (m_a(H)-m_t(H))\mathrm{d}H=-(g_a(H)-g_t(H)) \tag{1.5}$$

式中　H——外加磁场的大小；

$f_{mag}(H)$——磁场驱动力；

$m_a(H)$ 和 $m_t(H)$——易磁化和难磁化方向的磁化强度。

由式(1.5)可以看出，随着磁场强度 $H\to\infty$ 时，这个驱动力就等于磁晶各向异性能 K_u，即

$$f_{mag}(H)\xrightarrow[H\to\infty]{}K_u=\int_0^\infty (m_a(H)-m_t(H))\mathrm{d}H \tag{1.6}$$

不同 Ni－Mn－Ga 单晶合金的磁各向异性能(K_u)、理论最大应变(ε_{max})、磁

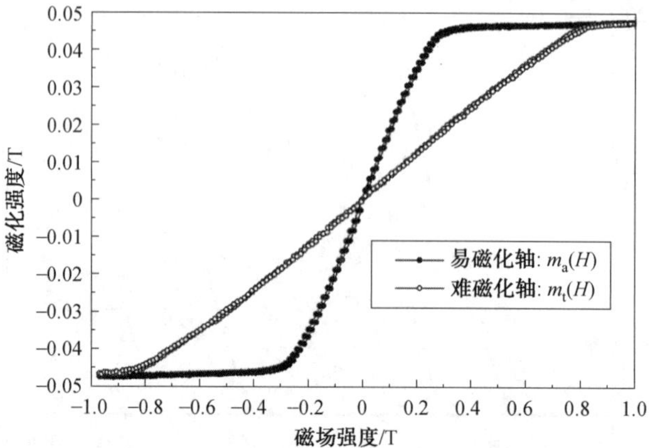

图 1－25 单变体状态 Ni－Mn－Ga 合金易磁化和难磁化方向上的磁化曲线

力(σ_{mag})、孪晶界运动阻力(σ_{tw})和实测 MFIS 值见表 1－4。磁场作用在孪晶界上产生的力称为磁力(σ_{mag})，该值的理论最大值 $\sigma_{mag,max}$ 由磁晶各向异性能控制，即

$$\sigma_{mag} < \sigma_{mag,max} = \frac{K_u}{\varepsilon_{max}} \tag{1.7}$$

式(1.7)中，ε_{max} 是不同结构马氏体的理论最大应变值，一般满足下式条件时，容易产生较大的 MFIS：

$$\frac{K_u}{\varepsilon_{max}} > \sigma_{tw} \tag{1.8}$$

式(1.8)中，σ_{tw} 是孪晶界动力的阻力，另外，孪晶界运动的过程并不是应力不变的平台，而是有孪晶界运动起始应力 σ_s 和结束应力 σ_f 两个不同的值，当满足下式条件时，则会产生理论的最大应变值：

$$\frac{K_u}{\varepsilon_{max}} > \sigma_f \tag{1.9}$$

表 1－4 不同 Ni－Mn－Ga 单晶合金的磁各向异性能(K_u)、理论最大应变(ε_{max})、磁力(σ_{mag})、孪晶界运动阻力(σ_{tw})和实测 MFIS 值

合金		K_u /($\times 10^5$ J·m^{-3})	ε_{max} /%	σ_{mag} /MPa	σ_{tw} /MPa	MFIS /%
5M	$Ni_{48}Mn_{30}Ga_{22}$	1.30	5.78	2.25	1.04～2.12	5
	$Ni_{49.7}Mn_{29.1}Ga_{21.2}$	1.75	5.8*	3*	<2	—
	$Ni_{49.8}Mn_{28.5}Ga_{21.7}$	1.50	—	—	—	6
	$Ni_{49.2}Mn_{29.6}Ga_{21.2}$	1.22	6.07	2.0	2.0	4.78
	$Ni_{49.2}Mn_{29.6}Ga_{21.2}$	1.45	5.89	2.5	1～2.1	5.8
	$Ni_{50.7}Mn_{28.4}Ga_{20.9}$	1.70	6.2	2.8	1～4	>6

续表1—4

合金		K_u /(×10^5 J·m^{-3})	ε_{max} /%	σ_{mag} /MPa	σ_{tw} /MPa	MFIS /%
7M	$Ni_{48.8}Mn_{29.7}Ga_{21.5}$	1.6/0.7	10.66	1.5	<1.5	9.5
		1.6/0.7	10.66	1.5	1.1～1.9	9.4
		1.6/0.7	10.6	1.5	1.2	约 9.2
	$Ni_{50.5}Mn_{29.4}Ga_{20.1}$	1.7	10.7	1.6	3～5	0.47
NM	$Ni_{52.1}Mn_{27.3}Ga_{20.6}$	−2.03	20.5	1.0	12～20	<0.02
		−2.03	20.5	1	15	<0.02
	$Ni_{53.1}Mn_{26.6}Ga_{20.3}$	—	18.02	—	—	0.17
	$Ni_{50.5}Mn_{30.4}Ga_{19.1}$	2.6～5	20.6	—	—	—
		1.9	19.3	约 1	>6	0

注：* 指计算结果，其余未标的为测试结果。

从表 1—4 中可以看出，5M 和 7M 马氏体的孪晶界运动临界应力较低，一般在 1～2 MPa，特别是对于 5M 马氏体，在存在Ⅱ型孪晶的单晶中，临界应力可降到 0.1～0.3 MPa。多变体的情况下可能会出现临界应力的上升。NM 马氏体的孪晶界运动临界应力则较大，为 12～20 MPa。5M 马氏体的磁力 σ_{mag} 约为 2.5 MPa，7M 马氏体为 1.6 MPa 左右，较孪晶界运动临界应力大或者相当。

2. 磁感生应变的机理

NiMnGa 合金中，马氏体具有不同的晶体结构，然而同一晶体结构的马氏体，又具有不同的孪晶结构，造成不同的孪晶界运动临界应力。Ni—Mn—Ga 单晶 5M 马氏体室温压缩应力—应变曲线如图 1—26 所示，四方晶相的 5M Ni—Mn—Ga合金（成分 $Ni_{50.0}Mn_{28.0}Ga_{22.0}$）转变为单斜晶相后，可产生Ⅰ型和Ⅱ型孪晶，临界应力分别为 0.8～1.2 MPa 和 0.05～0.3 MPa。目前不同种类孪晶的孪晶界运动阻力区别的原因尚不清楚。

Ni—Mn—Ga 合金磁感生应变的产生是由于在磁场作用下孪晶界的运动，目前对机理解释有数值微磁模型、解析热力学模型、双变体模型等，其中 O'Handley 提出的双变体模型不仅能够解释孪晶界运动原因，还能解释相界运动原因，同时还能够说明在饱和阶段磁化强度和应变的非线性行为。

以近四方结构的马氏体为例，铁磁形状记忆合金 MFIS 产生机制示意图如图 1—27 所示。

图 1—27 中的单晶马氏体只有两种变体存在，虚线表示孪晶界。零磁场下，不同变体的磁矩各自沿着易磁化轴方向排列（虚线箭头）。沿着中间变体的易磁

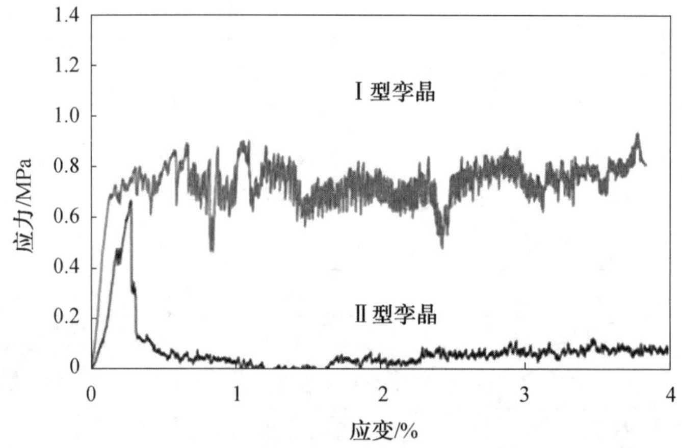

图 1－26　Ni－Mn－Ga 单晶 5M 马氏体室温压缩应力－应变曲线

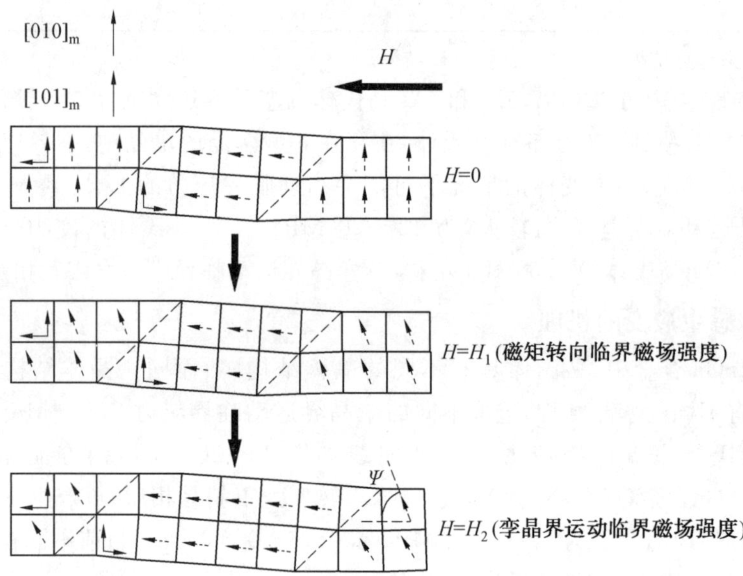

图 1－27　铁磁形状记忆合金 MFIS 产生机制示意图

化方向施加磁场，则两边变体的磁矩也倾向于沿外场方向排列，从而使得变体两侧能量不同，这种能量差将在孪晶界上施加一个驱动力（磁力）σ_{mag}。根据式(1.5)所示，初始时孪晶界运动的磁驱动力与外场的大小成正比，因此外场很小(H_1)时，磁力不足以驱动孪晶界运动，孪晶变体通过磁矩自身的转向来使其磁化方向与外场方向趋向一致。随着外加磁场的不断增加(H_2)，磁力也不断增加，当磁力增加到满足式(1.8)甚至式(1.9)时，孪晶界开始运动，中间变体长大，最终所有易磁化轴通过中间变体长大而均沿外场方向排列，在这个过程中，MFIS 也

相应产生。

Ni—Mn—Ga 合金中的 MFIS 包括可逆与不可逆两种，分别称为磁弹性和磁塑性。由于孪晶界的运动或者形状的改变也可以通过施加应力来实现，因此可以通过在垂直于磁场方向上施加应力的方法来恢复应变。Müllner 等通过试验发现，垂直的磁场也可以使样品的形状发生恢复。因此，可以通过施加应力或者磁场使应变恢复。

铁磁形状记忆合金的磁感生应变（MFIS）、母相和马氏体相的晶体结构、马氏体相变温度（T_M）及韧性（与 Ni—Mn—Ga 合金相比）见表 1—5，可见 Ni—Mn—Ga 合金在 MFIS 方面是其中性能最优的典型代表，其本征脆性虽较大但可通过相应手段改善，后续将详细阐述。

表 1—5　铁磁形状记忆合金的磁感生应变(MFIS)、母相和马氏体相的晶体结构、马氏体相变温度(T_M)及韧性(与 Ni—Mn—Ga 合金相比)

合金	MFIS	母相和马氏体相的晶体结构	韧性
Ni—Mn—Ga	室温或低温下 6%～10%(单晶)	室温或低温下 $L2_1$/5M 或 7M 稍高于或远高于室温下 $L2_1$/NM	—
Ni—Mn—Ga—Fe	室温或低温下 1%～5.5%(单晶)	室温或低温下 $L2_1$/5M 或 7M	优于 NiMnGa
Ni—Mn—Al	253 K 下 0.17%(单晶)，0.01%(多晶)	室温或低温下 B2($L2_1$)/5M 或 6M 7M； 稍高于或远高于室温下 B2($L2_1$)/7M 或 NM	由 γ 相获得改善
Ni—Fe—Ga	约 100 K 下 0.02%(单晶)	室温或低温下 $L2_1$/5M 或 6M 或 7M	由 γ 相获得改善
Ni—Fe—Ga—Co	300 K 下 0.7%(单晶)	—	由 γ 相获得改善
Co—Ni—Al	165 K 下 0.06%(单晶)；293 K 下 0.013%(单晶)	低于室温、稍高于或远高于室温下 B2/$L1_0$(或 NM)	由 γ 相获得改善
Co—Ni—Ga	0.011%(多晶)带材；RT 下 0.003%(单晶)	低于室温、稍高于或远高于室温下 B2/$L1_0$(或 NM)	由 γ 相获得改善

续表1.5

合金	MFIS	母相和马氏体相的晶体结构	韧性
Fe_3Pt	4.2 K 下约 0.6%(单晶)	有序的面心立方结构/面心正方结构/约 100 K	本征韧性良好
Fe－Pd	77 K 下 3.1%(单晶); 0.01%～0.05%(多晶); 0.06%～0.07%(多晶)薄带	室温或低温下无序面心立方/面心正方结构	本征韧性良好

3.磁感生应变的发展历史和研究现状

(1)单晶合金。

自 1996 年 Ullakko 等在 Ni_2MnGa 单晶中发现 0.19%MFIS 以后的 20 多年时间里,对 Ni－Mn－Ga 合金 MFIS 的研究主要集中于单晶。2000 年,Murray 等在室温下从 5M 马氏体的 $Ni_{47.4}Mn_{32.1}Ga_{20.5}$ 单晶中获得了 6%的 MFIS;2003 年,Sozinov 等在小于 1 T 的磁场下从 7M 马氏体的 Ni－Mn－Ga 单晶中获得约 10%的应变。5M 和 7M 马氏体中的应变已达理论极限值。目前,Ni－Mn－Ga 合金中 NM 马氏体最大应变值为 0.17%,原因在于 NM 马氏体孪晶界运动临界应力太高,若是通过某种训练使得孪晶界运动临界应力降低至磁力的水平,则有产生 20%MFIS 的巨大潜力。Ni－Mn－Ga 单晶中获得的 MFIS 数据见表1－1、表 1－5。

(2)大块多晶合金。

多晶 Ni－Mn－Ga 合金虽然制备简单,但是细小的晶粒阻碍孪晶界的运动,使得 MFIS 值非常小。通过在大块多晶中生成织构减少孪晶变体取向差,晶粒长大减少孪晶界运动的阻力或者将多晶制备成泡沫以减少晶界等方法可以得到较大的 MFIS。

①定向凝固织构多晶 Ni－Mn－Ga 合金。采用定向凝固等技术产生强织构状态,对其进行热－机械训练可有利于 MFIS 的获得。织构的存在可以减小相邻晶粒间的取向差,有利于 MFIS 产生。Potschke 等用该方法在多晶 Ni－Mn－Ga合金中引入$\langle 100 \rangle_A$ 强丝织构,对其进行晶粒长大处理和机械训练,在压缩应力作用下使得 7M 马氏体多晶合金中产生了约 8%的 MFIS。Gaitzsch 等采用同样的方法制备合金,在经过热－机械训练后在室温下从 5M 马氏体的多晶合金中获得了 1%的 MFIS。此外,Potschke 等通过机械训练,在织构多晶中获得了 0.16%的 MFIS。

②多孔 Ni－Mn－Ga 泡沫合金。孔隙的引入使晶界减少,晶粒长大处理使马氏体孪晶扩展到整个孔棱,随后经过训练减少孪晶变体获得 MFIS。Chmielus 和张学习等研究了双重孔隙结构的泡沫合金,经过热处理使得孔棱处形成“竹

节"状晶粒，晶粒的长大以及周围自由表面的存在使马氏体孪晶运动阻力进一步减小，因此获得了8.7%的MFIS。在后续的报道中又指出，与单一孔隙相比，进行多次循环后双重孔隙泡沫材料MFIS下降更少。

③热变形织构多晶Ni－Mn－Ga合金。热变形织构多晶Ni－Mn－Ga合金通常采用塑性变形的方法获得，目前报道的方法主要包括热轧制、热挤压、等温锻造和高压扭转等。从道永对Ni－Mn－Ga多晶合金进行包套处理，通过等温锻造形成较强的织构，发现热处理可以改变织构的组分而使其具有不同的孪晶界运动特征。

④多晶Ni－Mn－Ga合金复合材料。将Ni－Mn－Ga颗粒在定向的磁场下排列于树脂中，制备得到定向排列的复合材料，其中颗粒中的易磁化轴均沿外磁场排列，然而在制备态的复合材料中没有得到MFIS。随后通过调节改变树脂的类型并且进行磁－热训练后获得了0.1%的MFIS。

(3)小尺寸多晶薄膜、薄带和纤维。

大块多晶材料的工作频率会受涡流和惯性的影响。另外，对于多晶小尺寸材料来说，当晶粒的尺寸与试样的某一特征尺寸相当时，比如薄膜厚度、纤维直径、带材宽度、颗粒球径等，晶粒的周围即为自由的表面，则可以减小孪晶界运动的阻力，并且材料尺寸的减小有利于提高磁晶各向异性能。

在带材或者纤维的制备过程中，定向快速凝固易导致生成具有强织构的细晶结构。Heczko等报道了一种制备态下晶粒尺寸为1～3 μm、厚度为80 μm的薄带，退火后晶粒尺寸为40 μm，且依然具有很强的织构。Lazpita等在超细晶的制备态带材中施加1 T的磁场得到0.002%的MFIS。Guo等利用纺丝法制备Ni－Mn－Ga带材，退火晶粒长大后在1 T下获得0.25%的MFIS。由于带材的厚度与宽度之间存在较大的差别，因此晶粒尺寸很难跨越整个带材截面，在宽度方向上总是存在多个晶粒而限制宽度方向上的变形。而纤维中更容易通过退火得到竹节状的晶粒形态。Scheerbaum等经过热处理将Ni－Mn－Ga纤维处理成竹节状晶粒结构，最终在20 kOe的磁场下得到了约1%的MFIS，通过计算纤维轴与c轴之间的夹角得到单个晶粒的最大应变可达到约6%。

在薄膜、薄板的MFIS方面也有许多研究。Pötschke等利用定向凝固制备得到Ni－Mn－Ga薄板，通过晶粒长大使其晶粒尺寸与薄板厚度相当，最终获得0.16%的MFIS。Bernard等将Ni－Mn－Ga薄膜从Si晶片上剥离，在600 ℃下退火10 h，得到了0.025%的MFIS。总之，小尺寸材料是目前多晶Ni－Mn－Ga材料研究趋势之一。

1.6.2 磁驱动相变应变

磁感生应变源于磁晶各向异性能，即磁场作用于孪晶界上的驱动力。而磁

场驱动相变源于塞曼(Zeeman)能,它等于外磁场与奥氏体/马氏体磁化强度差ΔM的乘积。由于塞曼能对晶粒的取向并不敏感,因此这种效应在多晶中也能发现。磁感生应变和磁驱相变应变合称为铁磁形状记忆合金的磁致应变,表1-6列出了部分Ni-Mn基铁磁形状记忆合金的磁致应变。

表1-6　Ni-Mn基铁磁形状记忆合金的磁致应变

材料	温度/K	磁场/T	磁致应变	作用机制
$Ni_{45}Co_5Mn_{36.7}In_{13.3}$单晶	298	8	2.9%,不可逆	磁场驱动相变
$Ni_{43}Co_7Mn_{39}In_{11}$多晶	310	8	0.3%,可逆	磁场驱动相变
$Ni_{50}Mn_{34}In_{16}$多晶	195	5	0.14%,可逆	磁场驱动相变
$Ni_{45.2}Mn_{36.7}In_{13}Co_{5.1}$多晶	310	5	0.25%,可逆	磁场驱动相变
$Ni_{48.8}Mn_{29.7}Ga_{21.5}$单晶	300	1	9.5%,不可逆	磁场驱动孪晶界运动
多孔$Ni_{50.6}Mn_{28}Ga_{21.4}$多晶	300	1	0.115%,可逆	磁场驱动孪晶界运动
多孔NiMnGa多晶	300	1	8.7%,可逆	磁场驱动孪晶界运动

2006年,Kainuma等首先报道了Ni-Co-Mn-In单晶的磁驱动相变应变:首先把Ni-Co-Mn-In单晶在低温马氏体相预压缩3%,随后施加磁场至7 T在Zeeman能驱动下转变至奥氏体相,从而产生了约2.9%的应变,如图1-28所示。遗憾的是,这种磁驱动相变应变是单程的,磁场降低时应变不恢复。通过Clausius-Clapeyron方程,可以估算出7 T磁场下的输出应力为108 MPa,远远高于孪晶界运动过程产生的应力。2006年,Kainuma等又在Ni-Co-Mn-Sn多晶中也发现了类似磁驱动相变应变效应,他们首先把合金预压缩1.3%,施加磁场驱动马氏体相变产生了1%的应变。随后的研究在一些未经预形变的材料

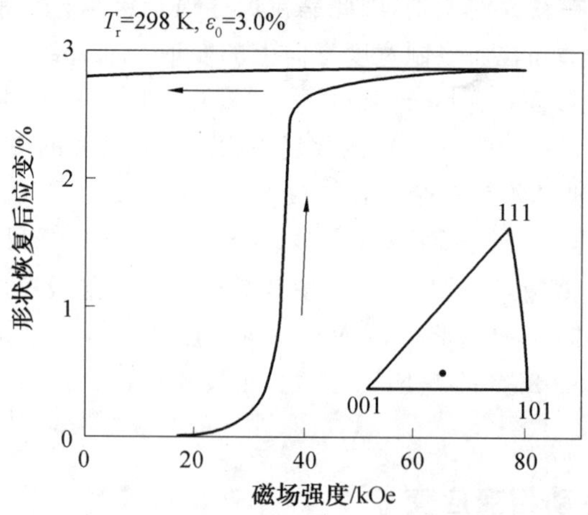

图1-28　$Ni_{45}Co_5Mn_{36.7}In_{13.3}$单晶合金在298 K下的磁驱动相变应变

中也发现了磁驱动相变应变效应。Krenke 等在 195 K 下在未经预形变的 Ni－Mn－In合金中得到了 0.14％的可逆磁驱动相变应变。Liu 等研究了 Ni－Co－Mn－In多晶的结构和磁驱动相变应变，结果表明沿柱状晶方向的可逆磁驱动相变应变达到 0.25％，而垂直磁场方向仅为－0.11％。

1.7 磁热效应

近年来，环境问题得到了越来越多的关注。传统的制冷技术大多采用氟利昂和氨等气体工质，使得环境遭到很大的污染和破坏。人们致力于开发无氟气体工质，但大多数依然存在温室效应，且能量转化效率有待提高。磁制冷技术由于节能和无环境污染的特性而得到了研究者们的广泛关注。

1.7.1 磁热效应原理

磁热效应(MCE)是利用磁性材料电子自旋系统磁熵变 ΔS_m 随外界磁场变化的原理达到吸热和放热目的的现象。磁性材料的熵由自旋电子磁性熵(S_m)、晶格振动熵(S_l)和传导电子熵(S_e)组成，其中只有 S_m 可通过磁场进行控制，并且传导电子熵很小，可忽略不计。图 1－29 为磁制冷循环过程示意图，其中(a)为无外加磁场，处于铁磁态或者顺磁态的磁制冷材料中磁矩均混乱排列，此时温度为 T;(b)为绝热施加磁场，磁矩倾向于沿着外场方向排列降低了 S_m，同时增加了 S_l，从而导致系统温度的增加($T+\Delta T$);(c)为将增加的温度 ΔT 释放，使得系统温度再次降到 T;(d)为绝热去磁，与(b)相反，这个过程 S_l减小而 S_m 增加，从而降低了系统的温度，达到磁制冷的效果。

研究表明，除了上述传统 MCE 外，另有一种反 MCE 存在，主要出现在反铁磁性材料中。一般反铁磁材料的磁畴分为两种子畴，若施加平行于一种畴磁矩方向时，另一种取向的磁矩会在沿着外场方向偏转的过程中扰乱原有的平衡，从而诱导 S_m 不降反增，继而出现反 MCE 。无论正反磁热，若磁矩转动过程伴随结构的变化，即可能产生巨磁热效应(Giant Magnetocaloric Effect，GMCE)。

1.7.2 磁热效应表征方法

MCE 表述为在加/去磁过程中产生的 ΔS_m 或者绝热温变(ΔT_{ad})。另外，材料的制冷能力(Refrigeration Capacity，RC)值也是评价 MCE 的一个重要参数。利用热力学的麦克斯韦(Maxwell)关系式，可以推导出磁熵 S_m 与温度 T 及磁场 H 下磁化强度 M 之间的关系为

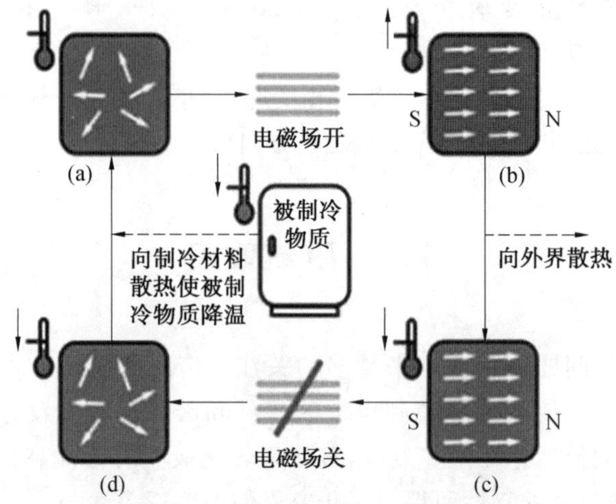

图 1-29 磁制冷循环过程示意图

$$\left(\frac{\partial S}{\partial H}\right)_{\mathrm{T}}=\left(\frac{\partial M}{\partial T}\right)_{\mathrm{H}} \tag{1.10}$$

考虑到磁制冷材料的固态性质，一般不考虑压强对热力学量的影响，因此，磁性材料热力学熵对温度和磁场的全微分为

$$\mathrm{d}S=\left(\frac{\partial S}{\partial T}\right)_{\mathrm{H}}\mathrm{d}T+\left(\frac{\partial S}{\partial H}\right)_{\mathrm{T}}\mathrm{d}H \tag{1.11}$$

另外，恒定磁场下，比热容 c_{H} 定义为

$$c_{\mathrm{H}}=T\left(\frac{\partial S}{\partial T}\right)_{\mathrm{T}} \tag{1.12}$$

结合式(1.10)～(1.12)可得

$$\mathrm{d}S=\left(\frac{c_{\mathrm{H}}}{T}\right)\mathrm{d}T+\left(\frac{\partial M}{\partial T}\right)_{\mathrm{H}}\mathrm{d}H \tag{1.13}$$

绝热条件下，$\mathrm{d}S=0$，因此由式(1.13)可得到 ΔT_{ad} 表达式为

$$\Delta T_{\mathrm{ad}}=-\int_{H_1}^{H_2}\left(\frac{T}{c_{\mathrm{H}}}\right)\left(\frac{\partial M}{\partial T}\right)_{\mathrm{H}}\mathrm{d}H \tag{1.14}$$

然而，除了通过测量比热容得到 ΔT_{ad} 外，还可以通过绝热退磁直接测量法来得到，但直接测量法对测试环境的绝热性能和温度传感器的精度要求很高。

等温条件下，$\mathrm{d}T=0$，由式(1.13)可得到磁场变化过程中的 ΔS_{m} 表达式为

$$\Delta S_{\mathrm{m}}=S_{\mathrm{m}}(H_2,T)-S_{\mathrm{m}}(H_1,T)=\int_{H_1}^{H_2}\left(\frac{\partial M}{\partial T}\right)_{\mathrm{H}}\mathrm{d}H \tag{1.15}$$

为了便于测量与计算，将磁场和温度抽象成离散的点，即

$$\Delta S_{\mathrm{m}}=\sum_{j}\frac{M_{i+1}(T,H_{j+1})-M_i(T,H_j)}{T_{i+1}-T_i}\Delta H_i \tag{1.16}$$

式中　M_i 和 M_{i+1}——磁场为 H_j、H_{j+1} 和温度为 T_i、T_{i+1} 时的磁化强度。

这种方法虽然简便，但是在一级磁相变附近的适用性问题上一直有争议，原因在于利用等温磁化曲线计算磁相变附近 ΔS_m 时会产生虚高的值。然而研究表明，对于拥有弱磁弹性耦合($\lambda_1/\lambda_0<2$)的一级相变来说，上述 Maxwell 关系式完全适用于计算 ΔS_m。而对于 Ni－Mn－Ga 合金来说，λ_1 为 10^7 而 λ_0 为 10^{10} erg/cm^3，因此完全符合上述条件。对于不满足上述条件的磁材料来说，可以通过恒定磁场下比热容的测量来测量磁热值，对于 ΔT_{ad} 的测量如式(1.14)所示，而对于 ΔS_m，依然可由恒定磁场条件下的式(1.13)得到，$\mathrm{d}H=0$，则

$$\Delta S_m = S_m(H_2, T) - S_m(H_1, T) = \int_{T_1}^{T_2} \frac{C(T, H)}{\partial T} \mathrm{d}T \tag{1.17}$$

此外，还可利用循环(Loop)的测试方法来消除"虚高"现象，即在每条 $M-H$ 曲线测试前将样品升温/降温到完全顺磁状态，然后再降温/升温到测量点后加磁/去磁测试等温磁化曲线的方法。

另外，磁制冷在实际工作中需要有较宽的工作温度区间，定义为 ΔS_m-T 曲线的半高宽(Full Width at Half Maximum，ΔT_{FWHM})。用材料的 RC 值来综合评价 MCE，通过对 ΔS_m-T 曲线下 $\Delta T_{FWHM}(T_1-T_2)$ 范围内的积分来表示：

$$\mathrm{RC} = \int_{T_1}^{T_2} \Delta S_m(T)_H \mathrm{d}T \tag{1.18}$$

1.7.3　磁热效应研究现状及存在的问题

自 1881 年 Warburg 发现 MCE 以来，新型磁制冷材料的研究得到越来越多的关注。研究表明，Gd、Gd－Si－Ge、La－Fe－Si 及 Mn 基化合物 Mn－Fe－P－As等均拥有优异的磁热性能。然而，稀土材料价格昂贵，并且 P 和 As 等材料有毒，在应用方面具有一定的局限性。近年来，人们发现 Ni－Mn－X(X=Ga，In，Sn，Sb)铁磁形状记忆合金具有优异的 MCE，并且其相变温度可调，在应用方面更具优势。尽管镍锰基磁制冷材料在取代传统制冷工质方面具有良好的应用前景，但依然存在以下一系列问题亟待解决。

(1)ΔS_m 及 RC 值(工作区间)的协调。

当磁材料一级和二级相变发生耦合，即出现一级磁相变时，磁有序状态的改变会伴随晶格结构的不连续变化而产生更大的磁化强度差 ΔM，从而导致大 ΔS_m 的产生。一级磁相变的产生存在两种情况，一种是马氏体和奥氏体本身具有不同的磁状态，因此一级结构相变过程同时伴随磁性转变，这种现象多存在于 Ni－Mn－In、Ni－Mn－In－Co、Ni－Mn－Sn 等合金中；另一种情况是通过调节两种相变温度，使奥氏体的磁性转变温度与马氏体相变温度一致，主要包括 Ni－Mn－Ga 和 Ni－Mn－Ga－Cu 等。但是，一、二级相变耦合时相变区间一般较

窄。以 Ni－Mn－Ga 为例，耦合时 ΔS_m（单晶中最大值达到约 86 J/(kg·K)）集中在 1～3 K 的 ΔT_{FWHM} 内，导致 RC 值下降。从实际应用的角度来说，不仅需要有大的 ΔS_m，还需要有宽的 ΔT_{FWHM}。研究者们通过将不同相变温度的材料做成复合材料的方法来获得整个循环区间内的平稳变化的 ΔS_m，这种方法的实施需要精确调节各组分之间的质量比，然而这种方法最终由于材料本身及温度范围的限制，ΔS_m 值减小，因此限制了其应用。另外，还有学者通过加压的方式引入中间相变或者在拥有高、低温两种二级磁相变的材料中调节两种相变间距的方法来增加 ΔT_{FWHM}。目前认为最有效的方法是从单种材料本身出发研究宽化制冷工作区间的方法。

(2)工作温度。

从实用性角度，磁制冷的工作温度应在室温或稍高于室温。尽管通过调节相变温度，目前在 Ni－Mn－Ga 单晶中产生大 ΔS_m 可出现在室温附近，但是磁相变温度的降低也意味着损失合金的磁性能，因此会降低合金的磁热性能。然而，对于高磁性的富 Mn 的 $Ni_{50}Mn_{25-x}Ga_x$ 合金来说，其 T_C 大都稳定在 263～273 K，因此如何协调 ΔS_m 与工作温度之间的关系至关重要。

(3)滞后问题。

一级相变还伴随着相变滞后，导致在相变过程中产生热量损耗。另外，磁滞效应的存在也大大降低了磁制冷的效率。一级磁相变材料一般拥有非常大的磁滞后，原因在于该种材料容易在磁场作用下发生磁性转变，由于磁性转变伴随结构转变，退磁过程中无法得到足够的驱动力发生逆相变，因此产生较大的磁滞后。Ni－Mn－Ga 合金相变滞后约 10 K。研究表明，通过将材料破碎以及制备成多孔材料的方法减小相变的阻力可以起到减小滞后的效果。总之，相变过程阻力的减小是减小滞后的主要途径。将合金制备成小尺寸材料的方法可增加比表面积，增加晶粒自由表面，从而有效地降低滞后。

(4)循环寿命。

一级相变一般伴随体积的变化，因此对于脆性材料来说，在高强度的磁热循环中容易发生开裂与破坏。在大块多晶材料中，开裂的产生源自于晶粒在相变过程中的制约，因此可以通过增加晶粒自由表面的方法来解决这个问题。另外，通过合金化提高材料的塑性可以提高循环寿命。

(5)散热问题。

对于一个热循环系统来说，有效的散热非常重要。在这一点方面，一维小尺寸材料因其具有大的比表面积而拥有优异的散热性能。

(6)成形问题。

一般实用器件都需要有一定的形状，然而磁热材料的脆性往往限制了这个问题的解决。同样，小尺寸材料可以作为体积单元根据需求组成各种复杂的形

状，从而有效地解决这个问题。

综上所述，将合金制备成小尺寸材料，可减小相变滞后，解决合金的循环寿命、散热和成形方面的问题。通过有效调节一级相变、二级相变温度和两者间距，可有效提高 ΔS_m 和制冷工作区间，并且通过合金化的方法，有望将相变温度降低到室温附近。

1.8　磁电阻性能

$Ni_{50}Mn_{50-x}Z_x$(Z=Ga，In，Sn，Sb)合金的马氏体相变不仅伴随着磁化强度的突变，还有电阻的突变，因而磁场驱动的马氏体相变也会带来电阻的变化，产生磁电阻效应。2006 年，Yu 等研究 $Ni_{50}Mn_{50-x}In_x$ 单晶的电性和磁电阻效应(图 1—30)，结果表明，随着温度的升高，马氏体相变附近电阻突然降低，说明结构的变化影响了费米面附近的电子能态密度。

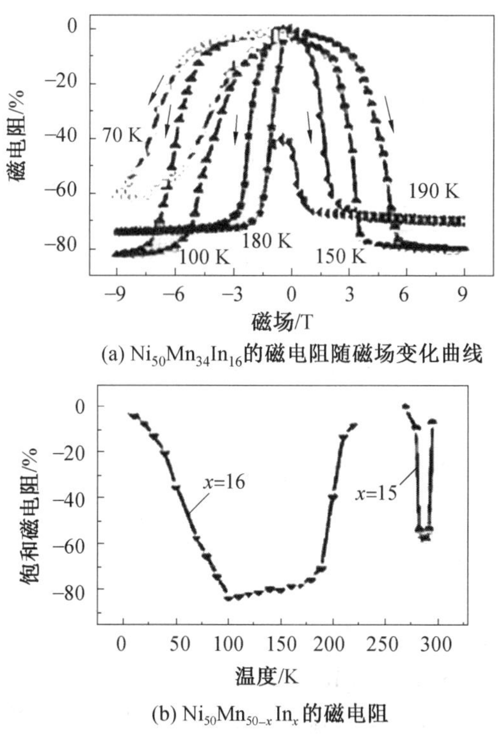

(a) $Ni_{50}Mn_{34}In_{16}$的磁电阻随磁场变化曲线

(b) $Ni_{50}Mn_{50-x}In_x$ 的磁电阻

图 1—30　$Ni_{50}Mn_{50-x}In_x$ 合金的磁电阻性能

施加磁场后，马氏体转变温度向低温移动，对 $Ni_{50}Mn_{34}In_{16}$ 合金，转变温度随磁场以 1.2 K/kOe 降低。在低于转变温度施加磁场，产生了磁驱马氏体相变的现象，产生了60%～80%的磁电阻效应。2006年，Koyama等研究了$Ni_{50}Mn_{36}Sn_{14}$中磁电阻效应，发现马氏体相变不仅伴随着磁化强度的突变，还有约50%的电阻突变。在150 K施加磁场至170 kOe，产生了50%的磁电阻效应。随后，对$Ni_{50}Mn_{50-x}Z_x$(Z=In,Sn,Sb)合金有大量关于磁电阻效应的报道，见表1－7。这种由磁场诱导相变引起的磁电阻效应，虽然其磁电阻效应较大，但是有一些缺点：①所需磁场通常较大，如$Ni_{50}Mn_{34}In_{16}$，在100 K下达到80%的磁电阻需要90 kOe磁场，而$Ni_{50}Mn_{36}Sn_{14}$达到50%的磁电阻需要170 kOe的磁场；②磁电阻效应的不可逆，在略低于马氏体转变温度的温区，经过一次加场驱动相变之后，会有奥氏体相的残留，导致磁电阻效应下降，如$Ni_{50}Mn_{36}Sn_{14}$合金在150 K温度下第一次加磁场过程的磁电阻效应为50%，经降场后再次升场至相同磁场，磁电阻效应降到20%左右；③磁电阻效应温度稳定性较差，不同温度下的电阻对磁场有不同的响应曲线。

表1－7 $Ni_{50}Mn_{50-x}Z_x$(Z=In,Sn,Sb)铁磁形状记忆合金的磁电阻效应

材料	温度/K	磁场/kOe	磁电阻/%
$Ni_{50}Mn_{34}In_{16}$	100	90	80
$Ni_{50}Mn_{36}Sn_{14}$	150	170	50
$Ni_{41}Co_9Mn_{39}Sb_{11}$	240	130	70
$Ni_{43}Mn_{41}Co_5Sn_{11}$	208	50	60
$Ni_2Mn_{1.36}Sn_{0.64}$	106	90	40

本章参考文献

[1] O'HANDLEY R C. Modern magnetic materials: Principles and applications [M]. Hoboken: Wiley, 2000.

[2] SOZINOV A, LIKHACHEV A A, LANSKA N, et al. 10% magnetic-field-induced strain in Ni-Mn-Ga seven-layered martensite [J]. Journal De Physique IV, 2003, 112: 955-958.

[3] GAITZSCH U, POTSCHKE M, ROTH S, et al. A 1% magnetostrain in polycrystalline 5M Ni-Mn-Ga [J]. Acta Materialia, 2009, 57(2): 365-370.

[4] TICKLE R, JAMES R D, SHIELD T, et al. Ferromagnetic shape memory in the NiMnGa system [J]. IEEE Transactions on Magnetics, 1999, 35(5): 4301-4310.

[5] KARACA H E, KARAMAN I, BASARAN B, et al. Magnetic field and stress in-

duced martensite reorientation in NiMnGa ferromagnetic shape memory alloy single crystals [J]. Acta Materialia,2006,54(1):233-245.

[6] MURRAY S J,MARIONI M,ALLEN S M,et al. 6% magnetic-field-induced strain by twin-boundary motion in ferromagnetic Ni-Mn-Ga [J]. Applied Physics Letters, 2000,77(6):886-888.

[7] GANOR Y,SHILO D,SHIELD T W,et al. Breaching the work output limitation of ferromagnetic shape memory alloys [J]. Applied Physics Letters, 2008, 93(12): 122509.

[8] LIKHACHEV A A,SOZINOV A, ULLAKKO K. Different modeling concepts of magnetic shape memory and their comparison with some experimental results obtained in Ni-Mn-Ga [J]. Materials Science and Engineering A,2004,378(1-2):513-518.

[9] LI Z,ZHANG Y,SÁNCHEZ-VALDÉS C F,et al. Giant magnetocaloric effect in melt-spun Ni-Mn-Ga ribbons with magneto-multistructural transformation[J]. Applied Physics Letters,2014,104:044101.

[10] PASQUALE M,SASSO C P,LEWIS L H,et al. Magnetostructural transition and magnetocaloric effect in $Ni_{55}Mn_{20}Ga_{25}$ single crystals [J]. Physical Review B,2005, 72:094435.

[11] CHERNENKO V A,CESARI E,KOKORIN V V,et al. The development of new ferromagnetic shape memory alloys in Ni-Mn-Ga system[J]. Scripta Metallurgicaet Materialia,1995,33(8):1239-1244.

[12] LYUBINA J,SCHAFER R,MARTIN N,et al. Novel design of $La(Fe,Si)_{13}$ alloys towards high magnetic refrigeration performance[J]. Advanced Materials,2010,22(33):3735-3739.

[13] WANG H B,LIU C,LEI Y C,et al. Characterization of $Ni_{55.6}Mn_{11.4}Fe_{7.4}Ga_{25.6}$ high temperature shape memory alloy thin film [J]. Journal of Alloys and Compounds, 2008,465(1-2):458-461.

[14] UELAND S M,CHEN Y, SCHUH C A. Oligocrystalline shape memory alloys [J]. Advanced Functional Materials,2012,22(10):2094-2099.

[15] DUNAND D C,MÜLLNER P. Size effects on magnetic actuation in Ni-Mn-Ga shape-memory alloys [J]. Advanced Materials,2011,23(2):216-232.

[16] DE GROOT R A,MÜELLER F M,ENGEN P G V,et al. New class of materials: Half-metallic ferromagnets [J]. Physical Review Letters,1983,50(25):2024-2027.

[17] STAGER C V, CAMPBELL C C M. Antiferromagnetic order in the Heusler alloy, $Ni_2Mn(Mn_xSn_{1-x})$[J]. Canadian Journal of Physics,1978,56(6):674-677.

[18] WEBSTER P J,ZIEBECK K R A,TOWN S L,et al. Magnetic order and phase transformation in Ni_2MnGa[J]. Philosophical Magazine B,1984,49(3):295-310.

[19] ULLAKKO K,HUANG J K,KANTNER C,et al. Large magnetic-field-induced strains in Ni_2MnGa single crystals [J]. Applied Physics Letters,1996,69(13):1966-1968.

[20] BOONYONGMANEERAT Y,CHMIELUS M,DUNAND D C,et al. Increasing magnetoplasticity in polycrystalline Ni-Mn-Ga by reducing internal constraints through porosity [J]. Physical Review Letters,2007,99:247201.

[21] CHMIELUS M,ZHANG X X,WITHERSPOON C,et al. Giant magnetic-field-induced strains in polycrystalline Ni-Mn-Ga foams [J]. Nature Materials,2009,8(11):863-866.

[22] ZHANG X X,WITHERSPOON C,MÜLLNER P,et al. Effect of pore architecture on magnetic-field-induced strain in polycrystalline Ni-Mn-Ga [J]. Acta Materialia,2011,59(5):2229-2239.

[23] GAITZSCH U,ROMBERG J,POTSCHKE M,et al. Stable magnetic-field-induced strain above 1% in polycrystalline Ni-Mn-Ga [J]. Scripta Materialia,2011,65(8):679-682.

[24] SUTOU Y,IMANO Y,KOEDA N,et al. Magnetic and martensitic transformations of NiMnX(X=In,Sn,Sb) ferromagnetic shape memory alloys [J]. Applied Physics Letters,2004,85(19):4358-4360.

[25] CHERNENKO V A,CESARI E,KOKORIN V V,et al. The development of new ferromagnetic shape memory alloys in Ni-Mn-Ga system [J]. Scripta Metallurgica et Materiala,1995,33(8):1239-1244.

[26] 从道永. 新型 Ni—Mn—Ga 磁致形状记忆合金的晶体结构与微结构研究[D]. 沈阳:东北大学,2008.

[27] AYUELA A,ENKOVAARA J,ULLAKKO K,et al. Structural properties of magnetic Heusler alloys [J]. Journal of Physics-Condensed Matter,1999,11:2017-2026.

[28] LIEBERMANN H H,GRAHAM JR C D. Magnetoplastic deformation of Dy crystals[C]. New York:American Institute of Physics,1976,29(1):598-599.

[29] RIGHI L, ALBERTINI F, CALESTANI G, et al. Incommensurate modulated structure of the ferromagnetic shape-memory Ni_2MnGa martensite [J]. Journal of Solid State Chemistry,2006,179(11):3525-3533.

[30] PONS J,SANTAMARTA R,CHERNENKO V A,et al. Long-period martensitic structures of Ni-Mn-Ga alloys studied by high-resolution transmission electron microscopy [J]. Journal of Applied Physics,2005,97:083516.

[31] JIANG C B, MUHAMMAD Y, DENG L F, et al. Composition dependence on the martensitic structures of the Mn-rich NiMnGa alloys [J]. Acta Materialia, 2004, 52(9): 2779-2785.

[32] LANSKA N, SODERBERG O, SOZINOV A, et al. Composition and temperature dependence of the crystal structure of Ni-Mn-Ga alloys [J]. Journal of Applied Physics, 2004, 95(12): 8074-8078.

[33] GE Y, JIANG H, SOZINOV A, et al. Crystal structure and macrotwin interface of five-layered martensite in Ni-Mn-Ga magnetic shape memory alloy [J]. Materials Science and Engineering A, 2006, 438: 961-964.

[34] RIGHI L, ALBERTINI F, VILLA E, et al. Crystal structure of 7M modulated Ni-Mn-Ga martensitic phase [J]. Acta Materialia, 2008, 56(16): 4529-4535.

[35] HAN M, BENNETT J C, GHARGHOURI M A, et al. Microstructure characterization of the non-modulated martensite in Ni-Mn-Ga alloy [J]. Materials Characterization, 2008, 59(6): 764-768.

[36] ZHOU X Z, KUNKEL H, WILLIAMS G, et al. Phase transitions and the magnetocaloric effect in Mn rich Ni-Mn-Ga Heusler alloys [J]. Journal of Magnetism and Magnetic Materials, 2006, 305(2): 372-376.

[37] JIANG C B, WANG J M, LI P P, et al. Search for transformation from paramagnetic martensite to ferromagnetic austenite: NiMnGaCu alloys [J]. Applied Physics Letters, 2009, 95: 12501.

[38] JIANG B, ZHOU W, QI X, et al. Recent progress of magnetically controlled shape memory materials[J]. Materials Science Forum, 2003, 426(pt. 3): 2285-2290.

[39] HUANG C H, WANG Y, TANG Z, et al. Influence of atomic ordering on elastocaloric and magnetocaloric effects of a Ni-Cu-Mn-Ga ferromagnetic shape memory alloy [J]. Journal of Alloys and Compounds, 2015, 630: 244-249.

[40] WANG J M, BAI H Y, JIANG C B, et al. A highly plastic $Ni_{50}Mn_{25}Cu_{18}Ga_7$ high-temperature shape memory alloy [J]. Materials Science and Engineering A, 2010, 527(7-8): 1975-1978.

[41] LI P P, WANG J M, JIANG C B. Martensitic transformation in Cu-doped NiMnGa magnetic shape memory alloys [J]. Chinese Physics B, 2011, 20(2): 28104.

[42] GLAVATSKYY I, GLAVATSKA N, DOBRINSKY A, et al. Crystal structure and high-temperature magnetoplasticity in the new Ni-Mn-Ga-Cu magnetic shape memory alloys [J]. Scripta Materialia, 2007, 56(7): 565-568.

[43] SANCHEZ-ALARCOS V, PEREZ-LANDAZABAL J I, RECARTE V, et al. Correlation between composition and phase transformation temperatures in Ni-Mn-Ga-

Co ferromagnetic shape memory alloys [J]. Acta Materialia, 2008, 56(19): 5370-5376.

[44] KIKUCHI D, KANOMATA T, YAMAGUCHI Y, et al. Magnetic properties of ferromagnetic shape memory alloys $Ni_2Mn_{1-x}Fe_xGa$ [J]. Journal of Alloys and Compounds, 2004, 383(1-2): 184-188.

[45] TSUCHIYA K, TSUTSUMI A, OHTSUKA H, et al. Modification of Ni-Mn-Ga ferromagnetic shape memory alloy by addition of rare earth elements [J]. Materials Science and Engineering A, 2004, 378(1-2): 370-376.

[46] GAO L, CAI W, LIU A L, et al. Martensitic transformation and mechanical properties of polycrystalline $Ni_{50}Mn_{29}Ga_{21-x}Gd_x$ ferromagnetic shape memory alloys [J]. Journal of Alloys and Compounds, 2006, 425(1-2): 314-317.

[47] SODERBERG O, KOHO K, SAMMI T, et al. Effect of the selected alloying on Ni-Mn-Ga alloys [J]. Materials Science and Engineering A, 2004, 378(1-2): 389-393.

[48] LU X, CHEN X, QIU L, et al. Martensitic transformation of Ni-Mn-Ga(C, Si, Ge) Heusler alloys [J]. Journal De Physique IV, 2003, 112: 917-920.

[49] GLAVATSKYY I, GLAVATSKA N, SODERBERG O, et al. Transformation temperatures and magnetoplasticity of Ni-Mn-Ga alloyed with Si, In, Co or Fe [J]. Scripta Materialia, 2006, 54(11): 1891-1895.

[50] WACHTEL E, HENNINGER F, PREDEL B. Constitution and magnetic properties of Ni-Mn-Sn alloys-solid and liquid state [J]. Journal of Magnetism and Magnetic Materials, 1983, 38(3): 305-315.

[51] KAINUMA R, IMANO Y, ITO W, et al. Magnetic-field-induced shape recovery by reverse phase transformation [J]. Nature, 2006, 439(7079): 957-960.

[52] BAI V S, RAJASEKHARAN T. Evidence of a critical mn-mn distance for the onset of ferromagnetism in NiAs type compounds [J]. Journal of Magnetism and Magnetic Materials, 1984, 42(2): 198-200.

[53] BUCHELNIKOV V D, ENTEL P, TASKAEV S V, et al. Monte Carlo study of the influence of antiferromagnetic exchange interactions on the phase transitions of ferromagnetic Ni-Mn-X alloys(X=In, Sn, Sb) [J]. Physical Review B, 2008, 78(18): 184427.

[54] YUAN S, KUHNS P L, REYES A P, et al. Magnetically nanostructured state in a Ni-Mn-Sn shape-memory alloy [J]. Physical Review B, 2015, 91: 214421.

[55] GHOSH A, MANDAL K. Effect of structural disorder on the magnetocaloric properties of Ni-Mn-Sn alloy [J]. Applied Physics Letters, 2014, 104(3): 31905.

[56] KRENKE T, ACET M, WASSERMANN E F, et al. Martensitic transitions and the nature of ferromagnetism in the austenitic and martensitic states of Ni-Mn-Sn alloys [J]. Physical Review B, 2005, 72: 14412.

[57] CONG D Y, ROTH S, SCHULTZ L. Magnetic properties and structural transformations in Ni-Co-Mn-Sn multifunctional alloys [J]. Acta Materialia, 2012, 60(13-14): 5335-5351.

[58] ULLAKKO K. Magnetically controlled shape memory alloys: A new class of actuator materials [J]. Journal of Materials Engineering and Performance, 1996, 5(3): 405-409.

[59] HAMILTON R F, SEHITOGLU H, CHUMLYAKOV Y, et al. Stress dependence of the hysteresis in single crystal NiTi alloys [J]. Acta Materialia, 2004, 52(11): 3383-3402.

[60] WU S K, YANG S T. Effect of composition on transformation temperatures of Ni-Mn-Ga shape memory alloys [J]. Materials Letters, 2003, 57(26-27): 4291-4296.

[61] SANCHEZ-ALARCOS V, RECARTE V, PEREZ-LANDAZABAL J I, et al. Correlation between atomic order and the characteristics of the structural and magnetic transformations in Ni-Mn-Ga shape memory alloys [J]. Acta Materialia, 2007, 55 (11): 3883-3889.

[62] CHERNENKO V A, PONS J, SEGUI C, et al. Premartensitic phenomena and other phase transformations in Ni-Mn-Ga alloys studied by dynamical mechanical analysis and electron diffraction [J]. Acta Materialia, 2002, 50(1): 53-60.

[63] SEGUI C, CESARI E, PONS J, et al. Internal friction behaviour of Ni-Mn-Ga [J]. Materials Science and Engineering A, 2004, 370(1-2): 481-484.

[64] ZHELUDEV A, SHAPIRO S M, WOCHNER P, et al. Phonon anomaly, central peak, and microstructures in Ni_2MnGa [J]. Physical Review B, 1995, 51: 11310.

[65] CHERNENKO V A, L'VOV V, PONS J, et al. Superelasticity in high-temperature Ni-Mn-Ga alloys [J]. Journal of Applied Physics, 2003, 93(5): 2394-2399.

[66] SEGUI C, CHERNENKO V A, PONS J, et al. Low temperature-induced intermartensitic phase transformations in Ni-Mn-Ga single crystal [J]. Acta Materialia, 2005, 53(1): 111-120.

[67] YEDURU S R, BACKEN A, FHLER S, et al. Large superplastic strain in non-modulated epitaxial Ni-Mn-Ga films[J]. Physics Procedia, 2010, 10: 162-167.

[68] WANG W H, LIU Z H, ZHANG J, et al. Thermoelastic intermartensitic transformation and its internal stress dependency in $Ni_{52}Mn_{24}Ga_{24}$ single crystals [J]. Physical Review B, 2002, 66: 052411.

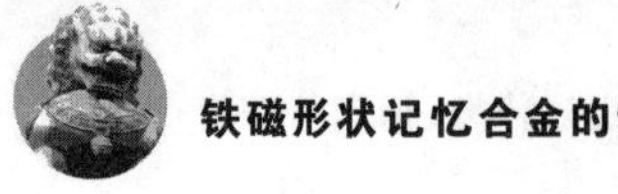

[69] CHERNENKO V A. Compositional instability of β-phase in Ni-Mn-Ga alloys [J]. Scripta Materialia, 1999, 40(5): 523-527.

[70] QIAN M F, ZHANG X X, WEI L S, et al. Effect of chemical ordering annealing on martensitic transformation and superelasticity in polycrystalline Ni-Mn-Ga microwires [J]. Journal of Alloys and Compounds, 2015, 645: 335-343.

[71] JIN X, MARIONI M, BONO D, et al. Empirical mapping of Ni-Mn-Ga properties with composition and valence electron concentration [J]. Journal of Applied Physics, 2002, 91(10): 8222-8224.

[72] KREISSL M, NEUMANN K U, STEPHENS T, et al. The influence of atomic order on the magnetic and structural properties of the ferromagnetic shape memory compound Ni_2MnGa [J]. Journal of Physics-Condensed Matter, 2003, 15(22): 3831-3839.

[73] ZHANG X X, QIAN M F, ZHANG Z, et al. Magnetostructural coupling and magnetocaloric effect in Ni-Mn-Ga-Cu microwires [J]. Applied Physics Letters, 2016, 108: 052401.

[74] KAKESHITA T, KUROIWA K, SHIMIZU K, et al. Effect of magnetic fields on athermal and isothermal martensitic transformations in Fe-Ni-Mn alloys [J]. Materials Transactions JIM, 1993, 34(5): 415-422.

[75] LEE Y H, TODAI M, OKUYAMA T, et al. Isothermal nature of martensitic transformation in an $Ni_{45}Co_5Mn_{36.5}In_{13.5}$ magnetic shape memory alloy [J]. Scripta Materialia, 2011, 64(10): 927-930.

[76] KAKESHITA T, KUROIWA K, SHIMIZU K, et al. A new model explainable for both the athermal and isothermal natures of martensitic transformations in Fe-Ni-Mn alloys [J]. Materials Transactions JIM, 1993, 34(5): 423-428.

[77] JIANG C B, FENG G, GONG S K, et al. Effect of Ni excess on phase transformation temperatures of NiMnGa alloys [J]. Materials Science and Engineering A, 2003, 342(1-2): 231-235.

[78] ZHANG Y, LI M, WANG Y D, et al. Superelasticity and serration behavior in small-sized NiMnGa alloys [J]. Advanced Engineering Materials, 2014, 16(8): 955-960.

[79] CALLAWAY J D, HAMILTON R F, SEHITOGLU H, et al. Shape memory and martensite deformation response of Ni_2MnGa [J]. Smart Materials & Structures, 2007, 16(1): S108-S114.

[80] CHERNENKO V A, VILLA E, BESSEGHINI S, et al. Giant two-way shape memory effect in high-temperature Ni-Mn-Ga single crystal[J]. Physics Procedia, 2010,

10:94-98.

[81] MA Y Q, YANG S Y, JIN W J, et al. $Ni_{56}Mn_{25-x}Cu_xGa_{19}$ ($x=0,1,2,4,8$) high-temperature shape-memory alloys [J]. Journal of Alloys and Compounds, 2009, 471 (1-2): 570-574.

[82] LI Y, XIN Y, JIANG C B, et al. Mechanical and shape memory properties of $Ni_{54}Mn_{25}Ga_{21}$ high-temperature shape memory alloy [J]. Materials Science and Engineering A, 2006, 438: 978-981.

[83] WANG W H, WU G H, CHEN J L, et al. Magnetic field-controlled shape memory in $Ni_{52.5}Mn_{23.5}Ga_{24}$ single crystals[J]. Advanced Engineering Materials, 2001, 3(5): 330-333.

[84] LI Y X, LIU H Y, MENG F B, et al. Magnetic field-controlled two-way shape memory in CoNiGa single crystals [J]. Applied Physics Letters, 2004, 84(18): 3594-3596.

[85] LIKHACHEV A A, SOZINOV A, ULLAKKO K. Influence of external stress on the reversibility of magnetic-field-controlled shape memory effect in Ni-Mn-Ga [C], Smart Structures and Materials 2001: Active Materials: Behaviorand Mechanics. International Society for Optics and Photonics, 2001, 4333: 197-206.

[86] HECZKO O, STRAKA L. Magnetic properties of stress-induced martensite and martensitic transformation in Ni-Mn-Ga magnetic shape memory alloy [J]. Materials Science and Engineering A, 2004, 378(1-2): 394-398.

[87] AALTIO I, SODERBERG O, GE Y L, et al. Twin boundary nucleation and motion in Ni-Mn-Ga magnetic shape memory material with a low twinning stress [J]. Scripta Materialia, 2010, 62(1): 9-12.

[88] SOZINOV A, LANSKA N, SOROKA A, et al. Highly mobile type Ⅱ twin boundary in Ni-Mn-Ga five-layered martensite [J]. Applied Physics Letters, 2011, 99(12): 124103.

[89] HECZKO O, STRAKA L, ULLAKKO K. Relation between structure, magnetization process and magnetic shape memory effect of various martensites occurring in Ni-Mn-Ga alloys [J]. Journal De Physique IV, 2003, 112: 959-962.

[90] SOZINOV A, LIKHACHEV A A, LANSKA N, et al. Giant magnetic-field-induced strain in NiMnGa seven-layered martensitic phase [J]. Applied Physics Letters, 2002, 80(10): 1746-1748.

[91] SOZINOV A, LIKHACHEV A A, LANSKA N, et al. Stress- and magnetic-field-induced variant rearrangement in Ni-Mn-Ga single crystals with seven-layered martensitic structure [J]. Materials Science and Engineering A, 2004, 378(1-2):

399-402.

[92] SOZINOV A,LIKHACHEV A A, ULLAKKO K. Magnetic and magnetomechanical properties of Ni-Mn-Ga alloys with easy axis and easy plane of magnetization [C]. London:International Society for Optics and Photonics,2001.

[93] CHERNENKO V A,CHMIELUS M, MULLNER P. Large magnetic-field-induced strains in Ni-Mn-Ga nonmodulated martensite [J]. Applied Physics Letters,2009,95:104103.

[94] HECZKO O,STRAKA L,NOVAK V,et al. Magnetic anisotropy of nonmodulated Ni-Mn-Ga martensite revisited [J]. Journal of Applied Physics,2010,107:09A914.

[95] STRAKA L,HECZKO O,SEINER H,et al. Highly mobile twinned interface in 10M modulated Ni-Mn-Ga martensite:Analysis beyond the tetragonal approximation of lattice [J]. Acta Materialia,2011,59(20):7450-7463.

[96] O'HANDLEY R C. Model for strain and magnetization in magnetic shape-memory alloys [J]. Journal of Applied Physics,1998,83(6):3263-3270.

[97] MULLNER P,MUKHERJI D,AGUIRRE M,et al. Micromechanics of magnetic-field-induced twin-boundary motion in Ni-Mn-Ga magnetic shape-memory alloys [J]. Solid-Solid Phase Transformations in Inorganic Material, 2005,2:171-185.

[98] PRAMANICK A,WANG X L. Characterization of magnetoelastic coupling in ferromagnetic shape memory alloys using neutron diffraction[J]. JOM,2013,65(1):54-64.

[99] MULLNER P,CLARK Z,KENOYER L,et al. Nanomechanics and magnetic structure of orthorhombic Ni-Mn-Ga martensite [J]. Materials Science and Engineering A,2008,481:66-72.

[100] PONS J,CESARI E,SEGUI C,et al. Ferromagnetic shape memory alloys:alternatives to Ni-Mn-Ga [J]. Materials Science and Engineering A,2008,481:57-65.

[101] LIU Z H,ZHANG M,WANG W Q,et al. Magnetic properties and martensitic transformation in quaternary Heusler alloy of NiMnFeGa [J]. Journal of Applied-Physics,2002,92(9):5006-5010.

[102] FUJITA A,FUKAMICHI K,GEJIMA F,et al. Magnetic properties and large magnetic-field-induced strains in off-stoichiometric Ni-Mn-Al Heusler alloys [J]. Applied Physics Letters,2000,77(19):3054-3056.

[103] MORITO H,FUJITA A,FUKAMICHI K,et al. Magnetic-field-induced strain of Fe-Ni-Ga in single-variant state [J]. Applied Physics Letters,2003,83(24):4993-4995.

[104] MORITO H,OIKAWA K,FUJITA A,et al. Enhancement of magnetic-field-in-

duced strain in Ni-Fe-Ga-Co Heusler alloy [J]. Scripta Materialia,2005,53(11):1237-1240.

[105] MORITO H,FUJITA A,FUKAMICHI K,et al. Magnetocrystalline anisotropy in single-crystal Co-Ni-Al ferromagnetic shape-memory alloy [J]. Applied Physics Letters,2002,81(9):1657-1659.

[106] LIU J,ZHENG H X,HUANG Y L,et al. Microstructure and magnetic field induced strain of directionally solidified ferromagnetic shape memory CoNiAl alloys [J]. Scripta Materialia,2005,53(1):29-33.

[107] SATO M,OKAZAKI T,FURUYA Y,et al. Magnetostrictive and shape memory properties of Heusler type CO_2NiGa alloys [J]. Materials Transactions,2003,44(3):372-376.

[108] KAKESHITA T,TAKEUCHI T,FUKUDA T,et al. Giant magnetostriction in an ordered Fe_3Pt single crystal exhibiting a martensitic transformation [J]. Applied Physics Letters,2000,77(10):1502-1504.

[109] FUKUDA T,SAKAMOTO T,KAKESHITA T,et al. Rearrangement of martensite variants in iron-based ferromagnetic shape memory alloys under magnetic field [J]. Materials Transactions,2004,45(2):188-192.

[110] YASUDA H Y,KOMOTO N,UEDA M,et al. Microstructure control for developing Fe-Pd ferromagnetic shape memory alloys [J]. Science and Technology of Advanced Materials,2002,3(2):165-169.

[111] FURUYA Y,HAGOOD N W,KIMURA H,et al. Shape memory effect and magnetostriction in rapidly solidified Fe-29. 6 at% Pd alloy[J]. Materials Transactions,JIM,1998,39(12):1248-1254.

[112] POTSCHKE M,GAITZSCH U,ROTH S,et al. Preparation of melt textured Ni-Mn-Ga [J]. Journal of Magnetism and Magnetic Materials,2007,316(2):383-385.

[113] POTSCHKE M,WEISS S,GAITZSCH U,et al. Magnetically resettable 0. 16% free strain in polycrystalline Ni-Mn-Ga plates [J]. Scripta Materialia,2010,63(4):383-386.

[114] BESSEGHINI S,VILLA E,PASSARETTI F,et al. Plastic deformation of NiMn-Ga polycrystals [J]. Materials Science and Engineering A,2004,378(1-2):415-418.

[115] MORAWIEC H,LELATKO J,GORYCZKA T,et al. Extruded rods with⟨001⟩ axial texture of polycrystalline Ni-Mn-Ga alloys [J]. Materials Science Forum,2010,635:189-194.

[116] CHULIST R, SKROTZKI W, OERTEL C G, et al. Microstructure and texture in $Ni_{50}Mn_{29}Ga_{21}$ deformed by high-pressure torsion [J]. Scripta Materialia, 2010, 62(9): 650-653.

[117] SCHEERBAUM N, HINZ D, GUTFLEISCH O, et al. Textured polymer bonded composites with Ni-Mn-Ga magnetic shape memory particles [J]. Acta Materialia, 2007, 55(8): 2707-2713.

[118] KAUFFMANN-WEISS S, SCHEERBAUM N, LIU J, et al. Reversible magnetic field induced strain in Ni_2MnGa-polymer-composites [J]. Advanced Engineering Materials, 2012, 14(1-2): 20-27.

[119] WANG X, DAPINO M J. Behavior of NiMnGa under dynamic magnetic fields considering magnetic diffusion and eddy current power loss[C]. Seattle: American Society of Mechanical Engineers Digital Collection, 2007.

[120] HECZKO O, SVEC P, JANICKOVIC D, et al. Magnetic properries of Ni-Mn-Ga ribbon prepared by rapid solidification[J]. IEEE Transactions on Magnetics, 2002, 38(5): 2841-2843.

[121] LAZPITA P, ROJO G, GUTIERREZ J, et al. Correlation between magnetization and deformation in a NiMnGa shape memory alloy polycrystalline ribbon [J]. Sensor Letters, 2007, 5(1): 65-68.

[122] GUO S H, ZHANG Y H, QUAN B Y, et al. Martensitic transformation and magnetic-field-induced strain in magnetic shape memory alloy NiMnGa melt-spun ribbon [J]. Materials Science Forum, 2005, 475: 2009-2012.

[123] CHEN Y, ZHANG X X, DUNAND D C, et al. Shape memory and superelasticity in polycrystalline Cu-Al-Ni microwires [J]. Applied Physics Letters, 2009, 95(17): 171906.

[124] SCHEERBAUM N, HECZKO O, LIU J, et al. Magnetic field-induced twin boundary motion in polycrystalline Ni-Mn-Ga fibres[J]. New Journal of Physics, 2008, 10(7): 073002.

[125] BERNARD F, DELOBELLE P, ROUSSELOT C, et al. Microstructural, mechanical and magnetic properties of shape memory alloy $Ni_{55}Mn_{23}Ga_{22}$ thin films deposited by radio-frequency magnetron sputtering [J]. Thin Solid Films, 2009, 518(1): 399-412.

[126] KAINUMA R, IMANO Y, ITO W, et al. Metamagnetic shape memory effect in a Heusler-type $Ni_{43}Co_7Mn_{39}Sn_{11}$ polycrystalline alloy [J]. Applied Physics Letters, 2006, 88(19): 192513.

[127] KRENKE T, DUMAN E, ACET M, et al. Magnetic superelasticity and inverse

magnetocaloric effect in Ni-Mn-In [J]. Physical Review B,2007,75:104414.

[128] LIU J,AKSOY S,SCHEERBAUM N,et al. Large magnetostrain in polycrystalline Ni-Mn-In-Co [J]. Applied Physics Letters,2009,95:232515.

[129] GSCHNEIDNER K A,PECHARSKY V K, TSOKOL A O. Recent developments in magnetocaloric materials [J]. Reports on Progress in Physics, 2005, 68(6): 1479-1539.

[130] BISWAS A,SAMANTA T,BANERJEE S,et al. Observation of large low field magnetoresistance and large magnetocaloric effects in polycrystalline $Pr_{0.65}(Ca_{0.7}Sr_{0.3})_{0.35}MnO_3$ [J]. Applied Physics Letters,2008,92(1):012502.

[131] LIU G J,SUN J R,SHEN J,et al. Determination of the entropy changes in the compounds with a first-order magnetic transition [J]. Applied Physics Letters, 2007,90:032507.

[132] TOCADO L,PALACIOS E and BURRIEL R. Entropy determinations and magnetocaloric parameters in systems with first-order transitions:Study of MnAs [J]. Journal of Applied Physics,2009,105:093918.

[132] CHERNENKO V A, ANTON R L, KOHL M, et al. Magnetic domains in Ni-Mn-Ga martensitic thin films [J]. Journal of Physics-Condensed Matter, 2005,17(34):5215-5224.

[134] CARON L,OUZ Q,NGAYEN T T,et al. On the derermination of the magnetic entropy change in materials with first-order transitions[J]. Joumal of Magnetism and Magnetic Materials, 2009,321(21):3559-3566.

[135] WARBURG E. Magnetiche untersuchungen über einige wirkungen der koerzitivkraft [J]. Annual Physics,1881,13:141-164.

[136] PECHARSKY V K, GSCHNEIDNER K A. Giant magnetocaloric effect in $Gd_5(Si_2Ge_2)$[J]. Physical Review Letters,1997,78(23):4494-4497.

[137] TEGUS O,BRUCK E,ZHANG L,et al. Magnetic-phase transitions and magnetocaloric effects [J]. Physica B-Condensed Matter,2002,319(1-4):174-192.

[138] SMAILI A,CHAHINE R. Composite materials for Ericsson-like magnetic refrigeration cycle[J]. Journal of Applied Physics,1997,81(2):824-829.

[139] ZHANG Q,CHO J H,LI B,et al. Magnetocaloric effect in Ho_2In over a wide temperature range [J]. Applied Physics Letters,2009,94:182501.

[140] KORTE B J,PECHARSKY V K, GSCHNEIDNER K A. The correlation of the magnetic properties and the magnetocaloric effect in$(Gd_{1-x}Er_x)NiAl$ alloys [J]. Journal of Applied Physics,1998,84(10):5677-5685.

[141] YU S Y,LIU Z H,LIU G D,et al. Large magnetoresistance in single-crystalline

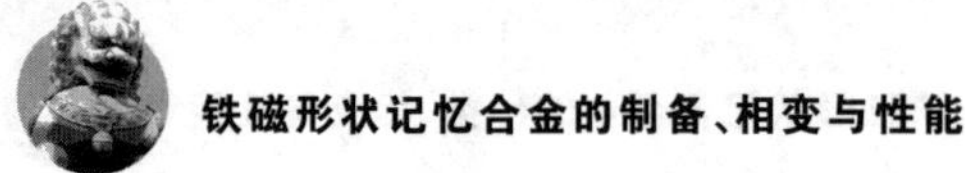

$Ni_{50}Mn_{50-x}In_x$ alloys ($x = 14$-16) upon martensitic transformation [J]. Applied Physics Letters, 2006, 89: 162503.

[142] KOYAMA K, WATANABE K, KANOMATA T, et al. Observation of field-induced reverse transformation in ferromagnetic shape memory alloy $Ni_{50}Mn_{36}Sn_{14}$ [J]. Applied Physics Letters, 2006, 88: 132505.

[143] YU S Y, MA L, LIU G D, et al. Magnetic field-induced martensitic transformation and large magnetoresistance in NiCoMnSb alloys [J]. Applied Physics Letters, 2007, 90: 242501.

[144] HAN Z, WANG D, QIAN B, et al. Phase transitions, magnetocaloric effect and magnetoresistance in Ni-Co-Mn-Sn ferromagnetic shape memory alloy[J]. Japanese Journal of Applied Physics, 2010, 49: 010211.

[145] CHATTERJEE S, GIRI S, MAJUMDAR S, et al. Giant magnetoresistance and large inverse magnetocaloric effect in $Ni_2Mn_{1.36}Sn_{0.64}$ alloy[J]. Journal of Physics D: Applied Physics, 2009, 42: 065001.

第2章 铁磁形状记忆合金块材的制备、加工与性能

本章介绍多晶和单晶铁磁形状记忆合金块体材料的制备、成形与性能，系统阐述了多晶 Ni—Ma—Ga 合金的高温超塑变形行为，并介绍块体合金的磁感生应变和磁热性能。

Ni－Mn－Ga 铁磁形状记忆合金单晶块材，是最早研究和应用的铁磁形状记忆合金。1996 年，Ullakko 等首先在 Ni－Mn－Ga 单晶合金中发现了 0.19%的磁感生应变，随后人们对其组织和性能进行了大量研究。Ni－Mn－X(X＝In，Sn，Sb 等)合金受到关注源于 2006 年 Kainuma 等在 Ni－Co－Mn－In 合金中发现了磁致马氏体相变，即磁场可以诱发合金发生马氏体向奥氏体的转变，从而产生极高的磁熵变。磁致马氏体相变的驱动力是塞曼能($E_{zeeman}=\mu_0\Delta MH$)，由于外磁场大小的限制(目前永磁铁磁场约 2 T)，提高母相和马氏体相的磁化强度差(ΔM)是诱发磁致马氏体相变的有效方法。

铁磁形状记忆合金单晶的制备存在很大的挑战，体现在成分偏析会影响合金的马氏体相变温度，此外单晶制备往往耗时很长、成本较高。因此，多晶合金的研究近年来受到极大的关注。但是，多晶合金的应用要解决晶界制约造成磁感生应变小、沿晶断裂倾向大以及加工成形难等问题。

多晶合金的塑性加工既是成形复杂形状的有效途径，又是材料改性，特别是形成有利的晶体取向的方法之一。由于铁磁形状记忆合金本质上是金属间化合物，在室温下具有本征脆性，要对其进行加工成形，只有在高温下才有可能。而 Ni－Mn－Ga 合金升温(700～900 ℃)过程中存在 $L2_1$ 有序结构向 B2 半有序结构的转变，而 B2 高温相塑性加工能力远高于 $L2_1$ 相，因此可在 B2 相区对复合材料进行常规的挤压、轧制或锻造等二次加工。

2.1 多晶块材的制备方法

2.1.1 元素熔化铸造法

铁磁形状记忆合金可以采用液相法和固相法制备。液相法通常是在真空或惰性气体保护环境下，采用电弧或感应加热将元素粉末熔化，然后吸铸到金属模中凝固得到铸锭/铸棒。在含 Mn 的合金中，由于 Mn 元素的饱和蒸气压高，熔炼过程易挥发，造成合金中实际成分贫 Mn，因此在配制合金时往往额外添加质量分数为 1%～3%的 Mn，从而补偿 Mn 的损失，获得期望的设计成分。熔铸后的合金铸棒，通过单晶生长的布里奇曼法和提拉法可以获得合金单晶。液相法是目前广泛应用的铸锭制备方法，真空或惰性气氛条件下，通过多次翻转熔化，可以获得成分均匀的合金铸锭。电弧熔炼是通过电极(一般是钨电极)与待熔化金属之间形成高温电弧来熔化金属，电弧的温度可达 2 500 ℃。感应熔炼是通过感应线圈在金属中形成感应电流，通过焦耳热加热待熔化金属，可达到2 000 ℃的高温。由于熔炼铸锭往往含有成分偏析，而铁磁形状记忆合金的相变和性能对成分敏感度很高，因此往往需要通过长时间的成分均匀化处理来获得成分均匀

的铸锭。相应地，成分均匀化热处理可造成材料显微组织的巨大变化。图 2－1(a)所示为铸态 $Ni_{50}Mn_{37}Sn_{13}$ 三元合金的显微组织，含有复杂的多相、非均匀组织，成分偏析严重；在 950 ℃均匀化热处理 72 h 后，显微组织如图 2－1(b)所示，合金显示出单相组织，成分偏析现象消除。进一步延长成分均匀化时间到 4 周，马氏体相变峰变得更为尖锐，结果如图 2－1(c)所示。这表明成分均匀化热处理对铁磁形状记忆合金铸锭的组织、相变有很大的影响。

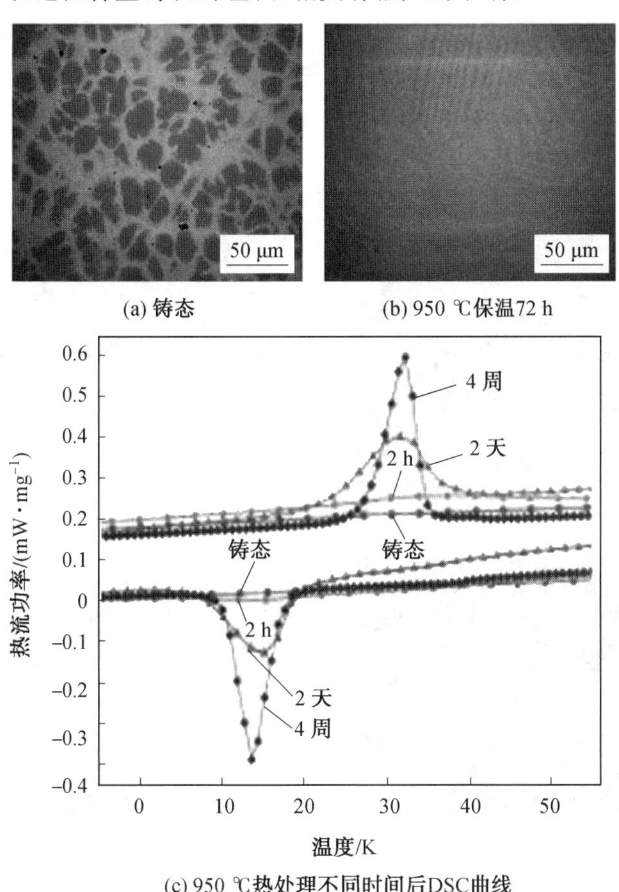

图 2－1　均匀化热处理对 $Ni_{50}Mn_{37}Sn_{13}$ 合金组织和马氏体相变的影响

2.1.2　固相烧结法

固相烧结法是利用元素粉或预合金粉，通过烧结方法合金化，包括无压烧结、放电等离子烧结和热压烧结等。固相烧结制备铁磁形状记忆合金的报道较少，这是由于制备过程中往往形成成分不均匀组织，因此马氏体相变不完全、性能降低。$Ni_{43}Co_7Mn_{39}Sn_{11}$ 预合金粉在温度1 173 K下无压烧结 12 h 后孔隙率为

65%,烧结 14 h 后孔隙率降到 5%,两种烧结温度下合金均为单相组织,如图 2－2(a)、(b)所示。形状记忆效应研究表明烧结 12 h 的合金优于 14 h 的合金,这是由于孔隙率高的合金中相邻晶粒间的制约较小。图 2－2(c)所示为放电等离子烧结制备的 Ni－Co－Mn－Sn 合金的显微组织,可以看出存在富 Co 第二相;放电等离子烧结过程中形成的不发生马氏体相变的第二相,以及由石墨模具引起的污染,是导致合金形状记忆性能降低的主要原因。

固相烧结方法的优点是控制成分方便,可采用元素粉而不是预合金粉作为原料,有利于成分调控和降低成本。元素粉往往比预合金粉末硬度更低,更容易均匀混合。通过元素粉制备的 Ni－Co－Mn－(Sn,Cu)合金的显微组织如图 2－2(d)所示。对于固相烧结方法来说,通过后续热处理促进成分均匀化、去除第二相对提高合金的性能往往是必要的。

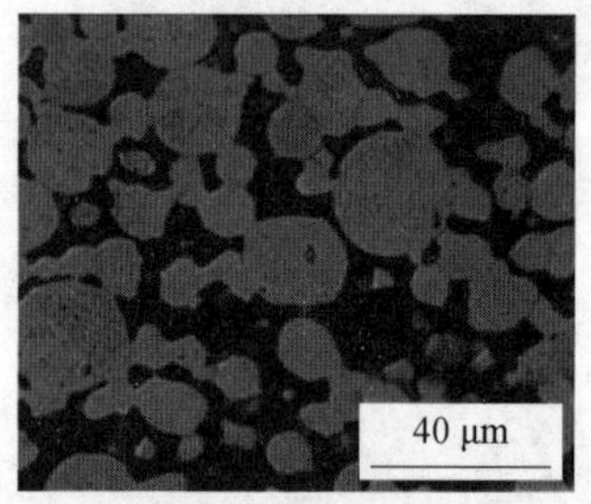

(a) $Ni_{43}Co_7Mn_{39}Sn_{11}$合金(无压烧结12 h)

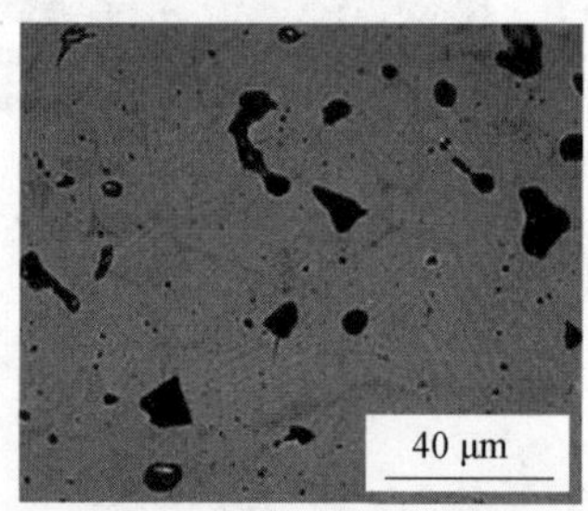

(b) $Ni_{43}Co_7Mn_{39}Sn_{11}$合金(无压烧结14 h)

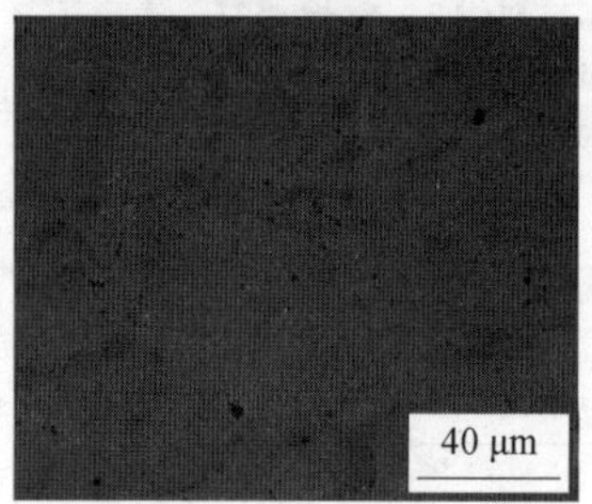

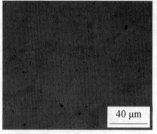

(c) 放电等离子烧结Ni–Co–Mn–Sn合金

(d) Ni–Co–Mn–(Sn,Cu)合金(元素粉烧结)

图 2－2　固相烧结法制备的 Ni－Co－Mn－Sn(Cu)合金

2.2　单晶块材的制备方法

丘克拉斯基法(简称提拉法)和布里奇曼法是两种较常用的金属单晶制备方法。提拉法是将金属放在坩埚中加热熔化,在熔体表面接籽晶提拉熔体,在受控条件下,使籽晶和熔体在交界面上不断进行原子的重新排列,随降温逐渐凝固而

生长出单晶。布里奇曼法是将合金在坩埚中熔化后，坩埚缓慢地从高温区向低温区下降，坩埚底部的温度先下降到熔点以下，并开始结晶，晶体随坩埚下降而持续长大。一般来说，布里奇曼法生长单晶速度比提拉法慢。

采用布里奇曼法制备的 $Ni_{40.6}Co_{8.5}Mn_{40.9}Sn_{10}$ 单晶合金的组织成分与相变如图 2—3所示。从图 2—3(a)可以看出，合金中没有第二相 γ 相出现；沿着单晶生长方向，出现明显的宏观成分偏析，如图 2—3(b)所示，其中四种元素在距离籽晶 30 mm 内分布比较均匀，随后 Mn 和 Co 元素随单晶长度增大含量增加，而 Ni 和 Sn 元素含量降低。阶梯状马氏体相变峰和宽化的马氏体相变峰(图 2—3(c))与成分偏析相对应。

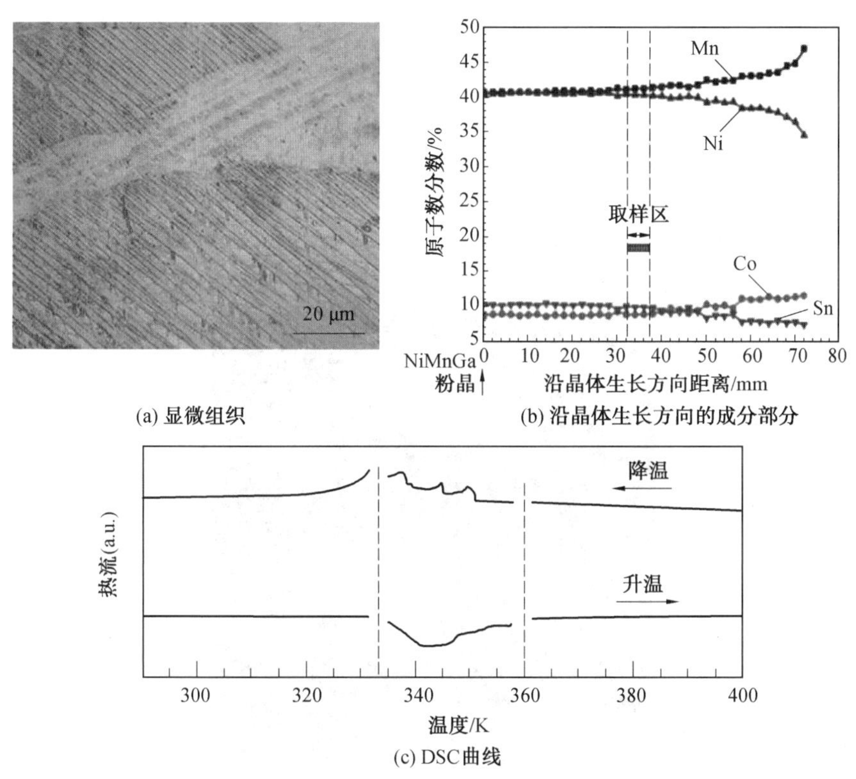

图 2—3　布里奇曼法制备的 $Ni_{40.6}Co_{8.5}Mn_{40.9}Sn_{10}$ 单晶合金的组织、成分与相变

2.3　多晶块材的塑性加工成形特性

金属的塑性加工既是控形，又是控性的手段。例如，通过轧制、锻造等可以在金属中形成织构；在铁磁形状记忆合金中，还可以造成马氏体变体结构的重排，从而形成面内塑性变形，即塑性流变的各向异性现象。在位错控制的金属塑

性变形过程中，动态材料模型构建的热加工图是研究材料热变形能力的重要方法。目前这方面的研究仅限于多晶 Ni－Mn－Ga 合金。通过采用高温压缩研究 Ni－Mn－Ga 合金在高温下的变形行为，并使用热挤压方法获得有织构的多晶 Ni－Mn－Ga 合金，可获得铸态多晶合金不具有的优良性能。

2.3.1 Ni－Mn－Ga 合金高温压缩变形行为

1. 高温压缩变形的热加工图

(1)高温压缩曲线。

采用多晶 Ni－Mn－Ga 合金进行高温压缩测试。图 2－4 所示为多晶 Ni－Mn－Ga 合金高温压缩后的宏观照片，从图中可以看出，合金在 900 ℃和 1 000 ℃下所有应变速率样品均没有宏观裂纹，说明虽然多晶 Ni－Mn－Ga 合金在室温下具有严重的沿晶断裂脆性，但是在 900 ℃以上时却有良好的塑性。在 800 ℃时应变速率为 1 s^{-1}时试样开始出现宏观裂纹，而在 700 ℃下应变速率为 0.1 s^{-1}和 1 s^{-1}时样品出现了更加明显的宏观裂纹。在 600 ℃时除了应变速率为0.001 s^{-1}时没有宏观裂纹外，高应变速率下均发生宏观开裂。

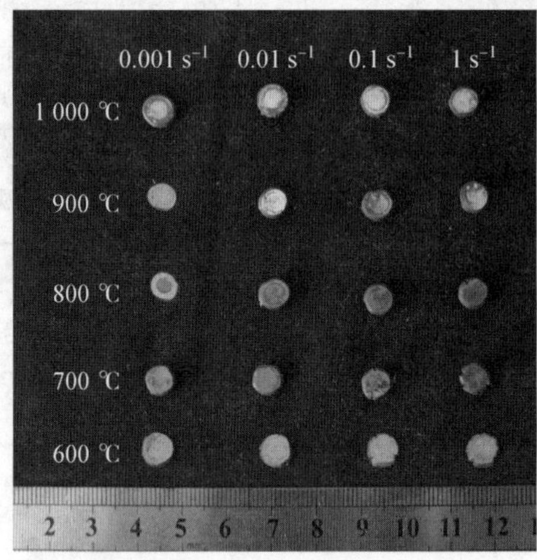

图 2－4 多晶 Ni－Mn－Ga 合金高温压缩后的宏观照片

图 2－5 所示为多晶 Ni－Mn－Ga 合金不同应变速率和温度下的高温压缩真应力－真应变曲线，可以看出，合金首先发生弹性变形，在曲线上为很陡的直线，然后发生塑性变形，同时材料发生动态回复和动态再结晶软化现象。随着应变的增加，软化和硬化达到平衡时，产生应力平台。合金在真应变达到约 0.4 时进入稳态，在有些变形条件下材料出现了流变应力小幅下降或者小幅增加。表 2－1列出了不同变形条件下多晶 Ni－Mn－Ga 合金的流变应力峰值。

同一应变速率下，随着变形温度的升高流变应力峰值不断下降，稳态流变应

力也在下降；在较高的温度下，没有出现流变应力峰值便直接进入稳态阶段。在低应变速率为 0.001 s^{-1}时，在 800 ℃以上合金相邻温度流变应力峰值只相差约 40 MPa，同时稳态下流变应力小幅下降。而在 800 ℃以下，相邻温度差值则约 100 MPa，说明在低温下合金软化作用并不明显，而在高温下合金的软化作用增强。应变速率为 1 s^{-1}时，相邻温度下流变应力差值增大，这是由高应变速率下位错增殖速度快、加工硬化效应明显且高于合金软化造成的。

同一温度下，随着应变速率的增加合金峰值流变应力明显增加，说明多晶 Ni－Mn－Ga合金是正应变速率敏感材料。随着应变速率的增加，合金单位时间内产生的位错增加，导致加工硬化能力增强；而由于软化过程是一个热激活过程，在高应变速率下，多晶 Ni－Mn－Ga 合金动态回复、再结晶能力减弱，因此出现流变应力增加。

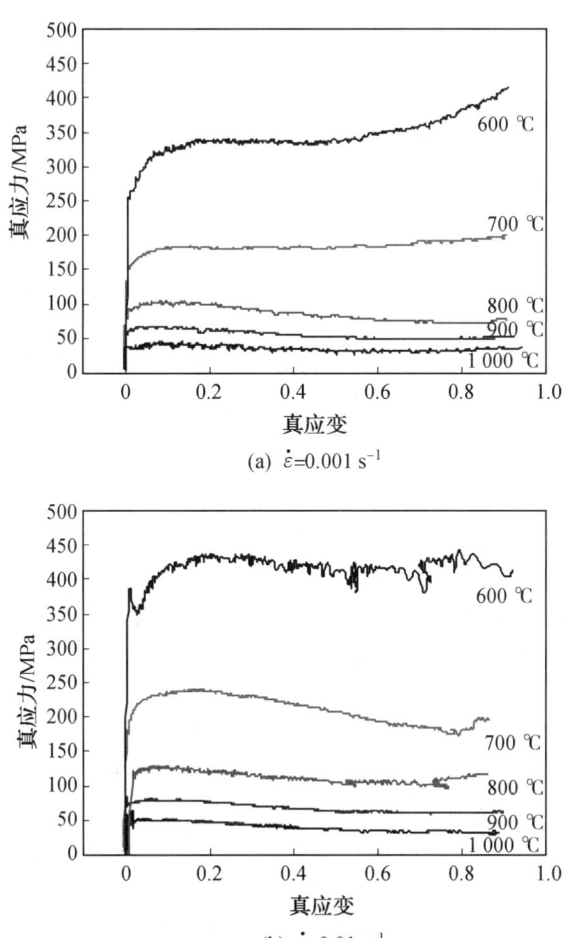

图 2－5　多晶 Ni－Mn－Ga 合金不同应变速率和温度下的高温压缩真应力－真应变曲线

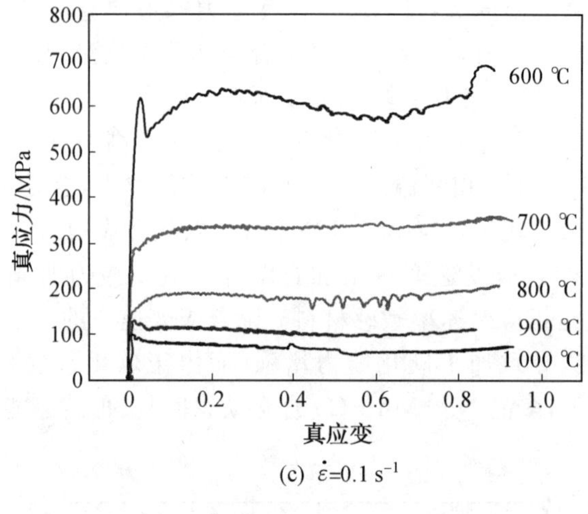

(c) $\dot{\varepsilon}$=0.1 s^{-1}

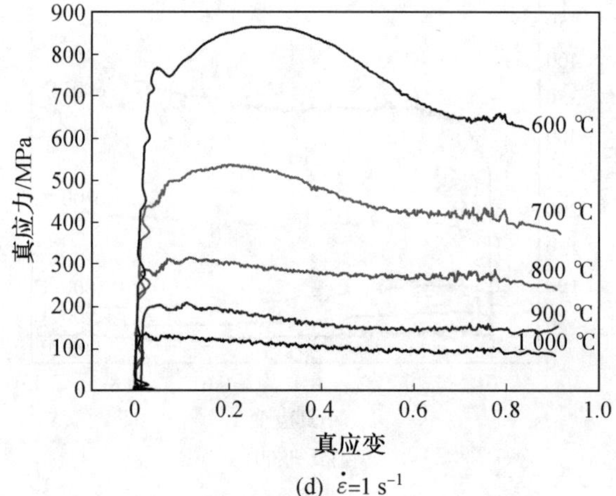

(d) $\dot{\varepsilon}$=1 s^{-1}

续图 2－5

此外，在应变速率为 1 s^{-1}时，由于多晶 Ni－Mn－Ga 合金发生动态失稳，600 ℃和 700 ℃曲线在真应变 0.2～0.3 范围内明显出现流变应力峰值，当试样发生宏观开裂后所能承载的实际面积下降，因此在峰值后流变应力下降。

表 2－1　不同变形条件下多晶 Ni－Mn－Ga 合金的流变应力峰值

$\dot{\varepsilon}$/s^{-1}	T/℃				
	600	700	800	900	1 000
0.001	335.7	184.4	105.1	67.8	46.1
0.01	434.1	239.8	130.3	85.6	71.9
0.1	638.1	338.6	192.1	129.8	99.1
1.0	864.4	536.9	315.8	209	136.9

(2)不同温度下的塑性变形行为。

采用在低应变速率下的变形来评价多晶 Ni－Mn－Ga 合金的低温变形能力，图2－6所示为应变速率为 0.001 s^{-1}、不同温度压缩后 Ni－Mn－Ga 合金样品宏观照片，随着变形温度的降低，塑性逐渐变差，500 ℃后样品开始出现宏观裂纹，在 400 ℃下更加明显，而在 200 ℃时合金断裂成四部分，这说明合金在200 ℃不具有塑性变形能力。图 2－7 所示为应变速率为 0.001 s^{-1}、不同温度 Ni－Mn－Ga 合金高温压缩下真应力－真应变曲线，可以看出随着变形温度的降低，合金峰值流变应力迅速增加，从 600 ℃时 340 MPa 增加到 500 ℃时 630 MPa，在 400 ℃时达到 1 010 MPa。同时，400 ℃时真应力－真应变曲线的流变应力达到峰值后迅速下降。基于以上分析看出，在 600 ℃以下变形，多晶 Ni－Mn－Ga 合金流变应力高，发生宏观开裂；在 600 ℃以上变形时流变应力下降明显，无宏观失稳，因此认为多晶 Ni－Mn－Ga 合金适宜在 600 ℃以上变形。

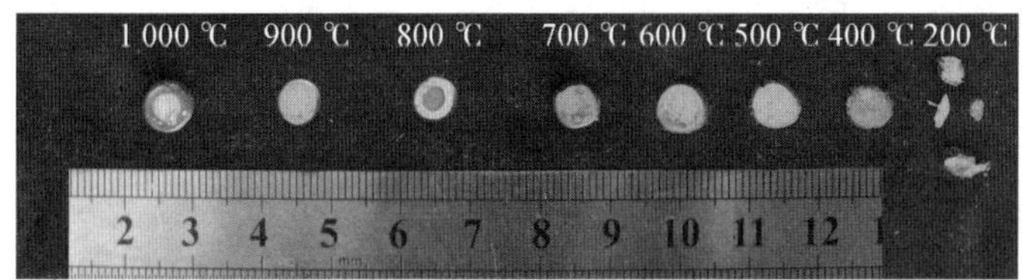

图 2－6　应变速率为 0.001 s^{-1}、不同温度压缩后 Ni－Mn－Ga 合金样品宏观照片

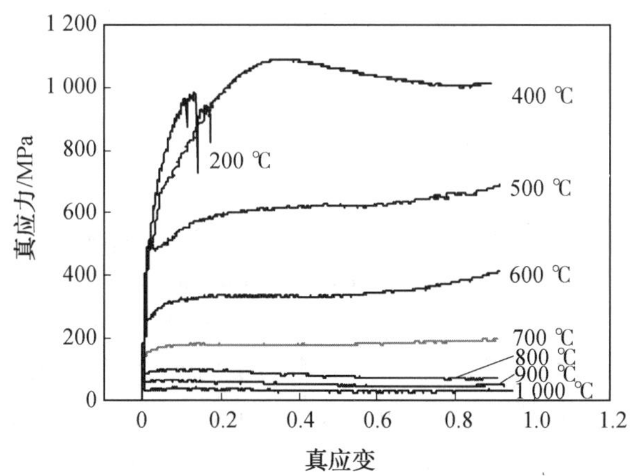

图 2－7　应变速率为 0.001 s^{-1}、不同温度 Ni－Mn－Ga 合金高温压缩真应力－真应变曲线

(3)流变应力本构关系。

当材料在高温下发生塑性变形时，其变形行为除了与材料自身组织状态及热加工历史有关，还与材料的变形应力状态及外部变形条件有关。在压缩状态

下，流变应力与应变速率 $\dot{\varepsilon}$、变形温度 T 和变形量 ε 之间可以在数学上用本构方程表示为

$$\sigma = f(\dot{\varepsilon}, T, \varepsilon) \tag{2.1}$$

热压缩过程存在热激活行为，可将应变速率 $\dot{\varepsilon}$ 表示为应力 σ 和温度 T 的函数，即

$$\dot{\varepsilon} = AF(\sigma)\exp\left(\frac{-Q}{RT}\right) \tag{2.2}$$

对于不同应力水平，应力函数 $F(\sigma)$ 有不同的形式：

低应力时
$$F(\sigma) = \sigma^n \tag{2.3}$$

高应力时
$$F(\sigma) = \exp(\beta\sigma) \tag{2.4}$$

所有应力下
$$F(\sigma) = [\sinh(\alpha\sigma)]^n \tag{2.5}$$

式中 α、β、n 和 A——常数，$\alpha = \beta/n$；

Q——变形激活能，kJ/mol；

R——气体常数，8.314 J/(mol·K)；

$\dot{\varepsilon}$——应变速率，s^{-1}；

T——绝对温度，K。

应变速率和温度可表示为应变速率补偿因子 Zener－Hollomon 参数(Z)：

$$Z = \dot{\varepsilon}\exp\left(\frac{Q}{RT}\right) \tag{2.6}$$

将式(2.3)和式(2.4)代入式(2.2)中并对等式两端取对数可以得到

$$\ln(\dot{\varepsilon}) = \ln(B_1) + n_1\ln(\sigma) \tag{2.7}$$

$$\ln(\dot{\varepsilon}) = \ln(B_2) + \beta\sigma \tag{2.8}$$

从以上两方程可以看出，在低应力下 $\ln(\dot{\varepsilon})$ 与 $\ln\sigma$ 为线性关系，在高应力下 $\sigma-\ln(\dot{\varepsilon})$ 为线性关系，将表 2－1 中多晶 Ni－Mn－Ga 合金在不同变形温度和应变速率下峰值流变应力分别代入式(2.7)和式(2.8)中，绘制 $\ln\sigma-\ln(\dot{\varepsilon})$ 和 $\sigma-\ln(\dot{\varepsilon})$ 的散点图并进行线性回归处理，可以计算出 n_1 和 β 值，结果见表 2－2，利用 n_1 和 β 值可以得到 α 值。在高温变形中 n_1 表示为应力指数，在蠕变变形中用以分析变形机理。在热压缩过程中其应变速率高于蠕变速率，但由于两者都是热激活过程，因此其变形机理具有相似性。Langdon 认为当 n_1 为 1 时为扩散蠕变，n_1 为 2 时为晶界滑移蠕变，n_1 为 3 时为位错滑移蠕变，n_1 为 4～5 或者更高时为位错攀移蠕变。对于多晶 Ni－Mn－Ga 合金，n_1 为 6.47，可以认为变形是由位错攀移控制。

表 2－2　多晶 Ni－Mn－Ga 合金峰值流变应力下流变应力方程参数值

参数	T/℃				
	600	700	800	900	1 000
n_1 值	7.144 9	6.484 2	6.242 2	6.069 4	6.420 5
n_1 平均值	6.472 3				
β 值	0.012 86	0.019 91	0.033 18	0.049 22	0.076 86
β 平均值	0.038 41				
α 值	0.005 93				

将 α 值 0.005 93 代入式(2.5)，获得在所有应力水平的双曲正弦方程：

$$\dot{\varepsilon}=A[\sinh(\alpha\sigma)]^{n_2}\exp\left(-\frac{Q}{RT}\right) \tag{2.9}$$

将式(2.9)用温度补偿因子 Z 参数表示流变应力为

$$\sigma=\frac{1}{\alpha}\ln\left\{\left[\frac{Z}{A}\right]^{\frac{1}{n_2}}+\left\{\left[\frac{Z}{A}\right]^{\frac{2}{n_2}}+1\right\}^{\frac{1}{2}}\right\} \tag{2.10}$$

将式(2.9)两端取对数得到

$$\ln(\dot{\varepsilon})=\ln A-\frac{Q}{RT}+n_2\ln[\sinh(\alpha\sigma)] \tag{2.11}$$

再将表 2－1 中峰值流变应力代入式(2.11)，分别得到 $\ln[\sinh(\alpha\sigma)]-\ln(\dot{\varepsilon})$ 和$\ln[\sinh(\alpha\sigma)]-10\ 000/T$ 曲线，对其线性回归，可以得到变形激活能 Q 以及 n_2 值和 $\ln(A)$值，结果见表 2－3。计算得到平均变形激活能为321.39 kJ/mol，对比文献[17－18]可知，该平均变形激活能高于 Ni、Mn、Ga 在 Ni－Mn－Ga 合金中的自扩散激活能，说明变形过程不是由扩散控制。这是由于多晶 Ni－Mn－Ga 合金变形时可能会发生动态再结晶，要克服更高势垒，导致变形激活能高于自扩散激活能。

将以上参数代入流变应力方程，并使用 Z 参数表示为

$$Z=\dot{\varepsilon}\exp\left(\frac{321.39}{RT}\right) \tag{2.12}$$

$$\sigma=186.634\times\ln\{[Z/(1.243\times10^{13})]^{1/4.292}+\{[Z/(1.243\times10^{13})]^{2/4.292}+1\}^{1/2}\} \tag{2.13}$$

以上方程可以计算温度为 600～1 000 ℃、应变速率为 0.001～1 s^{-1} 任意参数下的峰值流变应力值，可为多晶 Ni－Mn－Ga 合金数值模拟计算提供本构方程。

表 2-3　多晶 Ni-Mn-Ga 合金峰值流变应力下的各参数值

参数	$\dot{\varepsilon}/s^{-1}$	T/℃				
		600	700	800	900	1 000
Q /(kJ·mol^{-1})	0.001	245.16				
	0.01	264.20				
	0.1	340.34				
	1	435.86				
Q 平均值		321.39				
n_2 值		2.155 1	3.173 9	4.433 4	5.116 1	5.906 0
n_2 平均值		4.292 03				
A 值		1.243×10^{13}				

(4)热加工图与失稳图。

材料在机械加工过程中通过塑性流变改变形状而不发生断裂的能力称为加工性，具体包括可锻性、可挤压性、可轧性等。材料的可加工性不仅与材料的组织状态、变形温度、应变速率和应变量有关，而且还与变形区域所受应力状态有关。因此，加工性分为应力状态加工性和固有加工性。对于固有加工性，通常使用动态材料模型(Dynamic Material Modeling，DMM)建立热加工图来说明材料对于外部条件的变化。热加工图由功率耗散图和失稳图叠加获得。其中，失稳判据采用连续不稳定准则。利用图 2-5 真应力-真应变曲线，采用动态材料模型建立多晶 Ni-Mn-Ga 合金热加工图。图 2-8 所示为不同应变量下多晶 Ni-Mn-Ga合金的热加工图，图中实线代表能量耗散效率百分数，阴影区域代表流变失稳区。存在两个功率耗散因子峰值 D_1、D_2，区域 D_1 对应温度为 750～780 ℃、应变速率为 0.03～0.3 s^{-1}；区域 D_2 对应温度为 950～1 000 ℃、应变速率为 0.03～0.3 s^{-1}，估计在这两处对应机制可能为动态回复或者动态再结晶。对于高层错能材料，如 Al、Cd 等，再结晶区域峰值耗散效率为 50%～55%；而对于低层错能材料，如 Ni、Cu、Zn 等，再结晶区域峰值耗散效率只有 30%～40%。多晶 Ni-Mn-Ga 合金峰值耗散效率为 40%，以此判断，多晶 Ni-Mn-Ga 合金为低层错能材料，扩展位错容易束集，在热变形中容易发生动态再结晶。从图 2-8 中还可以看出，耗散效率因子的变化速率存在极大值，在低应变速率下耗散效率因子变化较为剧烈，而在峰值处变化较为平缓，随着应变速率的降低，耗散效率因子的变化较为剧烈。同时，还可知在耗散效率峰值之间存在谷区，温度在 900 ℃附近，这可能与多晶 Ni-Mn-Ga 合金发生有序-无序转变有关。对比不同应变量的失稳区可以看出，随着变形的增加，都出现了不同程度的失稳现象，并且失稳区域在不断扩大，低应变下失稳区只出现在低温高应变速率到高应变下失稳区扩展到整个应变速率高于 0.3 s^{-1} 区域。

通过对多晶 Ni－Mn－Ga 合金热加工图分析认为，多晶 Ni－Mn－Ga 合金理想的热变形工艺范围是：温度为 750～800 ℃以及 950～1 000 ℃，应变速率为 0.03～0.3 s^{-1}。

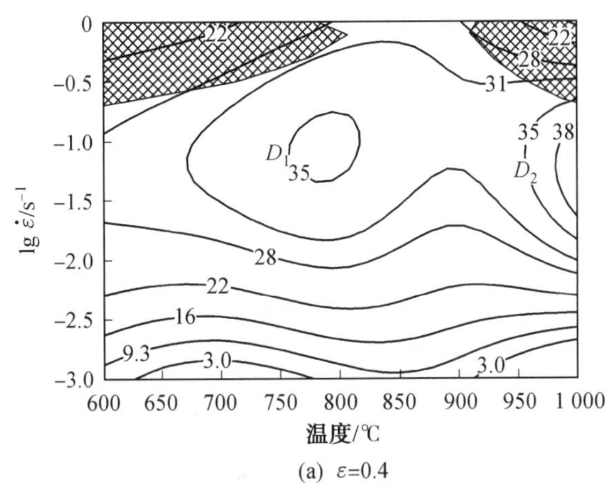

(a) ε=0.4

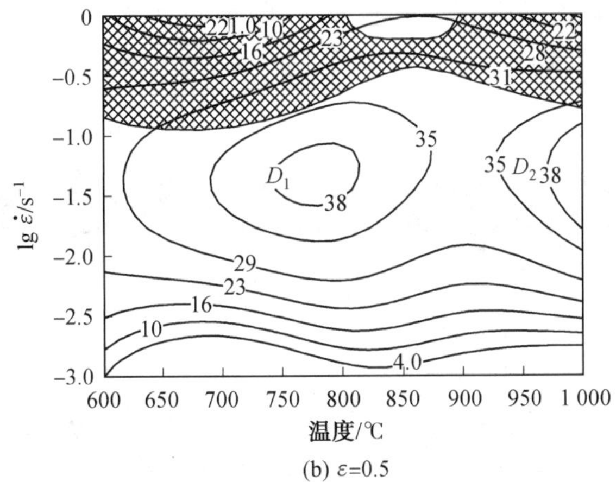

(b) ε=0.5

图 2－8　不同应变量下多晶 Ni－Mn－Ga 合金的热加工图

2. 高温压缩变形过程中的组织演变

多晶 Ni－Mn－Ga 合金高温压缩试验采用的铸锭直径为 ϕ10 mm，首先对其进行 900 ℃下保温 10 h 的成分均匀化处理，将压缩后样品采用水淬保留变形组织，压缩后试样的形貌为鼓形，取高度中心、鼓形最大截面进行组织观察。

(1)变形温度对热压缩组织的影响。

从多晶 Ni－Mn－Ga 合金热压缩真应力－真应变曲线可以看出，应变速率对热压缩行为有显著影响，其组织变化也会有明显差异。图 2－9 所示为应变速率为 0.001 s^{-1}时多晶 Ni－Mn－Ga 合金不同温度压缩后的金相组织，图中交替排列的长条状组织为孪晶组织。从图 2－9(a)可以看出，在 700 ℃变形后仍然保持原始柱状晶形态，在晶界处形成细小的晶粒，晶粒直径为 1～8 μm，晶界呈现轻微的锯齿状；而当 800 ℃变形时，拉长的变形晶界区出现更多的细小晶粒，呈现明显的锯齿状，晶粒直径约为 10 μm；当变形温度达到 900 ℃时，原始柱状晶粒消失，取而代之的是等轴晶组织，晶粒直径为30～100 μm，说明多晶 Ni－Mn－Ga 合金发生了明显的动态再结晶；在 1 000 ℃时，多晶 Ni－Mn－Ga 合金再结晶过程更加充分，再结晶晶粒变大，直径在 200 μm 左右。同时从图 2－9(d)可以看出，大部分晶粒中的孪晶都沿着竖直方向，表明材料在变形后产生了织构，晶粒具有相似的取向，使得马氏体孪晶变体方向基本一致。

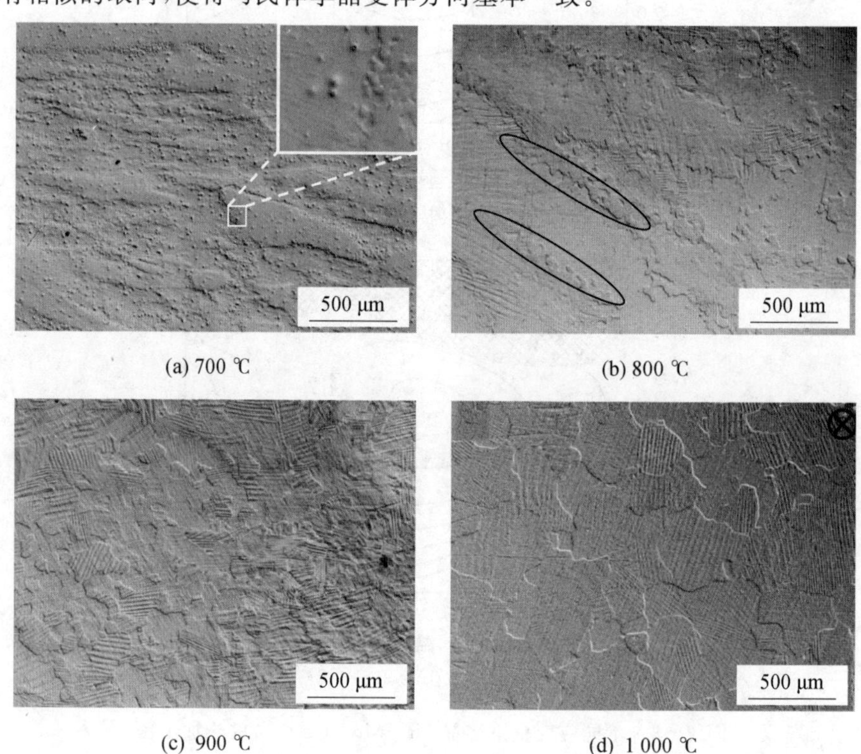

(a) 700 ℃　(b) 800 ℃

(c) 900 ℃　(d) 1 000 ℃

图 2－9　多晶 Ni－Mn－Ga 合金不同温度压缩后的金相组织($\dot{\varepsilon}$=0.001 s^{-1})

(⊗表示压缩方向)

当应变速率为 0.1 s^{-1}时，多晶 Ni－Mn－Ga 合金不同温度压缩后的金相组织如图 2－10 所示。当温度低于 1 000 ℃时，变形后主要是变形的柱状晶。与低应变速率相似，随着变形温度的升高，合金再结晶能力增强。再结晶核心总是在局部变形程度高的区域形核，由于晶内位错发生滑移运动导致位错在晶界处塞积，以及由于多晶体间存在变形协调性，在晶界处协调性降低，都会导致晶界是

高储能区域，因此合金首先是在变形柱状晶组织晶界处形核，变形组织产生锯齿状晶界，随后再结晶核心发生长大，变形组织逐渐消失，当温度达到1 000 ℃时，合金发生了完全再结晶，原始柱状晶组织完全消失。

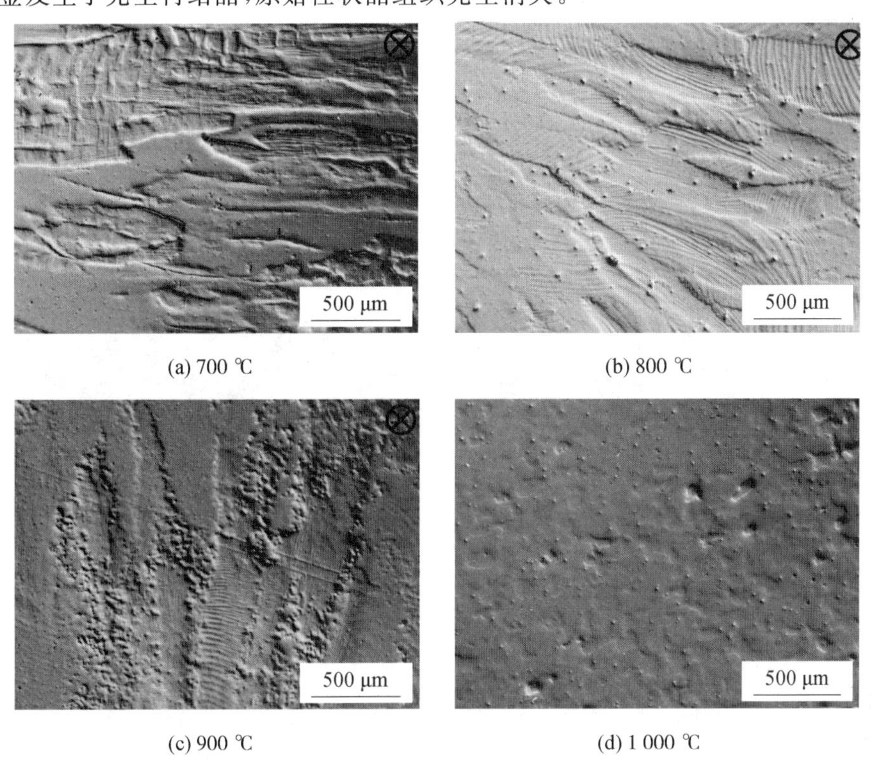

(a) 700 ℃　(b) 800 ℃　(c) 900 ℃　(d) 1 000 ℃

图 2－10　多晶 Ni－Mn－Ga 合金不同温度压缩后的金相组织($\dot{\varepsilon}$=0.1 s^{-1})
(⊗表示压缩方向)

由应力－应变曲线可知，在高温变形时应变速率补偿因子 Zener－Hollomon 参数相同时具有相同的流变应力，这在组织观察中也可证实，如温度为 800 ℃和应变速率为 0.001 s^{-1} 的变形组织与温度为 900 ℃和应变速率为 0.1 s^{-1}的变形组织相似，这说明在变形时变形温度和应变速率具有互补性。

(2)应变速率对热压缩组织的影响。

选择变形温度为 700 ℃和 1 000 ℃组织为例说明应变速率对组织的影响。图 2－11 所示为变形温度为 700 ℃时，多晶 Ni－Mn－Ga 合金不同应变速率压缩后的金相组织，在低温下变形时，所有应变速率下的组织均为变形的柱状晶组织。在低应变速率下，变形晶粒的晶界处出现非常细小的等轴晶，晶粒尺寸远小于 10 μm；应变速率提高，在晶界处没有观察到等轴晶，说明动态再结晶受到抑制。

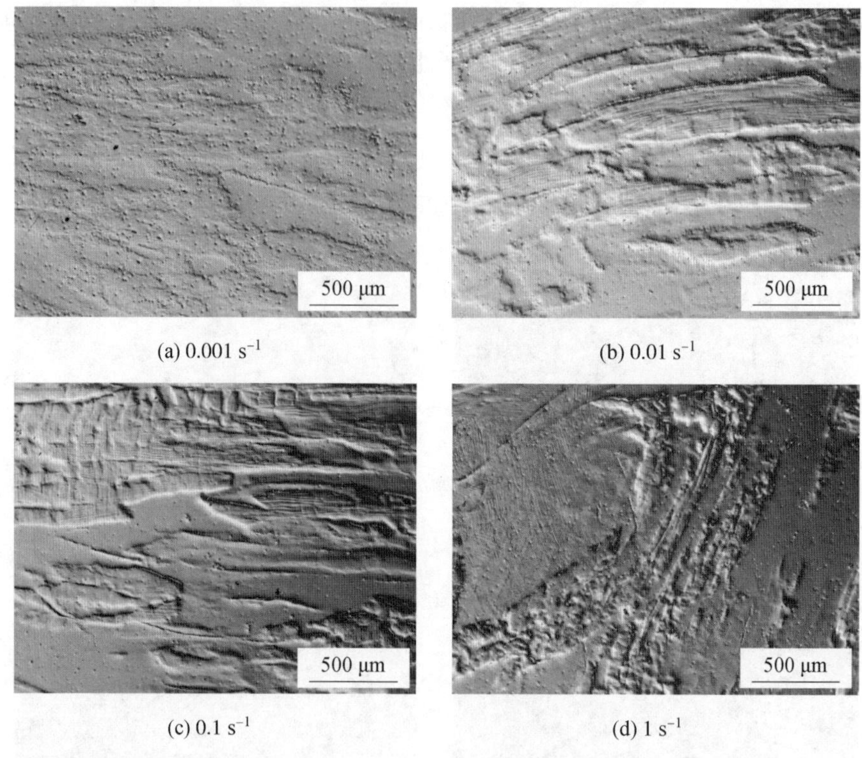

(a) 0.001 s^{-1}　(b) 0.01 s^{-1}　(c) 0.1 s^{-1}　(d) 1 s^{-1}

图 2－11　多晶 Ni－Mn－Ga 合金不同应变速率压缩后的金相组织(T=700 ℃)

当变形温度升高到 1 000 ℃时(图 2－12),可以看出多晶 Ni－Mn－Ga 合金发生动态再结晶过程,对应于应力－应变曲线的软化现象。在低应变速率下,位错增殖速度慢,新形成的再结晶晶粒可以长大;而当变形速率升高时,位错增殖速度增加,加工硬化能力增强;当达到动态再结晶临界形核位错密度时,变形的再结晶晶粒发生再结晶过程,使得再结晶晶粒细化。在应变速率为 0.001 s^{-1}时晶粒尺寸在 200 μm 左右,在应变速率为 0.01 s^{-1}时晶粒尺寸减小至 100 μm 左右,而在 0.1 s^{-1}变形时晶粒尺寸只有 50 μm 左右。同时应变速率为 1 s^{-1}时,变形晶界出现锯齿现象,产生细小的再结晶晶粒,晶粒尺寸小于 10 μm。应变速率下降锯齿形晶界(图 2－12(d))消失,取而代之的是动态再结晶形成的波浪形晶界(图 2－12(b))。高应变速率下多晶 Ni－Mn－Ga 合金软化是由动态回复和动态再结晶共同作用的,在晶粒内部发生动态回复,而在晶界处发生动态再结晶,这两方面共同降低位错密度。

结合组织分析可以看出,多晶 Ni－Mn－Ga 合金软化作用主要是动态回复和动态再结晶过程:低温下为动态回复过程,刃型位错发生攀移,螺位错发生交滑移,正负位错相互抵消,在变形晶粒内部位错密度下降。当温度升高时,由动态回复转变为动态再结晶过程,在变形过程中,位错不断增殖,动态回复不能及

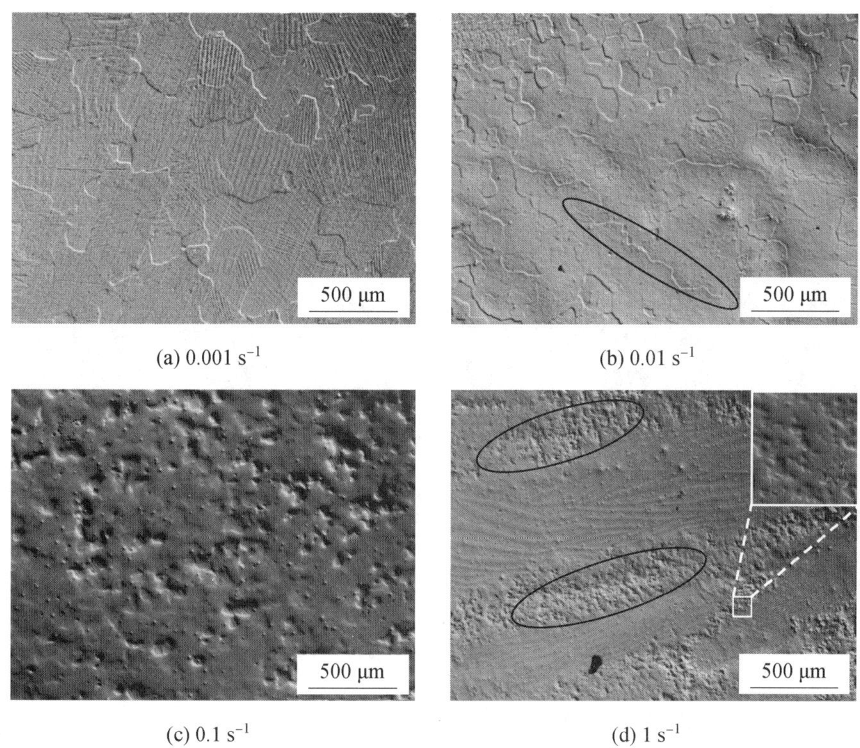

(a) $0.001\ s^{-1}$　(b) $0.01\ s^{-1}$　(c) $0.1\ s^{-1}$　(d) $1\ s^{-1}$

图 2－12　多晶 Ni－Mn－Ga 合金不同应变速度压缩后的金相组织(T=1 000 ℃)

时抵消位错积累，当位错累积到一定程度，达到临界形变条件，发生动态再结晶过程。动态再结晶过程中，晶粒形核速率随温度升高变化不大，而晶粒长大速率随着变形温度的升高而增大，因此随着温度的升高再结晶晶粒尺寸变大。动态再结晶一般分为两类，一种是不连续再结晶，认为在变形晶界处弓出形核并发生大角度迁移，来消除形变组织中的位错及亚晶界等形变缺陷；另一种是连续动态再结晶，认为利用亚晶界持续吸收位错，晶界角度不断增大，最终由小角度晶界转为大角度晶界，由亚晶成为真正的晶粒，在亚晶界由小角度晶界转为大角度晶界过程中消耗大量位错。在多晶 Ni－Mn－Ga 合金中，再结晶晶粒在晶界处形核，使原始柱状晶晶界变为锯齿状，随后发生长大，因此非连续再结晶机制为多晶 Ni－Mn－Ga 合金再结晶晶粒的主要形成方式。

(3)多晶 Ni－Mn－Ga 合金高温压缩变形机制。

选择 1 000 ℃下应变速率分别为 $0.1\ s^{-1}$和 $1\ s^{-1}$进行 EBSD 分析，以揭示多晶Ni－Mn－Ga 合金高温压缩的变形机制。图 2－13 所示为两种变形条件下多晶 Ni－Mn－Ga 合金 1 000 ℃压缩后的晶粒图，在图中相邻两点取向差大于 2°认为是晶界，在图中用白色线表示小角度晶界，范围是 2°～15°；用黑色线表示大角度晶界，范围是 15°～80°。在高应变速率($1\ s^{-1}$)下合金仍为变形柱状晶组织

(长径比大于 2),在晶粒内部分布有大量的小角度晶界,从而构成亚晶。在低应变速率(0.1 s^{-1})下合金组织为等轴晶粒,平均晶粒尺寸为 15 μm,其中低于平均晶粒尺寸的晶粒有 35%;还可以看出,在细小晶粒之间都形成了大角晶界,而细小晶粒内部几乎没有小角晶界。

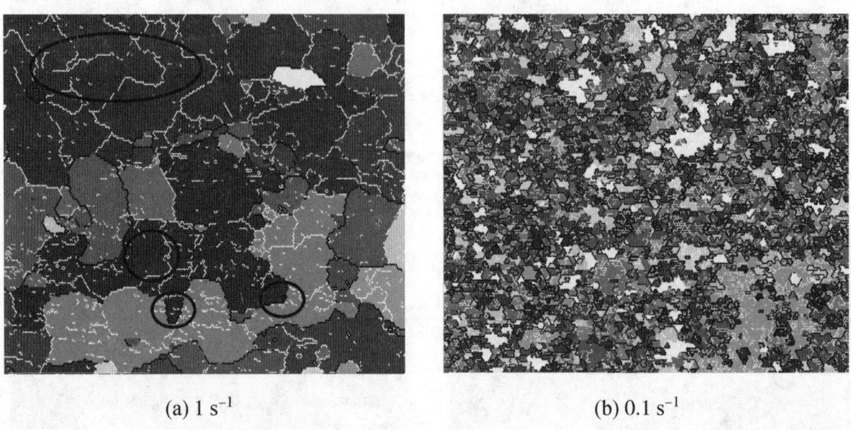

图 2－13　两种变形条件下多晶 Ni－Mn－Ga 合金 1 000 ℃压缩后的晶粒图(见附录彩图)

图 2－14 所示为多晶 Ni－Mn－Ga 合金 1 000 ℃压缩后晶界类型分数统计图,可以看出低应变速率下小角晶界数量少于高应变速率,而大角晶界数量多于高应变速率。多晶 Ni－Mn－Ga 合金在热压缩变形中软化机制既存在动态回复也存在动态再结晶。在低温(700 ℃以下)下主要是动态回复过程;随着温度的升高,开始发生动态再结晶过程。随着应变速率的增高,合金动态再结晶过程受到抑制,主要发生动态回复过程。因此,在 1 000 ℃、应变速率为 0.1 s^{-1}时,合金才能发生充分再结晶。

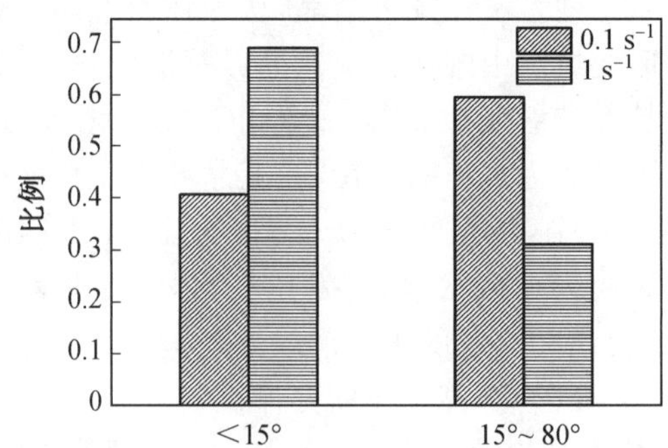

图 2－14　多晶 Ni－Mn－Ga 合金 1 000 ℃压缩后晶界类型分数统计图

图 2－15 所示为多晶 Ni－Mn－Ga 合金压缩试样在 1 000 ℃、应变速率为 1 s^{-1}时的晶粒取向图(附录彩图),可以看出晶粒具有择优取向,反极图配色(附

录彩图黄色)可知样品法向,即压缩方向平行于马氏体的$\langle 111\rangle_c$方向。图中用蓝色线条表示马氏体孪晶界(附录彩图),与未变形合金马氏体不同,变形后的马氏体择优取向排列,即马氏体孪晶的$\langle 111\rangle_c$方向与压缩方向平行。同时图中用黑色线表示小角晶界,红色线表示大角晶界(附录彩图)。马氏体孪晶能够穿过小角晶界,而终止于大角晶界处,也就是说小角晶界对孪晶阻碍作用弱于大角晶界。

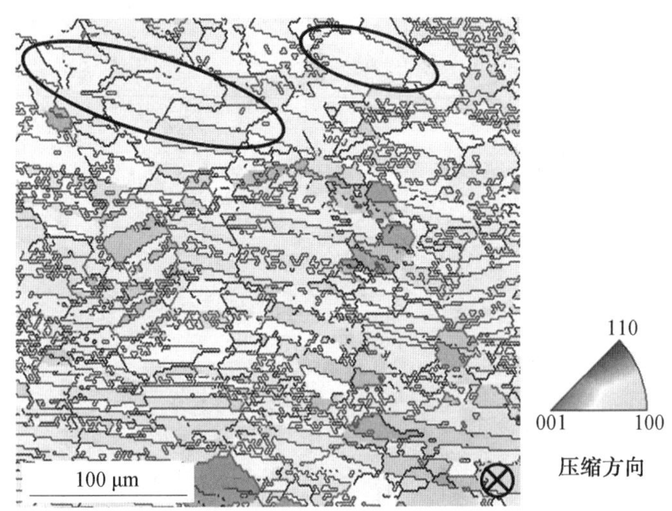

图 2－15　多晶 Ni－Mn－Ga 合金压缩试样在 1 000 ℃、应变速率为 1 s^{-1}时的晶粒取向图(见附录彩图)

3. 棒材热挤压成形

多晶 Ni－Mn－Ga 合金的热加工成形是该领域的难点,受到很大的关注。通过热加工图可以看出在 1 000 ℃存在适宜加工区域,因此热挤压选择在 1 000 ℃和1 050 ℃。为了避免表面开裂并减少氧化,挤压前使用低碳钢对合金铸锭进行包套。图 2－16(a)和(b)所示分别为 1 000 ℃挤压比为 9∶1 和 1 050 ℃挤压比为 9∶1、12∶1 和 16∶1 的宏观照片,可以看出棒材整体完整没有发生开裂。使用 BSE 观察包套低碳钢与多晶 Ni－Mn－Ga 合金界面,如图 2－16(c)所示,在低碳钢与合金之间由钢和合金的氧化层分开。分别在图中 A、B 和 C 区域测试成分,结果见表 2－4,可以看出合金中 C 区域 Fe 含量可以忽略,Fe 元素未污染合金,说明使用低碳钢包套多晶 Ni－Mn－Ga 合金是可行的。

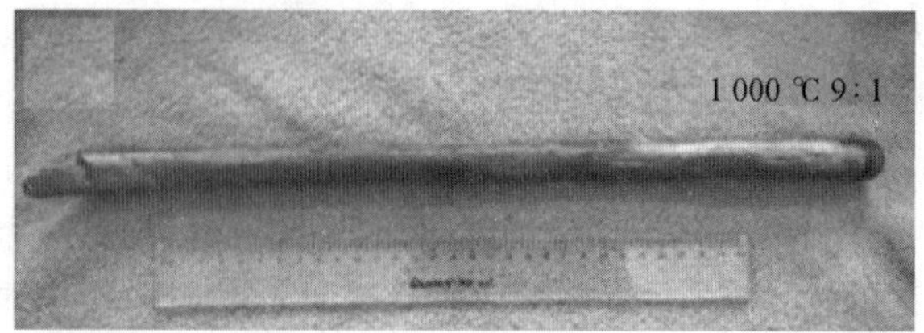

(a) 1 000 ℃ 挤压比 9 : 1

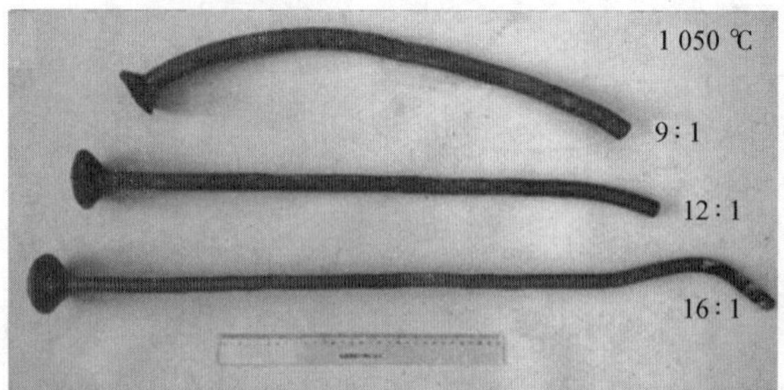

(b) 1 050 ℃不同挤压比

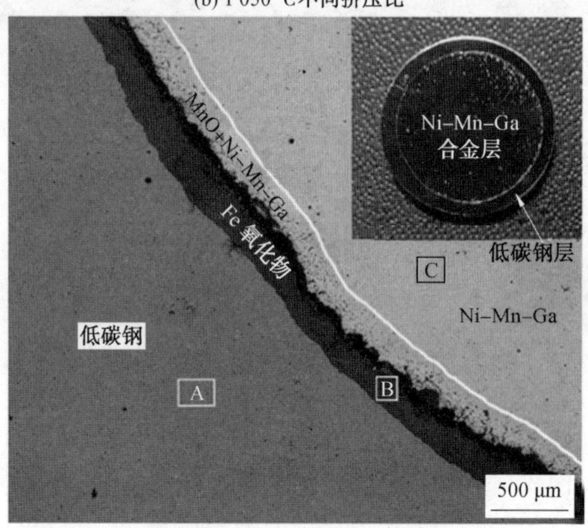

(c) 挤压样品横截面BSE照片(1 050 ℃挤压比 12 : 1)

图 2－16　多晶 Ni－Mn－Ga 合金不同挤压条件宏观照片和 BSE 照片

表 2－4　BSE 照片不同位置的成分(原子数分数)　　%

区域	Ni	Mn	Ga	Fe	O
A	0.10	1.18	0.11	98.61	33.78
B	0.15	1.34	0.38	64.35	33.78
C	47.41	31.24	21.33	0.02	33.78

使用 EBSD 对不同挤压条件的样品统计晶粒尺寸。图 2－17 所示为多晶

Ni－Mn－Ga合金不同挤压条件的反极图(IPF)，可以看出，经过热挤压合金发生了充分的动态再结晶，形成等轴晶。不同挤压条件下多晶 Ni－Mn－Ga 合金的晶粒尺寸见表 2－5，随着挤压温度的升高晶粒尺寸增大，而随着挤压比的增加，晶粒尺寸略微减小，晶粒尺寸整体在 60～70 μm。从图2－18中可以看出，挤压后多晶 Ni－Mn－Ga 合金形成〈111〉织构，织构强度随着挤压温度的升高略有增加，而随着挤压比的增加织构强度基本保持不变或略有下降。

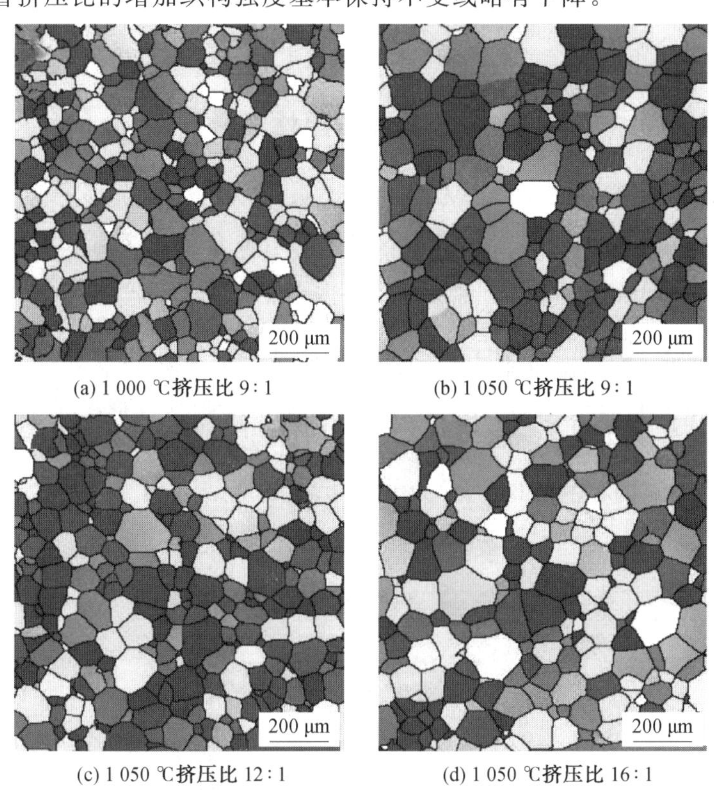

(a) 1 000 ℃挤压比 9∶1　(b) 1 050 ℃挤压比 9∶1

(c) 1 050 ℃挤压比 12∶1　(d) 1 050 ℃挤压比 16∶1

图 2－17　多晶 Ni－Mn－Ga 合金不同挤压条件的 IPF 图(见附录彩图)

表 2－5　不同挤压条件下多晶 Ni－Mn－Ga 合金的晶粒尺寸

状态	挤压参数	平均晶粒尺寸/μm
铸态	—	200～500(宽度)
挤压态	T=1 000 ℃，R=9∶1	61.8±5.6(直径)
	T=1 050 ℃，R=9∶1	75.7±1.0(直径)
	T=1 050 ℃，R=12∶1	66.3±2.3(直径)
	T=1 050 ℃，R=16∶1	69.5±1.0(直径)

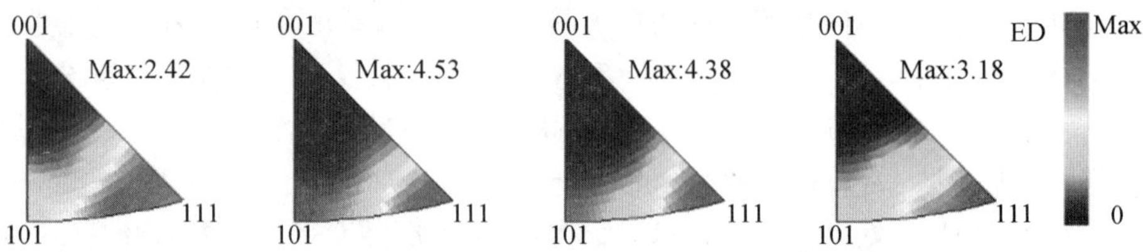

(a) 1 000 ℃挤压比 9∶1 (b) 1 050 ℃挤压比 9∶1 (c) 1 050 ℃挤压比 12∶1 (d) 1 050 ℃挤压比 16∶1

图 2－18 多晶 Ni－Mn－Ga 合金不同挤压条件的反极图(见附录彩图)

2.3.2 Ni－Mn－Ga 合金高温超塑性变形行为

1. 高温拉伸超塑性变形行为

通过热压缩试验可以看出，多晶 Ni－Mn－Ga 合金在高温下具有良好的塑性，与压缩应力状态相比，拉伸应力状态更能证明多晶 Ni－Mn－Ga 合金高温下塑性变形能力。图 2－19 所示为多晶 Ni－Mn－Ga 合金在应变速率为0.001 s^{-1} 时 800 ℃和 900 ℃高温拉伸后的宏观形貌，在 800 ℃下延伸率超过 100%，可能具有超塑性能力，这为多晶 Ni－Mn－Ga 合金高温塑性成形提供了新的方法。从图中还可以看出，合金在高温变形过程中，试样大部分为均匀变形部分，只在颈缩区域发生了明显的非均匀变形。

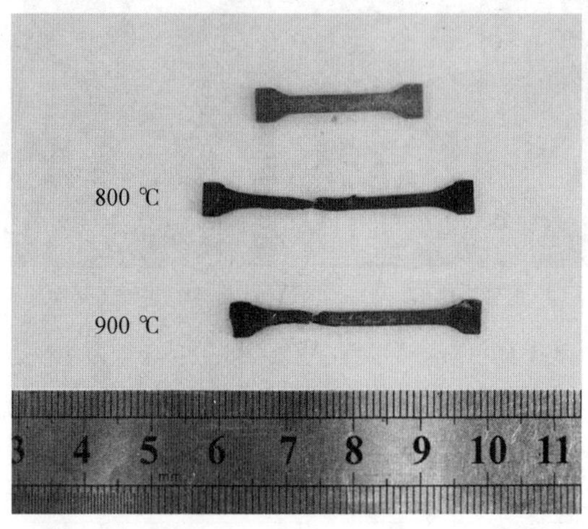

图 2－19 多晶 Ni－Mn－Ga 合金在应变速率为 0.001 s^{-1} 时 800 ℃和 900 ℃高温拉伸后的宏观形貌

图 2－20 所示为多晶 Ni－Mn－Ga 合金在应变速率为 0.001 s^{-1} 时 750～900 ℃高温拉伸真应力－真应变曲线，在 750 ℃以上，合金延伸率均大于 40%，表现出良好的塑性，这为多晶 Ni－Mn－Ga 合金热加工变形奠定了良好的基础。

在 750 ℃时合金延伸率只有 5.4%，说明合金在此温度下显示为脆性。

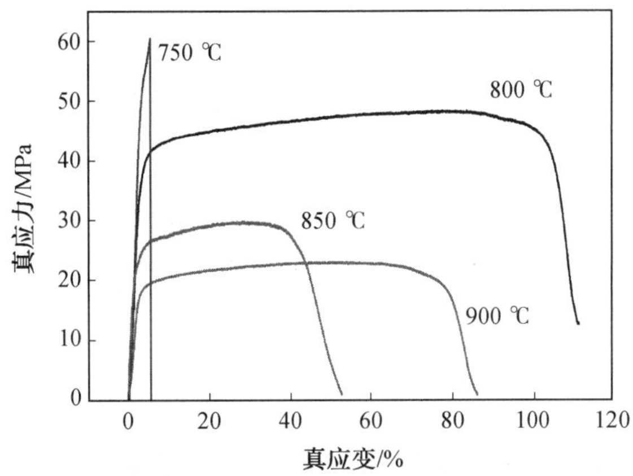

图 2－20　Ni－Mn－Ga 合金在应变速率为 0.001 s^{-1}时750～900 ℃高温拉伸真应力－真应变曲线

从图 2－20 中还可以看出，多晶 Ni－Mn－Ga 合金拉伸条件下流变应力变化趋势与压缩状态相似。在变形初期，流变应力迅速增加，在延伸率达到 10%左右，流变应力开始进入稳态；随着变形的进一步进行，稳态下流变应力略微上升，发生颈缩后流变应力开始下降。随着变形温度的升高，多晶 Ni－Mn－Ga 合金稳态流变应力和峰值流变应力不断下降，拉伸状态下流变应力小于压缩状态，约为压缩状态的 1/2。

2. 高温拉伸超塑性变形组织

图 2－21 所示为多晶 Ni－Mn－Ga 合金在不同温度、应变速率为 0.001 s^{-1}时高温拉伸后的断口形貌，在 750 ℃时合金呈现出明显的脆性断裂特征，断裂模式主要为沿晶断裂，在少部分区域为穿晶断裂特征；合金在 750 ℃时延伸率只有 5.4%；而当变形温度升高到 900 ℃，合金发生韧性断裂，断口呈切断特征。

图 2－22 所示为多晶 Ni－Mn－Ga 合金在 800 ℃和 900 ℃、应变速率为 0.001 s^{-1}时高温拉伸后的截面形貌，从图 2－22(a)中看出，合金在 800 ℃拉伸时，变形区域内晶粒均被拉长，在宽度方向上只有 3～4 个晶粒(图中 ABCD 表示)，其中 B 晶粒宽度约为 1 mm。图 2－22(b)为拉伸断口另一侧横截面，孪晶贯穿整个厚度方向，说明在厚度方向上是一个晶粒。由于晶粒长大以及变形的作用，在整个样品内是少晶状态。由于变形区的晶格尺寸明显大于夹持区(材料不变形)，说明在拉应力作用下，应力促进晶粒长大，使得合金晶粒长大、温度下降。图 2－22(c)为 900 ℃纵截面形貌，在样品宽度方向上只有 A、B 两个晶粒，与图2－22(d)横截面对应看出，样品厚度方向只有一个晶粒，生成的孪晶较为粗大。在 900 ℃时晶粒长大更加明显。在 800 ℃和 900 ℃下晶粒均为被拉长的变

(a) 750 ℃

(b) 900 ℃

图 2－21　多晶 Ni－Mn－Ga 合金在不同温度、应变速率为 0.001 s^{-1} 时高温拉伸后的断口形貌

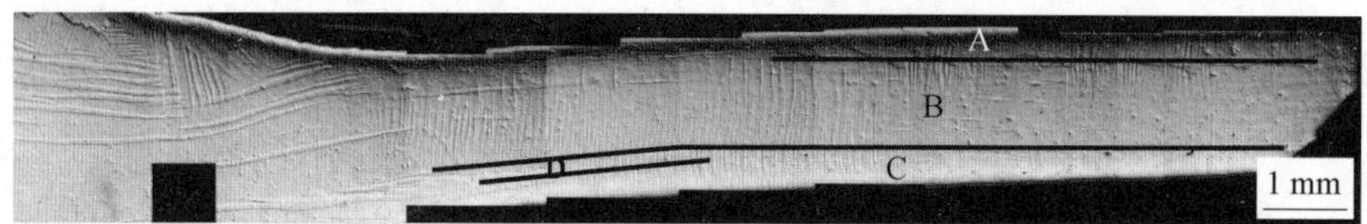

(a) 800 ℃纵截面

(b) 800 ℃横截面

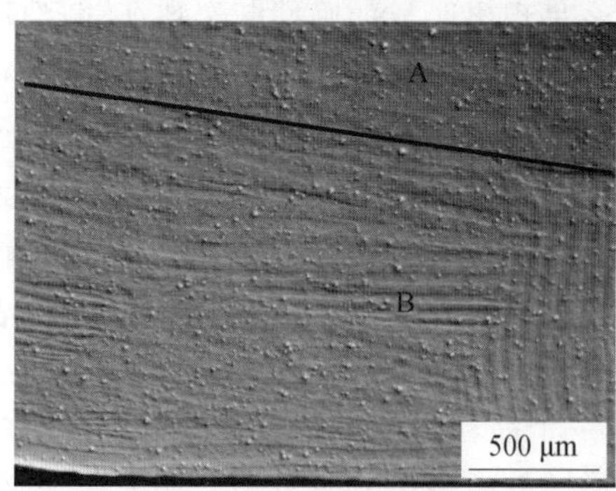

(c) 900 ℃纵截面

(d) 900 ℃横截面

图 2－22　多晶 Ni－Mn－Ga 合金在 800 ℃和 900 ℃应变速率为 0.001 s^{-1} 时高温拉伸后的截面形貌

形晶粒，说明在变形过程中没有发生动态再结晶，而是动态回复过程。由于晶粒

呈拉长状态，难以发生晶界滑移，判断多晶 Ni－Mn－Ga 合金在 800 ℃和900 ℃的变形机制主要是晶内位错滑移和攀移。

2.4　磁感生应变特性

2.4.1　单晶 Ni－Mn－Ga 合金磁感生应变

Ni－Mn－Ga 合金获得磁感生应变源于磁场驱动马氏体孪晶界的运动，即磁场作用在孪晶界上的驱动力 σ_{mag} 要大于孪晶界运动阻力 σ_{tw}，取决于马氏体结构，要有大的磁晶各向异性能，还要对合金中组织进行调控才能获得磁感生应变。原因在于，当磁场作用在合金上时，从力学观点考虑，若有应变产生，必须是孪晶可以运动，即孪晶可以运动的临界应力小于磁场施加的力

$$\sigma_{mag} \geqslant \sigma_{tw} \tag{2.14}$$

对于磁场作用在孪晶上的力，开始随着磁场的增加而增加，当增加到一定磁场时，σ_{mag} 达到最大值，以后磁场无论如何增大，都不再发生改变。这个最大值与磁晶各向异性能 K_u 和孪生切变 s 有关，即

$$\sigma_{mag,max} = \frac{K_u}{s} \tag{2.15}$$

可以看出，磁场作用在孪晶上的最大应力对组织并不敏感，而是由结构所决定的。孪晶运动的临界应力对组织十分敏感，因此为了获得 Ni－Mn－Ga 合金的磁感生应变，人们将研究关注于如何减小孪晶运动的阻力，降低孪晶运动的临界应力。对于单晶材料，可以通过训练的方法有效地降低孪晶运动的临界应力，5M 马氏体和 7M 马氏体的孪晶界运动的临界应力可以降低到 1～2 MPa，特别是对于 5M 马氏体，在Ⅱ型孪晶的单晶中，临界应力可降到 0.1～0.3 MPa。磁场作用在孪晶上的最大应力一般在 2 MPa 左右，在 5M 马氏体和 7M 马氏体单晶中获得已接近 6％和 10％的理论最大应变。而 NM 马氏体在磁场作用下可以达到的磁力远远小于其孪晶界运动的临界应力，因此在常用磁场强度下得到的 MFIS 仍很小。

Ni－Mn－Ga 合金单晶的训练方法主要有热－机械训练、磁－机械训练、机械训练、热－磁训练和热－磁－机械训练五种。①热－机械训练，是在一个恒定的应力下，材料从奥氏体状态降温发生马氏体相变的处理。这种训练处理可以促使孪晶变体沿某一个方向长大，使孪晶变体数量减少，孪晶界运动临界应力下降，得到较大的磁感生应变。②磁－机械训练，有两种方式，第一种方式是在旋转的磁场中对马氏体状态下的材料进行反复的循环变形。在此过程中，孪晶界

被驱动发生往复运动，形成沿 a 轴和 c 轴的孪晶变体；另一种方式是在材料上施加一个恒定应力和一个与应力垂直的恒定磁场，两者相互交替作用在材料上，若是在单晶中，可以选择 a 轴和 c 轴方向，形成沿 a 轴和 c 轴方向的两种孪晶变体。这种磁－机械训练方式成功与否取决于材料孪晶界的可动性。③机械训练，是在 c 轴方向施加载荷，卸载后在与 c 轴垂直的方向上施加载荷，如此循环变形使孪晶界运动的临界应力减小。④热－磁训练，是将材料加热到马氏体转变温度以上，施加一个磁场，接着将材料降温至发生马氏体相变。由于铁磁性的奥氏体的磁矩在外场下很容易转向，因此在降温形成马氏体的过程中有助于马氏体孪晶变体取向沿易磁化 c 轴方向排列。⑤热－磁－机械训练，是在一个旋转磁场中将材料进行循环升温和降温，即将材料升温至奥氏体状态，再将材料降温至马氏体状态，训练过程中不仅有孪晶界的来回运动，还有孪晶变体的择优取向过程。

通过以上的训练方式，马氏体的孪晶往复运动，可以减少变体数量，并形成择优取向变体，减少点缺陷对孪晶的钉扎作用等，从而提高孪晶的可动性，在单晶中获得大的磁感生应变。

2.4.2 定向凝固 Ni－Mn－Ga 多晶合金磁感生应变

利用定向凝固技术获得具有织构的多晶 Ni－Mn－Ga 合金，通过机械训练方法降低临界应力，获得 MFIS。定向凝固过程形成的织构，可以减小相邻晶粒间的取向差，减少孪晶界运动的阻碍，有利于产生 MFIS。Potschke 等通过定向凝固技术制备了具有$\langle 100\rangle_A$丝织构的多晶 Ni－Mn－Ga 合金，1 000 ℃热处理后得到成分均匀且晶粒尺寸在毫米级的多晶。随后两向交替压缩训练获得近似单变体结构，而通过三向交替压缩训练能获得最大应变，最终利用 7M 马氏体重取向获得 8% 的应变。Gaitzsch 等采用定向凝固 5M 马氏体结构的多晶 Ni－Mn－Ga 合金，其经过 10^6 周期循环后仍保持稳定。

2.5 磁热性能

2.5.1 Ni－Mn－Ga 合金磁热性能

Ni－Mn－Ga 在室温附近会发生一级的结构相变和二级的磁相变，产生较大的室温磁热效应；通过调节成分使合金发生磁－结构耦合，可以获得更大的磁热效应。然而一级相变存在的滞后效应，会对磁热性能造成不利影响，是研究和应用需要考虑的重要问题。

1. 磁滞后特性

相变滞后是一级相变的主要特征之一，主要与相变过程中的阻力有关。这种相变的阻力主要来自于不可逆的弹性应变能以及缺陷、界面移动等摩擦损耗。图 2－23 所示为多晶 Ni－Mn－Ga 合金的 $M-T$ 曲线，图中可见，$Ni_{54}Mn_{21.2}Ga_{24.8}$ 和 $Ni_{54.8}Mn_{20.7}Ga_{24.5}$ 合金在高磁场下均处于磁－结构耦合状态，两者的饱和磁化强度相当，约70（A・m²）/kg。此处取升/降温过程曲线的一阶导数最大值为相变峰值温度 A_p 和 M_p，相变温度采用切线法得到。用 A_s 和 M_f 之间的温度差表示相变过程中的热滞后，则 $Ni_{54}Mn_{21.2}Ga_{24.8}$ 合金在 50 kOe 下的热滞后约为 4.6 K，$Ni_{54.8}Mn_{20.7}Ga_{24.5}$ 合金在 50 kOe 下的热滞后约为 4.9 K，均小于大多数文献报道的 Ni－Mn－Ga 合金滞后值（约 10 K）。

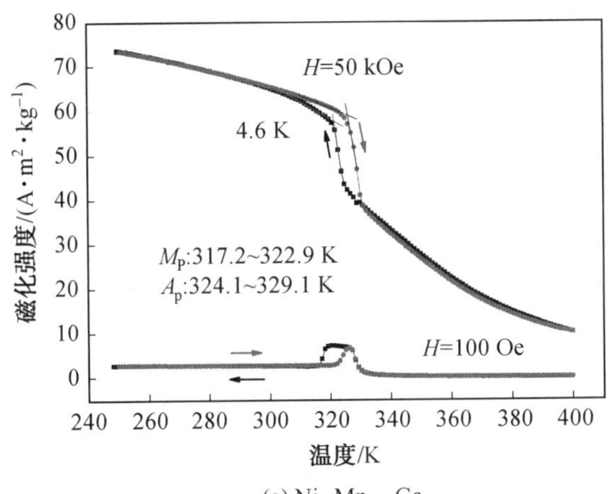

(a) $Ni_{54}Mn_{21.2}Ga_{24.8}$

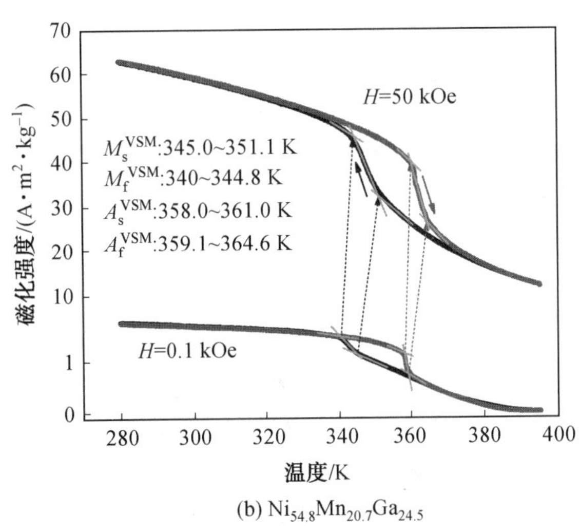

(b) $Ni_{54.8}Mn_{20.7}Ga_{24.5}$

图 2－23　多晶 Ni－Mn－Ga 合金的 $M-T$ 曲线

除了相变热滞后以外，磁滞后也是影响磁热性能的一个重要因素。图 2－24 所示为 Ni－Mn－Ga 合金不同温度升/退磁磁化曲线及磁滞后随温度变化曲线，曲线包围的面积即为磁滞后，通过计算得到磁滞后随温度变化曲线如内嵌图所示。$Ni_{54}Mn_{21.2}Ga_{24.8}$ 和 $Ni_{54.8}Mn_{20.7}Ga_{24.5}$ 合金在 50 kOe 下磁滞后平均值分别约为 9.69 J/kg 和 21.8 J/kg，和 $Ni_{52}Mn_{26}Ga_{22}$ 带材的磁滞后相当。从图中可以看出，升磁和退磁过程磁化曲线的斜率发生了明显的变化，因此可以确定磁场诱发了铁磁马氏体和顺磁奥氏体之间的转变，磁致相变是相变过程中存在磁滞后的根源。

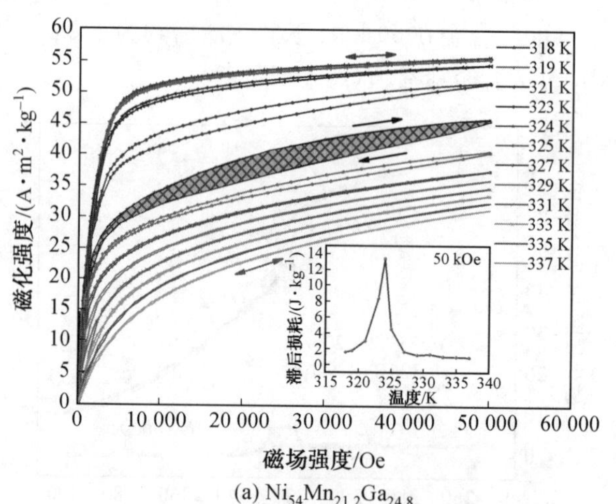

(a) $Ni_{54}Mn_{21.2}Ga_{24.8}$

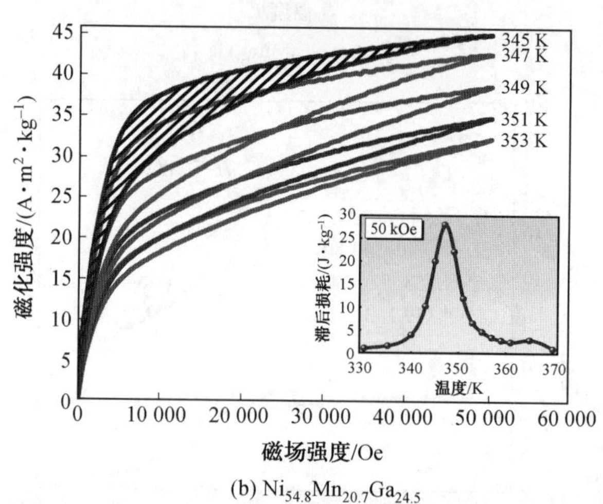

(b) $Ni_{54.8}Mn_{20.7}Ga_{24.5}$

图 2－24　Ni－Mn－Ga 合金不同温度升/退磁磁化曲线及磁滞后随温度变化曲线（见附录彩图）

2. 磁致相变特性

由图 2－23 可知，$Ni_{54}Mn_{21.2}Ga_{24.8}$ 和 $Ni_{54.8}Mn_{20.7}Ga_{24.5}$ 合金相变温度随着磁场的增加向高温方向移动，此处取升/降温过程曲线的一阶导数最大值为相变峰值温度 A_p 和 M_P，用以评价相变温度随磁场的变化幅度。由图 2－23 求导得到 $Ni_{54}Mn_{21.2}Ga_{24.8}$ 和 $Ni_{54.8}Mn_{20.7}Ga_{24.5}$ 合金在 100 Oe 和 50 kOe 下相变峰值温度，见表 2－6。

在升温和降温过程中，$Ni_{54}Mn_{21.2}Ga_{24.8}$ 合金磁场从 100 Oe 增加到 50 kOe 时相变温度的变化 ΔT_{0h} 和 ΔT_{0c} 分别为 5.0 K 和 5.7 K；$Ni_{54.8}Mn_{20.7}Ga_{24.5}$ 合金磁场从 100 Oe 增加到 50 kOe 时相变温度的变化 ΔT_{0h} 和 ΔT_{0c} 分别为 3.0 K 和 5.7 K。这里磁热效应只考虑升温过程，因此得到 $Ni_{54}Mn_{21.2}Ga_{24.8}$ 合金温度随磁场变化率 $dA_p/dH=0.10$ K/kOe，$Ni_{54.8}Mn_{20.7}Ga_{24.5}$ 合金温度随磁场变化率 $dA_p/dH=0.06$ K/kOe，比 $Ni_{54}Mn_{21.2}Ga_{24.8}$ 合金略大。Marcos 等报道在一级磁相变附近的磁热效应主要依赖于 dA_p/dH 的值，这个值反映的是微观状态下系统中声子自旋耦合的强度，并且随着 e/a 值的增加而增加，这与目前得到的结果相符。

表 2－6　$Ni_{54}Mn_{21.2}Ga_{24.8}$ 和 $Ni_{54.8}Mn_{20.7}Ga_{24.5}$ 合金在 100 Oe 和 50 kOe 下相变峰值温度　K

合金	A_p(100 Oe)	A_p(50 kOe)	M_P(100 Oe)	M_P(50 kOe)	ΔT_{0h}	ΔT_{0c}
$Ni_{54}Mn_{21.2}Ga_{24.8}$	324.1	329.1	317.2	322.9	5.0	5.7
$Ni_{54.8}Mn_{20.7}Ga_{24.5}$	358.3	361.3	342.2	347.9	3.0	5.7

已知 $Ni_{54}Mn_{21.2}Ga_{24.8}$ 和 $Ni_{54.8}Mn_{20.7}Ga_{24.5}$ 合金的 dA_p/dH 值，根据 Clausius－Clapeyron 方程可以计算纤维在相变点附近的最大饱和磁化强度差值，即

$$\frac{\Delta H}{\Delta T}=-\frac{Q}{T_0\Delta M} \tag{2.16}$$

式(2.16)中等号左侧一项用 dA_p/dH 替代可得

$$\frac{dA_p}{dH}=-\frac{T_0\Delta M}{Q} \tag{2.17}$$

式中　Q 和 T_0——相变过程焓变以及奥氏体与马氏体之间的理论相变温度，并且 T_0 约等于 $(A_p+M_P)/2$；

ΔM——相变点附近奥氏体与马氏体之间的理论最大饱和磁化强度差。

由 DSC 曲线可知，$Ni_{54}Mn_{21.2}Ga_{24.8}$ 合金升温过程相变焓 $Q=8.92$ J/g，$Ni_{54}Mn_{21.2}Ga_{24.8}$ 合金 $T_0=320.0$ K，另外 $dA_p/dH=0.10$ K/kOe，将参数代入式(2.17)，得到 $\Delta M=27.9$ $(A\cdot m^2)/kg$。如图 2－23(a)所示，认为 50 kOe 下 $Ni_{54}Mn_{21.2}Ga_{24.8}$ 合金已完全达到磁化饱和的状态，此时一级磁相变附近奥氏体与

马氏体之间的饱和磁化强度差约为 27.0 (A·m^2)/kg,同样计算 $Ni_{54.8}Mn_{20.7}Ga_{24.5}$ 合金升温过程 ΔM=14.2 (A·m^2)/kg,在图2—23(b)中得到一级磁相变附近奥氏体与马氏体之间的饱和磁化强度差约为 18 (A·m^2)/kg,两者也基本吻合。

3. 磁热性能

磁热效应常用熵变 ΔS_m 来进行表征,ΔS_m 可以通过测试不同温度下的等温磁化曲线并通过 Maxwell 关系式计算得到。近年来针对这种方法在一级磁相变附近的适用性问题上一直存在争议,原因在于利用等温磁化曲线计算磁相变附近 ΔS_m 时会产生虚高的值。然而研究表明,对于拥有弱磁弹性耦合($\lambda_1/\lambda_0<2$)的一级相变来说,Maxwell 关系式完全适用。对于 Ni—Mn—Ga 合金来说,λ_1 约为 10^7 erg/cm^3,而 λ_0 约为 10^{10} erg/cm^3,因此完全符合上述条件。

在 Ni—Mn—Ga 合金中,马氏体相变温度对成分变化非常敏感,而成分变化对居里点影响很小。因此通过调节合金的成分,可实现一级马氏体相变和二级磁相变的耦合,即发生磁结构耦合。磁结构耦合状态下会伴随晶格结构的不连续变化而产生较大的磁化强度差,从而产生巨磁熵变。

(1)磁结构半耦合状态磁热性能。

根据 Maxwell 关系式,ΔS_m 的大小取决于$\partial M/\partial T$ 的值。对 $Ni_{54}Mn_{21.2}Ga_{24.8}$ 合金的升温 $M-T$ 曲线进行一阶微分,发现在 324.13 K 和 329.90 K 两个温度点出现极值,因此在 324.13 K 和 329.90 K 附近测试了一系列升温过程的等温磁化曲线,如图2—25所示。由图可见,$Ni_{54}Mn_{21.2}Ga_{24.8}$ 合金的饱和磁化强度随着温度的增加而减小。由于奥氏体饱和磁化强度小于马氏体,因此当发生结构相变,即马氏体向奥氏体转变时,饱和磁化强度会明显降低,从曲线可以看出,在 323 K 时出现了此特征,预示着马氏体转变开始。在 324 K 和 325 K 时,磁化曲线出现了明显的拐点,表明发生了磁场诱发马氏体相变。

基于不同温度的等温磁化曲线,ΔS_m 通过 Maxwell 方程计算,即

$$\Delta S_m = S_m(H,T) - S_m(0,T) = \int_0^H \left(\frac{\partial M}{\partial T}\right)_H \mathrm{d}H \tag{2.18}$$

基于不连续的温度间隔,可以将方程离散化为

$$\Delta S_m \approx \frac{1}{\Delta T}\left[\int_0^H M(T+\Delta T)\mathrm{d}H - \int_0^H M(T)\mathrm{d}H\right] \tag{2.19}$$

通过计算得到不同磁场下 ΔS_m 与温度的关系曲线如图 2—26 所示,可见 ΔS_m 在相变点 A_p 约 324 K 附近出现峰值,50 kOe 下 ΔT_{FWHM} 仅为 2.0 K。20 kOe和 50 kOe 下合金 ΔS_m 的值分别为—16.63 J/(kg·K)和—40.2 J/(kg·K)。该值和 $Ni_{55.5}Mn_{20}Ga_{24.5}$ 块体在 20 kOe 下的值(—15.10 J/(kg·K))相当,并且高于 $Ni_{55}Mn_{20.6}Ga_{24.4}$ 和 $Ni_{55}Mn_{19.6}Ga_{25.4}$ 单晶在 20 kOe 下的值(—9.5 J/(kg·K)和—10.4 J/(kg·K))。

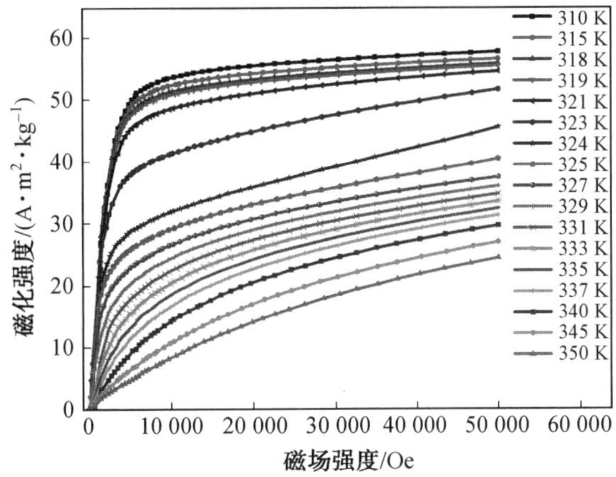

图 2－25　$Ni_{54}Mn_{21.2}Ga_{24.8}$合金等温磁化曲线(见附录彩图)

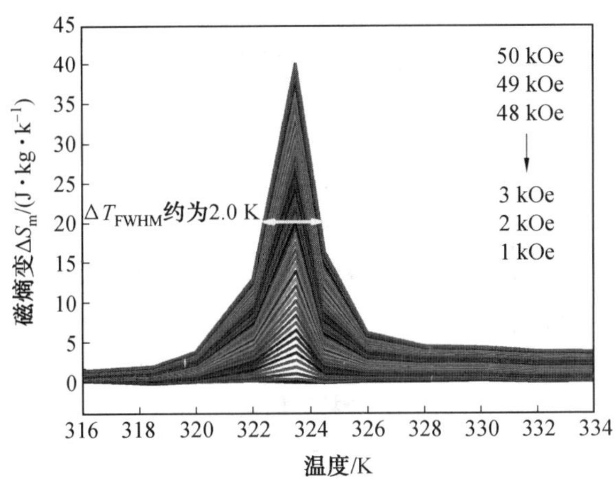

图 2－26　$Ni_{54}Mn_{21.2}Ga_{24.8}$合金不同磁场下 ΔS_m 随温度变化关系(见附录彩图)

为了评价磁制冷材料的磁热性能，不仅需要考虑 ΔS_m 的值，还需要考虑其温度依赖性。用材料的 RC_{net} 值来综合评价磁热效应，通过对 $\Delta S_m - T$ 曲线下 ΔT_{FWHM} $(T_1 - T_2)$范围内的积分减去磁滞后值来表示。对于 $Ni_{54.8}Mn_{20.7}Ga_{24.5}$ 合金来说，尽管具有较高的 ΔS_m 值，但磁滞后较大，为 9.69 J/kg，并且由于 ΔT_{FWHM}值仅约 2.0 K，因此 50 kOe 下减去磁带后的净磁制冷能力 RC_{net} 值仅为 49.9 J/kg。

(2)磁结构耦合状态磁热性能。

$Ni_{54.8}Mn_{20.7}Ga_{24.5}$合金由于达到了磁结构耦合状态，故选择在降温过程，采用 Loop 的方法进行测试，即每测试一个温度前加热至奥氏体 T_C 点以上进行退火，结果如图 2－27(a)所示。由图可见，$Ni_{54.8}Mn_{20.7}Ga_{24.5}$ 合金的饱和磁化强度随着温度的增加而减小。尽管 $Ni_{54}Mn_{21.2}Ga_{24.8}$ 和 $Ni_{54.8}Mn_{20.7}Ga_{24.5}$ 合金表现出

不同的一级磁相变过程，但是两者等温磁化强度的变化趋势相同。在 345 K 饱和磁化强度出现了明显的减小，说明马氏体开始发生转变。在 345～349 K 时，高磁场下磁化曲线同样出现明显的拐点，发生了磁致相变。

低磁场下，磁一结构耦合状态 $M-T$ 曲线中马氏体相变与磁相变重合，因此 T_C 的获得变得困难。通过被称为 Arrott 曲线的方法来判别，即作出 M^2 与 H/M 的关系曲线，如图 2－27(b)所示。作高场下曲线的切线，与 M^2 相交，相交点记为 M_0^2。对于铁磁记忆合金来说，当 M_0^2 为正值时，合金处于铁磁状态，即 $T<T_C$；而当 M_0^2 为负值时，合金处于顺磁态，即 $T>T_C$。当 $T=T_C$ 时，M_0^2 为 0，M^2 与 H/M 呈线性关系，经过原点。$Ni_{54.8}Mn_{20.7}Ga_{24.5}$ 合金在升温过程过程中334 K之前 M_0^2 为正值，349 K 之后 M_0^2 为负值，347 K 时 M_0^2 正好为 0，为居里点。$Ni_{54.8}Mn_{20.7}Ga_{24.5}$ 合金降温过程中 M_s 和 M_f 分别为 345.0 K 和 340.4 K，而得到 T_C 为 347 K，因此可以确定马氏体结构相变与磁相变温度非常接近，基本达到磁结构耦合状态。

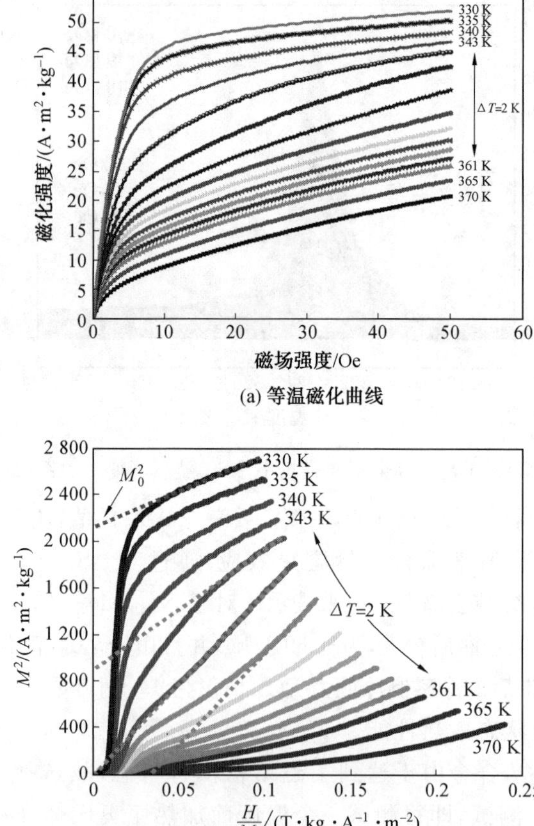

(a) 等温磁化曲线

(b) Arrott 曲线

图 2－27　$Ni_{54.8}Mn_{20.7}Ga_{24.5}$ 合金的等温磁化曲线和 Arrott 曲线(见附录彩图)

通过 Maxwell 方程计算得到不同磁场下 ΔS_m 与温度的关系曲线如图 2－28 所示，可见 ΔS_m 在相变点 A_p 约 346 K 附近出现峰值，并且 50 kOe 下 ΔT_{FWHM} 约为 10.0 K。在 20 kOe 和 50 kOe 下合金 ΔS_m 的值分别为－4.94 J/(kg · K)和－10.5 J/(kg · K)。绝对值比文献[32]报道的 $Ni_{54.9}Mn_{20.5}Ga_{24.6}$ 块体在 20 kOe 下的值(－13.10 J/(kg · K))要小很多。对 ΔS_m-T 曲线下 $\Delta T_{FWHM}(T_1-T_2)$ 范围内的积分减去磁滞后值来表示磁制冷能力 RC，计算得到 50 kOe 下的 RC_{net} 值为 58.0 J/kg。

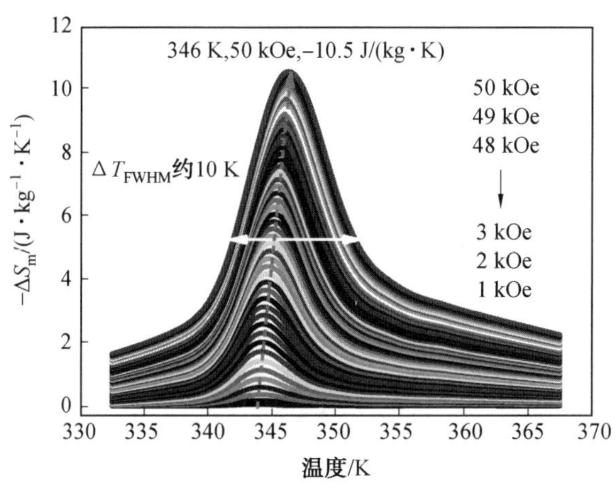

图 2－28　$Ni_{54.8}Mn_{20.7}Ga_{24.5}$ 合金在不同磁场下 ΔS_m 与温度的关系曲线(见附录彩图)

$Ni_{54}Mn_{21.2}Ga_{24.8}$ 合金和 $Ni_{54.8}Mn_{20.7}Ga_{24.5}$ 合金的等温磁熵变 ΔS_m 值都较大，但是由于合金的磁热峰半高宽 ΔT_{FWHM} 很窄，且磁滞后较大，因此磁制冷能力 RC_{net} 值较小。对比两者的磁热性能可以发现，磁－结构耦合状态下的 $Ni_{54.8}Mn_{20.7}Ga_{24.5}$ 合金的等温磁熵变 ΔS_m 值较大，磁热峰半高宽 ΔT_{FWHM} 较小，磁制冷能力 RC_{net} 值较大。

2.5.2　Ni－Mn－In－(Co)合金磁热特性

1. Ni－Mn－In 三元合金磁热性能

Ni－Mn－In 合金由于在室温附近存在正负磁热效应而受到重视。图2－29所示为 $Ni_{48.87}Mn_{37.08}In_{14.05}$(In14)和 $Ni_{47.75}Mn_{37.05}In_{15.20}$(In15)合金在低磁场(200 Oe)和高磁场(50 kOe)下的磁化强度随温度变化的曲线($M-T$ 曲线)。Ni－Mn－In合金的相变温度和居里点见表 2－7。在低磁场下，随着温度的升高，In14 合金先发生从反铁磁马氏体到铁磁奥氏体的一级相变，接着发生从铁磁奥氏体到顺磁奥氏体的二级相变，合金的磁化强度下降。由于一级结构相变与二级磁相变耦合，磁化强度没有达到最大值就开始降低。在高磁场下合金相变点降低，A_s 点降低约 10 K。说明外加磁场对马氏体逆转变有促进作用。随着温度的升高，In15 合金发生一级相变，从反铁磁马氏体相转变为铁磁奥氏体相，再发生二级磁相变，从铁磁奥氏体转变为顺磁(反铁磁)奥氏体。In15 合金的相变 A_s 点从 316 K 降低到 277 K。可以看出 In 元素含量上升，相变温度降低。同时，In15 在高磁场下的合金相变温度向低温偏移程度相比于 In14 合金更加明显，达到20 K左右，表明 In15 合金的变磁性转变更加明显，预计会有更好的磁热性能。

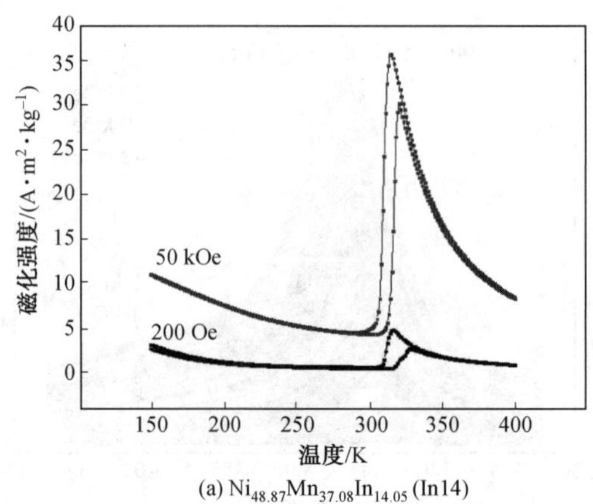

(a) $Ni_{48.87}Mn_{37.08}In_{14.05}$ (In14)

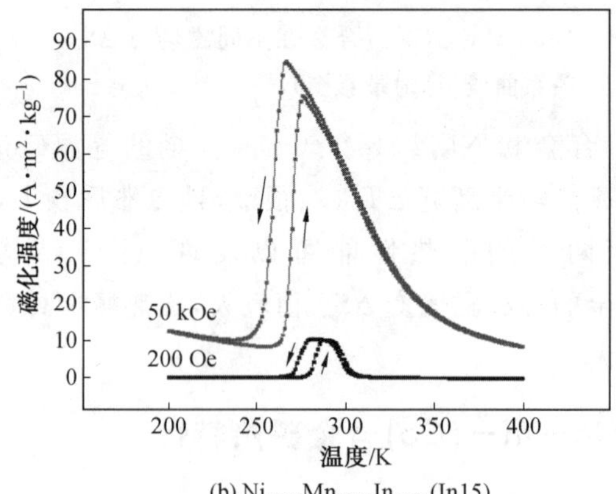

(b) $Ni_{47.75}Mn_{37.05}In_{15.20}$(In15)

图 2—29　Ni—Mn—In 合金在 200 Oe 和 50 kOe 磁场下的 $M-T$ 曲线

表 2—7　Ni—Mn—In 合金的相变温度和居里点

合金	磁场强度/Oe	M_s/K	M_f/K	A_s/K	A_f/K	T_C/K
In14	200	316	309	317	327	—
	50 000	314	295	307	321	—
In15	200	277	269	278	288	297
	50 000	266	251	264	276	—

图 2－30(a)所示为 In14 合金在 316 K≤T≤323 K 温度范围内的 M－H 曲线。所有存在磁－结构耦合相变的合金的 M－H 曲线均采用 Loop 方式测量，即在每条 M－H 曲线测试前将样品先升/降温至完全顺磁状态，然后再降/升温至测量点后进行 M－H 曲线测试。从 318 K 开始，随着外加磁场强度的提高，In14 合金的磁化强度提高，证明外加磁场诱发了反铁磁马氏体到铁磁奥氏体的一级相变。在 40 kOe 处曲线斜率增大，可能与预马氏体相变有关。图 2－30(b)所示为 In14 合金在 322 K≤T≤336 K 温度范围内的 M－H 曲线。从 322 K 开始，In14 的磁化强度随着温度的升高而降低，说明合金开始发生二级磁相变。

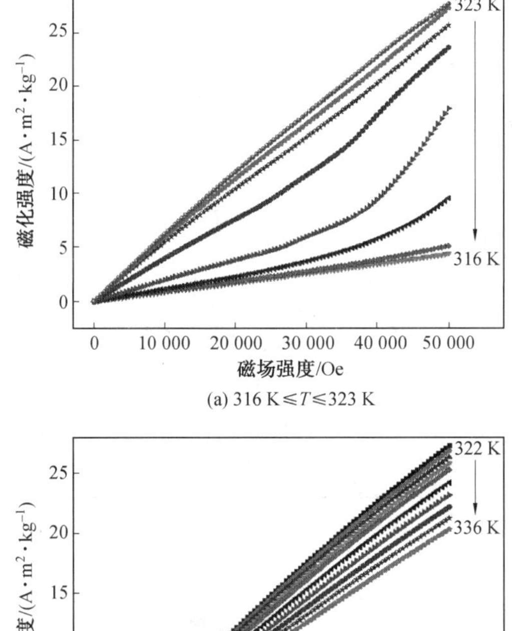

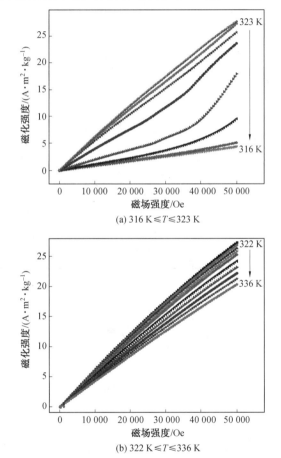

(a) 316 K≤T≤323 K

(b) 322 K≤T≤336 K

图 2－30　$Ni_{48.87}Mn_{37.08}In_{14.05}$(In14)合金在一级和二级相变温区的 M－H 曲线

图 2－31(a)所示为 In15 合金在 269 K≤T≤281 K 温度范围内的 M－H 曲线。随着温度的升高，在矩形框处可以观察到明显的斜率增大现象，这是由于外磁场诱发了反铁磁马氏体到铁磁奥氏体的一级结构相变；温度升高，曲线斜率开

始增大的临界磁场强度越小。另外，在 270 K<T<280 K 温度范围内，In15 合金的 $M-H$ 曲线上升斜率在 $H=4.5$ kOe 附近进一步增大，与 In14 合金的 $M-H$图中观察到的现象类似，有待进一步研究。对比 In15 和 In14 合金的 $M-H$ 曲线可以发现，In14 合金在磁化强度达到最大值后，其 $M-H$ 曲线随着磁场强度呈线性增加的趋势，而 In15 合金的磁化强度在低磁场下迅速饱和，随着磁场强度的增大缓慢增加，而且 In14 合金的磁化强度值也明显低于 In15 合金。这是由 In14 合金的一级结构相变和二级磁相变耦合导致的，造成 In14 合金无法在低磁场时迅速饱和。随着温度的升高，与 In14 类似，In15 合金的饱和磁化强度逐渐降低(图 2－31(b))，说明此时 In15 也开始发生二级磁相变。

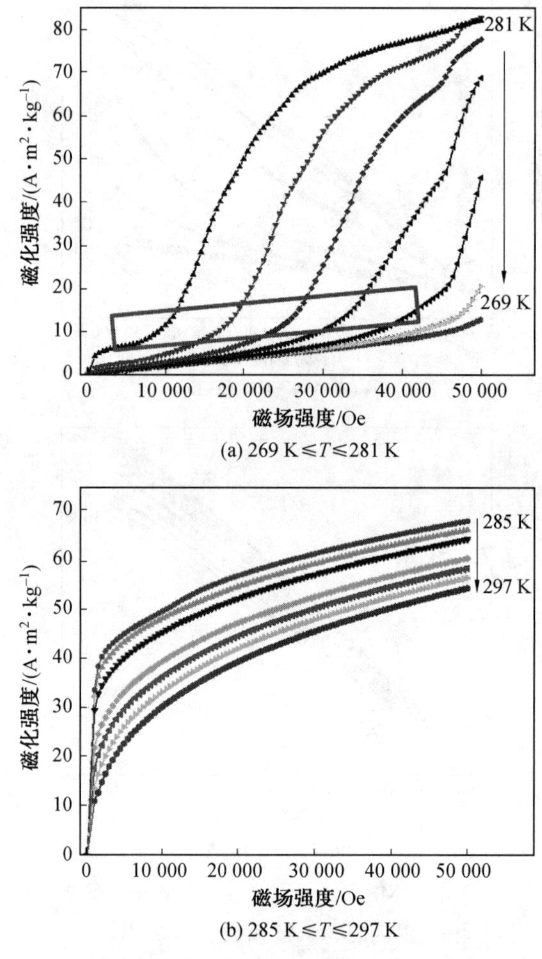

图 2－31　$Ni_{47.75}Mn_{37.05}In_{15.20}$(In15)合金在一级和二级相变温区的 $M-H$ 曲线

图 2—32(a)所示为 In14 合金在外加磁场 $0 \leqslant H \leqslant 50$ kOe 下的磁熵变曲线。随着温度的升高，In14 合金一级结构相变的过程中，磁熵变达到最大正值，即反磁热效应，随后磁熵变迅速下降，发生二级磁相变时磁熵变为负值，即传统磁热效应。外加磁场强度增加，磁熵变的绝对值增大，在 317.5 K 达到 22.8 J/(kg · K)，在 325.5 K 达到 －1.65 J/(kg · K)。图 2—32(b)所示为 In15 合金磁熵变曲线。与 In14 类似，在合金发生一级结构相变时磁熵变为正，随后迅速下降，发生二级磁相变时磁熵变为负值。另外，随着外磁场强度的提高，正磁熵变峰值温度向低温偏移，外加磁场对 In15 合金相变的影响更为明显。In15 合金在 280 K 达到最大正磁熵变，为 30.7 J/(kg · K)；在

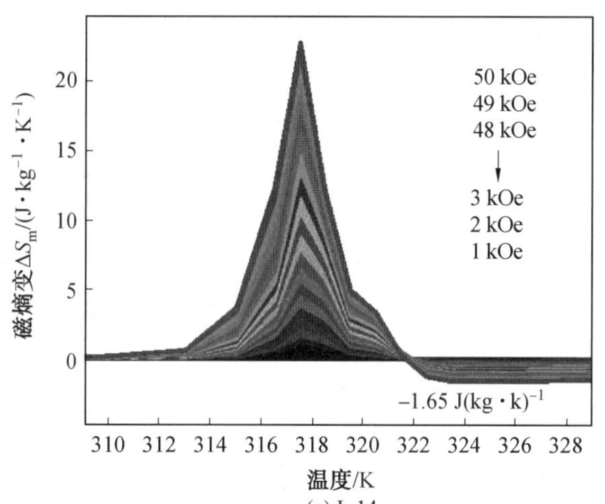

(a) In14

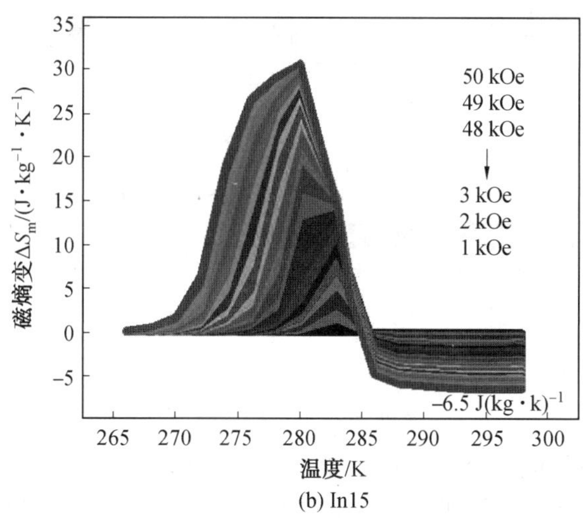

(b) In15

图 2—32　$Ni_{48.87}Mn_{37.08}In_{14.05}$(In14)和 $Ni_{47.75}Mn_{37.05}In_{15.20}$(In15)合金在不同磁场下磁熵变随温度的变化曲线(见附录彩图)

-294 K达到最大负磁熵变，为-6.45 J/(kg·K)。因为正、负磁熵变同时存在于一个相邻的温度区间内，In14和In15在不同的温度加磁场后，既可以吸收热量，也可以放出热量，使得其作为磁制冷材料在工作方式上更加灵活，工作温度范围也更宽。

2. Ni－Mn－In－Co四元合金磁热性能

Co掺杂会大幅提高三元Ni－Mn－In合金的磁化强度，影响变磁性转变及磁热特性。图2－33所示为退火态$Ni_{44.51}Mn_{36.35}In_{13.94}Co_{5.20}$合金在500 Oe和50 kOe磁场下的$M-T$曲线。磁化强度的增加是由于在加热过程中磁结构转变从顺磁性或反铁磁马氏体到铁磁奥氏体。在50 kOe下，退火态合金的奥氏体最大磁化强度M_A为126 (A·m^2)/kg，奥氏体和马氏体磁化强度差ΔM_{AM}为121 (A·m^2)/kg，这是在Ni－Mn基合金报道文献中最高的磁化强度。表2－8对相变温度进行了总结。可以看出，在500 Oe低场下，加热时逆马氏体转变起始温度A_s为319 K，结束温度A_f为329 K；冷却时，马氏体起始温度M_s为305 K，马氏体结束温度M_f为293 K，即该合金马氏体相变温度在室温附近。M_P和A_p为$M-T$曲线一阶导数在马氏体及其逆相变附近的极值，随磁场的变化速率分别为$\Delta M_P/\Delta H=0.46$ K/kOe以及$\Delta A_p/\Delta H=0.36$ K/kOe。

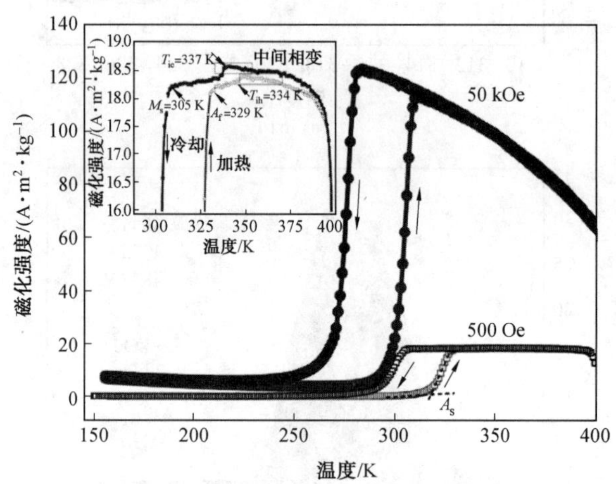

图2－33　退火态$Ni_{44.51}Mn_{36.35}In_{13.94}Co_{5.20}$合金在500 Oe和50 kOe磁场下的$M-T$曲线

此外，超过马氏体转变温度，在冷却曲线上高于377 K和在加热曲线上高于344 K(图2－33中箭头)出现了一个小的隆起，代表弱一级中间相变，类似于成分接近化学计量比的Ni－Mn－Ga合金。因此，退火的热处理工艺产生的粗晶粒影响内部应力和内部界面，可能改变磁弹性耦合，导致在合金中出现中间相

变。

表 2-8　Ni-Mn-In-Co 合金马氏体相变温度(A_s,A_f,M_s,M_f,M_P,A_p)随磁场变化速率

磁场/Oe	相变温度/K						相变温度随磁场变化速率/(K·kOe^{-1})	
	M_s	M_f	A_s	A_f	M_P	A_p	$\Delta M_P/\Delta H$	$\Delta A_p/\Delta H$
500	305	293	319	329	300	324	0.46	0.36
50 000	280	270	300	309	277	306	—	—

图 2-34(a)所示为合金在 A_s 点附近测得的不同温度下的等温磁化曲线,从图中可见明显的磁致反铁磁(弱磁)马氏体到铁磁奥氏体的变磁转变。在远低于 A_s 点的 295 K,这种变磁性转变的现象还不明显,但随温度升高这种现象变得越来越明显,直至 330 K 以后,磁化曲线的初始态完全变成铁磁奥氏体而表现出典型的铁磁性磁化曲线特征。

由图 2-34(a)中还可发现,302～312 K,$M-H$ 曲线上出现 2 个上升的台阶,将其临界磁场标记为 H_{cr} 和 H'_{cr},其随温度的变化如图 2-34(b)所示。由图 2-34(b)可见,H'_{cr} 几乎不随温度变化,而 H_{cr} 在 302～312 K 随温度显著下降,随后在 312～322 K 也几乎不再变化。实际上,H_{cr} 指的是磁场诱导马氏体向奥氏体转变的临界场,故与 A_s 温度随磁场变化规律相一致,如图中 $H_{AS'}$。而 H'_{cr} 对温度以及相变转变量等均不敏感,可能与退火过程中晶粒异常长大有关,但具体机制还需后续进一步研究。

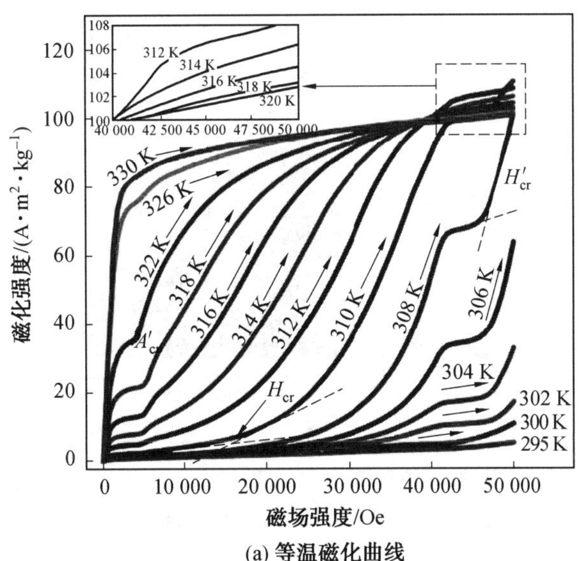

(a) 等温磁化曲线

图 2-34　热处理后 Ni-Mn-In-Co 合金的磁化曲线和磁致相变特性

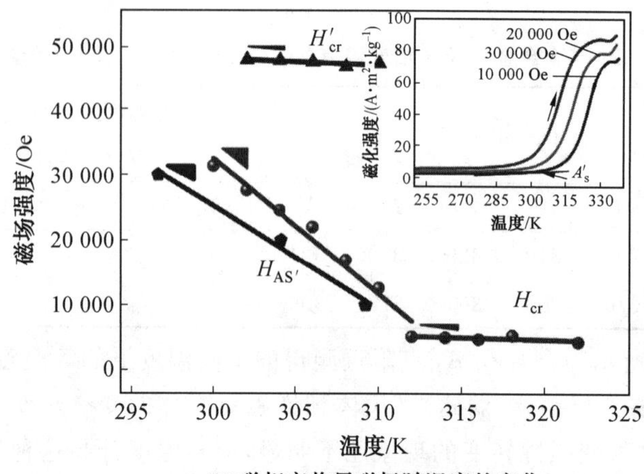

(b) 磁相变临界磁场随温度的变化

续图 2－34

图 2－35 所示为合金利用图 2－34(a)通过 Maxwell 关系式计算得到的不同磁场下的磁熵变随温度的变化曲线。图中 3 个峰 P_1、P_2、P_3 分别对应磁致相变的第二个台阶(H'_{cr}位置)、磁致相变的第一个台阶(H_{cr}位置)和中间马氏体相变。P_1 在 50 kOe 下 309 K 处达到最大值 37.1 J/(kg·K)，并且即使到 P_3 位置，也保持 93 J/(kg·K)的优异磁熵变值，另外，合金的磁熵变峰在室温附近，因此，可以认为两级磁致相变和中间马氏体相变的存在，使得本节中的 Ni－Mn－In－Co 四元合金表现出了优异的磁热效应。

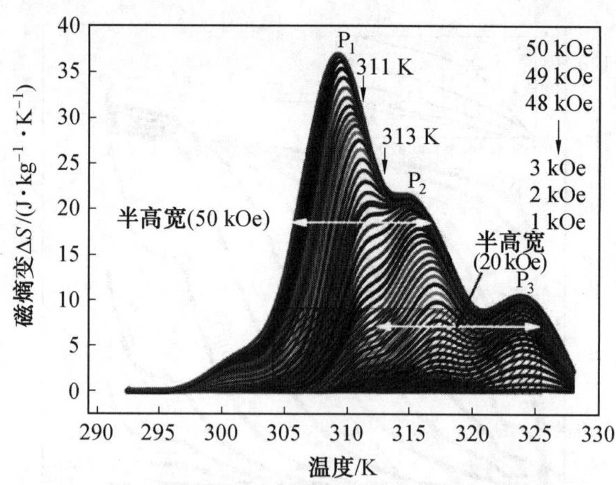

图 2－35 热处理后 Ni－Mn－In－Co 合金不同磁场下的磁熵变随温度的变化曲线(见附录彩图)

2.5.3 Ni－Mn－Sn－Fe 四元合金磁热性能

$Ni_{50-x}Fe_xMn_{38}Sn_{12}$合金在 1 173 K 保温 24 h 后，$M-T$ 曲线如图 2－36 所示。随 Fe 掺杂增加，马氏体相变温度降低，奥氏体饱和磁化强度 M_A 增加。50 kOe磁场下的热滞后（A_p-M_P）统计表明，当 x(Fe)≥4.2％时热滞后增加明显，这可能与第二相大量出现有关。然而第二相的出现提高了合金的塑性，所以应该辩证地看待第二相的出现。

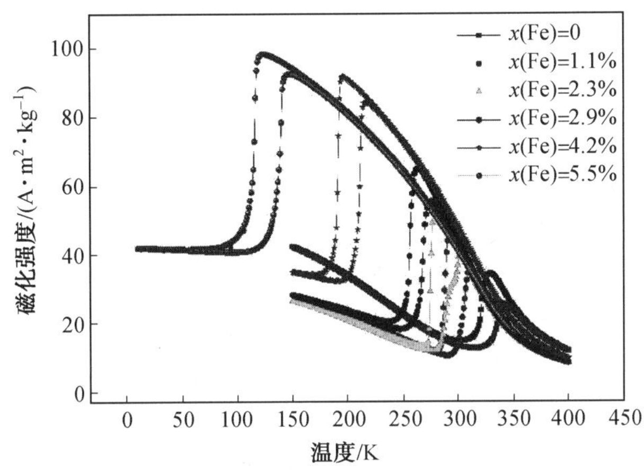

图 2－36　$Ni_{50-x}Fe_xMn_{38}Sn_{12}$合金的 $M-T$ 曲线（见附录彩图）

图 2－37 所示为奥氏体饱和磁化强度 M_A、马氏体饱和磁化强度 M_M 及两相磁化强度差 ΔM_{A-M}随 Fe 原子浓度变化曲线。随着 Fe 原子数分数的增加（小于或等于 5.5％），奥氏体在50 kOe下的最大 M_A 和 M_M 都呈增加趋势，但 M_A 的增加明显比 M_M 增加明显，导致两相磁化强度差逐渐增加，这对磁制冷性能是有利的。但是，50 kOe 下 Fe4.2 和 Fe5.5 合金马氏体的饱和磁化强度也显著增加，这对磁制冷的提高是一种阻力，在提高奥氏体饱和磁化强度的同时不提高马氏体的饱和磁化强度是提高磁熵变的关键。研究发现 Fe 掺杂对居里温度的影响较小，在不改变 Fe 含量的同时降低 Sn 含量以得到更高的磁熵变。

综合以上研究，Fe4.2 合金作为磁结构相变典型合金，着重分析其变磁性转变行为及磁热效应，其在不同磁场下的 $M-T$ 曲线如图 2－38 所示。在低磁场作用下，随着温度的下降，合金先发生顺磁奥氏体向铁磁奥氏体的转变，从曲线中表现为合金磁化强度的提高，继续降温到合金马氏体开始转变温度 M_s 点，合金发生了由铁磁奥氏体向顺磁马氏体的转变。对比合金在 200 Oe、10 kOe 和 50 kOe磁场下的 $M-T$ 曲线可知，随着外加磁场的增加，合金相变温度点降低，相变滞后增加，$\Delta A_p/\Delta H$ 约为－0.28 K/kOe。此外，合金中铁磁奥氏体和顺磁

马氏体之间的磁化强度差 ΔM 在 50 kOe 下约为 58 $(A \cdot m^2)/kg$。

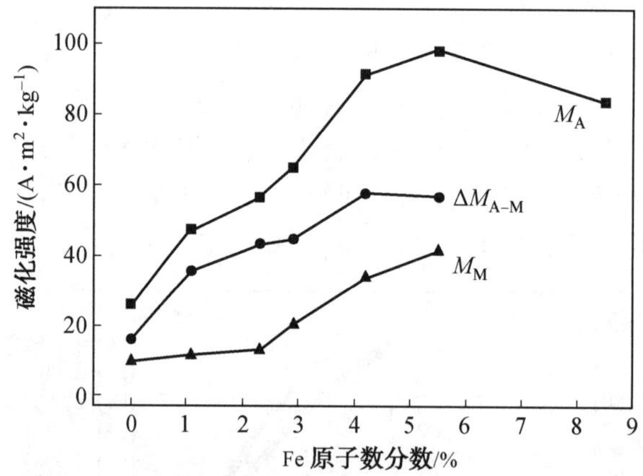

图 2—37　$Ni_{50-x}Fe_xMn_{38}Sn_{12}$ 合金奥氏体、马氏体饱和磁化强度及两相磁化强度差随 Fe 原子数分数的变化曲线

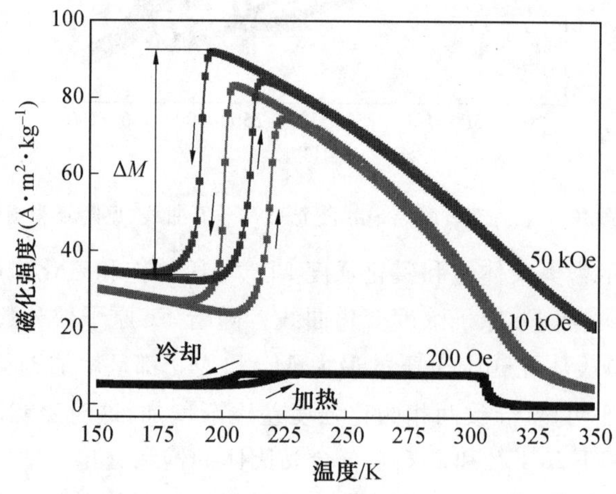

图 2—38　$Ni_{45.8}Fe_{4.2}Mn_{38}Sn_{12}$(Fe4.2)合金在不同磁场下的 $M-H$ 曲线

Fe4.2 合金在不同温度下的等温磁化曲线如图 2—39(a)所示。在 190 K 处合金表现出顺磁状态，加磁退磁过程磁化曲线重合，没有磁滞后现象，即在该温度下没有发生磁致马氏体相变。该温度下其饱和磁化强度为 32 $(A \cdot m^2)/kg$，这与在 50 kOe 下 $M-T$ 曲线升温过程结果一致；在 218 K 处，在升磁和降磁过程中产生了磁滞现象，磁化过程中表现出明显的变磁性转变，磁化强度达到 82 $(A \cdot m^2)/kg$。然而，这种变磁性转变行为在退磁过程中消失，仍然保持铁磁行为。这与磁场所提供的塞曼能还不足以克服该样品在相变过程中较大的热滞后，且磁滞损耗较大有关。在温度 A_f 处，奥氏体态的磁化强度在低场下急剧增大，但随着磁场增大很快达到饱和，并伴有少量的磁滞后。图 2—38(b)所示为相

应的 Arrott 曲线，曲线呈明显的“S”形，具有明显的负斜率，表现出明显的一级马氏体相变，并且相变附近合金具有变磁行为，存在明显的变磁性转变。

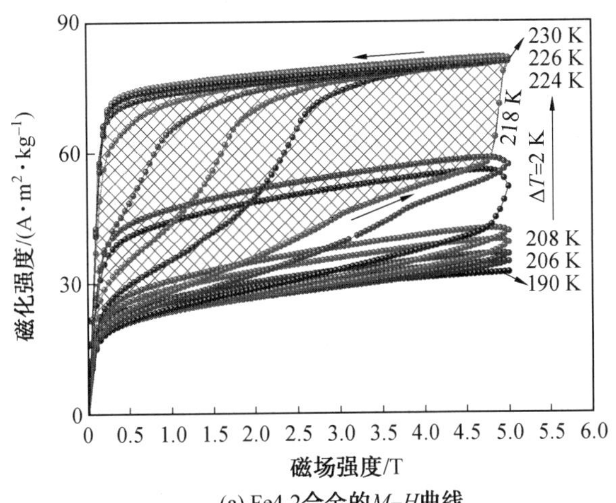

(a) Fe4.2合金的*M*–*H*曲线

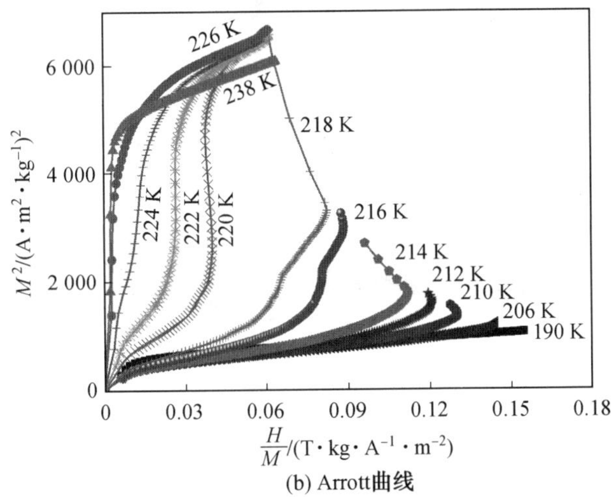

(b) Arrott曲线

图 2—39　$Ni_{45.8}Fe_{4.2}Mn_{38}Sn_{12}$ (Fe 4.2) 合金在不同温度下的 $M-H$ 和 Arrott 曲线（见附录彩图）

图 2—40 所示为 Fe4.2 合金的磁—结构相变图。其中，临界磁场由奥氏体饱和磁场的一半确定（约 40 $(A \cdot m^2)/kg$），A_p、M_P 代表奥氏体和马氏体峰值温度。如前面所述，Loop 方法是在每次测试 $M-H$ 循环前都将样品降温到完全马氏体状态，施加磁场时，材料发生磁致马氏体相变的临界磁场比较小，很容易发生磁致相变。用这种方法，磁致逆马氏体转变从弱磁马氏体转变成铁磁奥氏体，并且没有平台出现，表明等温转变过程中没有铁磁相和弱磁相共存的状态。换言之，运用 Loop 方法测得的 $M-H$ 计算得出的磁熵变是可重复的。

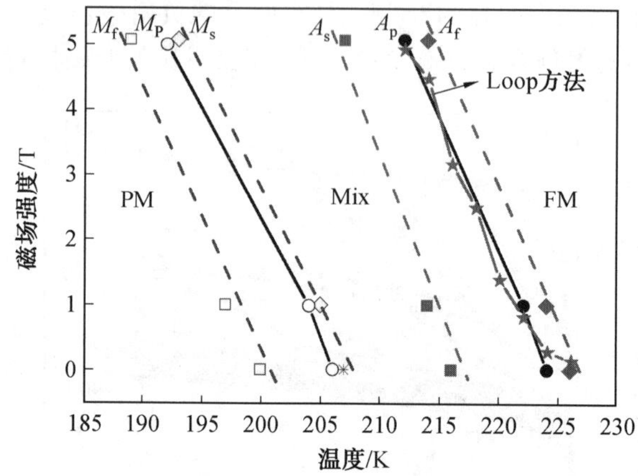

图 2—40 $Ni_{45.8}Fe_{4.2}Mn_{38}Sn_{12}$(Fe 4.2)合金的磁—结构相变图

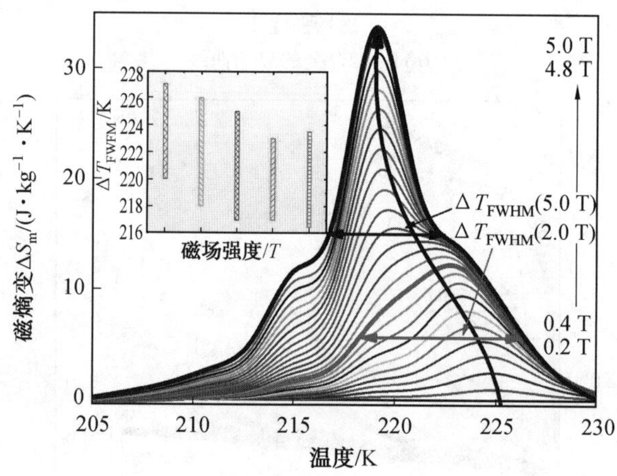

图 2—41 $Ni_{45.8}Fe_{4.2}Mn_{38}Sn_{32}$(Fe 4.2)合金在马氏体相变温度附近的磁熵变(见附录彩图)

Fe4.2 合金在马氏体相变温度附近的磁熵变如图 2—41 所示。ΔS_m 最大值与外加磁场之间呈非线性关系;磁场增加,最大值向低温区偏移,偏移的转折点与该温度下发生磁致相变的临界磁场对应,因此 ΔS_m 是由变磁性转变导致的。50 kOe 下 ΔS_m 最高值为 33.8 J/(kg·K),工作温区 ΔT_{FWHM} 为 216.5~223.5 K;在永磁铁所能达到的最大磁场强度 20 kOe 下,磁熵变为 12.2 J/(kg·K),ΔT_{FWHM} 达 8 K。

图 2—42 所示为 Fe 4.2 合金在马氏体转变温度范围内的 $\Delta S_m - H$ 曲线。为了揭示磁熵变和变磁性转变的关系,插图中列出了变磁性转变临界磁场。在 $A_s < T < A_f$ 温度范围内,从弱磁马氏体到铁磁奥氏体变磁性转变过程没有出现平台,表明不同磁场下磁熵变归因于变磁性转变。在整个马氏体温度区间(212~216 K)内,起始临界磁场 H_{c1} 约为 2 kOe,表明磁致逆马氏体转变是比较

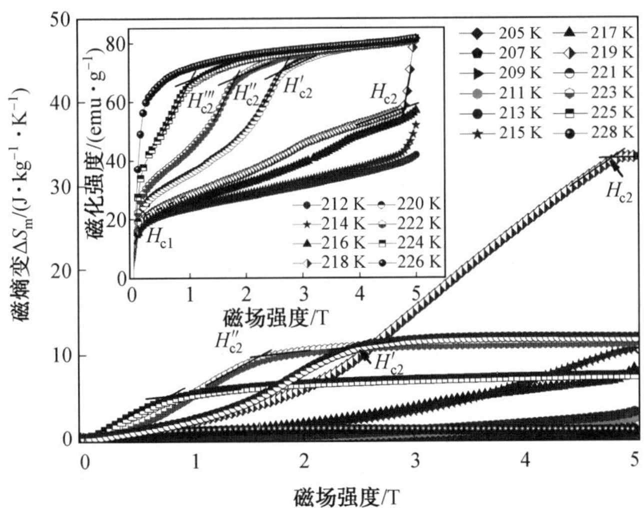

图 2—42　$Ni_{45.8}Fe_{4.2}Mn_{38}Sn_{12}$(Fe 4.2)合金在马氏体转变温度范围内的 ΔS_m-H 曲线(见附录彩图)

容易的。终止临界磁场 H_{c2} 随着温度的升高向低磁场区变化，并且当温度高于 218 K时磁场达到饱和，使得磁熵变从 H_{c1} 开始迅速增加，到 H_{c2} 处达到饱和，结果如图 2—42 所示。特别地，在 218 K 处逆马氏体转变终止临界磁场 H_{c2} 处磁场迅速达到饱和，导致 218 K 和 220 K 之间存在很大的磁化强度差，且在 219 K 达到磁熵变峰值。当温度小于 218 K，奥氏体磁化强度未达到饱和，导致磁熵变随磁场增加，表明 50 kOe 磁场下只发生了部分马氏体转变。

本章参考文献

[1] ULLAKKO K, HUANG J K, KANTNER, C, et al. Large magnetic-field-induced strains in Ni_2MnGa single crystals [J]. Applied Physics Letters, 1996, 69(13): 1966-1968.

[2] WEI L S, ZHANG X X, GAN W M, et al. Hot extrusion approach to enhance the cyclic stability of elastocaloric effect in polycrystalline Ni-Mn-Ga alloys [J]. Scripta Materialia, 2019, 168: 28-32.

[3] WEI L S, ZHANG X X, LIU J A, et al. Orientation dependent cyclic stability of the elastocaloric effect in textured Ni-Mn-Ga alloys [J]. AIP Advances, 2018, 8: 055312.

[4] WEI L S, ZHANG X X, QIAN M F, et al. Introducing equiaxed grains and

texture into Ni-Mn-Ga alloys by hot extrusion for superplasticity [J]. Materials & Design,2016,112:339-344.

[5] WEI L S,ZHANG X X,QIAN M F,et al. Microstructure and texture after deformation-induced grain growth in polycrystalline $Ni_{48}Mn_{30}Ga_{22}$ alloys [J]. Materials Today-Proceedings,2015,2:863-866.

[6] WEI L S,ZHANG X X,QIAN M F,et al. Compressive deformation of polycrystalline Ni-Mn-Ga alloys near chemical ordering transition temperature [J]. Materials & Design,2018,142:329-339.

[7] 魏陇沙. 多晶 Ni－Mn－Ga 合金高温变形行为及组织研究[D]. 哈尔滨:哈尔滨工业大学,2013.

[8] SCHLAGEL D L,MCCALLUM R W,LOGRASSO T A. Influence of solidification microstructure on the magnetic properties of Ni-Mn-Sn Heusler alloys [J]. Journal of Alloys and Compounds,2008,463:38-46.

[9] ITO K,ITO W,UMETSU R Y,et al. Mechanical and shape memory properties of $Ni_{43}Co_7Mn_{39}Sn_{11}$ alloy compacts fabricated by pressureless sintering [J]. Scripta Materialia,2010,63(12):1236-1239.

[10] ITO K,ITO W,UMETSU R Y,et al. Metamagnetic shape memory effect in polycrystalline NiCoMnSn alloy fabricated by spark plasma sintering [J]. Scripta Materialia,2009,61(5):504-507.

[11] AHAMED R,GHOMASHCHI R,XIE Z H,et al. Powder processing and characterisation of a quinary Ni-Mn-Co-Sn-Cu Heusler alloy [J]. Powder Technology,2018,324:69-75.

[12] CHEN F,TONG Y X,LI L,et al. The effect of step-like martensitic transformation on the magnetic entropy change of $Ni_{40.6}Co_{8.5}Mn_{40.9}Sn_{10}$ unidirectional crystal grown with the Bridgman-Stockbarger technique [J]. Journal of Alloys and Compounds,2017,691:269-274.

[13] CONG D Y,WANG Y D,ZETTERSTROM P,et al. Crystal structures and textures of hot forged $Ni_{48}Mn_{30}Ga_{22}$ alloy investigated by neutron diffraction technique [J]. Materials Science and Technology,2005,21(12):1412-1416.

[14] CONG D Y,WANG Y D,PENG R L,et al. Crystal structures and textures in the hot-forged Ni-Mn-Ga shape memory alloys [J]. Metallurgical and Materials Transactions A,2006,37(5):1397-1403.

[15] MA Y Q,YANG S Y,LIU Y,et al. The ductility and shape-memory properties of Ni-Mn-Co-Ga high-temperature shape-memory alloys [J]. Acta

Materialia,2009,57(11):3232-3241.

[16] LANGDON T G. Superplasticity in metals and ceramics-an examination of flow mechanisms [C]. London: Maney Publishing,1993.

[17] ERDELYI G,MEHRER H,IMRE,A W,et al. Self-diffusion in Ni_2MnGa [J]. Intermetallics,2007,15(8):1078-1083.

[18] EDALATI K, HORITA Z. Correlations between hardness and atomic bond parameters of pure metals and semi-metals after processing by high-pressure torsion [J]. Scripta Materialia,2011,64(2):161-164.

[19] PRASAD Y V R K,RAO K P,SASIDHARA S. Hot working guide: a compendium of professing maps [M]. Ohio: ASM International Seand Echition,2015.

[20] DOHERTY R D,HUGHES D A,HUMPHREYS F J,et al. Current issues in recrystallization: a review [J]. Materials Science and Engineering A, 1997,238(2):219-274.

[21] AALTIO I,SODERBERG O,GE Y L,et al. Twin boundary nucleation and motion in Ni-Mn-Ga magnetic shape memory material with a low twinning stress [J]. Scripta Materialia,2010,62(1):9-12.

[22] SOZINOV A,LANSKA N,SOROKA A,Et al. Highly mobile type Ⅱ twin boundary in Ni-Mn-Ga five-layered martensite [J]. Applied Physics Letters,2011,99(12):124103.

[23] POTSCHKE M,WEISS S,GAITZSCH U,et al. Magnetically resettable 0.16% free strain in polycrystalline Ni-Mn-Ga plates [J]. Scripta Materialia,2010,63(4):383-386.

[24] GAITZSCH U,ROMBERG J,POTSCHKE M,et al. Stable magnetic-field-induced strain above 1% in polycrystalline Ni-Mn-Ga [J]. Scripta Materialia,2011,65(8):679-682.

[25] GAITZSCH U,PTSCHKE M,ROTH S,et al. Mechanical training of polycrystalline 7M $Ni_{50}Mn_{30}Ga_{20}$ magnetic shape memory alloy [J]. Scripta Materialia,2007,57(6):493-495.

[26] 万鑫浩.镍锰镓合金微米颗粒的相变及磁热性能[D].哈尔滨:哈尔滨工业大学,2016.

[27] DUAN,J F,HUANG P,ZHANG H,et al. Magnetic entropy changes of NiMnGa alloys both on the heating and cooling processes [J]. Journal of Alloys and Compounds,2007,441(1-2):29-32.

[28] LI Z B,ZHANG Y D,SANCHEZ-VALDES C F,et al. Giant magnetoca-

loric effect in melt-spun Ni-Mn-Ga ribbons with magneto-multistructural transformation [J]. Applied Physics Letters,2014,104:044101.

[29] MARCOS J,MANOSA L,PLANES A,et al. Multiscale origin of the magnetocaloric effect in Ni-Mn-Ga shape-memory alloys [J]. Physical Review B,2003,68:094401.

[30] TOCADO L, PALACIOS E, BURRIEl R. Entropy determinations and magnetocaloric parameters in systems with first-order transitions: Study of MnAs [J]. Journal of Applied Physics,2009,105:093918.

[31] L'VOV V A,GOMONAJ E V,CHERNENKO V A. A phenomenological model of ferromagnetic martensite [J]. Journal of Physics-Condensed Matter,1998,10(21):4587-4596.

[32] LONG Y,ZHANG Z Y,WEN D,et al. Phase transition processes and magnetocaloric effects in the Heusler alloys NiMnGa with concurrence of magnetic and structural phase transition [J]. Journal of Applied Physics, 2005,98(4):046102.

[33] RAO N V R,GOPALAN R,CHANDRASEKARAN V,et al. Microstructure,magnetic properties and magnetocaloric effect in melt-spun Ni-Mn-Ga ribbons [J]. Journal of Alloys and Compounds,2009,478(1-2):59-62.

[34] ARROTT A. Criterion for ferromagnetism from observations of magnetic isotherms [J]. Physical Review,1957,108(6):1394-1396.

[35] 苏睿哲. Ni－Mn－In 和 Ni－Mn－Sn 形状记忆合金及其纤维的磁热效应[D]. 哈尔滨:哈尔滨工业大学,2015.

[36] ZHANG X X,QIAN M F,MIAO S P,et al. Enhanced magnetic entropy change and working temperature interval in Ni-Mn-In-Co alloys [J]. Journal of Alloys and Compounds,2016,656:154-158.

[37] ITO W,ITO K,UMETSU R Y,et al. Kinetic arrest of martensitic transformation in the NiCoMnIn metamagnetic shape memory alloy [J]. Applied Physics Letters,2008,92:021908.

[38] UMETSU R Y,ITO K,ITO W,et al. Kinetic arrest behavior in martensitic transformation of NiCoMnSn metamagnetic shape memory alloy [J]. Journal of Alloys and Compounds,2011,509(5):1389-1393.

[39] KAINUMA R,IMANO Y,ITO W,et al. Metamagnetic shape memory effect in a Heusler-type $Ni_{43}Co_7Mn_{39}Sn_{11}$ polycrystalline alloy [J]. Applied Physics Letters,2006,88:192513.

[40] ZHANG H H,QIAN M F,ZHANG X X,et al. Martensite transformation

and magnetic properties of Fe-doped Ni-Mn-Sn alloys with dual phases [J]. Journal of Alloys and Compounds,2016,689:481-488.

[41] ZHANG H H,ZHANG X X,QIAN M F,et al. Enhanced magnetocaloric effects of Ni-Fe-Mn-Sn alloys involving strong metamagnetic behavior [J]. Journal of Alloys and Compounds,2017,715:206-213.

[42] ZHANG H H,ZHANG X X,QIAN M F,et al. Effect of partial metamagneticand magnetic transition coupling on the magnetocaloric effect of Ni-Mn-Sn-Fe alloy [J]. Intermetallics,2019,105:124-129.

[43] 张鹤鹤. Ni－Mn－Sn－Fe(Co)合金磁－结构相变调控及磁热效应研究[D]. 哈尔滨:哈尔滨工业大学,2019.

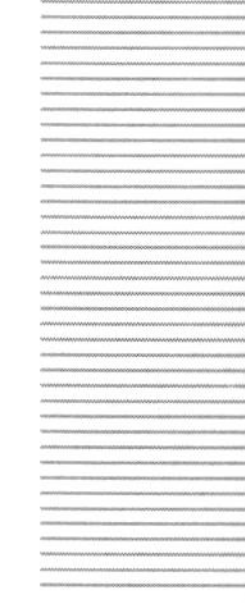

第 3 章 铁磁形状记忆多孔合金的制备与性能

本章在介绍铁磁形状记忆多孔合金制备技术的基础上，讨论了Ni－Mn－Ga多孔合金的磁感生应变特性和Ni－Mn－In－Co合金的相变特征及磁热性能。

金属中有意识地引入孔隙，形成多孔合金，是改性的手段之一。铁磁形状记忆合金中引入孔隙，可以提高合金的某些功能特性。例如，在多晶 Ni－Mn－Ga 合金中引入孔隙，可显著降低晶界对孪晶界运动的制约，提高磁感生应变和机械稳定性。多孔 Ni－Mn－Ga 合金可循环 3 000 万次以上而不断裂。此外，用于磁制冷时，多孔合金内部允许液体流动，可用做微型泵(流体因多孔合金变形而挤出和吸入)和磁热工质形态(高比表面积提高热交换效率)。

多孔铁磁形状记忆合金可采用常规多孔金属的方法制备。然而，由于铁磁形状记忆合金对成分、物相和缺陷敏感度高，通常熔点较高，有的还含有易挥发、易氧化元素，因此不易控制成分和凝固条件的常规制备方法难以采用。例如，普通熔化金属发泡法不易控制元素挥发和表面氧化，难以用于铁磁形状记忆合金多孔材料的制备。

3.1　多孔合金的制备方法

多孔合金的制备方法有气相法、液相法和固相法。比较适于铁磁形状记忆多孔合金制备的方法有模板浸渗法和粉末冶金法。

3.1.1　模板浸渗法

模板浸渗法是利用金属或陶瓷作为模板，将金属浸渗入模板预制体后，再将模板材料去除从而制备多孔合金的方法。模板浸渗法制备多孔合金的过程示意图如图 3－1 所示。其特点是可通过控制模板材料的形状、尺寸和分布来控制孔隙的形状、尺寸和分布，具有较强的可设计性。这种方法对模板材料的要求有：①模板材料熔点高于金属，以便在保温和浸渗过程中保持其形状；②模板材料与金属不发生有害的界面反应；③只适用于开孔合金，即模板之间需要预先联通，以便最终将模板材料完全去除；④模板与金属的性质有所差别，便于寻找能选择性地去除模板，而不严重腐蚀金属的方法。

1. Ni－Mn－Ga 多孔合金的制备

偏铝酸钠($NaAlO_2$)是最早用来制备 Ni－Mn－Ga 多孔合金的模板材料，这是由于它具有很高的熔点(约 1 650 ℃)、良好的化学稳定性且可溶于热水或酸。制备一定粒度 $NaAlO_2$ 粉末的过程包括：①将 $NaAlO_2$ 细粉在大于 125 MPa 压力下压制，在空气气氛下 1 500 ℃烧结 3 h；②烧结后的薄片进行机械破碎、研磨；③筛成不同粒度。由于 $NaAlO_2$ 具有很强的吸湿性，$NaAlO_2$ 粉末需要在干燥条件下保存，否则吸湿变质后其化学特性包括在水和酸中的溶解特性会发生改变。

图 3－2 所示为不同是粒径 $NaAlO_2$ 颗粒的宏观和微观形貌。

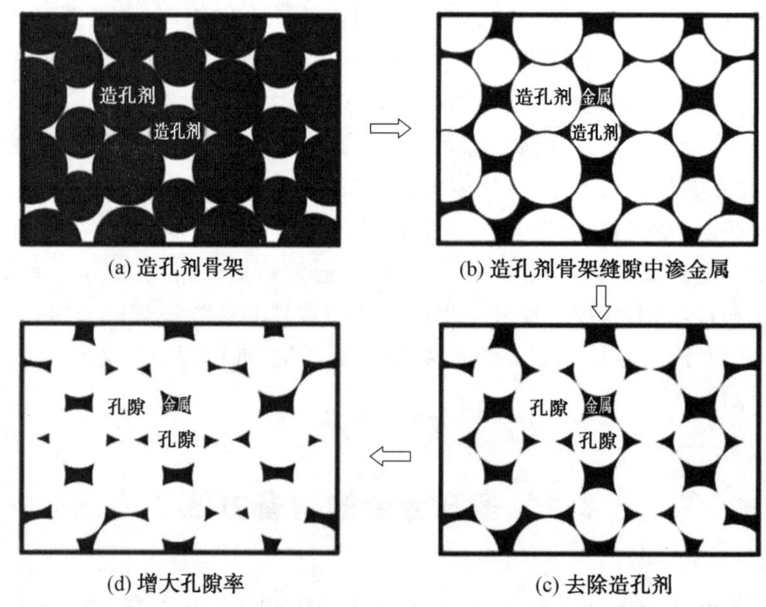

(a) 造孔剂骨架　(b) 造孔剂骨架缝隙中渗金属　(c) 去除造孔剂　(d) 增大孔隙率

图 3－1　模板浸渗法制备多孔合金的过程示意图

(a) 75~90 μm　(b) 500~600 μm

图 3－2　不同粒径 $NaAlO_2$ 颗粒的宏观和微观形貌

制备单重孔隙尺寸预制体时，将 $NaAlO_2$ 颗粒均匀撒在压力铸造模具中，振实即可。对于双重孔隙尺寸预制体，根据圆球的三维密排模型，为了使小尺寸颗粒充分占据大尺寸颗粒的间隙，小颗粒粒径应为大颗粒粒径的 10%～20%倍。例如，大颗粒为 355～500 μm，小颗粒可选择 53～75 μm，两种颗粒混合可在液体中进行。双重孔隙分布多孔合金粒径的造孔剂预制块制备示意图如图 3－3 所示。首先，在坩埚内盛满丙酮(不溶解 $NaAlO_2$)，撒入粒径为 355～500 μm 的粗粉，在坩埚上端三分之一处机械搅拌使颗粒分散开并均匀落入坩埚底部；再撒入粒径为 53～75 μm 的细粉，搅拌、沉淀；如此反复。撒粉完毕后，将坩埚在 50 ℃

保温使丙酮完全挥发，然后将坩埚在1 550 ℃保温3 h，得到造孔剂预制块。

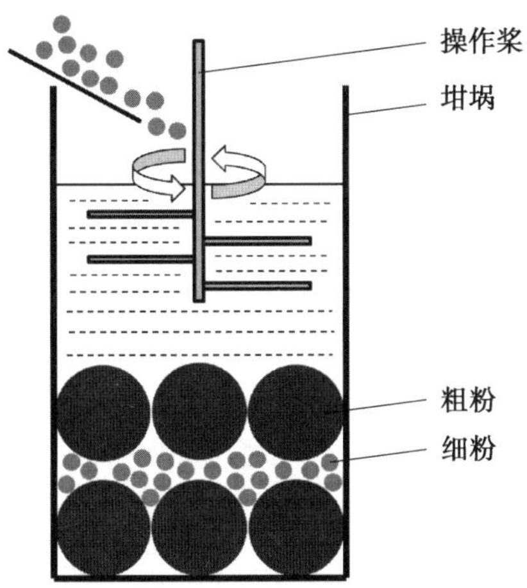

图3－3　双重孔隙分布多孔合金粒径的造孔剂预制块制备示意图

通过烧结在粉末接触部位形成烧结颈，一方面增大预制体强度、避免在浸渗过程开裂，另一方面粉末之间相互连接，有利于后续溶解去除。烧结后的预制块一般采用气压浸渗的方法与金属复合：将合金铸锭放在预制块顶端，将坩埚放入真空系统（真空度优于10^{-3} Pa），升温到合金熔化温度以上，保温一定时间后金属熔液润湿坩埚壁，在预制块内形成真空环境；随后施加气体压力使熔融金属液浸渗入预制块中，完成金属与预制块的复合。复合后的降温过程中，可以接着进行成分均匀化、化学有序化热处理，从而极大地缩短材料制备流程。

为了去除预制块中的$NaAlO_2$，需要寻找能够溶解$NaAlO_2$而不溶解合金的溶液。图3－4(a)所示为不同酸溶液对Ni－Mn－Ga合金的腐蚀速率，可以看出H_2SO_4几乎不溶解Ni－Mn－Ga合金，而HCl对合金的溶解速率较大。为此可以采用质量分数为34％的H_2SO_4溶液溶解去除$NaAlO_2$；需要增加多孔合金的孔隙率时，可以采用质量分数为10％的HCl溶液对孔隙周围的合金进行溶解。同时，当$NaAlO_2$被金属包裹时可以采用10％ HCl溶液溶解金属，以便暴露出$NaAlO_2$，便于溶解。这在去除双重孔隙多孔合金中的$NaAlO_2$是必要的，因为小尺寸的$NaAlO_2$颗粒很容易被金属所包裹。为此，双重孔隙多孔合金去除$NaAlO_2$的过程为：采用34％ H_2SO_4溶液去除大尺寸$NaAlO_2$，随后采用10％ HCl溶液溶解小尺寸$NaAlO_2$或大孔隙周围的金属以便暴露出小尺寸的$NaAlO_2$，再采用34％ H_2SO_4溶液溶解暴露的$NaAlO_2$，如此反复。单纯采用34％ H_2SO_4溶液去除双重孔隙多孔合金中$NaAlO_2$的溶解曲线如图3－4(b)所示，溶解时间长达2 000 min，$NaAlO_2$仅去除87％，说明单纯采用H_2SO_4溶液难以完全去除$NaAlO_2$。图3－4(c)所示为先将材料在34％ H_2SO_4溶液中超声浸泡645 min(对应于图 3－4(b)的快速溶解阶段),然后转移到 10% HCl 溶液中浸泡1 140 min,最终孔隙率达到 55%,高于材料中 $NaAlO_2$ 的实际含量45%,表明 $NaAlO_2$完全去除。图3－5和图 3－6 所示为单重和双重孔隙泡沫 Ni－Mn－Ga 多孔合金的孔隙形貌和三维形貌。

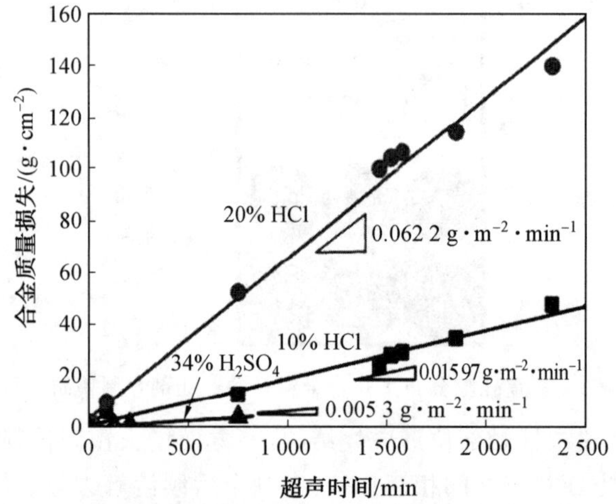

(a) 不同酸溶液对Ni–Mn–Ga合金的腐蚀速率

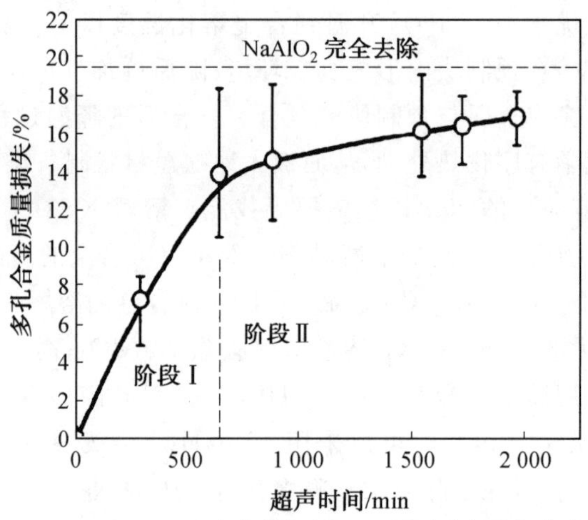

(b) Ni–Mn–Ga多孔合金在H_2SO_4溶液中的溶解曲线

图 3－4　Ni－Mn－Ga 合金及其多孔合金酸腐蚀过程

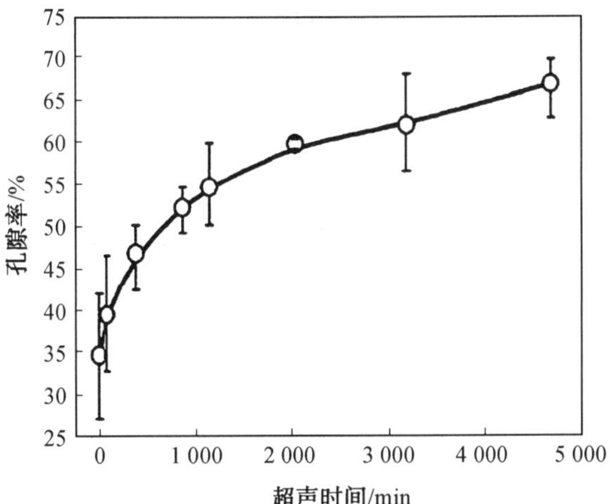

(c) Ni-Mn-Ga多孔合金在H_2SO_4和HCl溶液中的溶解曲线

续图 3-4

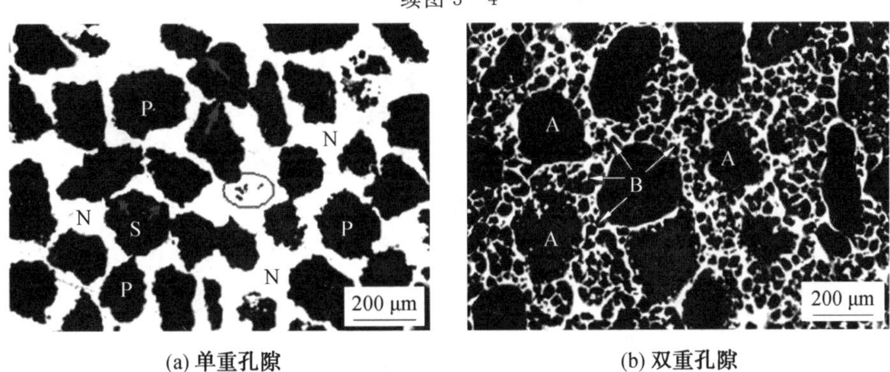

(a) 单重孔隙　　(b) 双重孔隙

图 3-5　单重和双重孔隙 Ni-Mn-Ga 多孔合金的孔隙形貌

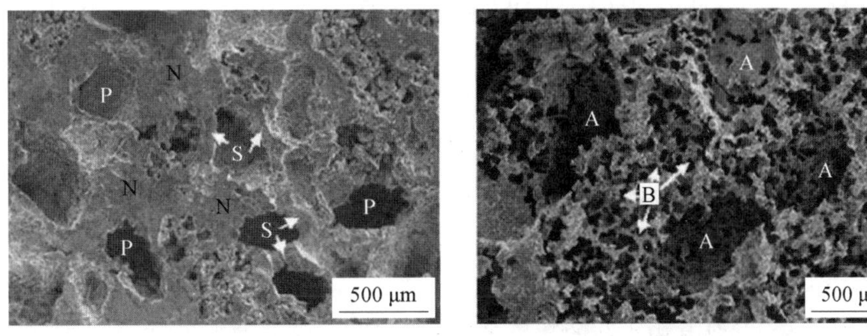

(a) 单重孔隙　　(b) 双重孔隙

图 3-6　单重和双重孔隙 Ni-Mn-Ga 多孔合金的孔隙三维形貌

2. Ni－Mn－In－Co 多孔合金的制备

图 3－7 所示为不同孔隙率的单重孔隙 Ni－Mn－In－Co 多孔合金的孔结构。样品孔隙率较低时，孔内部存在许多细小的树枝状合金，这是由 $NaAlO_2$ 颗粒不够致密，浸渗时合金进入颗粒内部形成的。随着腐蚀时间的延长，孔隙率增大，树枝状合金逐渐溶解掉落，呈现较为干净的孔洞。腐蚀时间继续延长时，样品上出现较多裂纹。

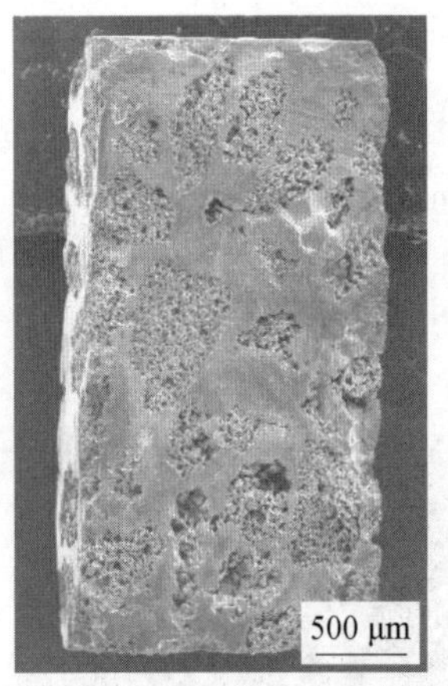

(a) 孔隙率50%

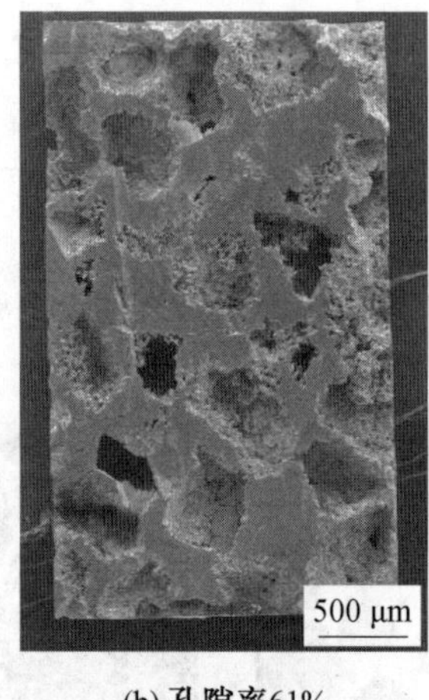

(b) 孔隙率61%

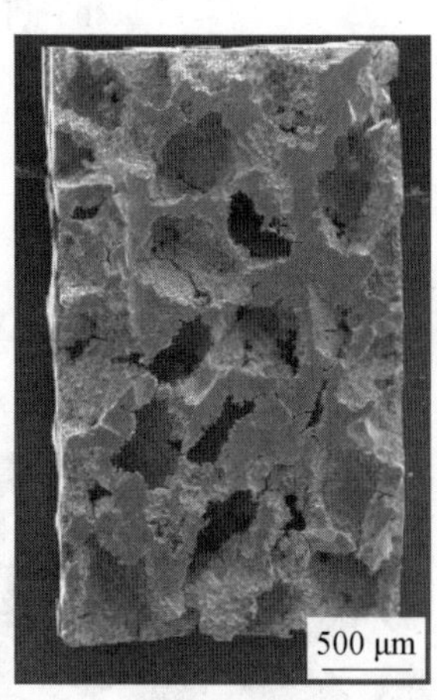

(c) 孔隙率67%

图 3－7　不同孔隙率的单重孔隙 Ni－Mn－In－Co 多孔合金的孔结构

对于双重孔隙 Ni－Mn－In－Co 多孔合金，选择质量分数为 1％和 10％的 HCl 作为腐蚀剂。双重孔隙泡沫与单重孔隙泡沫的不同之处在于，单重孔隙 $NaAlO_2$ 预制块中颗粒基本相互连通，即浸渗后被合金完全包裹 $NaAlO_2$ 较少；而双重孔隙泡沫中，粒径小的 $NaAlO_2$ 容易被合金包裹。与前文中双重孔隙 Ni－Mn－Ga多孔合金类似，1％HCl 难以完全去除 $NaAlO_2$，需要 10％HCl 使被合金包裹着的 $NaAlO_2$ 裸露出来。因此，去除双重孔隙多孔合金中的 $NaAlO_2$ 时，需要质量分数为 1％的 HCl 与 10％的 HCl 交替进行腐蚀。图 3－8 所示为不同孔隙率的双重孔隙 Ni－Mn－In－Co 多孔合金形貌。样品最高孔隙率达 77％，高于单重孔隙泡沫的最大孔隙率(73％)。图 3－8(a)中的孔隙结构与设计的结构较为接近，大的孔棱和结点处分布着许多小孔；图 3－8(b)样品中几乎没有粗大的孔棱，并且其中小孔的数量多于大孔；图 3－8(c)样品孔隙率达 77％，弥散分布许多裂纹，结构已经十分松散，孔与孔之间几乎完全连通。

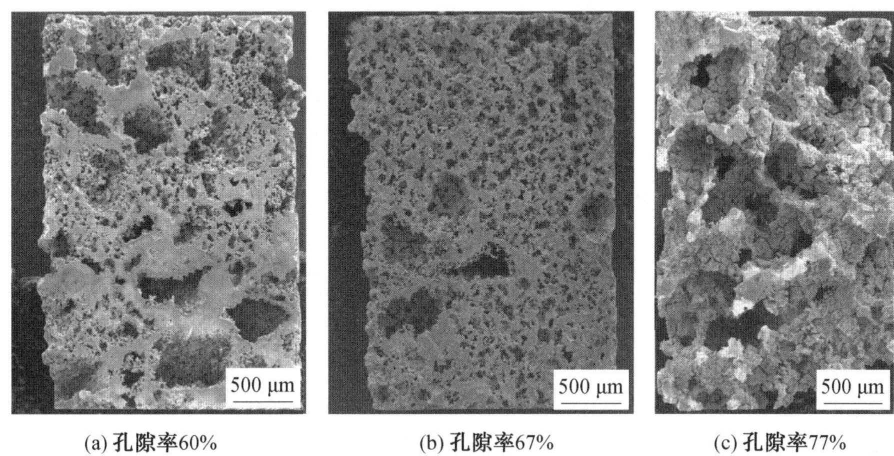

(a) 孔隙率60%　　(b) 孔隙率67%　　(c) 孔隙率77%

图 3－8　不同孔隙率的双重孔隙 Ni－Mn－In－Co 多孔合金形貌

3.1.2　粉末冶金法

粉末冶金法是将合金粉末与造孔剂颗粒混合、烧结，再去除造孔从而制备多孔合金的方法。大部分铁磁形状记忆合金的脆性较大，可以通过机械破碎制取合金粉末。烧结过程中，足够的压力可促进合金粉末间的扩散与结合，但不能超过成形模具的强度，以免损坏模具；足够高的温度也是烧结时必需的。以 Ni－Mn－Ga合金为例，其在 B2 相区(高于 800 ℃，低于熔点 1 120 ℃)具有很好的塑性变形能力，选择 1 000 ℃、1 050 ℃和 1 080 ℃作为烧结温度，烧结时间为 2 h，烧结压力为 70 MPa。图 3－9 所示为 Ni－Mn－Ga 合金粉体不同温度烧结后的金相组织。可以看出，1 000 ℃时烧结情况较差，颗粒间的边界明显、孔洞较多；1 050 ℃下只有少量颗粒间的边界；1 080 ℃时的烧结情况最佳，基本看不到颗粒间的边界。因此，1 080 ℃是 Ni－Mn－Ga 合金颗粒较为理想的烧结温度。

采用粒径为 250～355 μm 的 Ni－Mn－Ga 合金粉末，粒径为 75～120 μm 的 $NaAlO_2$颗粒制备多孔合金。图 3－10 所示为 Ni－Mn－Ga 多孔材料的热压烧结工艺。粉末合金法制备的 Ni－Mn－Ga 多孔合金形貌如图 3－11 所示。与模板浸渗法制备的多孔合金相比，粉末冶金法制备的材料中孔棱更厚、结点更粗，这是由于粉末冶金法制备的多孔材料中孔棱就是合金颗粒自身。孔棱中有一些尺寸较小的孔隙，这可能是由颗粒之间存在造孔剂，在高温烧结时合金发生较大程度的变形将造孔剂包围所致。粉末冶金制备的多孔合金中，孔隙形状不规则；而模板浸渗法制备的多孔材料中，孔隙复制了造孔剂颗粒形状，形态上也更加规则。

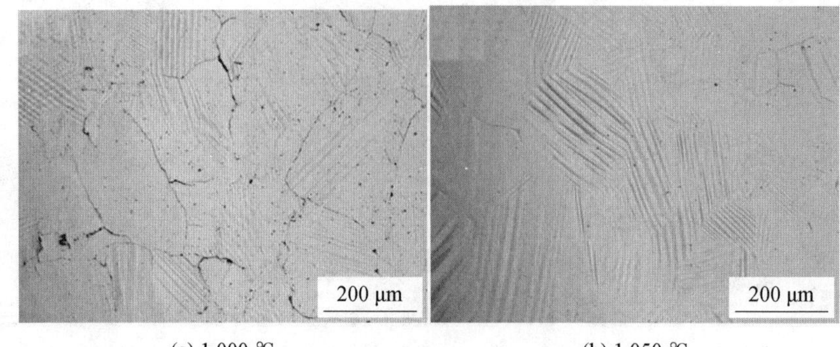

(a) 1 000 ℃　　(b) 1 050 ℃

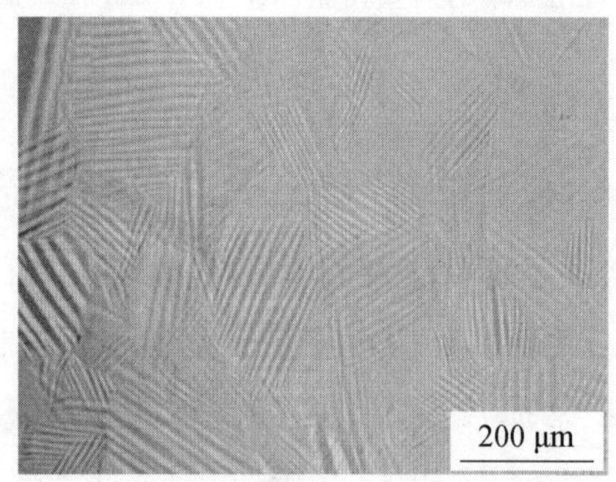

(c) 1 080 ℃

图 3－9　Ni－Mn－Ga 合金粉体不同温度烧结后的金相组织

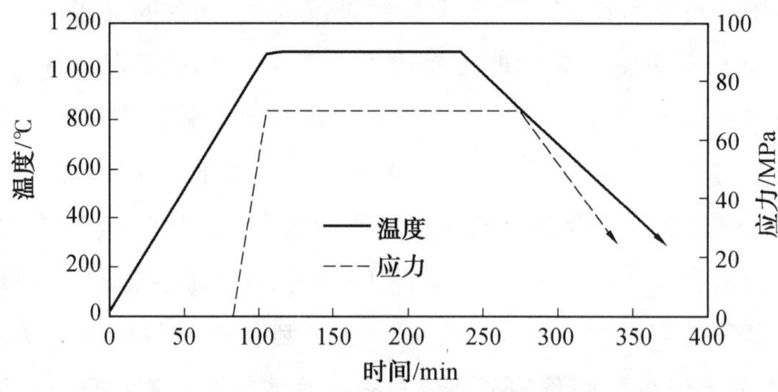

图 3－10　Ni－Mn－Ga 多孔材料的热压烧结工艺

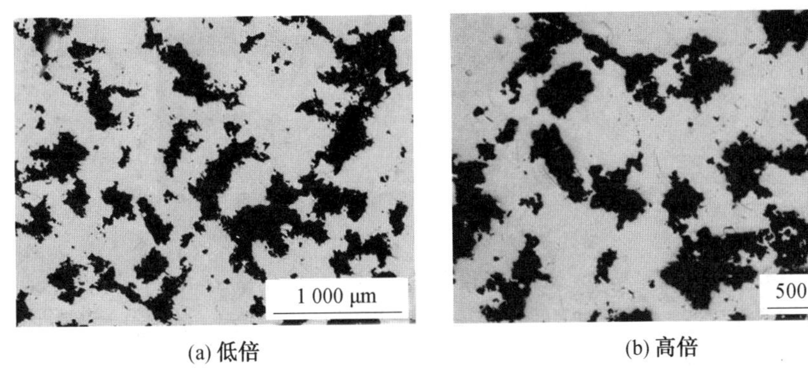

(a) 低倍　　(b) 高倍

图 3－11　粉末合金法制备的 Ni－Mn－Ga 多孔合金形貌

3.2　Ni－Mn－Ga 多孔合金的磁感生应变与磁热性能

3.2.1　磁感生应变

2007 年，Boonyongmaneerat 等采用模板浸渗法制备了单重孔隙 Ni－Mn－Ga多孔合金，并报道了其磁感生应变性能。制备多孔合金的母合金成分为 $Ni_{50.6}Mn_{28}Ga_{21.4}$，造孔剂为 $NaAlO_2$（粒径为 355～500 μm）。图 3－12 所示为单重孔隙 Ni－Mn－Ga 多孔合金的金相形貌。图 3－12(a)为造孔剂刚去除后的形貌，孔隙率为 55%；进一步腐蚀得到孔隙率为 76% 的多孔合金，如图 3－12(b)所示，可以看出一些细小的孔棱被腐蚀断裂，粗大的结点尺寸有所减小。对孔隙率为 76%的多孔合金金相腐蚀后(图 3－12(c))，可发现竹节晶形貌，即晶界穿过整条孔棱并与孔棱垂直。在竹节晶形态下，晶粒两侧均为自由表面，对孪晶界运动的制约明显减小。

图 3－13 所示为美国 Müllner 开发的旋转磁场测量磁感生应变装置示意图。样品 1 两端分别粘在样品台 3 和运动头 2 之间，样品台 3 放置于管 4 中；5 是样品台盖板；样品在水平面产生伸长和缩短时，通过石英管 6 和水平转向结构 7，形成沿竖直方向的位移 Δx，可由引伸计测出；为了改变样品测试温度环境，通过管 8 向样品台盖板 5 表面吹入冷/热空气，样品表面的温度通过其表面的热电偶 9 测出。图中的虚线标出了磁场旋转轴，磁场方向沿水平方向 Δz。

图 3－14 所示为单重孔隙 Ni－Mn－Ga 多孔合金样品在磁场旋转 360°时的磁感生应变。可以看出，样品在 360°旋转过程中伸长和缩短各两次，将每伸长并缩短一次定义为一次磁机械循环，则在 360°旋转过程中，样品经历了两次磁－机械循环。首次循环产生的应变为 0.097%，经过 10^5 次磁－机械循环后，应变增

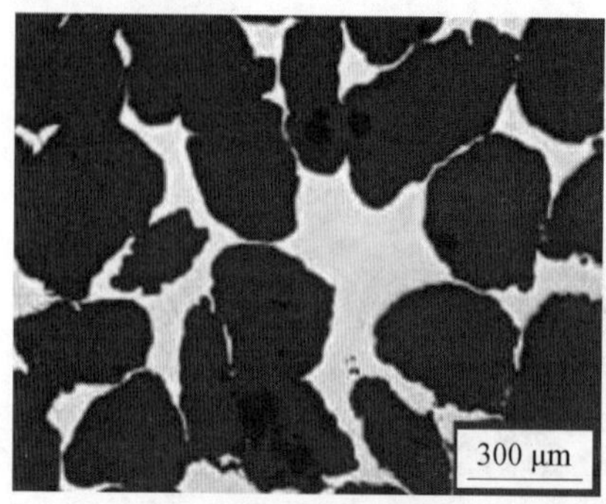

(a) 孔隙率55%, 抛光

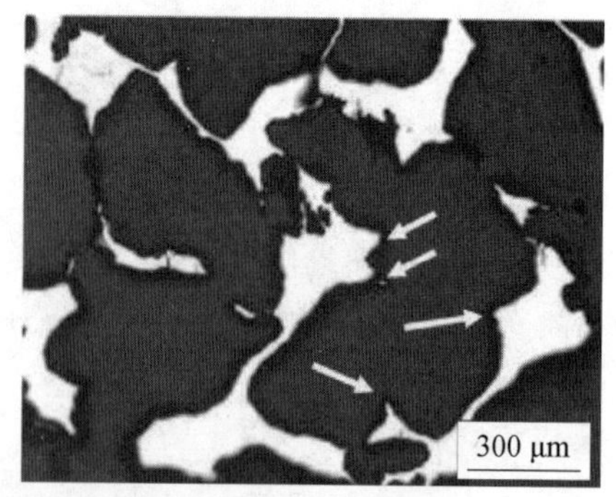

(b) 孔隙率76%, 抛光

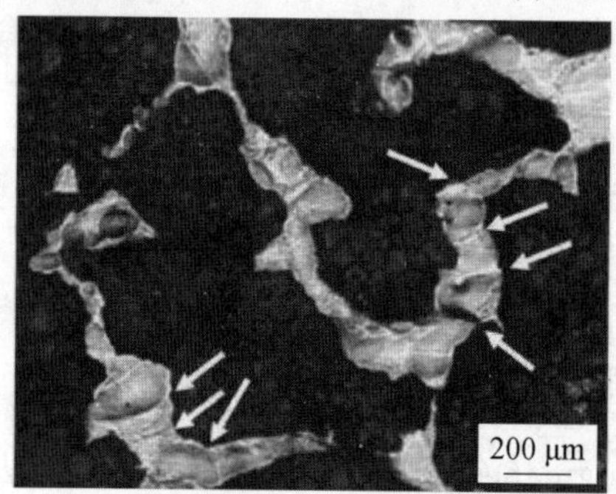

(c) 孔隙率76%, 腐蚀后

图 3－12 单重孔隙 Ni－Mn－Ga 多孔合金的金相形貌

加到0.115%。磁感生应变随磁－机械循环次数的变化关系如图 3－15 所示，其中样品 A_F(孔隙率为 55%)初始应变为0.003%，经历一次场冷处理后，初始应变提高到 0.064%，循环 40 次后降低到 0.010%～0.020%；样品 B(孔隙率为 76%)初始应变为 0.097%，随后的 1 000 次循环过程中提高到 0.110%，最后在 0.080%～0.115%变化；样品 B_F 在 40 次循环时应变约为0.040%，在随后的500 000次循环中缓慢降低到0.030%。上述应变量(0.04%～0.10%)是细晶 Ni－Mn－Ga合金薄带的 20～50 倍(0.002%)，是粗晶 Ni－Mn－Ga 薄带的 2～4 倍(0.025%)。这表明，多孔合金中的竹节晶和大量的自由表面对孪晶界运动的制约较小。由于样品是两端分别固定在样品台两端，其中一端可以在径向自由运动，当晶体取向合适时，孪晶界运动阻力很小。对于竹节晶孔棱来说，相互之间由结点相连形成三维结构，这种三维结构还会对孪晶界的运动产生约束，尽管其约束小于多晶块材，但大于单晶，从而减小多孔合金能够产生的应变量。如果竹节晶孔棱之间没有结点相连(形成类似短棒或纤维组合体)，约束会更小，可产生的应变更大。

张学习等采用模板浸渗、分阶段溶解的方法制备了单重和双重孔隙 Ni－Mn－Ga

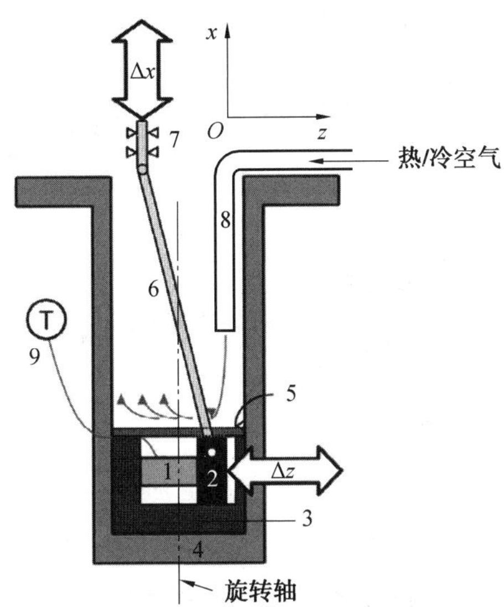

图 3－13　旋转磁场测量磁感生应变装置示意图

1—样品；2—运动头；3—样品台；4，8—管；5—样品台盖板；6—石英管；7—水平转向结构；9—热电偶

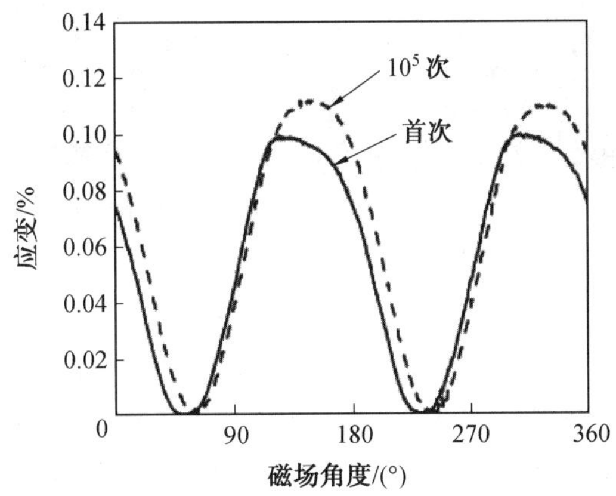

图 3－14　单重孔隙 Ni－Mn－Ga 多孔合金样品的磁感生应变

（实线为首次循环，虚线为第 10^5 次循环）

多孔合金，形貌如图 3－5 和图 3－6 所示。与图 3－12 相比，孔隙、孔棱和结点的形态更为规则、均匀，预计具有更好的磁感生应变性能。图 3－16 所示为双重孔隙 Ni－Mn－Ga多孔合金的孪晶形态。铸态合金中孪晶片层厚度为 1～5 μm，孪晶可穿越细小的孔棱但无法穿越粗大的结点。有序化热处理后的合金中，孪晶片层宽度为 5～10 μm，可穿越孔棱和结点，因此可以增大局部的磁晶各向异性。由于自由表面可以吸收位错、促进孪晶界的可动性，因此穿越孔棱和结点的粗大孪晶可动性优于细小

孪晶。可以预测，有序化热处理后的合金具有更高的磁感生应变性能。

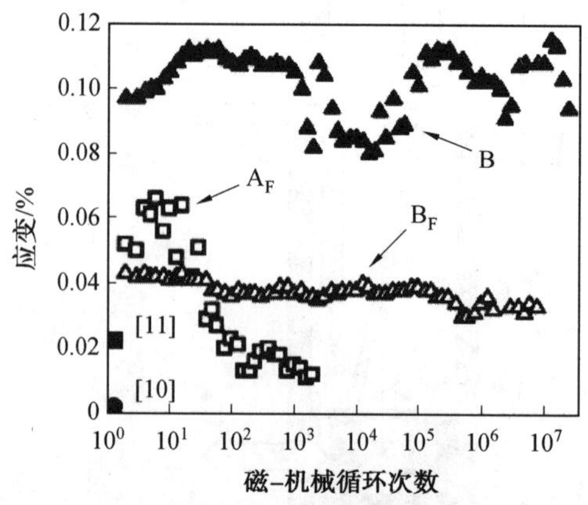

图 3－15　磁感生应变随磁－机械循环次数的变化关系

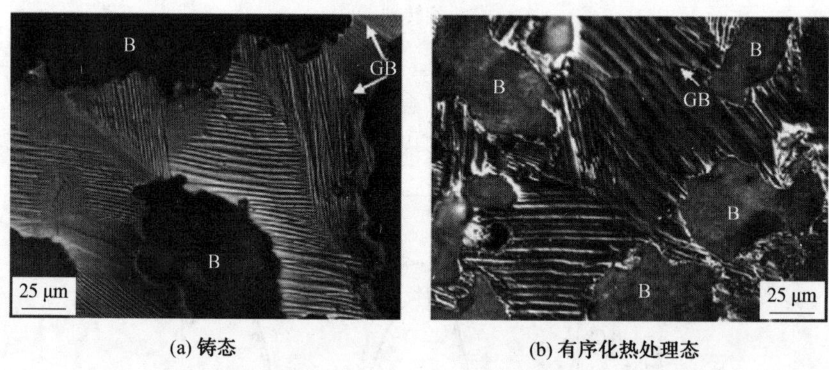

图 3－16　双重孔隙 Ni－Mn－Ga 多孔合金的孪晶形态

图 3－17 所示为单重孔隙 Ni－Mn－Ga 多孔合金磁感生应变性能(孔隙率为 56.6%)。从图 3－17(a)可以看出，应变从开始的 0.24%(78 次循环)逐渐变化到 0.18%(506 次循环)，然后在 20 378 次循环中保持在 0.18%～0.19%。开始阶段应变的下降可能源于孔棱在循环过程中的断裂，从而降低了孔棱的连通度；此外孪生位错的形成及其对孪晶界运动的阻碍可能也是应变降低的原因。多次磁－机械循环过程中引入的训练效应会对应变的增加起到正面作用，但显然在单重孔隙多孔合金中，这种正面作用被孔棱断裂或位错萌生引起的钉扎效应所掩盖。从图 3－17(b)可以看，在第一次循环中(0°～180°)，在 60°和 115°产生了两个应变峰，对于 68 次循环，应变分别为0.20%和 0.24%；在第二次循环中(181°～360°)，应变峰值出现在 240°和 300°，与第一次循环中相对应。在单晶合金中，每一次循环中仅出现一个应变峰；这里每次循环中出现的两个峰值，反映了合金的多晶特征，即不同取向的晶粒沿着不同的方向产生应变，因此对所测量的在 z 向的平均应变贡献不同。每次循环中出现的两个峰可

能对应于合金中的两个主要孪晶变体，这两个孪晶变体在磁场作用下在各自的方向上产生应变，但由于相互制约和阻碍，每个变体都难以完全发挥各自应变能力。总之，这里测试得到的是多晶合金存在多变体情况下的平均应变。最后，与 506 次循环相比，第 20 378 次循环的应变分别降低了0.16%和0.18%，但峰的形状没有发生明显改变，仅在第二个峰(135°/315°)的 105°位置产生了一个肩峰。这表明在循环过程中，合金中可能诱发产生了第三个孪晶变体。

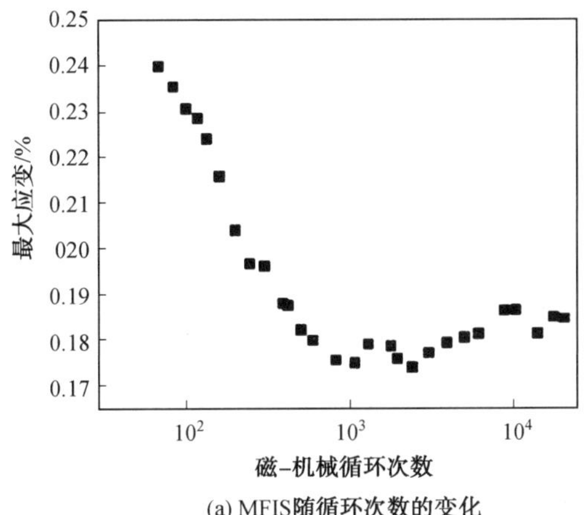

(a) MFIS随循环次数的变化

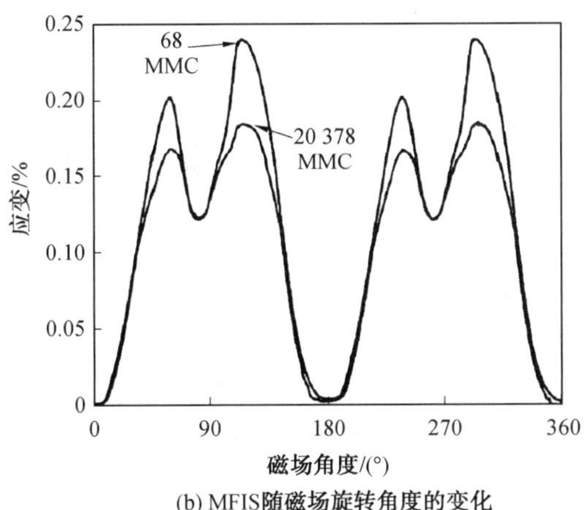

(b) MFIS随磁场旋转角度的变化

图 3-17　单重孔隙 Ni-Mn-Ga 多孔合金磁感生应变性能(孔隙率为 56.6%)

图 3-18 所示为双重孔隙 Ni-Mn-Ga 多孔合金的磁感生应变(孔隙率为 66.8%)。

图 3-18(a)为五种状态合金的磁感生应变与循环次数的关系，样品的状态包括有序化处理态、中性态、不同次数的训练态。合金在有序化热处理态的初始

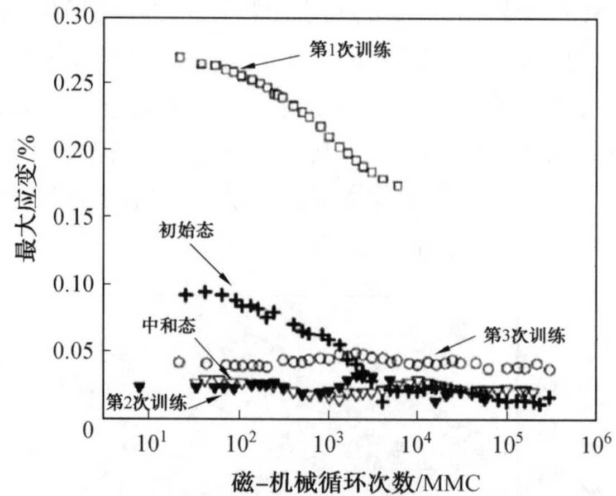

(a) 五种状态合金的磁感生应变与循环次数的关系

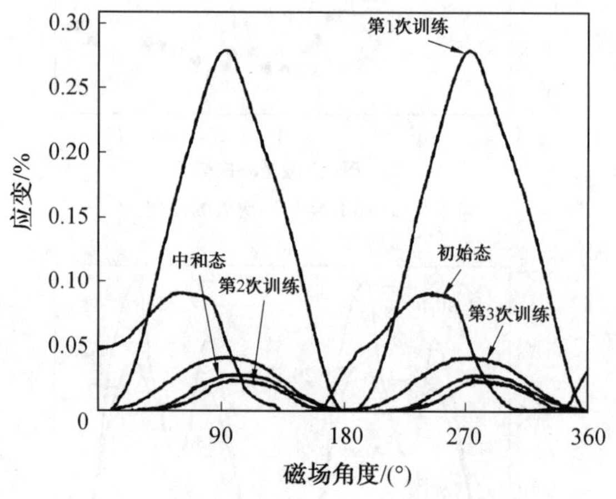

(b) 五种状态材料磁感生应变与磁场角度的关系

图 3－18　双重孔隙 Ni－Mn－Ga 多孔合金的磁感生应变(孔隙率为 66.8%)

应变为 0.10%，循环 60 000 次后降低到 0.014%，并在此应变下循环 300 000 次没有发生应变降低。进行首次热－磁训练后，合金的应变显著增加到 0.28%，然后在循环 6 000 次后降低到 0.17%。最大应变 0.28%是单重孔隙合金(54%孔隙率应变为 0.01%，76%孔隙率应变为 0.12%)的 2 倍以上，也比图 3－17 单重孔隙最大应变 0.24%稍大。这些应变差别反映了晶粒取向、尺寸、晶界以及孔棱/结点对磁感生应变的复杂影响。在多晶合金中，通常需要引入织构才可能获得可观的磁感生应变，而多孔合金通过常规铸造即可获得较高的应变，应变值与 Terfenol－D(0.2%)类似。

将热－磁训练后的合金加热到 150 ℃(高于 M_f)，然后在零场下降温；此过

程中原训练获得的择优取向的孪晶变体被消除(中性态),结果合金的应变降低到0.027%,在随后的1 300次循环后进一步降低到0.014%,在200 000次循环中保持在0.020%到0.027%。这表明多孔合金中,铸态或有序化热处理态的合金可以采用热一磁训练提高磁感生应变性能。合金进行第2次热一磁训练后,应变并没有大幅度增加。再次进行第3次训练后,应变稍微增加到0.04%,并在151 000次保持基本不变。这种训练对应变产生的不同效果可能源于合金中的缺陷,即在805 000次循环过程中孔棱/结点中的裂纹萌生和扩展造成的材料损伤。另外可以看出,双重孔隙多孔合金的应变降低幅度小于单重孔隙合金,表明双重孔隙合金具有更高的机械稳定性,原因有:①在双重孔隙泡沫合金中,孪晶穿越整个孔棱/结点,孪晶界的运动更为容易,减少了孪晶交互制约和裂纹萌生的倾向;②双重孔隙泡沫合金中细小孔棱/结点处萌生的裂纹,其扩展速率小于单重孔隙泡沫合金,因为裂纹遇到自由表面后会停止扩展。

图3－18(b)所示为五种状态材料磁感生应变与磁场角度的关系,有序化处理态的多孔合金,在20°～130°和160°～310°具有较宽的应变峰(0.1%),并且峰的形状不对称,这表明该应变峰实际上是由很多小的峰组合而成,对应于多变体状态。首次热一磁训练后,在90°/270°出现了近似对称的较窄单峰(0.28%),显示训练处理后合金中均匀的孪晶组织和孪晶界运动状态。后续的中性化热处理和再次热一磁循环不再改变应变峰的形状。

在此可以粗略讨论孔隙结构、晶粒尺寸和竹节晶与磁感生应变的相关性。可以将孔棱看作具有竹节晶结构的纤维,其中孪晶穿越整个直径方向。在这种情况下孔棱可以产生较大的应变。孪晶界终止于晶界的情况下,孪晶界受到的制约较大,可能不会在磁场作用下运动。因此,实际的多孔合金中部分晶粒对磁感生应变有贡献,而其余则没有。另外,孔棱的取向各不相同,对应变的贡献也不同。假设合金中的晶粒尺寸与单重孔隙合金中的孔隙尺寸,或与双重孔隙合金中大孔的尺寸相当,那么在单重孔隙泡沫中会有很多孪晶终止于晶界,这些孪晶难以运动;然而对于双重孔隙合金,同样的孪晶会被细小孔隙分成许多小的孪晶,孪晶界终止于自由表面,孪晶界的可动性显著提高,对应于较大的磁感生应变。

前面得到的单重和双重孔隙的多孔合金的磁感生应变均小于理论值,但试验证明双重孔隙状态下由于能进一步增大比表面积,减小孔棱/结点尺寸并形成竹节晶结构而进一步减小孪晶界运动的阻力。因此,接下来仍选择双重孔隙状态,进一步优化合金成分,调节相变温度,并对孔棱的结构进行了重新设计,制备得到新的Ni－Mn－Ga双重孔隙多孔合金。图3－19(a)所示为孔隙率为62%的多孔合金的抛光金相形貌,在大孔隙的孔棱壁上还含有细小造孔剂形成的细孔,这些细小孔棱中的孪晶形貌如图3－19(b)所示,呈现出单变体孪晶形态,且孪晶层片较宽。图 3－20 所示为双重孔隙 Ni－Mn－Ga 多孔合金的 $M-T$ 曲线，从曲线可以得到奥氏体开始和终了温度分别为 30 ℃和 43 ℃，马氏体开始和终了温度分别为 35 ℃和 24 ℃，合金的居里点为 88 ℃。另外，该多孔合金的饱和磁化强度为 73 emu/g。

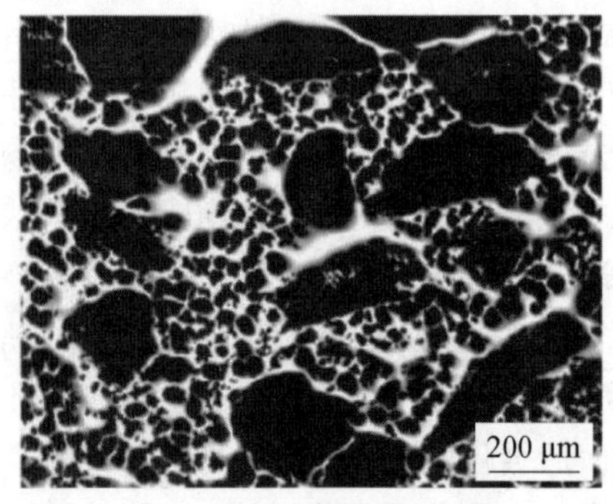

(a) 抛光金相形貌　　(b) 孔棱中的孪晶形貌

图 3－19　双重孔隙 Ni－Mn－Ga 多孔合金的光学显微镜形貌

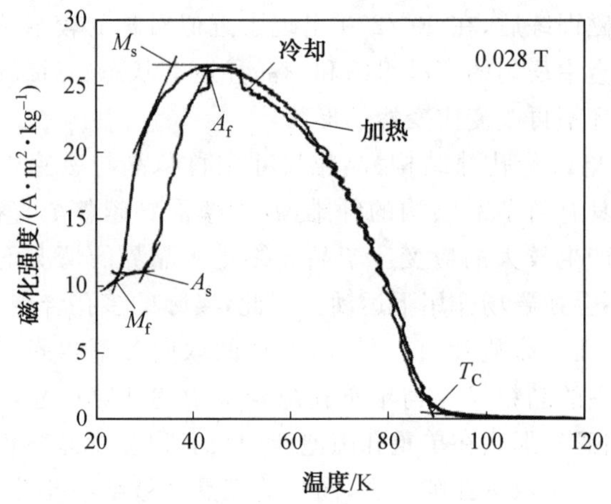

图 3－20　双重孔隙 Ni－Mn－Ga 多孔合金的 $M-T$ 曲线(孔隙率 62%)

用于磁感生应变测量的双重孔隙多孔 Ni－Mn－Ga 合金样品尺寸为 2 mm×3 mm×6 mm(图 3－21)。根据合金的马氏体相变温度，首先选择在 16 ℃(合金处于马氏体状态)测量合金的磁感生应变，旋转磁场为 9.7 kOe，结果如图 3－22 所示。开始时合金即显示出 2.1%的应变，几乎是单重孔隙合金应变的 20 倍；在随后的 2 000 次磁－机械循环过程中，应变增加到 3.4%并可稳定循环 15 000 次，随后 75 000 次循环中减小到 2.0%并稳定循环达到 161 000 次。样品取下并重新安装后，应变降低到 0.5%，这可能是由于重新装样过程中引入的混乱排列的孪晶导致的。将样品重新拆

下置于振动样品磁强计中进行训练处理，方式是在 20 kOe 的磁场下将样品从室温升到 150 ℃并再次降低到室温。重新装样后样品在 90 000 次循环中产生了 1.5%～1.9%的应变，说明磁一热训练是有效的。

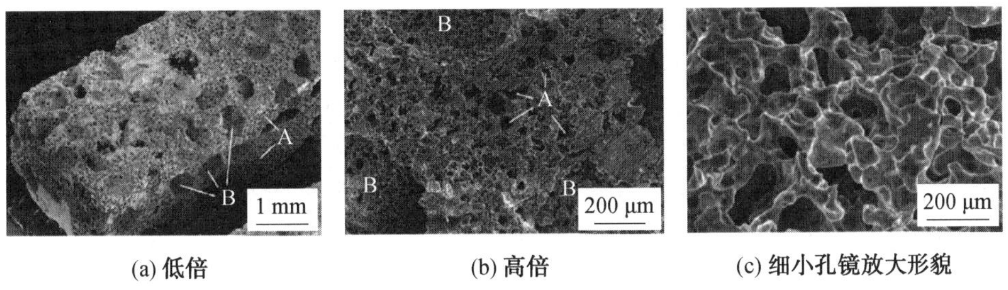

(a) 低倍　　(b) 高倍　　(c) 细小孔镜放大形貌

图 3－21　用于磁感生应变测量的双重孔隙多孔 Ni－Mn－Ga 合金样品(2 mm×3 mm×6 mm)

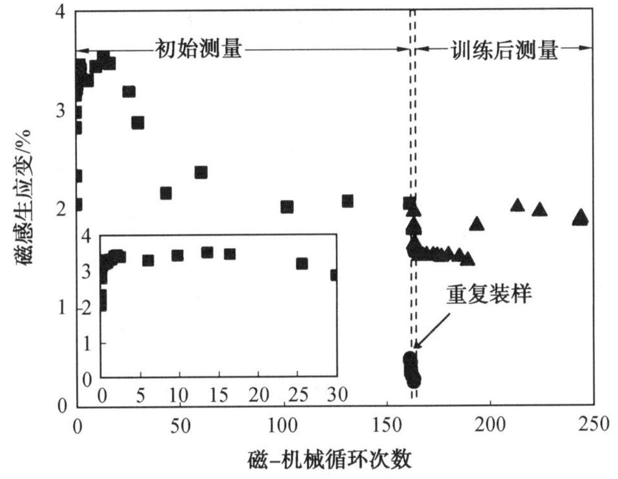

图 3－22　16 ℃下双重孔隙多孔 Ni－Mn－Ga 合金的磁感生应变性能

合金开始产生 2.0%～3.6%的应变，重新装样后磁感生应变降低，热一机械训练后在 244 000次循环中产生 1.4%～2.1%的应变

磁一热训练表明，混乱排列的孪晶在训练过程中发生重排，可以恢复磁感生应变能力。如果把样品在磁场进行磁一热循环，在降温过程中，形成的马氏体将受到磁场的诱导，形成有利取向，将显著提高合金的磁感生应变性能，后续的测量结果证明了这一点，如图 3－23 所示。该测量是在图 3－13 装置中进行的。可以看出，合金在 16 ℃时可以产生恒定的 1.4%的应变，达到 35～41 ℃转变为奥氏体后，应变快速减小到接近零。随后的降温过程中，应变在 22～23 ℃(接近 M_f)时迅速增加到 2.2%。经过该磁场下的热循环，可以在样品中产生择优取向的马氏体变体。将样品在零场下温度降低到－100 ℃后，促使合金发生中间马氏体相变，将会扰乱原先产生的规则马氏体变体结构。再次升温过程中，样品的应

变大幅降低到 0.2%，表明内部规则变体消失，难以产生大的应变；然而再次降温过程中，样品可恢复 2.5%的应变。继续进行第 3 和 4 次热循环过程中，样品可产生最高 8.7%的应变。

此外，在前 5 次循环过程中，相变前的应变明显小于相变发生后的应变；第 6 次循环的应变值还稍有提高，并在 10 次范围内基本稳定在 4.4%～5.1%，这些现象可能说明样品在前 5 次循环过程中发生了有效的磁一热机械训练：在磁场下的马氏体相变过程中，产生的马氏体孪晶受外磁场作用，会产生 c 轴平行于磁场方向的择优变体；经过几次循环后，仅有孪晶界可动性高的变体留存下来，从而使合金具有更高的磁感生应变性能。

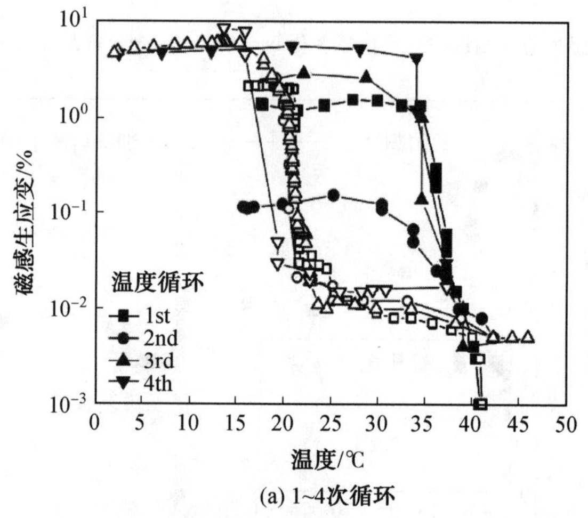

(a) 1~4次循环

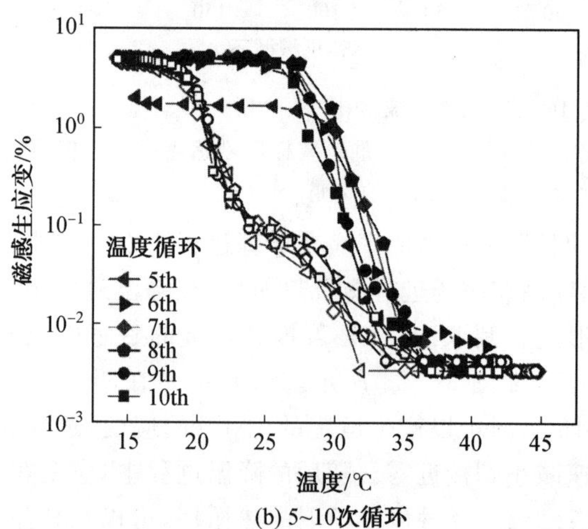

(b) 5~10次循环

图 3－23　双重孔隙多孔 Ni－Mn－Ga 合金热循环过程中的磁感生应变性能

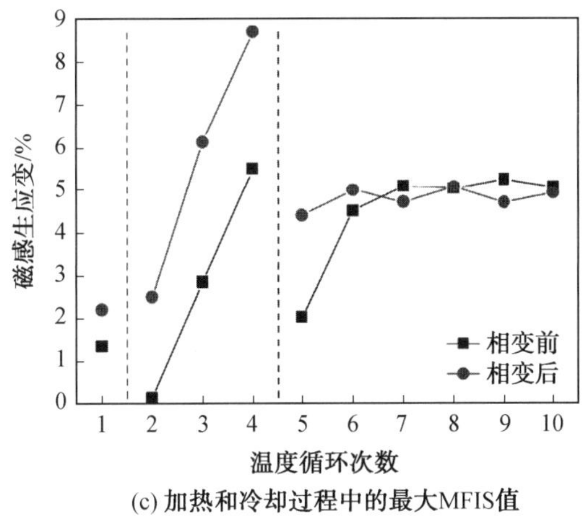

(c) 加热和冷却过程中的最大MFIS值

续图 3—23

然而上述磁—机械训练效应仍不能解释为什么样品在第 4 次循环后可以产生高达 8.7%的磁感生应变。图 3—24 所示为 Ni—Mn—Ga 合金热循环过程中磁感生应变与孔棱内变体取向的关系。这里在 z 向获得的应变与晶胞 c 轴和 z 轴之间的夹角 α 有关。假设孔棱中的晶体取向是随意的，一条孤立的单晶孔棱在 z 向可能产生的平均应变由晶体学理论应变 ε 和 $\cos(\alpha)$ 的平均数值来确定(其中 α 为 $0\sim\pi/4$ 的所有欧拉角)。这样可得到产生的应变为单晶理论应变的 73%，这里理论应变用 $1-c/a$ 来计算(a 和 c 分别为马氏体晶胞的最长和最短轴)。因此对于 7M 马氏体，$c/a=0.90$，则可获得无织构孤立单晶孔棱可产生 7.3%的应变，考虑到这里多孔合金产生了 8.7%的应变，可以推测多孔合金在凝固过程中产生了择优晶体取向。

研究还表明，多孔合金可以在通过磁场下的热循环(即磁—热循环)来进行训练。考虑到样品是在两端固定的夹持形态，对于致密的材料，依据圣维南原理，距离两固定端 1 mm 左右的材料受到固定端限制而不能自由运动，也就是这部分合金不会对总的应变产生贡献；而对于多孔材料，这种应力作用区仅有 20 μm左右，也就是更高分数的材料可以对总的应变产生贡献。

总之，Ni—Mn—Ga 合金具有本征脆性，双重孔隙多孔合金可以在产生的应变条件下，稳定循环百万次以上；此外这种合金可以采用经济的铸造方法制备，从而可以为驱动和传感器件的制造提供低成本的高性能材料。

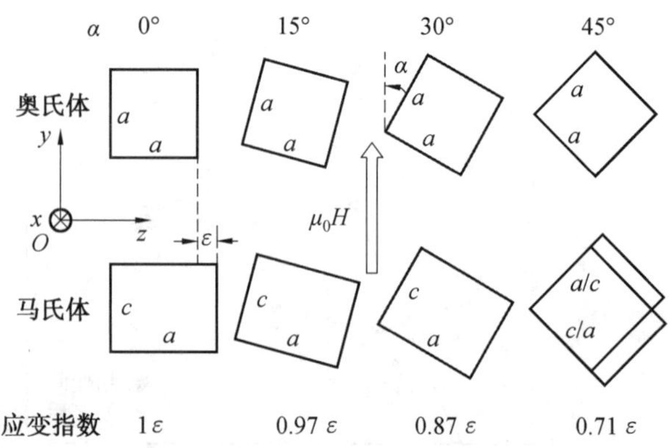

图 3－24 Ni－Mn－Ga 合金热循环过程中磁感生应变与孔棱内变体取向的关系

3.2.2 磁热性能

对多孔铁磁形状记忆合金磁热性能的研究还很少。Sasso 等研究了 $Ni_{54.8}Mn_{20.2}Ga_{25.0}$ 多孔合金(孔隙率为 44%～58%)的磁热性能，相变温度随外加磁场以 0.08 K/Oe 的速率降低，最终产生 2.5 J/(kg・K)的熵变。

3.3 Ni－Mn－In－Co 多孔合金的相变与磁热性能

多孔合金比表面积大、热传导效率高，很适合作为固体制冷材料。同时引入孔隙后，一级相变时由于体积改变而产生的变形不协调的现象得到缓解，因此能够提高循环寿命，降低相变阻力和相变滞后，有利于提高制冷效率。本节在不同孔隙率和孔隙结构的多孔 Ni－Mn－In－Co 合金相变特点分析的基础上，建立了多孔 Ni－Mn－In－Co 合金相变的唯象模型，对单重孔隙合金进行了磁热性能的测试，获得了较大的制冷能力 RC 值。

3.3.1 单重孔隙 Ni－Mn－In－Co 多孔合金马氏体相变

选取 $Ni_{45}Mn_{37.3}In_{12.7}Co_5$ 合金研究磁化强度 M 与温度 T 的关系，如图 3－25(a)所示，块体合金样品分别在 200 Oe 和 50 kOe 下进行测试，样品的马氏体相为顺磁态，奥氏体相为铁磁态，且外加磁场可使奥氏体相发生稳定化，即磁场使相变温度向低温偏移。可以看到，块体 Ni－Mn－In－Co 有较大的热滞后，在 200 Oe 下约 13 K，在 50 kOe 下约24 K，高磁场下的滞后大于低磁场，是因为高磁场下相变温度较低，相界面可动性降低。孔隙率为 50%、61%、67%、73%的

单重孔隙合金测试表明，其热滞后明显减小，且相变宽度大于致密块状样品，其中 73%孔隙率测试结果如图 3－25(b)所示。不同孔隙率合金的相变温度见表 3－1和表 3－2。M_s、M_f、A_s、A_f 分别为马氏体转变开始温度、结束温度、奥氏体转变开始温度、结束温度；T_0 为奥氏体相和马氏体相吉布斯自由能相等的温度，在热弹性马氏体中，通常认为 $T_0=(M_s+A_f)/2$；T_M、T_A 分别为马氏体转变平均温度和奥氏体转变平均温度，$T_M=(M_s+M_f)/2$，$T_A=(A_s+A_f)/2$；此处，T_{hys} 为相变滞后，$T_{hys}=(A_f-M_s+A_s-M_f)/2$。$M_s-M_f$、$A_f-A_s$ 分别表示正相变与逆相变的相变宽度。

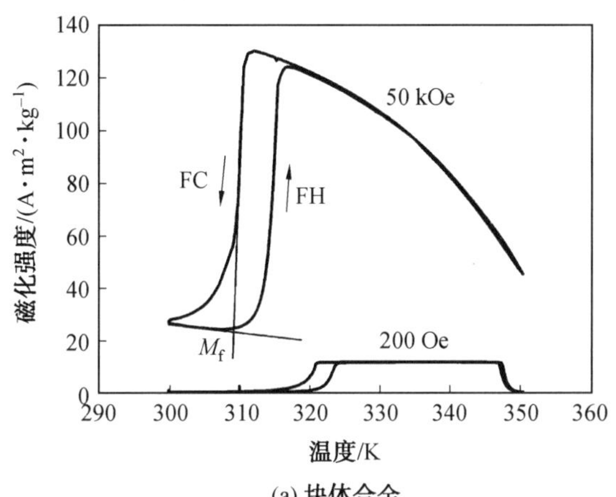

(a) 块体合金

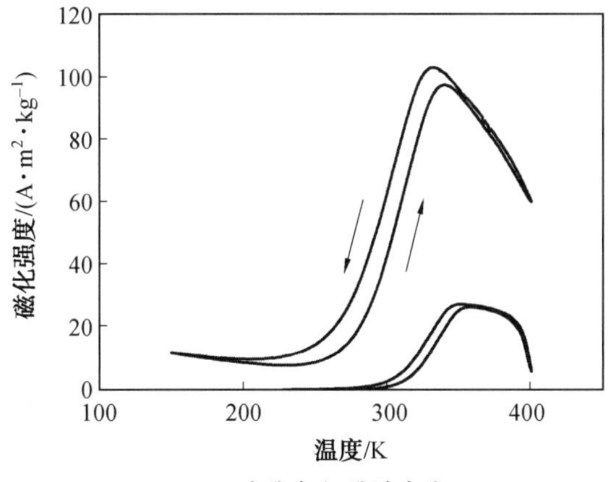

(b) 多孔合金(孔隙率为73%)

图 3－25　Ni－Mn－In－Co 块状合金和单重孔隙多孔合金 $M-T$ 曲线

表 3－1　200 Oe 下单重孔隙 Ni－Mn－In－Co 多孔合金相变温度　　K

样品	M_s	M_f	A_s	A_f	T_0	T_M	T_A	T_{hys}	M_s-M_f	A_f-A_s
块体	254	248	259	268	261	251	264	13	6	9
50%	342	306	317	351	347	324	334	10	36	34
61%	345	304	314	350	348	325	332	8	41	36
67%	346	307	313	352	349	327	333	6	39	39
73%	348	311	318	353	351	330	336	6	37	35

表 3－2　50 kOe 下单重孔隙 Ni－Mn－In－Co 多孔合金相变温度　　K

样品	M_s	M_f	A_s	A_f	T_0	T_M	T_A	T_{hys}	M_s-M_f	A_f-A_s
块体	203	195	218	228	216	199	223	24	8	10
50%	328	265	284	335	332	297	310	13	63	51
61%	325	266	279	334	330	296	307	11	59	55
67%	328	269	279	336	332	299	308	9	59	57
73%	334	274	285	340	337	304	313	9	60	55

3.3.2　双重孔隙 Ni－Mn－In－Co 多孔合金相变及唯象解释

1. 马氏体相变特征

不同孔隙率的双重孔隙 Ni－Mn－In－Co 多孔合金的 $M-T$ 曲线如图 3－26所示。可以看到，双重孔隙多孔合金同样具有相变宽度大、滞后小的特点。通过切线法确定的相变温度见表 3－3 和表 3－4。

表 3－3　200 Oe 下双重孔隙 Ni－Mn－In－Co 多孔合金相变温度　　K

样品	M_s	M_f	A_s	A_f	T_0	T_M	T_A	T_{hys}	M_s-M_f	A_f-A_s
60%	322	301	311	333	327.5	311.5	322	10.5	21	22
67%	325	310	319	337	331	317.5	328	10.5	15	18
77%	324	291	298	332	328	307.5	315	7.5	33	34

将相变滞后与块体合金和单重孔隙合金对比发现，双重孔隙合金的相变滞后大于单重孔隙合金，小于块状样品。显然，与单重孔隙合金相比，双重孔隙合金相变体积变化导致的变形更容易协调，积累的弹性能变小，因此相变阻力和滞后应更小。针对 Ni－Mn－In－Co 多孔合金的相变特点，建立其相变的唯象模型。

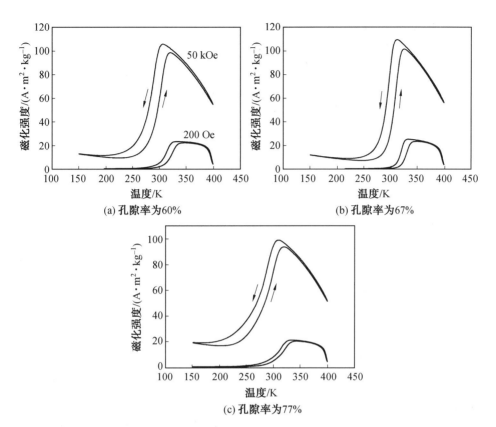

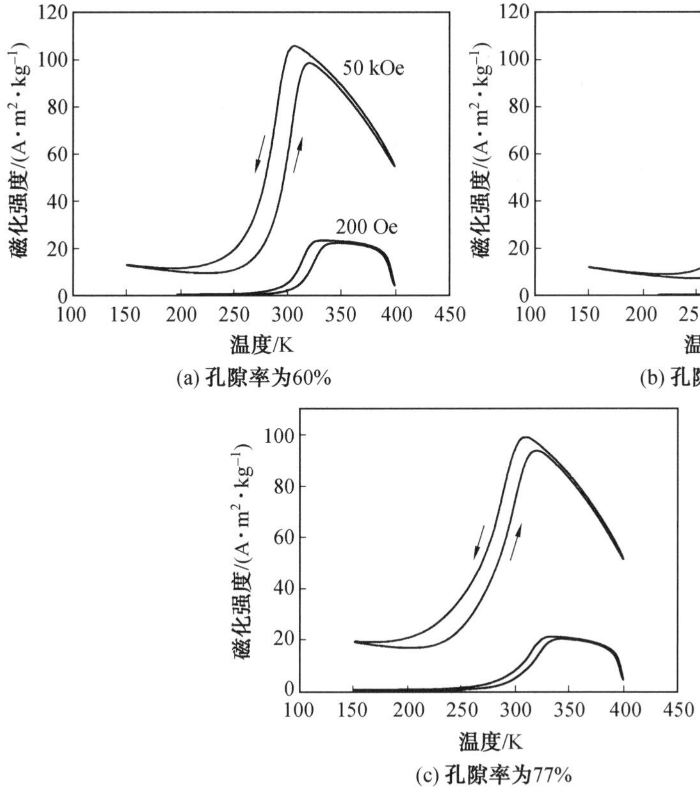

(a) 孔隙率为60%

(b) 孔隙率为67%

(c) 孔隙率为77%

图 3－26　不同孔隙率的双重孔隙 Ni－Mn－In－Co 多孔合金的 $M-T$ 曲线

表 3－4　50 kOe 下双重孔隙 Ni－Mn－In－Co 多孔合金相变温度　　K

样品	M_s	M_f	A_s	A_f	T_0	T_M	T_A	T_{hys}	M_s-M_f	A_f-A_s
60%	300	266	284	314	307	283	299	16	34	30
67%	305	279	295	318	311.5	292	306.5	14.5	26	23
77%	302	252	264	312	307	277	288	11	50	48

2. 多孔合金马氏体相变特征的唯象解释

热弹性马氏体相变的热力学过程可以用下式表示：

$$\Delta G_{chem}^{M-P}-\Delta G_{elast}^{M-P}+E_{irr}^{M-P}=0 \tag{3.1}$$

式中　ΔG_{chem}^{M-P}——相变时马氏体相和母相之间的化学自由能差(a. u.)；

ΔG_{elast}^{M-P}——相变时积累的弹性能(a. u.)；

E_{irr}^{M-P}——相变时产生的不可逆的耗散能(a. u.)。

热弹性马氏体相变时发生结构和体积的变化，因此相界面上会积累由变形不匹配而产生的弹性应变能，弹性应变能随着相变的进行不断增大；当储存的弹

性应变能诱发位错运动或者裂纹萌生时，积累的弹性应变能得到释放，界面应力松弛。发生逆相变时，正相变积累的弹性能由于部分被耗散，驱动逆相变的弹性能减少，此时滞后就发生了。同时，相界面移动时受到阻碍也是滞后的来源。相变阻力与相变滞后存在联系与区别，对于正相变来说，弹性能和相界面的摩擦损耗都是相变阻力；而对于滞后来说，如果相变过程弹性能不发生耗散，则滞后与弹性能将不存在关系。因此，滞后主要来自相界面移动时的摩擦阻力以及弹性能的耗散，可将其表示为

$$Hys=A+B \tag{3.2}$$

式中 Hys——相变滞后(a. u.)；

A——相变时损耗的弹性能(a. u.)；

B——相变时相界面移动所克服的摩擦功(a. u.)。

在 Ni－Mn－In－Co 合金中，相变点除了与相变阻力有关外，还对成分十分敏感。为了排除成分的干扰，不考查样品之间相变点的关系，将重点放在相变滞后上，通过比较样品的滞后来研究孔结构对马氏体相变行为的影响。首先考虑弹性能的损耗对多孔 Ni－Mn－In－Co 合金相变滞后的影响。图 3－27 所示为块状 Ni－Mn－In－Co 合金经过一次相变循环后的表面形貌，样品在相变前进行了抛光，放在烘干箱中于 393 K 保温 20 min，取出空冷使之发生马氏体相变。可以看到，表面形成了马氏体浮突，产生了许多裂纹，表明相变积累的弹性应变能通过塑性变形或者裂纹萌生得到缓解。在热弹性马氏体中，通过位错滑移的塑性协调往往较弱，主要通过裂纹的萌生与扩展来完成变形的适配。因此，块体合金相变时可诱发大量的裂纹萌生，消耗储存的弹性能，导致逆相变时的驱动力减少和滞后增大；而对于多孔合金，由于孔隙的存在，其变形更容易协调，萌生的裂纹也将较少；小尺寸孔棱/结点相变弹性应变能可储存在粗大的孔棱/结点中，弹性能较大，所以滞后也较小。

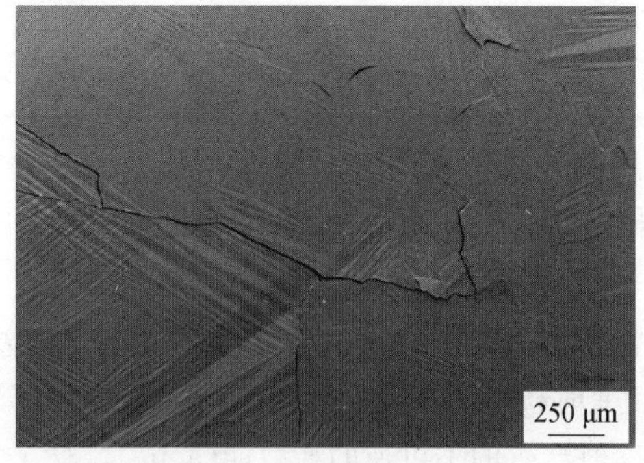

图 3－27 块状 Ni－Mn－In－Co 合金经过一次相变循环后的表面形貌

图 3－28 所示为孔隙率为 50％的单重孔隙 Ni－Mn－In－Co 多孔合金经过多次相变后的形貌，可以看到，样品经过 2 次相变后萌生了较多的裂纹，而经过 9 次相变后，其裂纹基本与相变 2 次时一致。说明合金的孔隙率较小时，其相变时的变形仍不容易协调，因此也需要通过裂纹萌生来松弛弹性应变能；已经形成裂纹后，多孔合金再次发生相变时变形协调性提升，不需要继续通过萌生裂纹来松弛弹性应变能。因此，当样品孔隙率增大时，相变时变形协调性增强，损耗的弹性能少，滞后也越小。

接下来考虑孔结构对相界面移动摩擦阻力的影响。有学者研究了不同直径、具有竹节晶的 Cu－Al－Ni 纤维的超弹性行为。纤维直径为 10～100 μm 时，直径减小、应力滞后增大。通过分析界面能、表面能、弹性应变能、热传递过程、相界面摩擦功对滞后的影响，发现滞后与纤维直径接近－0.5 的幂指数关系，与许多材料中 M_s 与晶粒尺寸接近－0.5 的幂指数关系一致，而二者的物理意义不同。说明超弹性滞后存在尺寸效应。样品直径小于 100 μm 时，比表面积较大，对相界面的阻碍较大，导致滞后增大。

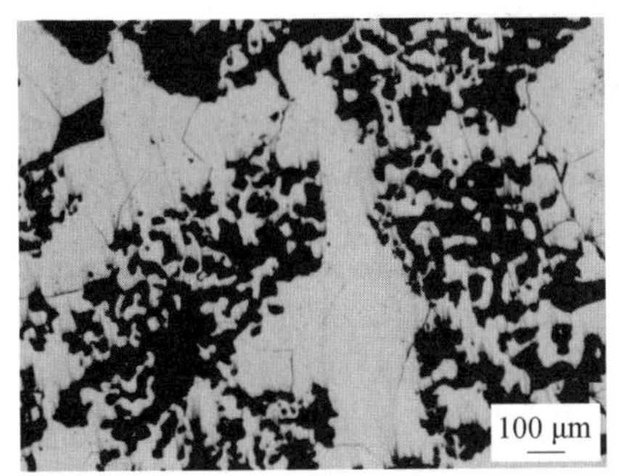

(a) 相变前

100 μm

(b) 经过2次相变

(c) 经过9次相变

图 3－28　孔隙率为 50％的单重孔隙 Ni－Mn－In－Co 合金经过多次相变后的形貌

对于 Ni－Mn－In－Co 多孔合金，经过晶粒长大热处理后，孔棱和结点处为

竹节晶。孔隙率增大时，孔棱变细，自由表面将会钉扎相界面使之难以移动，样品的滞后将变大。为了验证这一观点，选择具有双重孔隙分布的样品，通过腐蚀使其裂纹不断扩展直到样品破碎成为颗粒，从而排除弹性能损耗对滞后的影响。双重孔隙 Ni－Mn－Ga 合金腐蚀成颗粒后样品的 $M-T$ 曲线如图 3－29 所示，其相变温度见表 3－5。

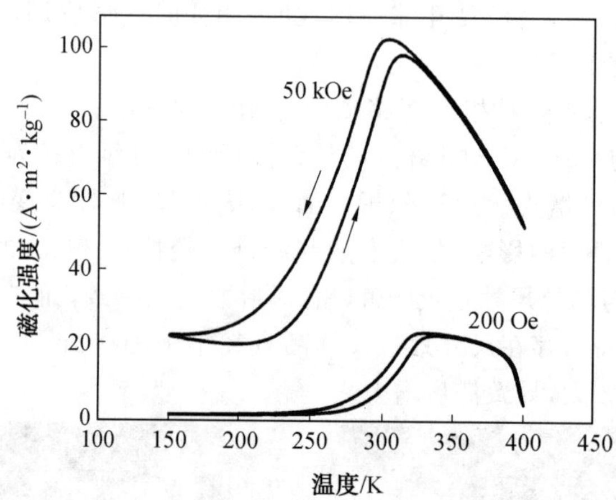

图 3－29　双重孔隙 Ni－Mn－Ga 合金腐蚀成颗粒后样品的 $M-T$ 曲线

表 3－5　腐蚀成颗粒后样品的相变温度　K

磁场	M_s	M_f	A_s	A_f	T_0	T_M	T_A	T_{hys}	M_s-M_f	A_f-A_s
200 Oe	321	283	292	329	325	302	310.5	8.5	38	37
50 kOe	298	232	246	309	303.5	265	277.5	12.5	66	63

不同磁场下不同孔隙率 Ni－Mn－In－Co 合金的热滞后如图 3－30 所示。这里把块体当作孔隙率是零的多孔合金，可认为颗粒的孔隙率为 100％。可以看到，块体的滞后最大，双重孔隙合金的滞后大于单重孔隙合金。对于单重孔隙多孔合金，滞后随着孔隙率增大而减小；对于双重孔隙多孔合金，滞后先随着孔隙率的增大而减小，当样品最终腐蚀成颗粒时，滞后又增大。

首先分析孔隙率为 77％的双重孔隙合金以及颗粒的滞后特点。可以看到，孔隙率为 77％的双重孔隙合金遍布裂纹，可以看成由许多颗粒组成，且颗粒的直径小于 100 μm。与腐蚀后形成的颗粒相比，孔隙率为 77％的样品仅具有较大的颗粒。因此，当样品中颗粒尺寸较大时，比表面积较小，自由表面对相界面的钉扎较少，所以滞后较小；而样品通过不断的腐蚀后，颗粒尺寸减小，比表面积增大，自由表面对相界面的钉扎作用增强，导致滞后增大。

相比于单重孔隙合金，双重孔隙合金中孔棱更为细小、比表面积更大，自由表面对相界面的钉扎作用更强烈，所以双重孔隙合金的滞后整体上大于单重孔

隙合金。

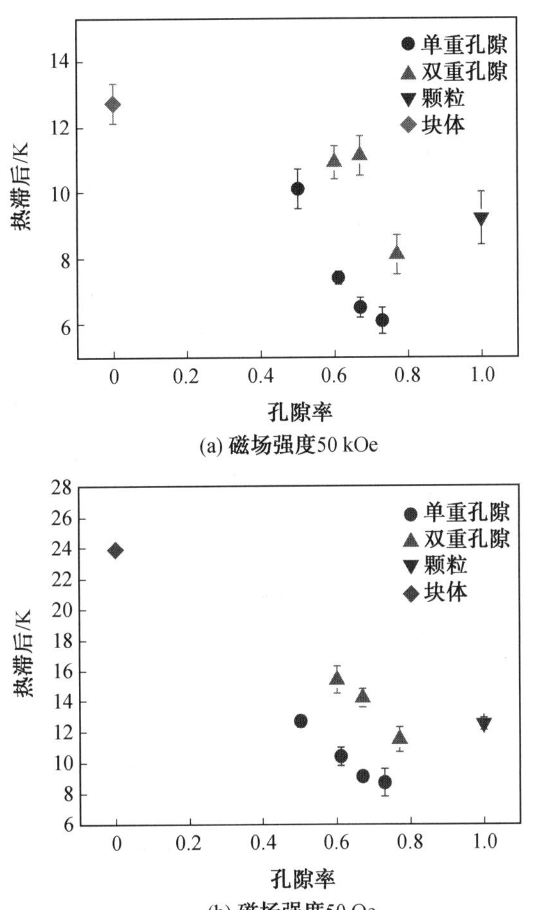

图 3－30　不同磁场下不同孔隙率 Ni－Mn－In－Co 合金的热滞后

综合考虑弹性能耗散和相界面摩擦阻力对滞后的影响，可以看出，单重孔隙合金的孔棱较大（等效直径大于 100 μm），马氏体相变的尺寸效应较弱，孔隙率的增大意味着变形容易得到协调，滞后随着孔隙率的增大而减小；双重孔隙合金中孔棱小于100 μm，需要考虑马氏体相变的尺寸效应，滞后大于单重孔隙合金。一方面，孔隙率增大时变形容易协调，弹性能的损耗随着孔隙率的增大而减小；另一方面，随着孔棱的变细，自由表面的钉扎作用增强，相界面移动阻力增大，界面移动的摩擦损耗随着孔隙率的增大而增大。此时，滞后与孔隙率的依赖关系取决于谁占主导，当弹性能损耗占主导时，样品滞后随着孔隙率的增大而减小；当相界面摩擦损耗占主导时，样品滞后随着孔隙率的增大而增大。Ni－Mn－In－Co 多孔合金马氏体相变的滞后如图 3－31 所示，图中黑色的实心圆圈代表

试验结果，直线用来示意趋势，不意味着线性关系。

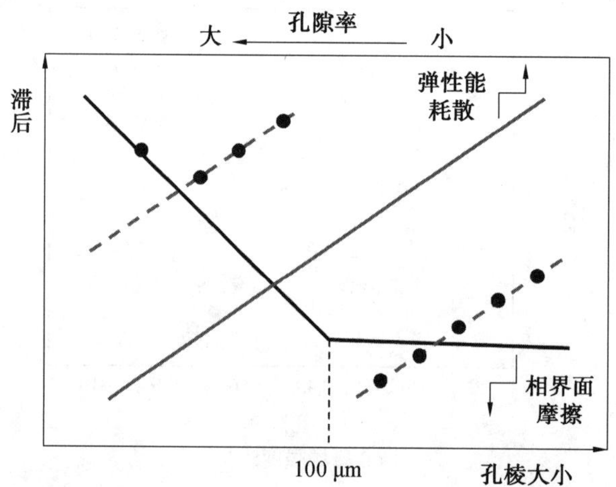

图 3-31　Ni-Mn-In-Co 多孔合金马氏体相变的滞后

除了上述的滞后特点，Ni-Mn-In-Co 多孔合金的相变宽度大于块状样品。块状合金的成分波动较小，而多孔合金的成分波动较大。在 Ni-Mn-In-Co 中，合金的相变温度对成分十分敏感，因此，成分波动大将导致相变温度的宽化，为了验证这一观点，分别统计了单重孔隙和双重孔隙合金的成分及电子浓度 e/a，见表 3-6 和表 3-7。

表 3-6　单重孔隙合金成分(原子数分数)及电子浓度

合金成分	区 1	区 2	区 3	区 4	区 5	区 6	区 7	区 8	区 9	区 10
Ni/%	44.4	44.1	44.3	44.1	44.6	44.2	44.5	44.3	44.3	44.6
Mn/%	37.1	37.6	37.2	37.3	37.2	37.5	37.4	37.9	37.6	37.4
In/%	13.3	13.2	13.3	13.3	13.1	12.9	13.1	12.8	13.0	12.9
Co/%	5.3	5.1	5.2	5.3	5.1	5.5	5.1	5.0	5.1	5.1
e/a	7.913	7.897	7.901	7.897	7.916	7.927	7.920	7.917	7.911	7.924

表 3-7　双重孔隙合金成分(原子数分数)及电子浓度

合金成分	区 1	区 2	区 3	区 4	区 5	区 6	区 7	区 8	区 9	区 10
Ni/%	45.0	44.8	44.5	44.5	44.5	44.5	45.1	44.2	44.7	44.6
Mn/%	37.5	37.3	37.6	37.4	37.4	37.5	37.0	37.9	37.3	37.4
In/%	12.6	12.7	12.8	12.9	12.9	12.9	12.8	12.8	12.7	12.9
Co/%	4.9	5.2	5.1	5.2	5.1	5.1	5.2	5.1	5.3	5.2
e/a	7.944	7.940	7.925	7.923	7.914	7.921	7.952	7.916	7.939	7.933

由文献[16]可以得到 M_s 与电子浓度 e/a 的关系为

$$\Delta M_s = 1\ 192\Delta(e/a) \tag{3.3}$$

式中　ΔM_s——马氏体相变点 M_s 的变化量，K；

$\Delta(e/a)$——相对电子浓度 e/a 的变化量。

从表 3－6 中可以得到，单重孔隙合金的电子浓度 e/a 最大为 7.927，最小为 7.897，$\Delta(e/a)=0.03$，则 $\Delta M_s=35.8$ K，意味着单重孔隙合金中，由于成分的跨度较大，微区之间的马氏体相变点 M_s 的差距可达 35.8 K，这与测量的相变宽度 34～41 K十分接近。在双重孔隙合金中，$\Delta(e/a)=0.038$，$\Delta M_s=45.3$ K，也与测量的相变宽度 21～34 K接近。块体合金中，$\Delta(e/a)=0.001$，$\Delta M_s=1.2$ K，与块体的相变宽度亦处于同一数量级。因此，可认为多孔合金相变温度宽化源于其成分跨度的宽化。

3.3.3　Ni－Mn－In－Co 多孔合金磁热性能

根据前述分析可知 Ni－Mn－In－Co 多孔合金的相变特点。一方面，孔隙的引入能有效提高合金的相变协调性，从而提高循环寿命，降低滞后；另一方面，孔隙的引入会对相变过程两相界面的移动行为产生影响，甚至可能使相界面的移动变得更为困难。因此，一味地提高孔隙率、减小孔棱的直径并不能使材料的相变滞后进一步降低。单重孔隙合金滞后较小，这里只对单重孔隙合金的磁热性能的进行分析。

不同孔隙率的单重孔隙 Ni－Mn－In－Co 多孔合金的 $M-H$ 曲线如图 3－32所示。为了便于观察，图 3－32(a)仅给出了温度为 275 K、313 K、365 K 的 3 条 $M-H$ 曲线，可以看出样品为马氏体相时，其磁化行为与顺磁体一致；为奥

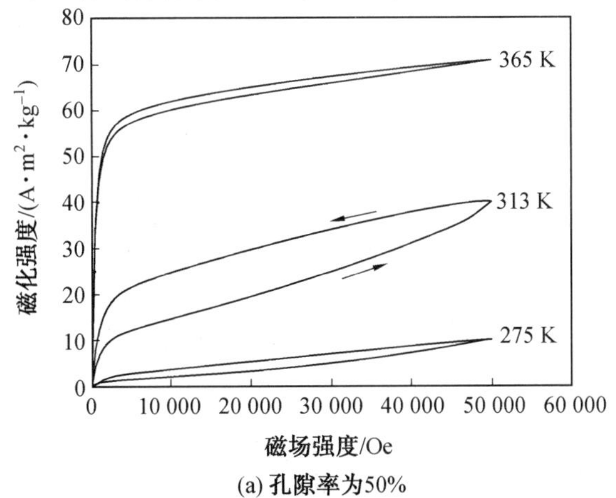

(a) 孔隙率为50%

图 3－32　不同孔隙率的单重孔隙 Ni－Mn－In－Co 多孔合金的 $M-H$ 曲线

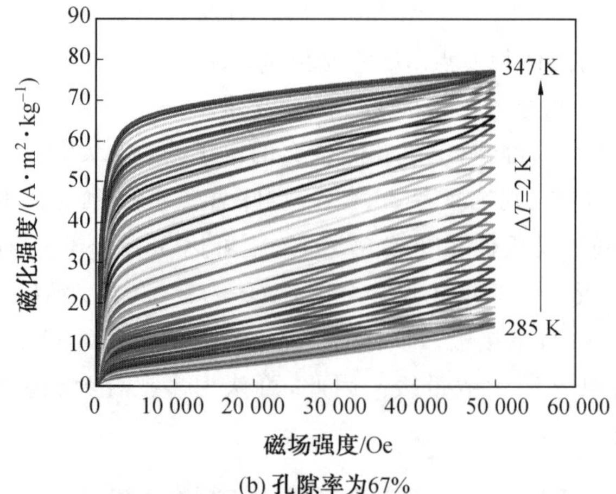

(b) 孔隙率为67%

续图 3—32

氏体时，磁化行为与铁磁体一致；处于 313 K 时，样品只完成了部分奥氏体转变，为奥氏体和马氏体混合相，此时施加磁场将使样品剩余的马氏体转变为奥氏体，从而呈现出一级相变所具有的滞后特点，其中 $M-H$ 曲线所包围的面积即为磁滞后。

从 $M-H$ 曲线中提取出加磁曲线，并利用离散化的 Maxwell 方程计算等温熵变，不同孔隙率单重孔隙 Ni－Mn－In－Co 多孔合金不同磁场下磁熵变随温度变化关系如图 3—33 所示。样品的磁熵变曲线表现出峰高较低、峰宽巨大的特点，其半高宽(即工作区间)很大。将不同磁场下的最大熵变提取出来，得到

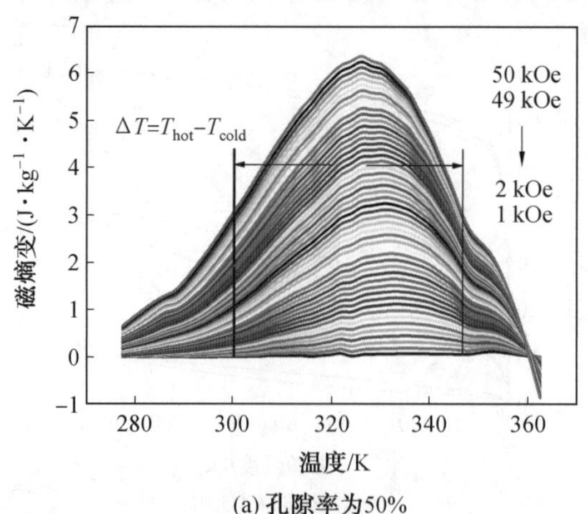

(a) 孔隙率为50%

图 3—33　不同孔隙率单重孔隙 Ni－Mn－In－Co 多孔合金不同磁场下磁熵变随温度变化关系

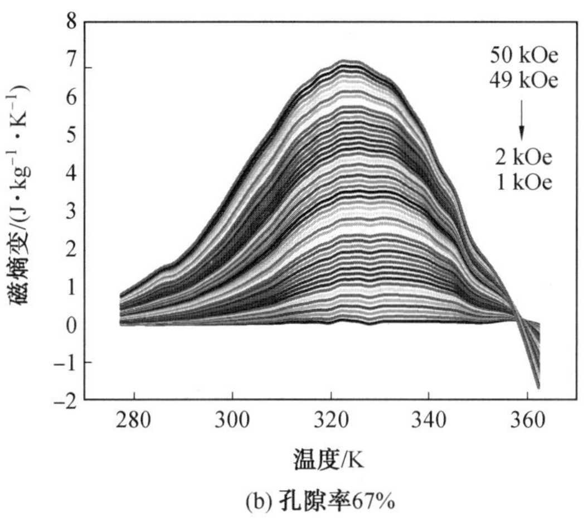

(b) 孔隙率67%

续图 3－33

Ni－Mn－In－Co 多孔合金磁熵最大值与磁场强度的关系，如图 3－34 所示，可以看到，最大熵变与外加磁场有着很好的线性关系，也表明在 5 T 磁场下，磁熵变没有达到饱和。

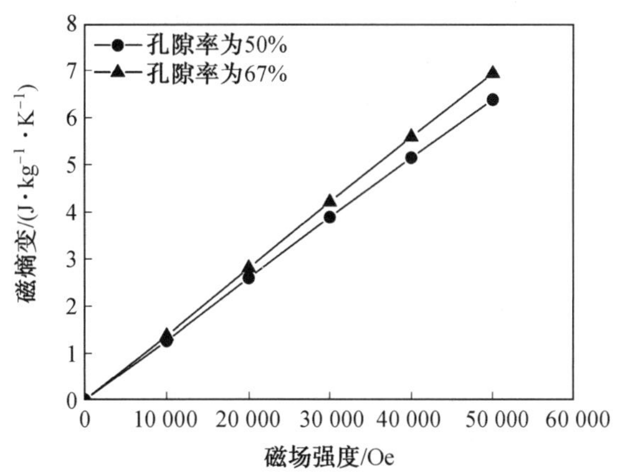

图 3－34　Ni－Mn－In－Co 多孔合金磁熵最大值与磁场强度的关系

计算 $M-H$ 曲线所包围的面积可以得到样品的磁滞后与温度的关系，如图 3－35所示。孔隙率为 67％的样品磁滞后略小于孔隙率为 50％的样品，磁滞后在约325 K时达到最大值，意味着磁致相变在该温度附近最为剧烈，该温度与样品的 T_A 值(330～335 K)较为接近。

利用下式可以计算样品的平均磁滞后为

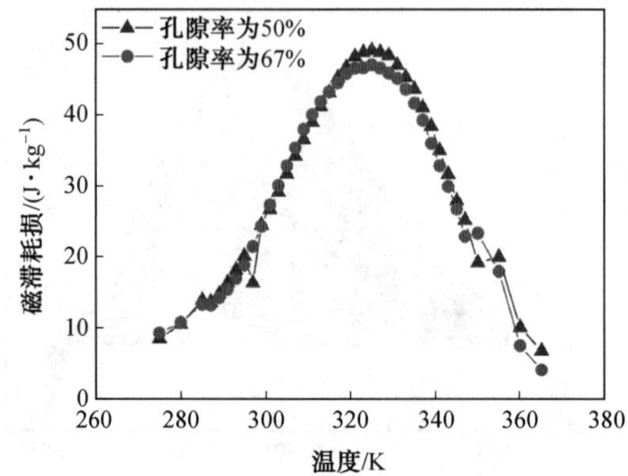

图 3－35　不同孔隙率单重孔隙 Ni－Mn－In－Co 多孔合金的磁滞后与温度的关系

$$\overline{Hys}=\frac{\int_{T_{cold}}^{T_{hot}} H_{ys}\,\mathrm{d}T}{T_{hot}-T_{cold}} \tag{3.4}$$

式中　T_{cold}——制冷材料循环工作时低温热源的温度，K；

T_{hot}——制冷材料循环工作时高温热源的温度，K；

Hys——温度为 T 时材料的磁滞后，J/kg。

$T_{hot}-T_{cold}=\Delta T$ 通常用磁熵曲线的半高宽来进行估计。孔隙率为 50%的样品平均磁滞后为 40.6 J/kg，孔隙率为 67%的样品平均磁滞后为39.1 J/kg，二者差距不大。

衡量磁热材料制冷能力的指标除了等温熵变外，还有制冷能力 RC 值，其物理意义为磁热材料工作时，在低温热源和高温热源之间所能传递热量的最大值，计算公式为：

$$\mathrm{RC}(\Delta T,H)=\left|\int_{T_{cold}}^{T_{hot}} \Delta S(T,H)\mathrm{d}T\right| \tag{3.5}$$

式中　ΔT——材料的工作温度区间，用磁熵曲线的半高宽表示，$\Delta T=T_{hot}-T_{cold}$，K；

H——施加的磁场强度，T；

ΔS——材料的等温熵变，J/(kg·K)。

孔隙率为 50%和 67%的多孔合金，RC 值分别为 231.3 J/kg 和262.7 J/kg。RC 值减去平均磁滞后，得到磁热材料实际热交换能力，即净 RC 值(RC_{net})。经过计算，孔隙率为 50%和 67%的样品，RC_{net} 分别为 190.7 J/kg 和 223.6 J/kg。图 3－36 所示为常见的 Ni－Mn 基铁磁形状记忆合金的 RC 值与其相变点，横坐标表示材料磁熵峰值温度(即最佳工作温度)。图中孔隙率 50%和 67%为单重孔隙 Ni－Mn－In－Co 合金，其余数据来自文献，实心符号表示 RC_{net}，空心符号

表示 RC。可以看到，多孔合金的 RC 值处在较高的位置，与其他 Ni－Mn－In(Sn)基合金相当。虽然多孔合金磁熵峰值仅有 7～8 J/(kg・K)，低于块状合金的 20～30 J/(kg・K)，但多孔合金工作温度区间高达 46 K，使得多孔合金的 RC 值与其他块状合金相当；孔隙的引入还使得相变协调性得以提高，增加了循环使用寿命。此外，多孔合金相变滞后降低，具有大于块状合金的 RC_{net} 值，其相变点在室温附近，符合对室温磁制冷材料的要求。综合来看，多孔材料在磁制冷领域具有其独特的优势，有可能成为未来磁热材料的发展趋势之一。如何进一步优化孔结构、形状和含量，契合实际使用需求，还需进一步的研究。

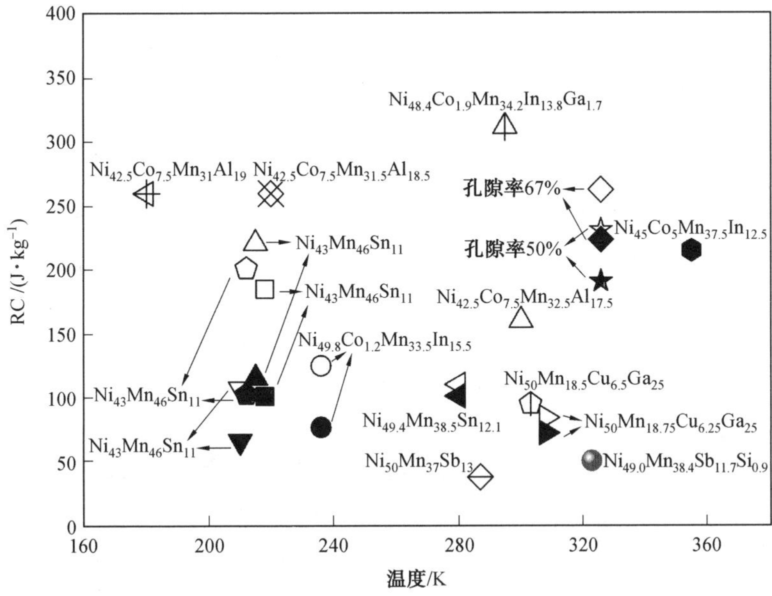

图 3－36　常见的 Ni－Mn 基 Heusler 合金的 RC 值与其相变点

本章参考文献

[1] CHMIELUS M, WITHERSPOON C, WIMPORY R C, et al. Magnetic-field-induced recovery strain in polycrystalline Ni-Mn-Ga foam [J]. Journal of Applied Physics, 2010, 108: 123526.

[2] CHMIELUS M, ZHANG X X, WITHERSPOON C, et al. Giant magnetic-field-induced strains in polycrystalline Ni-Mn-Ga foams [J]. Nature Materials, 2009, 8(11): 863-866.

[3] ZHANG X X, WITHERSPOON C, MÜLLNER P, et al. Effect of pore ar-

chitecture on magnetic-field-induced strain in polycrystalline Ni-Mn-Ga [J]. Acta Materialia,2011,59(5):2229-2239.

[4] 刘海亭. Ni－Mn－Ga 泡沫材料的超弹性与形状记忆效应研究[D]. 哈尔滨：哈尔滨工业大学,2013.

[5] BOONYONGMANEERAT Y,CHMIELUS M,DUNAND D C,et al. Increasing magnetoplasticity in polycrystalline Ni-Mn-Ga by reducing internal constraints through porosity [J]. Physical Review Letters, 2007, 99: 247201.

[6] GSCHNEIDNER K A,PECHARSKY V K,TSOKOL A O. Recent developments in magnetocaloric materials [J]. Reports on Progress in Physics, 2005,68(6):1479-1539.

[7] 顾健. Ni－Mn－In－Co 合金泡沫材料的制备及磁热性能[D]. 哈尔滨：哈尔滨工业大学,2017.

[8] LAZPITA P,ROJO G,GUTIERREZ J,et al. Correlation between magnetization and deformation in a NiMnGa shape memory alloy polycrystalline ribbon [J]. Sensor Letters,2007,5(1):65-68.

[9] GUO S H,ZHANG Y H,QUAN B Y,et al. The effect of doped elements on the martensitic transformation in Ni-Mn-Ga magnetic shape memory alloy [J]. Smart Materials & Structures,2005,14(5):S236-S238.

[10] 吴杨杰. 形状记忆合金及其应用[M]. 合肥：中国科学技术大学出版社,1993.

[11] BROWN P J,CRANGLE J,KANOMATA T,et al. The crystal structure and phase transitions of the magnetic shape memory compound Ni_2MnGa [J]. Journal of Physics-Condensed Matter,2002,14(43):10159-10171.

[12] SASSO C P,ZHENG P Q,BASSO V,et al. Enhanced field induced martensitic phase transition and magnetocaloric effect in $Ni_{55}Mn_{20}Ga_{25}$ metallic foams [J]. Intermetallics,2011,19(7):952-956.

[13] SHAMBERGER P J,OHUCHI F S. Hysteresis of the martensitic phase transition in magnetocaloric-effect Ni-Mn-Sn alloys [J]. Physical Review B,2009,79:144407.

[14] HAMILTON R F,SEHITOGLU H,CHUMLYAKOV Y,et al. Stress dependence of the hysteresis in single crystal NiTi alloys [J]. Acta Materialia,2004,52(11):3383-3402.

[15] CHEN Y,SCHUH C A. Size effects in shape memory alloy microwires [J]. Acta Materialia,2011,59(2):537-553.

[16] ITO W, IMANO Y,KAINUMA R,et al. Martensitic and magnetic transformation behaviors in Heuscer-type NiMnIn and NiCoMnIn metamagnetic shape memory alloys[J]. Metauurgical and Materials Transactions A, 2007,38:759-766.

[17] HUANG L, CONG D Y, MA L, et al. Large reversible magnetocaloric effect in a Ni-Co-Mn-In magnetic shape memory alloy [J]. Applied Physics Letters,2016,108(3):32405.

[18] ZHANG Y,ZHANG L L,ZHENG Q,et al. Enhanced magnetic refrigeration properties in Mn-rich Ni-Mn-Sn ribbons by optimal annealing [J]. Scientific Reports,2015,5:11010.

[19] ZHANG R C,QIAN M F,ZHANG X X,et al. Magnetocaloric effect with low magnetic hysteresis loss in ferromagnetic Ni-Mn-Sb-Si alloys [J]. Journal of Magnetism and Magnetic Materials,2017,428:464-468.

[20] SARKAR S K,SARITA, BABU P D,et al. Giant magnetocaloric effect from reverse martensitic transformation in Ni-Mn-Ga-Cu ferromagnetic shape memory alloys [J]. Journal of Alloys and Compounds,2016,670:281-288.

[21] BOURGAULT D,TILLIER J,COURTOIS P,et al. Large inverse magnetocaloric effectin $Ni_{45}Co_5Mn_{37.5}In_{12.5}$ single crystal above 300 K [J]. Applied Physics Letters,2010,96:13250113.

[22] CZAJA P,CHULIST R,SZCZERBA M J,et al. Magnetostructural transition and magnetocaloric effect in highly textured Ni-Mn-Sn alloy [J]. Journal of Applied Physics,2016,119:165102.

[23] PARAMANIK T,DAS I. Near room temperature giant magnetocaloric effect and giant negative magnetoresistance in Co,Ga substituted Ni-Mn-In Heusler alloy [J]. Journal of Alloys and Compounds,2016,654:399-403.

[24] KIM Y,HAN W B,KIM H S,et al. Phase transitions and magnetocaloric effect of $Ni_{1.7}Co_{0.3}Mn_{1+x}Al_{1-x}$ Heusler alloys [J]. Journal of Alloys and Compounds,2013,557:265-269.

[25] DU J,ZHENG Q,REN W J,et al. Magnetocaloric effect andmagnetic-field-induced shape recovery effect at room temperature in ferromagnetic Heusler alloy Ni-Mn-Sb [J]. Journal of Physics D-Applied Physics,2007,40(18):5523-5526.

[26] STADLER S,KHAN M,MITCHELL J,et al. Magnetocaloric properties of $Ni_2Mn_{1-x}Cu_xGa$ [J]. Applied Physics Letters,2006,88:192511.

第4章

铁磁形状记忆合金薄膜与薄带的制备与性能

铁磁形状记忆合金薄膜与薄带在微机电系列中具有广泛的应用前景。本章介绍薄膜与薄带的制备技术、组织、马氏体相变、磁相变以及磁热性能。

金属薄膜材料广泛应用于微电子工业。形状记忆合金薄膜在微电子、微机电系统(MEMS)具有巨大的应用潜力。Ti－Ni 记忆合金薄膜已成功应用于微泵、微阀、微手臂和微开关等。与块体材料相比,记忆合金薄膜成分更均匀、晶粒更细小,机械性能优于块材,而且输出功大、滞后小、灵敏度高。铁磁形状记忆合金可由磁驱动,响应频率远高于 Ti－Ni 合金,过去十多年来,Ni－Mn 基铁磁形状记忆合金薄膜的制备技术、相变特性和应用技术受到很大的关注。利用脉冲磁场驱动 Ni－Mn 基薄膜纳米微区发生母相→马氏体相变,借助母相与马氏体不同的光学反射率进行信息的写入和读出,可实现光磁混合存储功能,对于 MEMS 的智能化和高集成化有重要的实际应用价值,被认为是潜在的应用领域之一。

4.1　薄膜/薄带制备技术

4.1.1　薄膜制备技术

1. 分子束外延

分子束外延(Molecular Beam Epitaxy,MBE)技术是在超高真空的条件下,沿衬底材料晶轴方向逐层生长薄膜的方法。外延生长的晶体薄膜和衬底具有相同的晶体结构和取向。由于膜层生长速率慢,一般仅用于几十个原子层的单晶薄膜制备或用于交替生长不同组分、不同掺杂的超薄层量子结构材料;但这种技术的束流强度易于精确控制,膜层组分和掺杂浓度可随源的变化而迅速调整。

选择、控制模板层的结构和晶体学特性对薄膜的生长和取向至关重要。Ni_2MnGa与 NaCl 和 CsCl 晶体结构相似,表明具有这些晶体结构的金属化合物,比如$Sc_{0.3}Er_{0.7}As$模板(具有 NaCl 晶体结构)可以作为 GaAs 上 Ni_2MnGa 外延生长的良好模板。比如在(001)取向 0.5 μm 厚的 GaAs 单晶衬底上外延生长 0.3 μm厚 Ni_2MnGa 合金单晶薄膜时,为了增大 Ni－Mn－Ga 合金单晶薄膜与衬底之间的晶格匹配度,可以在 GaAs 单晶衬底表面生长六层原子厚度的$Sc_{0.3}Er_{0.7}As$作为过渡层。

2. 脉冲激光沉积

脉冲激光沉积(Pulsed Laser Deposition,PLD)技术是将脉冲激光器所产生的高功率脉冲激光束聚焦于靶材表面,使靶材在高温及熔蚀下产生高温高压等离子体,在衬底上沉积而形成薄膜。一般认为脉冲激光沉积分为三个过程:激光表面熔蚀及等离子体产生、等离子体的定向发射和衬底表面凝结成膜。用于沉积薄膜的脉冲激光器多为功率在几瓦或几百毫瓦的准分子激光器；随着固体激光器技术的不断进步，脉冲 Nd:YAG 激光器也较普遍。PLD 薄膜沉积系统一般由激光束与沉积室两个相对独立的部件组成。

Ni－Mn－Ga 薄膜典型制备方法为：从单晶 Ni－Mn－Ga 合金铸锭切割下直径为 30 mm、厚度为 3 mm 的靶材，采用 Si(100)作为基板，薄膜在一个超高真空的 PLD 室中进行沉积，利用 KrF 准分子激光器(在 248 nm 产生 600 mJ 的激光脉冲)，激光能量为 2.5～3 J/m^2。经过 40 000 个脉冲可获得 200～300 nm厚的薄膜。制备过程中，真空达 5×10^{-6} mbar，基板的温度为 723～923 K，靶材与基板间距为 50 mm。沉积后的薄膜密封在石英瓶中，1 073 K 退火 15～30 min 以降低缺陷密度，提高磁性能。

Ni－Mn－In 薄膜典型制备方法为：利用 Nd:YAG 纳秒脉冲激光器(Quantel 981－E10)进行脉冲激光沉积，激光波长、脉冲能量和脉冲重复频率分别为 532 nm、200 mJ/脉冲和 10 Hz，在半高宽(FWHM)下的光斑直径为 2 mm。以直径 25 mm 的 NiMnIn 单晶作为靶材。选定热氧化的 Si(100)晶片组成作为沉积基板，在 773～873 K 的衬底温度下，沉积速率约 0.8 Å/s，薄膜结晶度高；沉积 1 h 后薄膜厚度达 300 nm。

3. 磁控溅射沉积

磁控溅射(Magnetron Sputtering，MS)是在电场两极之间引入外加磁场，电子受电场力加速作用的同时受到洛伦兹磁力的束缚作用，使其运动轨迹由直线变成摆线，增加了与氩气分子碰撞的概率，从而能大大提高氩气分子的电离程度；电离的 Ar 离子在高压电场加速作用下，轰击靶材，使原子脱离原晶格而溅出靶材飞向基片，最终沉淀于基片上形成薄膜，其技术装置原理图如图 4－1 所示。由于二次电子残余的能量较低，落于基片后引起的温度变化并不明显，因此磁控溅射技术具有“高速低温”的特点。

磁控溅射制备的薄膜中残余应力主要源于：薄膜与硅衬底之间晶格不匹配造成的畸变；薄膜与硅衬底之间的热膨胀系数相差较大引起的残余拉应力；薄膜生长过程中杂质粒子进入薄膜内部造成晶格畸变的产生残余压应力。磁控溅射制备 Ni－Mn－Ga 薄膜是一非平衡状态，薄膜生长涉及晶粒的形核、长大过程。晶格不匹配和热失配造成的应力主要集中衬底与薄膜的界面附近区域，靠近衬底的薄膜粒子完成形核、长大并形成几个原子层的连续膜层后，不匹配的影响逐渐减弱，而受热失配及晶格不匹配的影响也逐渐减小。因此，应力在薄膜厚度方向上形成一个由界面向外表面逐渐减小的应力梯度，膜厚越大，平均应力越小。

以 Ni－Mn－Ga 薄膜制备为例，试验合金靶材选用 $Ni_{54}Mn_{25}Ga_{21}$ 和 $Ni_{47}Mn_{31}Ga_{22}$，圆形靶材尺寸为 Φ60 mm×2 mm。溅射腔室真空度优于 2×10^{-4}

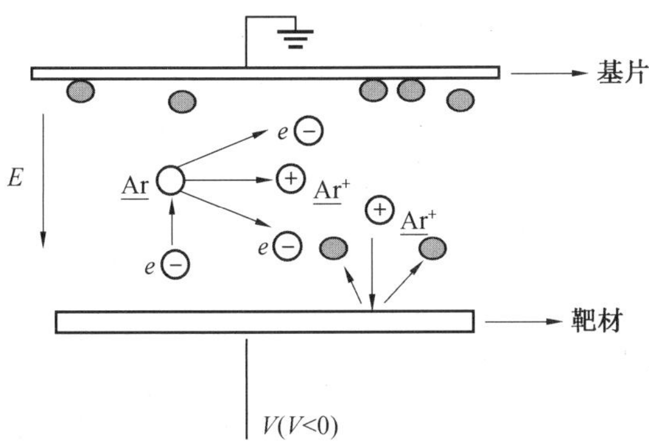

图 4－1　磁控溅射沉积技术装置原理图

Pa，采用纯度为 99.999%（体积分数）氩气，(100)取向单晶硅片和多晶 Al 箔为衬底。磁控溅射制备的 Ni－Mn－Ga 薄膜通常为部分结晶状态，需进行退火处理使其完全结晶，真空退火条件：真空度为 4×10^{-4} Pa，退火温度为 723～1 073 K，退火时间为 1 h，随炉冷却至室温。

利用 $Ni_{47}Mn_{31}Ga_{22}$ 作为靶材，在氩气工作压强分别为0.1 Pa、0.5 Pa、0.8 Pa 和 1.5 Pa 下，研究氩气工作压强对薄膜成分的影响。对薄膜的化学成分进行测定表明，化学成分均不同程度地偏离靶材成分。图 4－2 所示为氩气工作压强对 Ni－Mn－Ga 薄膜化学成分和价电子浓度的影响。可以看出，氩气工作压强升高，四种薄膜的价电子浓度逐渐升高；Ni 含量随氩气工作压强的升高呈先增加后减少的趋势，当氩气工作压强为 0.8 Pa 时 Ni 含量最大；Mn 含量的变化趋势与 Ni 相反，呈先减少后增加的趋势，当氩气工作压强高于 0.8 Pa 时，Mn 原子数分数约 30%；Ga 含量随氩气工作压强的升高几乎呈线性减少的趋势。相对于 Ni 和 Mn 的含量，Ga 原子数分数变化幅度较大，达 9%。

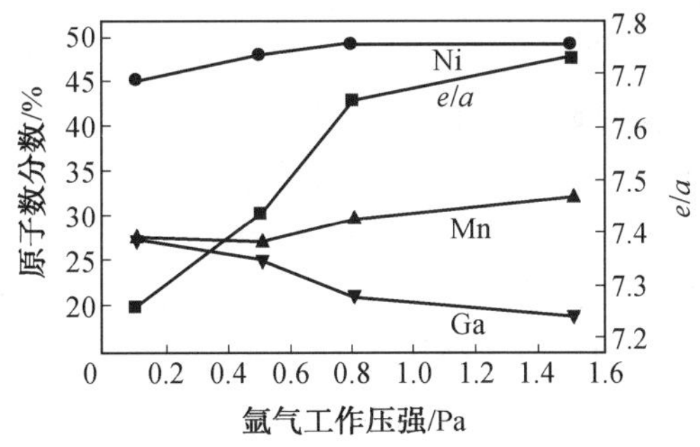

图 4－2　氩气工作压强对 Ni－Mn－Ga 薄膜化学成分和价电子浓度的影响

图 4－3 所示为溅射不同时间的 Ni－Mn－Ga 薄膜三维 AFM 形貌。溅射时间为 30 min 时薄膜表面晶粒细小、尺寸均匀；溅射时间增加到 50 min 和 90 min

时，平均晶粒尺寸从 50 nm 增加到 200 nm。溅射时间为30 min、50 min 和 90 min时，表面粗糙度随着膜厚度的增加而增加，均方根(RMS)表面粗糙度分别为 15.2 nm、21.8 nm 和 35.9 nm。另外，提高氩气工作压强会增加薄膜表面粗糙度，一是由于原子不能及时扩散，发生堆积；二是由于薄膜表面吸附了更多的 Ar 原子，因此薄膜表面较为疏松，增加了粗糙度。

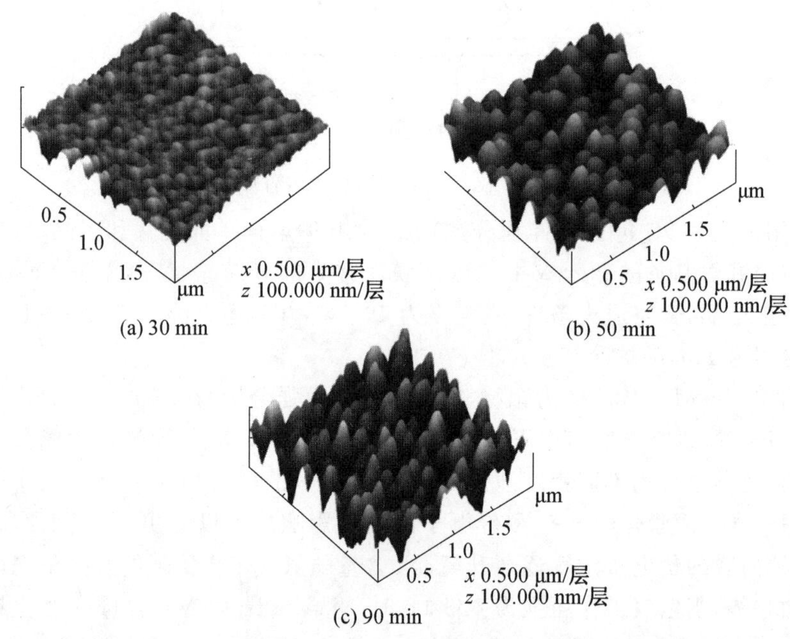

图 4－3 沉积不同时间的 Ni－Mn－Ga 薄膜三维 AFM 形貌

磁控溅射过程中，保持阴极电压、工作电流和沉积时间分别为 400 V、0.15 A 和 30 min，衬底温度为室温，在衬底负偏压分别为 5 V、10 V、20 V 和 30 V 时制备 Ni－Mn－Ga 薄膜。结果表明，带电粒子的轰击提高了薄膜的密度和成膜能力，抑制柱状晶生长，同时起到细化晶粒的作用，故薄膜表面粗糙度和表面颗粒尺寸随衬底负偏压的增加而减小。在不同衬底负偏压下，四种薄膜内均为残余压应力，大小为 1～3.5 GPa。图 4－4 所示为衬底负偏压对沉积态 Ni－Mn－Ga 薄膜残余压应力的影响。薄膜的残余压应力随衬底负偏压的增加而增大，当衬底负偏压为 30 V 时，残余压应力高达 3.5 GPa。这与负偏压产生的“再溅射”现象有关，其本质是带电粒子对薄膜表面的轰击作用随衬底负偏压增大而增强，带电粒子对薄膜表面的碰撞越剧烈产生的压应力越大。此外，带电粒子的轰击可以清除衬底表面和薄膜中吸附的气体原子，从而提高薄膜的致密性、增大残余压应力。

发生“再溅射”现象时，Mn 原子质量较小，而 Ga 元素的蒸气压较低，在衬底

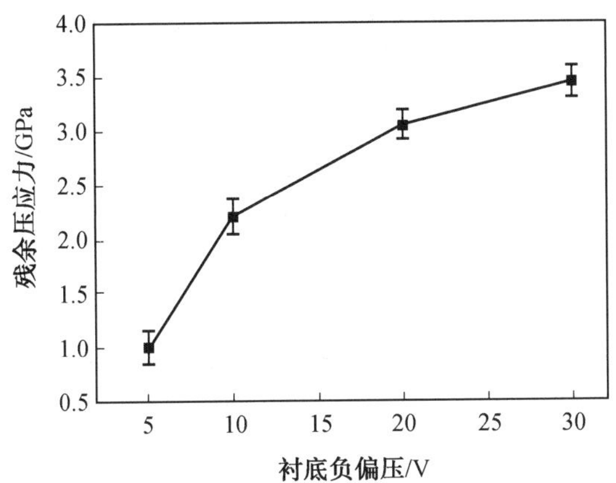

图 4－4　衬底负偏压对沉积态 Ni－Mn－Ga 薄膜残余压应力的影响

负偏压作用下，Mn、Ga 容易发生“再溅射”，使薄膜中 Mn 和 Ga 的含量减少，Ni 含量增多，故薄膜中 Ni 含量随负偏压的增大而增加，Mn 和 Ga 含量随负偏压的增大而减少。利用 Ni、Mn 和 Ga 含量与衬底负偏压间的增减趋势，可调控 Ni－Mn－Ga薄膜的成分，得到与目标成分类似的薄膜。

溅射功率也是磁控溅射中重要的参量之一，是指靶材单位面积上通过的电流密度。溅射功率越高，靶材表面受离子的轰击越剧烈，单位面积靶材表面被溅射出的原子越多。在 Ni、Mn 和 Ga 元素中，Ni 原子的溅射产额较高，故薄膜中 Ni 含量往往偏离靶材成分较大。在溅射初期，薄膜试样的成分必然偏离靶材表层成分；继续进行溅射，靶材表面溅射产额高的 Ni 元素贫化，溅射速率下降，而溅射产额低的 Mn 和 Ga 元素含量富集，溅射速率上升，从而实现成分的自动补偿。利用这种“自动补偿效应”可获得以靶材成分为目标成分的薄膜，为制备预定成分的薄膜提供了可行途径。

此外，提高溅射功率意味着放电电流密度增大，被溅射原子具有较大的能量，在薄膜表面迁移能力增强；被溅射原子与衬底的碰撞过程中促使衬底温度升高，均导致原子的临界形核自由能增大和晶核尺寸增大，因而薄膜表面平均晶粒尺寸随溅射功率的增大而增大。溅射功率的增大还意味着沉积速率增大，沿薄膜厚度方向堆垛起伏的程度增大，故表面粗糙度随溅射功率的增加而增大。

分子束外延、脉冲激光沉积、磁控溅射等技术各有优缺点。分子束外延技术的生长速率低（约 1 μm/h），相当于每秒生长一个单原子层，因此有利于实现精确控制厚度、结构与成分和形成陡峭异质结等，特别适于生长外延薄膜材料。生长过程中衬底温度较低，降低了热膨胀引入的晶格失配效应和杂质对外延层的自掺杂扩散影响。但是，该技术要求外延材料与衬底材料的晶格结构和原子间距相互匹配，晶格失配率要小于或等于 7%，并且单个束源炉中必须使用高纯度原料。分子束外延过程中通常以四极质谱仪、原子吸收光谱等监测分子束的种类和强度，可以实现生长过程与生长速率的严格控制。然而，极低的生长速率也限制了生产效率，复杂的设备也增大了生产成本，使其难以进行大规模生产。

脉冲激光沉积适用于多组元化合物的沉积，可以蒸发金属、半导体、陶瓷等无机材料，有利于解决难熔材料的薄膜沉积问题，能够沉积高质量纳米薄膜，高的离子动能具有显著增强二维生长和抑制三维生长的作用，促进薄膜的生长沿二维展开，因而能获得连续的极细薄膜而不形成分离核岛。然而，沉积的薄膜中往往混有熔融小颗粒或靶材碎片，这些颗粒的存在会降低薄膜质量，其平均沉积速率较慢，每小时的沉积厚度约为几百纳米到 1 μm。

磁控溅射技术制备薄膜时具有沉积速率较快、氩气工作压强较小、膜与衬底结合强度较高等优点，是制备 Ni－Mn 基形状记忆合金多晶薄膜最常见的方法。目前，利用磁控溅射技术制备的 Ni－Mn－Ga 薄膜已成功应用于微机电系统等领域。磁控溅射技术的工艺参数如溅射功率、氩气工作压强、靶－基间距、衬底温度、衬底负偏压等对薄膜的化学成分、表面形貌、微观结构等均有显著影响。表4－1比较了分子束外延、脉冲激光沉积和磁控溅射技术的特点。

表 4－1　分子束外延、脉冲激光沉积和磁控溅射技术的特点

方法	原理	主要特点	沉积速率	使用范围
分子束外延	构成晶体的各个组分和掺杂原子以一定速度喷射到热的衬底表面来进行晶体外延生长	能够精确控制生长过程与生长速率	速率低，约1 μm/h，相当于每秒生长一个单原子层	对于厚度、结构与成分精度要求很高的合金薄膜
脉冲激光沉积	利用激光束与靶材的相互作用所产生的等离子体在基片上沉积成膜	能在较低的温度下沉积复杂成分的薄膜和多层复合膜；过程易于控制；不易沉积大面积的均匀薄膜	速率高，瞬时达到 1 μm/s	各种薄膜材料（包括有机材料）
磁控溅射	利用磁场控制二次电子与气体的磁撞产生大量电离气体，气体离子轰击靶材在基片上沉积成膜	可以制备多层物质薄膜，膜层较薄，属于低压（100 ～ 400 V)溅射	速率较高，100 ～ 700 nm/min	单质或简单化合物

4. 高通量制备法

近年来，采用高通量制备法提高铁磁形状记忆合金研发效率、降低研发成本

受到很大的关注。高通量制备方法的核心是在同一片基片上，采用相同的工艺条件制备出大量不同组分的材料，随后进行快速成分和性能表征，从而快速优化合金组分和性能。目前制备的材料主要是薄膜材料，制备技术包括物理气相沉积、化学气相沉积、离子注入，表征技术包括自动能量损失谱、X 射线衍射和不同温度下磁电测量系统。成分铺展法可制备成分梯度变化的合金薄膜，是目前研究最多的铁磁形状记忆合金薄膜高通量制备方法，三蒸发源制备成分梯度变化的 Ni－Mn－Ga 合金薄膜示意图如图 4－5 所示。

图 4－5　三蒸发源制备成分梯度变化的 Ni－Mn－Ga 合金薄膜示意图

高通量法制备的 Ni－Mn－Ga 样品与功能相图如图 4－6 所示，其中图 4－6(a)为 Ni－Mn－Ga 合金沉积的大量样品形貌，图 4－6(b)为合金的功能相图（灰色阴影区为铁磁相区，黑色区为磁化强度最高的合金成分区，阴影区为e/a 7.3～7.8 区，虚框区为可逆马氏体相变区）。类似的高通量制备方法也成功应用于 Ni－Mn－Al 合金，并利用马氏体相的模量和硬度小于奥氏体相的特点，采用纳米压痕高通量方法表征了 Ni－Mn－Al 薄膜中的物相。

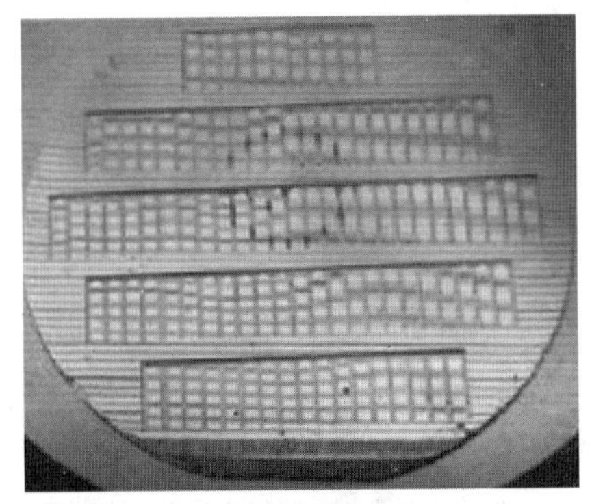

(a) 大容量陈列样品

图 4－6　高通量法制备的 Ni－Mn－Ga 样品与功能相图

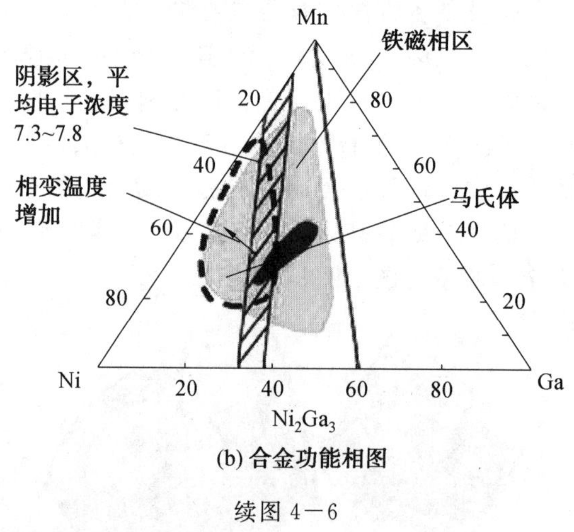

(b) 合金功能相图

续图 4－6

4.1.2 薄带制备方法

甩带法是一种快速凝固方法，被广泛应用于铁磁形状合金材料薄带的制备。这种方法是将熔融金属液快速喷射到快速旋转的金属轮上，凝固后形成宽度达 500 mm 的薄带。金属轮的转速、喷嘴尺寸、喷射压力和材质都会影响薄带的组织。通常金属轮的转速为 10～60 m/s，材质为铜或钼。由于凝固速度快，制备薄带时，可有效避免析出第二相。此外，这种方法可获得一定的织构，调控晶体参数、有序度、显微组织等，从而调控合金的功能特性；由于凝固速度快，薄带中的晶粒细小、均匀，成分分布均匀，后续成分均匀化热处理所需时间也较短。

4.2 Ni－Mn－Ga 薄膜的组织与相变行为

近年来，Ni－Mn－Ga 铁磁性形状记忆合金薄膜材料吸引了许多研究人员的关注，是很有应用前景的微机械器件候选材料。本节利用 MgO(001)基片，在 0.3 Pa 的氩气、温度 873 K 下制备的 Ni－Mn－Ga 薄膜的组织和相变行为讨论直流磁控溅射技术。

图 4－7 所示为沉积态 Ni－Mn－Ga 薄膜在 300 K 测得的 AFM 和 MFM 图（扫描范围 20 μm×20 μm）。该薄膜为 7M 调制马氏体结构，为正交晶体，c 轴为其易磁化轴。母相转变为马氏体相时，立方奥氏体晶胞三个晶向收缩成为马氏体 c 轴都是可能的，由于退磁能的影响，c 轴以及磁矩倾向于在面内分布。而原子力显微镜的磁力探针只能探测到面外的磁信号，因此零场下无法显示薄膜的磁畴图像，如图 4－7(b)所示。另外，直接观测孪晶微观结构需要具有平整表面

的薄膜。对于表面相对粗糙的多晶 Ni－Mn－Ga 薄膜来说，其孪晶微观结构很难通过 AFM 来加以揭示，如图 4－7(a)所示。薄膜在垂直膜面的 200 Oe 磁场下从 337 K 冷却到 300 K，促使部分马氏体的 c 轴平行于外磁场排列，通过磁力显微镜可以得到明暗对比明显的可视磁畴结构，如图 4－7(c)所示。当冷却磁场为 1 200 Oe 时，大的磁场使得薄膜内所有的磁矩沿着外磁场取向，如图 4－7(d)所示。

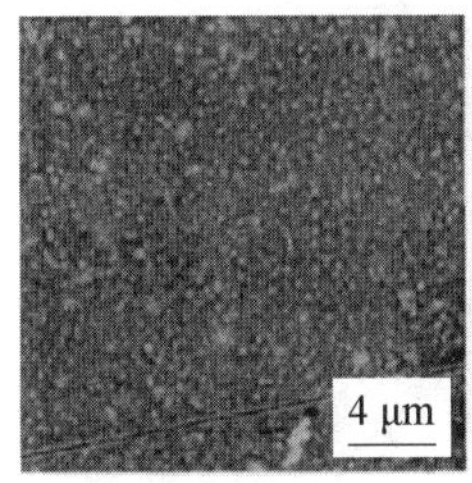

(a) AFM, ⊙H=0 Oe

(b) MFM, ⊙H=0 Oe

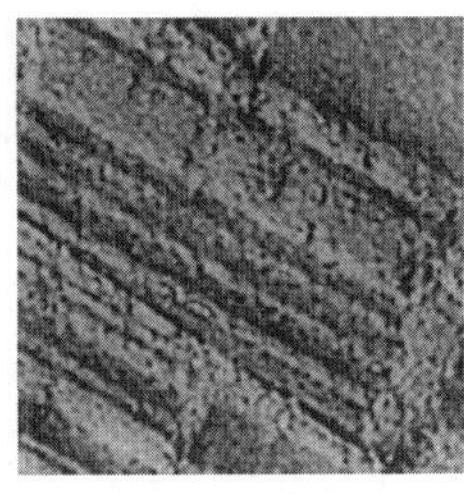

(c) MFM, ⊙H=200 Oe

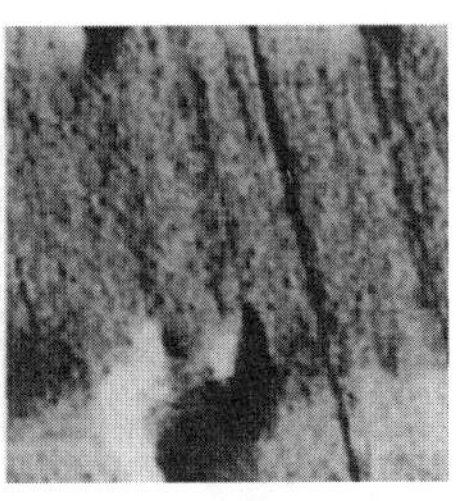

(d) MFM, ⊙H=1 200 Oe

图 4－7　沉积态 Ni－Mn－Ga 薄膜在 300 K 测得的 AFM 和 MFM 图
(扫描范围 20 μm×20 μm)

图 4－8 所示为 Ni－Mn－Ga 薄膜在 200 Oe 的垂直膜面外磁场的作用下冷却过程中原位观察的磁畴结构。高于 309 K 温度时，薄膜处于奥氏体态，磁畴结构几乎没有变化(图 4－8(a))；在 308 K 开始出现条带畴(图 4－8(b))，这与马氏体相变起始温度一致；温度降低到 307 K 时，条带畴开始延伸，贯穿整个膜面观察区域(图 4－8(c))，这意味着马氏体先在薄膜的某些点形核，对应 c 轴沿外磁场方向的马氏体变体优先形核，再以条带畴的方式生长。随着温度的持续降低，条带畴数目增加，形核过程继续。当温度降低到 305 K(图 4－8(e))时，一些条带畴开始长大并增宽。进一步降低温度则导致条带畴的继续长大变宽，并连通融合(图 4－8(f)和(g))。当温度降低到 300 K 时(图 4－8(h))，薄膜磁畴结构不再改变，表明 200 Oe 的外磁场只能使部分马氏体 c 轴垂直膜面，这可能是因为 200 Oe 的外磁场不足以克服退磁场，使马氏体 c 轴和磁矩全部垂直膜面；薄膜存在的内应力和退磁场使得部分马氏体轴仍在膜面内。

图 4－9 所示为 Ni－Mn－Ga 薄膜在 1 200 Oe 的垂直膜面外磁场的作用下冷却过程中原位观察的磁畴结构。在 309 K 以上时，薄膜处于奥氏体态，磁畴结构几乎没有变化(图 4－9(a))。在 308 K，出现了一些明亮的条带状的磁畴(图 4－9(b))，这与马氏体相变起始温度一致，推断马氏体以条带变体的形式形核。随着温度的进一步降低，磁畴条带持续增加，意味着形核过程持续发生(图 4－9(c)、(d))。当温度降低到 305 K(图 4－9(e))时，一些条带畴开始长大并增宽；进一步降低温度则导致磁畴的继续长大以及一些条带畴的融合(图 4－9(e))。当温度降低到 300 K 时，几乎所有的条带畴都互相连接起来，整个薄膜的磁矩都

垂直于膜面(图 4－9(h))。这表明 1200 Oe 的外磁场可以克服退磁场,使膜内的磁矩都垂直于膜面。

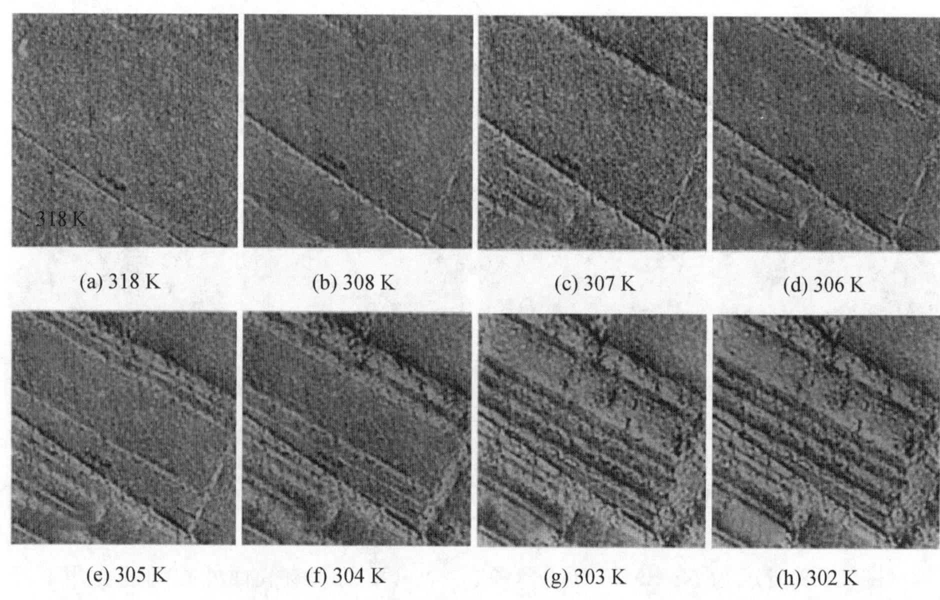

(a) 318 K (b) 308 K (c) 307 K (d) 306 K
(e) 305 K (f) 304 K (g) 303 K (h) 302 K

图 4－8 Ni－Mn－Ga 薄膜在 200 Oe 的垂直膜面外磁场的作用下冷却过程中原位观察的磁畴结构

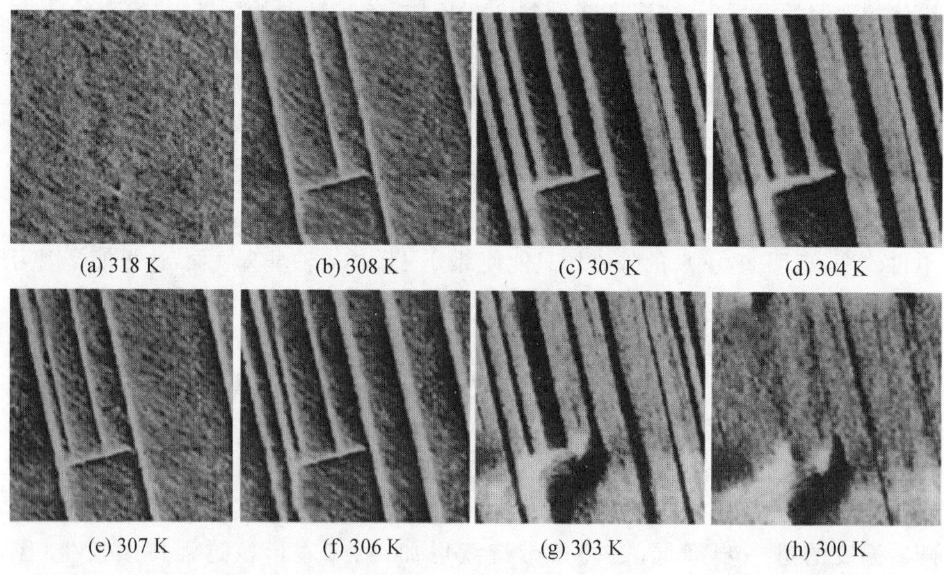
(a) 318 K (b) 308 K (c) 305 K (d) 304 K
(e) 307 K (f) 306 K (g) 303 K (h) 300 K

图 4－9 Ni－Mn－Ga 薄膜在 1 200 Oe 的垂直膜面外磁场的作用下冷却过程中原位观察的磁畴结构

4.3　Ni－Mn－In 薄膜的组织与性能

以 $Ni_{50}Mn_{35}In_{15}$ 为试验合金的靶材，(100)方向的单晶硅为衬底，采取直流磁控溅射的方法来制备薄膜。采用的溅射功率为 110 W，衬底与靶材的距离为 5 cm，溅射前要进行 5 min 的预溅射，保证每次溅射的靶材处于相同状态。通过改变溅射时间得到厚度分别为 90 nm、153 nm、360 nm、655 nm 的 Ni－Mn－In 合金薄膜，分别表示为 A1、A2、A3、A4。成分测定发现薄膜与靶材的组成基本一致(表 4－2)。

表 4－2　不同厚度 Ni－Mn－In 合金薄膜的特性

试样	膜厚/nm	点阵参数/Å	XRD/nm	平均晶粒尺寸/nm		粗糙度/nm	成分(原子数分数/%)		
				SEM	AFM		Ni	Mn	In
A1	90	5.758	9.2	14	15	4.8	50.10	34.96	14.94
A2	153	5.754	19	48	49	11	50.11	34.95	14.94
A3	360	5.749	26	86	88	32	50.12	34.96	14.92
A4	655	5.740	29	95	98	36	50.10	34.98	14.92

图 4－10 所示为 Ni－Mn－In 薄膜样品 A1、A2、A3、A4 的 SEM 图像、横断面 SEM 图像和原子力显微镜图像。薄膜的晶粒尺寸随薄膜厚度的增加而增大(表 4－2)；A1、A2、A3 和 A4 样品的平均晶粒尺寸分别为 14 nm、48 nm、86 nm 和 95 nm。扫描电镜和原子力显微镜测定的晶粒尺寸基本一致。原子力显微镜分析表明，平均粗糙度随着 Ni－Mn－In 厚度的增加而增加，见表 4－2。

在 200 Oe 的外加磁场中，用 VSM 法研究了 10～330 K 温度范围内 90 nm、153 nm、360 nm 和 655 nm 厚度薄膜的温度依赖性磁化($M-T$)曲线，如图4－11所示。图 4－11(a)为厚度为 90 nm 的薄膜 A1 的热磁曲线。在薄膜 A1 中，马氏体和奥氏体之间没有一阶相变的迹象(FC 曲线和 FH 曲线之间存在热滞后现象)，这可以通过磁化强度随温度的不断降低得到证实。该薄膜缺乏一阶相变行为的可能原因是：①较低厚度的晶界较多，可能限制了马氏体相的生长，降低了其转变后在纳米颗粒结构中的体积分数；②由于晶格错配过大，薄膜和衬底施加的空间约束可能导致晶格应变和孪晶结构密度增加；③在晶粒内成核的某种马氏体变体将在晶界处停止，作为马氏体生长的障碍。为了传播实际的转化，马氏体变体需要施加足够的应力，使其能够在相邻晶粒中促进有利的马氏体变体的成核和生长。薄膜 A2、A3 和 A4 的 $M-T$ 曲线也表明了马氏体和奥氏体在随后的加热和冷却周期中的一阶相变(图 4－11(b)～(d))。

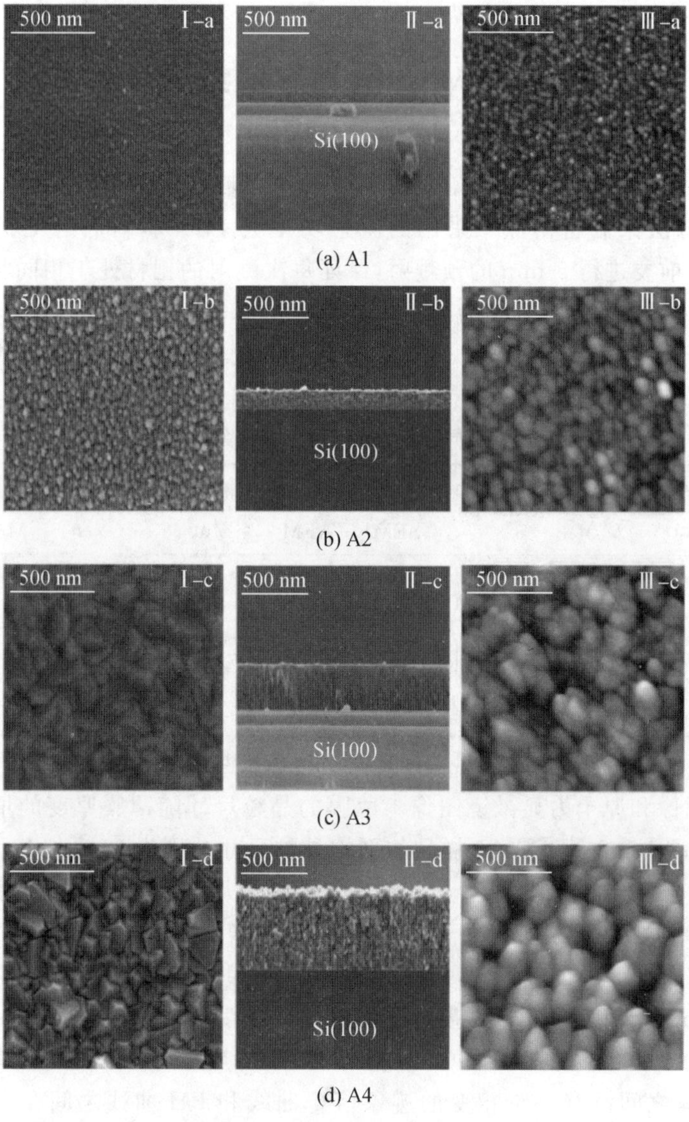

(a) A1

(b) A2

(c) A3

(d) A4

图 4－10　Ni－Mn－In 薄膜样品 A1、A2、A3、A4 的 SEM 图像、横断面 SEM 图像和原子力显微镜图像

薄膜 A2 在 FC 与 FH 之间表现出微弱的一阶相变，且具有较小的滞后回路。奥氏体居里温度为 291 K，热滞后宽度为 26.5 K。对于薄膜 A3，M_s、M_f、A_s、A_f 温度向更高的温度偏移外，马氏体相变开始和结束温度为 $M_s = 274$ K 和 $M_f = 249$ K，而奥氏体相变开始和结束温度为 $A_s = 277$ K 和 $A_f = 299$ K，相变的热滞后为25 K，如图 4－11(c)所示。对于薄膜 A4(图 4－11(d))，在 FC 下，磁化强度急剧增加到最大值，这可能是由于奥氏体在铁磁居里温度(317 K)下，因此奥氏

体相从顺磁(PM)向铁磁(FM)发生磁相变。马氏体起始温度(M_s＝292 K)急剧下降,达到马氏体终温(M_f＝281 K)的最小值,相变的滞后宽度略有减小(17 K)。A4 薄膜的磁化强度值比 A2 和 A3 高得多。

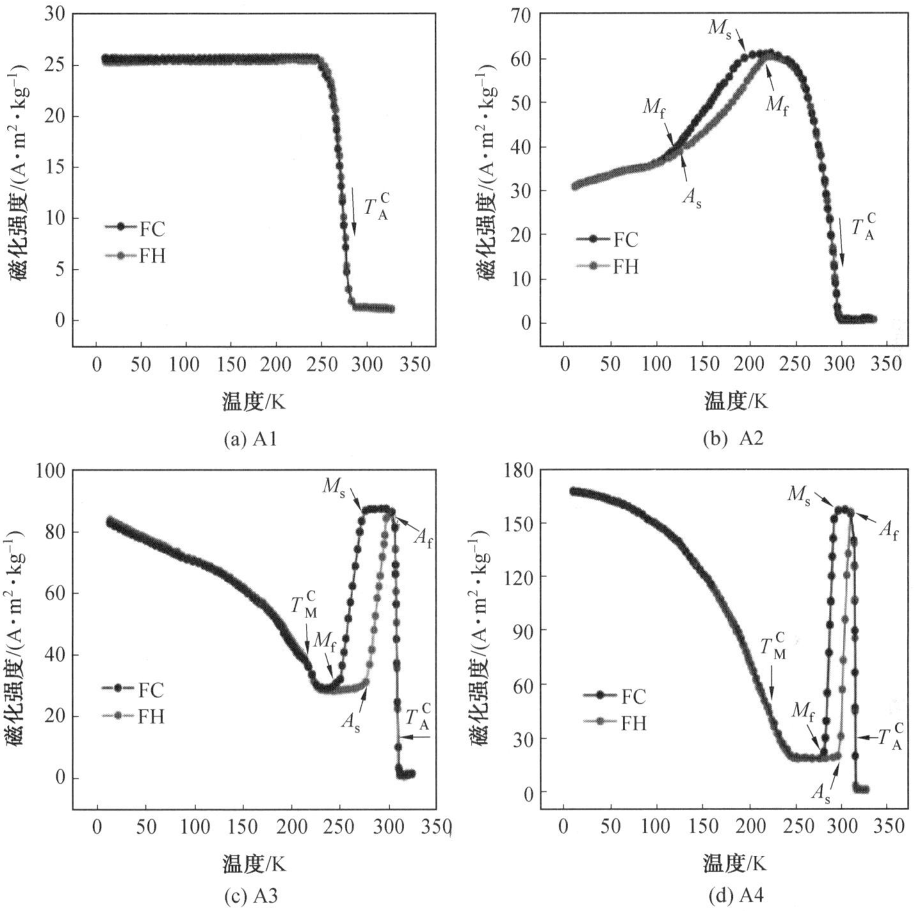

(a) A1

(b) A2

(c) A3

(d) A4

图 4－11　Ni－Mn－In 薄膜样品 A1、A2、A3 和 A4 的 $M-T$ 曲线

为了研究 A4 薄膜的 MCE,通过施加 0～20 kOe 的磁场,温度间距 ΔT＝3 K,进行等温磁化($M-H$)测量。图 4－12 所示为薄膜 A4 在马氏体转变温度区域内的 $M-H$ 曲线。测量方法是将薄膜从 330 K 冷却到所需温度,然后从 0 到 2 T 改变磁场。薄膜 A4 在马氏体温度 281 K 到 293 K 的区域内表现出铁磁行为。

薄膜 A4 在 20 kOe 磁场下磁熵变与温度的关系如图 4－13 所示。随着温度的升高,薄膜的 ΔS_m 值也随之增大,在马氏体相变温度下达到最大值。磁热材料的另一个重要参数是制冷能力(RC),表达了制冷循环中从冷储层传递到热储层的热量。在制冷循环中，需要制冷剂容量值较高的物料来输送较大的热量。这里，薄膜 A4 的半高宽温度范围是 277～292 K，对应的 RC 值为 155.04 mJ/cm^3。薄膜 A4 的 RC 值最大，主要是由于其半高宽温度范围的温度跨度较大。

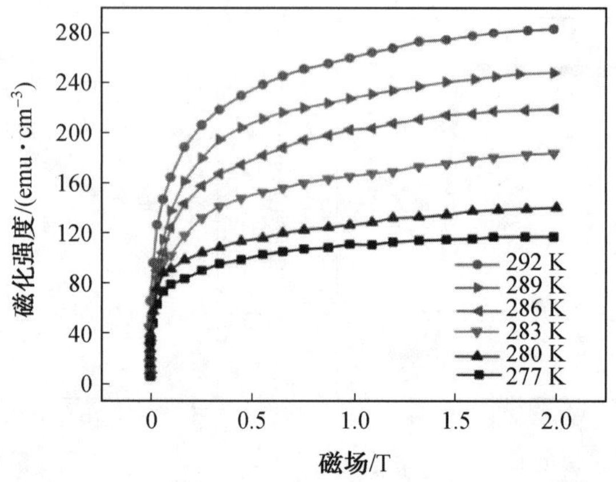

图 4—12　薄膜 A4 在马氏体转变温度区域内的 $M-H$ 曲线

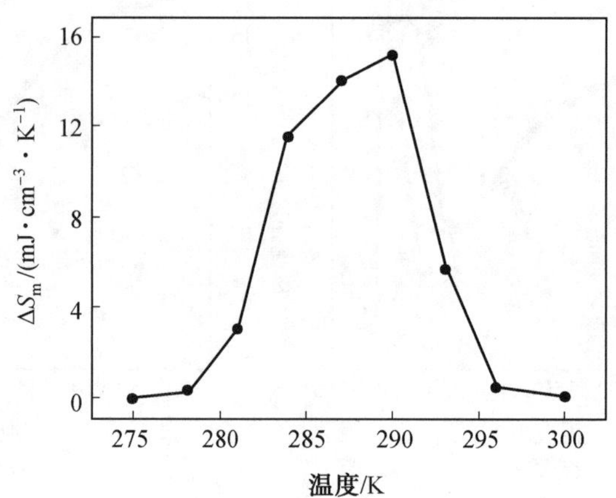

图 4—13　薄膜 A4 在 20 kOe 磁场下磁熵变与温度的关系

4.4　Ni－Mn－Sn－Co 薄带的组织与性能

利用电弧熔炼先制备名义成分为$(Ni_{49}Mn_{39}Sn_{12})_{100-x}Co_x$($x$=0、2、4、6、8)的块状合金，利用单辊甩带快速凝固技术，制得长约 20 mm、宽 4～6 mm 和厚 30～35 μm的薄带。这 5 个成分的薄带简写为 R－Co0、R－Co2、R－Co4、R－Co6和 R－Co8。

图 4－14 所示为 Ni－Mn－Sn－Co 薄带的扫描电镜形貌，薄带表面都是晶粒尺寸为 1～2 μm 的等轴晶。在 R－Co4 薄带 SEM 图中可观察到，一些等轴晶内部存在马氏体板条(图 4－14(b))，而 R－Co6 薄带中的等轴晶内部几乎都有马氏体板条，相似的结果也出现在 R－Co8 薄带中。

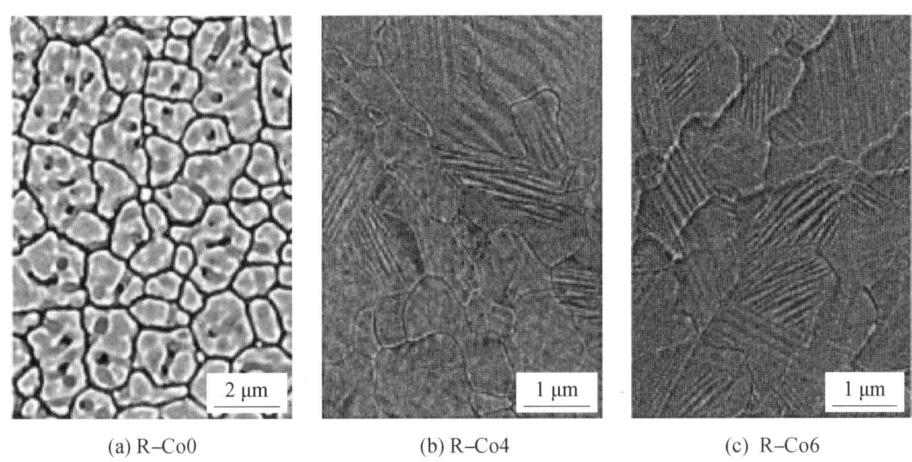

(a) R–Co0　(b) R–Co4　(c) R–Co6

图 4－14　Ni－Mn－Sn－Co 薄带的扫描电镜形貌

随着 Co 含量的增加，$(Ni_{49}Mn_{39}Sn_{12})_{100-x}Co_x$ 薄带相变峰向高温迁移。图 4－15所示为 Ni－Mn－Sn－Co 薄带的马氏体相变/磁性转变温度和相变热滞后(ΔT)与 Co 含量的关系。利用逆马氏体相变与马氏体相变峰之间的差值计算得到相变热滞后，这一系列的 Ni－Mn－Sn－Co 薄带 ΔT 值为18～20 K。马氏体相变的特征温度与 Co 含量呈线性增长关系，即每增加原子数分数为 1%的 Co，相变温度升高约 8 K。相变温度的变化符合合金的价电子浓度(e/a)规律和原子尺寸效应。

奥氏体相的磁性转变温度也与 Co 含量呈线性增长关系，这与 Ni－Mn 基合金中磁性转变与磁矩有序度密切相关。在 Heusler 型 Co_2Fe 基合金中，发现居里温度 T_C 与合金体系的总磁矩有关。Co 的加入使 Ni－Mn－Sn－Co 薄带的磁性转变温度升高，原因有三个方面：①当 Co 原子在 Ni－Mn－Sn 合金中充当“铁磁激发者”的角色，可以有效地提高奥氏体相中 Mn 原子间的铁磁交换作用，增加体系的铁磁性磁矩。②基于密度泛函理论，试验证明 Co－Mn 原子间的铁磁交换作用数倍于 Ni－Mn 原子间的铁磁交换作用。故在 Ni－Mn－Sn－Co 薄带中，Co 原子的加入使得 Co－Mn 原子替代 Ni－Mn 原子间的交换作用，有效增强了体系的磁矩有序度。③Co 原子的加入使奥氏体相的晶胞收缩，有利于增强奥氏体体系的铁磁交换作用，使其需要更大晶格热运动来克服体系的铁磁交换作用，从而导致磁性转变温度升高。

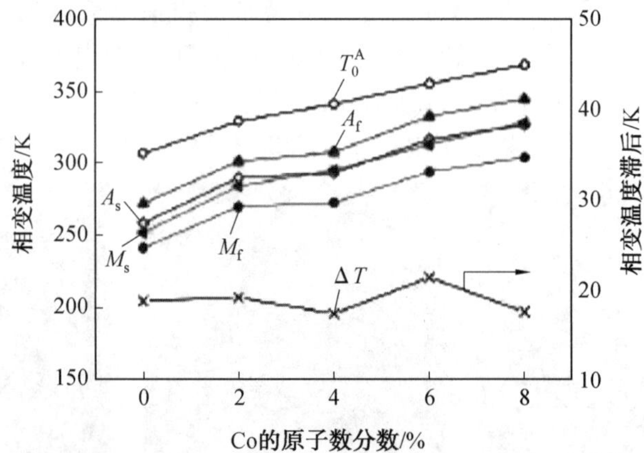

图 4-15　Ni-Mn-Sn-Co 薄带的马氏体相变/磁性转变温度和相变热滞后与 Co 元素含量的关系

本章参考文献

[1] WILSON S A, JOURDAIN R P J, ZHANG Q, et al. New materials for micro-scale sensors and actuators [J]. Materials Science and Engineering: R, 2007, 56: 1-129.

[2] DONG J W, CHEN L C, PALMSTROM C J, et al. Molecular beam epitaxy growth of ferromagnetic single crystal (001) Ni_2MnGa on (001) GaAs[J]. Applied Physics Letters, 1999, 75(10): 1443-1445.

[3] 陈传忠，包全合，姚书山，等. 脉冲激光沉积技术及其应用[J]. 激光技术，2003，5：443-446.

[4] 李美亚，王忠烈，林揆训，等. 脉冲激光制膜新技术及其在功能薄膜研究中的应用[J]. 功能材料，1998，2：132-135.

[5] ULLAKKO K, HUANG J K, KANTNER C, et al. Large magnetic-field-induced strains in Ni_2MnGa single crystals[J]. Applied Physics Letters, 1996, 69(13): 1966-1968.

[6] 刘超，安旭，高来勖，等. Ar 工作压强对磁控溅射 Ni-Mn-Ga 铁磁形状记忆薄膜成分的影响[J]. 功能材料，2006，37(3)：367-369.

[7] LIU C, GAO Z Y, AN X, et al. Surface characteristics and nanoindentation study of Ni-Mn-Ga ferromagnetic shape memory sputtered thin films[J]. Applied Surface Science, 2008, 254(9): 2861-2865.

[8] ANNADURAI A, RAJA M M, PRABAHAR K, et al. Stress analysis, structure and magnetic properties of sputter deposited Ni-Mn-Ga ferromagnetic shape memory thin films[J]. Journal of Magnetism and Magnetic Materials, 2011, 323(22): 2797-2801.

[9] 刘超. 磁控溅射 Ni－Mn－Ga 合金薄膜的相变行为与性能[D]. 哈尔滨：哈尔滨工业大学，2008.

[10] YUTING C, SUQIN Y, LIANG W, et al. Large magnetic entropy change and magnetic-controlled shape memory effect in single crystal $Ni_{46}Mn_{35}Ga_{19}$[J]. Rare Metal Materials and Engineering, 2010, 39(2): 189-193.

[11] GEBHARDT T, MUSIC D, TAKAHASHI T, et al. Combinatorial thin film materials science: From alloy discovery and optimization to alloy design[J]. Thin Solid Films, 2012, 520: 5491-5499.

[12] TAKEUCHI I, FAMODU O O, READ J C, et al. Identification of novel compositions of ferromagnetic shape-memory alloys using composition spreads [J]. Nature Material, 2003, 2: 180.

[13] FAMODU O O, HATTRICK-SIMPERS J, ARONOVA M, et al. Combinatorial investigation of ferromagnetic shape-memory alloys in the Ni-Mn-Al ternary system using a composition spread technique[J]. Mater Trans, 2004, 45: 173-177.

[14] DWIVEDI A, WYROBEK T J, WARREN O L, et al. High-throughput screening of shape memory alloy thin-film spreads using nanoindentation [J]. Journal of Applied Physics, 2008, 104: 073501.

[15] CHEN F, TONG Y X, HUANG Y J, et al. Suppression of gamma phase in $Ni_{38}Co_{12}Mn_{41}Sn_9$ alloy by melt spinning and its effect on martensitic transformation and magnetic properties[J]. Intermetallics, 2013, 36: 81-85.

[16] 谢忍. 铁磁形状记忆合金 Ni－Mn－Ga 薄膜的制备和性能研究[D]. 南京：南京大学，2013.

[17] BUSCHBECK J, NIEMANN R, HECZKO O, et al. In situ studies of the martensitic transformation in epitaxial Ni-Mn-Ga films[J]. Acta Materialia, 2009, 57: 2416.

[18] AKKERA H S, SINGH I, KAUR D. Martensitic phase transformation of magnetron sputtered nanostructured Ni-Mn-In ferromagnetic shape memory alloy thin films[J]. Journal of Alloys and Compounds, 2015, 642: 53-62.

[19] 王戊. Ni－Mn－Sn(Co)磁制冷薄带材料结构相变及磁性能表征[D]. 上海：上海大学，2014.

[20] KRENKE T, MOYA X, AKSOY S, et al. Electronic aspects of the martensitic transition in Ni-Mn based Heusler alloys[J]. Journal of Magnetism and Magnetic Materials, 2007, 310(2): 2788-2789.

[21] KOKORIN V V, OSIPENKO I A, SHIRINA T V. Phase transitions in alloys $Ni_2MnGa_xIn_{1-x}$[J]. Physics of Metals and Metallography, 1989, 67: 173.

[22] DOGAN E, KARAMAN I, SINGH N, et al. The effect of electronic and magnetic valences on the martensitic transformation of CoNiGa shape memory alloys[J]. Acta Materialia, 2012, 60(8): 3545-3558.

[23] MA L, ZHANG H W, YU S Y, et al. Magnetic-field-induced martensitic transformation in MnNiGa: Co alloys[J]. Applied Physics Letters, 2008, 92(3): 032509.

[24] KURTULUS Y, DRONSKOWSKI R, SAMOLYUK G D, et al. Electronic structure and magnetic exchange coupling in ferromagnetic full Heusler alloys[J]. Physical Review B, 2005, 71(1): 014425.

第5章

铁磁形状记忆合金纤维的制备与热处理

铁磁形状记忆合金纤维由于其小尺寸效应带来的优良性能受到重视。本章介绍纤维熔体纺丝法制备工艺，制备过程组织特征与变化，以及有序热处理和晶粒长大热处理时组织和性能的演化。

纺丝法是一种采用高速运转的金属辊轮(铜轮)尖端接触熔融金属薄层液体,通过熔融液体,铜轮与周围惰性气体环境之间的热量交换,熔融液体快速凝固成一维纤维的过程。制备过程中的铜轮转速、熔融金属进给速度、加热功率、熔融合金温度及黏度等的合理调节与优化均是获得高质量纤维的主要环节。另外,合理的热处理工艺是合金获得优异性能的关键。研究不同热处理工艺对一维纤维材料微观组织结构、马氏体相变和磁学性能等的影响对于研究该种材料的功能特性意义重大。本章主要以三元 Ni－Mn－Ga 合金为例,介绍其制备与热处理技术。

5.1 纤维制备技术

5.1.1 熔体纺丝法制备工艺参数优化

1.合金成分设计

Ni－Mn－Ga－X 合金相变温度强烈依赖于成分并且相变温度影响合金马氏体结构及性能,因此,对合金成分的设计及调控极其重要。以 Ni－Mn－Ga 为例,合金中 Mn 元素在高温下容易挥发而影响合金的性能。在 Ni－Mn－Ga 纤维的制备过程中,包括合金电弧熔炼、纺丝法过程合金的熔融以及后续纤维的高温热处理过程均会导致元素的损失。因此在纤维的制备过程中,需要对成分进行优化控制。本节以 Ni(原子数分数为 50.6%)、Mn(原子数分数为 28.0%)和 Ga(原子数分数为 21.4%)为纤维的名义成分进行设计。在设计的过程中,添加了质量分数为 2%的 Mn 制备 NMG1 和 NMG2 进行对比,Mn 元素的添加是为了弥补在后续制备及热处理过程中的损失,各类成分数据见表 5－1。经过对多根纤维表面及内部成分测定发现,制备得到 NMG2 纤维中 Ni 的成分与名义成分相当,Mn 的较设计成分降低了 0.7%(原子数分数),而较名义成分仍有 0.8%(原子数分数)的余量,可以保证在后续的热处理过程中 Mn 的含量。而 NMG1 纤维中 Ga 与名义成分相当,Mn 较名义成分也有 0.8%的余量。两种纤维成分差别不大,然而由于相变温度对成分非常敏感,元素的少量变化也会导致相变温度的波动。

图 5－1(a)所示为 Ni－Mn－Ga 纤维室温 XRD 物相分析,结果显示,室温下两种纤维均含有奥氏体与马氏体相,然而 NMG1 纤维中由于马氏体所占成分较少,因此马氏体峰位很弱,如图中黑色箭头位置所示。而 NMG2 纤维由于 Mn 含量增加因此相变温度有所提高,因此在室温下马氏体峰位所占比例大大提高。

图 5－1(b)所示为 Ni－Mn－Ga 纤维 DSC 热分析，结果显示，NMG2 相变温度确实稍高于 NMG1，但均在室温附近。相变温度处于室温附近具有一些优势，比如超弹性 SE 的获得需要在奥氏体状态进行，应力诱发马氏体的阻力随着温度的升高而升高；形状效应 SME 的获得需要在马氏体状态进行；室温磁制冷具有更大的实用价值。

表 5－1　纤维成分设计

合金元素	成分(原子数分数/%)			
	名义成分	设计成分	NMG1 平均成分	NMG2 平均成分
Ni	50.6	49.5	49.9±0.3	50.6±0.4
Mn	28.0	29.5	28.5±0.5	28.8±0.3
Ga	21.4	20.9	21.6±0.5	20.6±0.4

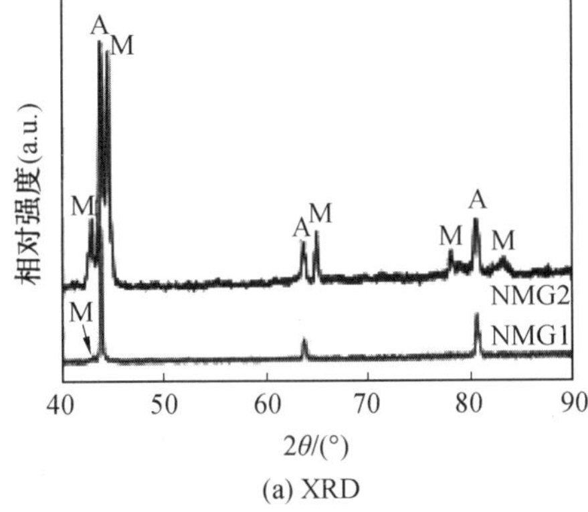

(a) XRD

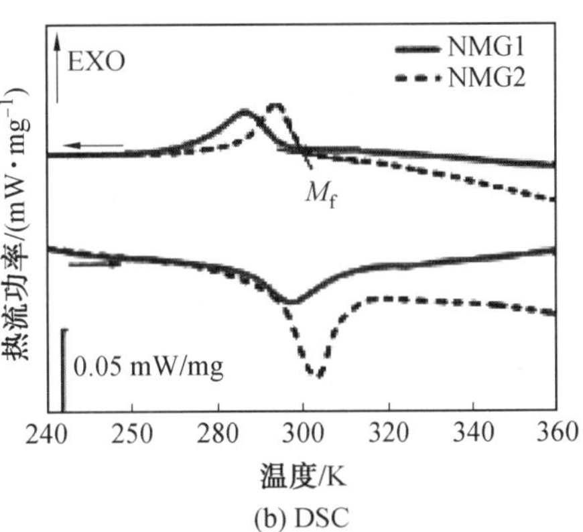

(b) DSC

图 5－1　Ni－Mn－Ga 纤维室温 XRD 物相分析及 DSC 热分析

相变温度的不同会导致马氏体类型的变化，因此对两种纤维进行了低温 XRD 物相分析，结果如图 5－2 所示。发现两者在 263 K 下马氏体均为单斜非公度结构的 7M 马氏体，通过全谱拟合得到两种纤维的晶格参数，NMG1 为 a＝4.25 Å，b＝5.53 Å；c＝42.34 Å，β＝93.6；NMG2 为 a＝4.26 Å，b＝5.52 Å，c＝42.49 Å，β＝93.4；由于成分的差别，因此两种纤维的晶格参数稍有差别。

综上所述，通过在名义成分的基础上添加原子数分数为 2%的 Mn 的方法来设计得到的 NMG1 和 NMG2 纤维与名义成分差别均较小，并且两种纤维在马氏体相变、物相等方面均一致，认为成分的偏差在试验允许范围之内，可指导后续试验的进行。因此后续试验均采用在名义设计成分基础上增加分数为 2%的 Mn 的方法制备合金纤维。同样的掺杂规则运用在 Ni－Mn－Ga－(Cu，Fe)合金中，得到了很好的验证。

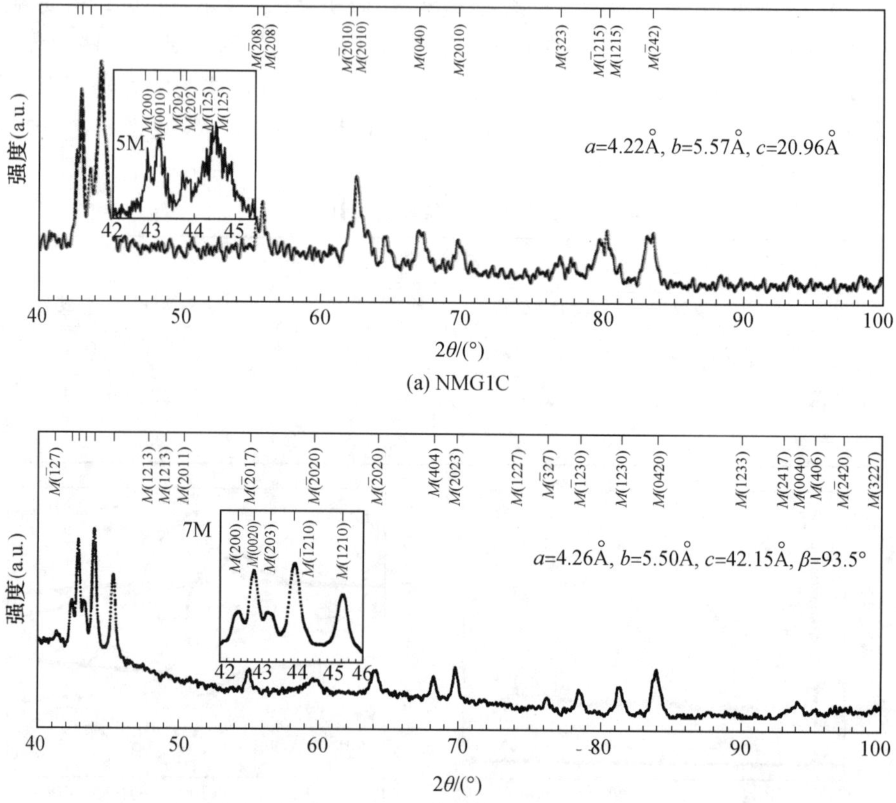

(a) NMG1C

(b) NMG4C

图 5－2　Ni－Mn－Ga 纤维低温(263 K)XRD 物相分析

2. 制备工艺参数优化

纺丝法制备纤维过程中倾向于形成瑞利波而造成直径的不均匀性。另外，纤维的圆度也是影响其性能的重要参数。本节以 Ni－Mn－Ga 制备过程为例，分析纺丝法制备过程中制备参数对纤维直径均匀性及圆度的影响。

纺丝法制备纤维原理示意图如图 5－3 所示，主要过程：①将合金使用电火花线切割成高度为 8～10 mm 的圆柱，浸入丙酮溶液中超声波清洗去除表面油污，放入干燥箱中 393 K 干燥 2 h 后取出；②将清洗干燥后铸锭放入设备氮化硼坩埚中，然后将腔体抽真空至(0.5～5)$\times 10^{-3}$ Pa 后充入高纯氩气，再抽真空至(0.5～5)$\times 10^{-3}$ Pa，然后再充入高纯氩气，反复洗气 3～4 次，最终使得腔体中为 35～65 MPa 高纯氩气；③启动金属辊轮，设置铜轮转速(V_w)，在摸索过程中转动区间为 13～30 m/s；④开启感应加热装置，调节加热功率，合金溶液的上端形成球面熔池；⑤控制坩埚向辊轮方向移动，控制坩埚的进给速率(V_m)；⑥铜轮接触合金熔池，即制备得到纤维。

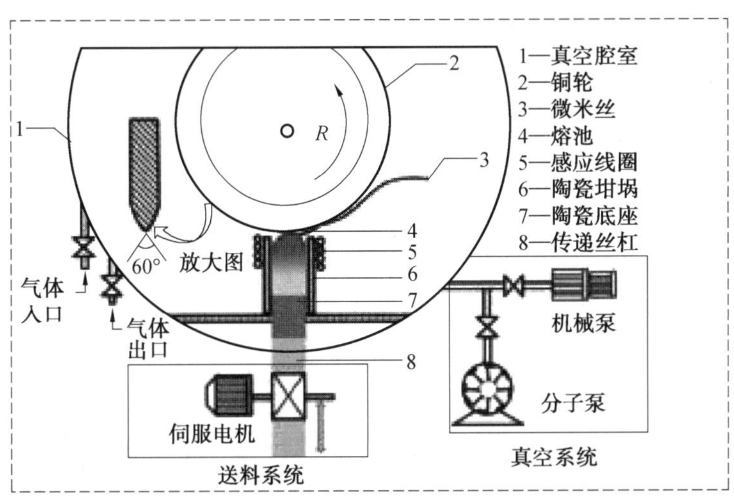

图 5—3　纺丝法制备纤维原理示意图

铜轮转速 V_w 是影响瑞利波形成以及影响纤维圆度的重要参数。研究表明，当 V_w 很低时，合金熔液拥有足够的时间将热量传递到铜轮尖端而在铜轮尖端形核并凝固，从而继承铜轮尖端的形状而在纤维一侧形成平面。另外，由于熔液的高表面能，凝固过程 Ni—Mn—Ga 合金倾向于缩小表面积而球化，最终形成瑞利波以及圆形的自由凝固表面。而当 V_w 较高时，被铜轮带出的合金熔液没有足够时间在铜轮尖端形核而是在气体环境中均质形核，并且由于表面能的作用，因此形成了拥有圆形横截面的连续纤维，在 Co 基非晶合金丝的制备过程中，Wang 等报道在高 V_w 情况下，得到了均质圆形横截面的纤维。

另外，熔融合金的黏度是另外一个重要参数，主要由加热功率和合金温度决定。当黏度较低时，只有少数合金熔液能够被铜轮带起，因此将会形成直径较小的纤维。合金熔液的黏度还会影响其表面能及其与铜轮之间的润湿性。理论上来说，通过合理调节与优化制备工艺参数，连续的拥有圆形横截面的直径均匀的 Ni—Mn—Ga 纤维可以制备得到，然而由于液态合金通常拥有高表面能和低黏度，因此在高温以及高 V_w 条件下倾向于形成断续球状产物而不是连续的纤维。这与 Wang 等报道的结果不同，因此认为是否得到均质连续的纤维还取决于合金本身的特性。

本节对比研究了不同 V_w、V_m 和加热功率条件下制备过程产物的特性，结果如图5—4所示。图 5—4(a)为高加热功率(约 23 kW)和高 V_w(约 30 m/s)的结果，在改变 V_m 从 40～120 μm/s 变化过程中，由于高功率和高速而形成直径在 50～300 μm 内的微球。降低加热功率至约 14 kW，然而此时由于合金熔液黏度增加，形成宽带状产物，如图 5—4(b)所示。因此调节加热功率至中等功率

20 kW，并且降低 V_w 至 13 m/s，结果发现纤维具有明显瑞利波现象，这可能与低速转动时铜轮的震动有关，如图 5－4(c)所示。本节通过对比分析各个制备参数之间的相互关系，最终设定加热功率为 20 kW，V_w 为 24 m/s，并且 V_m 为 60～90 μm/s，制备得到的纤维宏观形貌如图 5－5 所示。此时纤维连续性好，瑞利波现象减弱，直径均匀，如图 5－5(d)所示。通过对比图 5－4(c)与图 5－4(d)中插图可以发现，在 300 μm 范围内纤维直径均匀性大大提高。然而，由于合金无法在高 V_w 下得到圆形横截面的连续纤维，因此本节中纤维横截面均为"D"形，如图 5－5 中内嵌图所示，并且不同制备阶段纤维的圆度不尽相同，后文中将会详细阐述。综上所述，制备连续、直径均匀、"D"形横截面的 Ni－Mn－Ga 纤维的工艺参数为加热功率为 20 kW，V_w 为 24 m/s，V_m 为 60～90 μm/s。

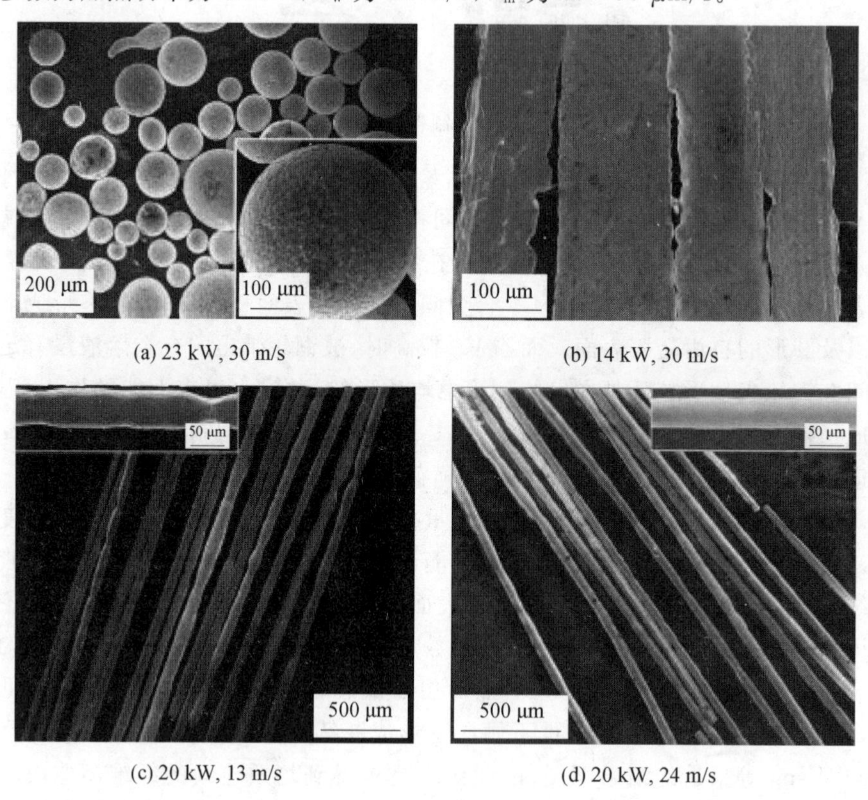

(a) 23 kW, 30 m/s　(b) 14 kW, 30 m/s

(c) 20 kW, 13 m/s　(d) 20 kW, 24 m/s

图 5－4　纺丝法制备参数对制备产物形貌的影响

5.1.2　泰勒法(Taylor 法)

制造微纳米纤维的工艺还有泰勒法、模版合成法、相分离纺丝法、静电纺丝法等。泰勒法又称 Taylor－Ulitovsky 法，是将金属放入玻璃管中，加热熔化且包覆的玻璃软化后，机械拉拔，形成玻璃包覆金属的纤维，可用于制备长达

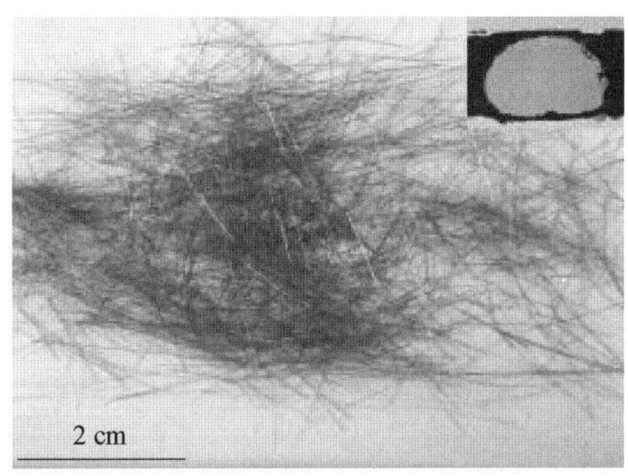

图 5－5　纺丝法制备的 Ni－Mn－Ga 纤维宏观形貌

10 000 m的连续纤维。金属的熔点需要和包覆玻璃的软化温度相匹配，根据铁磁形状记忆合金的熔点，一般采用硼硅玻璃。由于内部微米丝的凝固速度很快，这种方法可以制备成分均匀、组织细小、需要避免第二相析出的合金，一些情况下可以获得非晶纤维。

5.2　熔体纺丝制备过程中 Ni－Mn－Ga－X 合金纤维的组织演化

5.2.1　制备态纤维组织及物相

经过成分设计和制备工艺参数优化后，根据不同目的，制备得到多种纤维，其物相和成分见表 5－2。本节对制备态纤维的微观组织以及物相结构进行分析。

表 5－2　Ni－Mn－Ga－X **制备态纤维物相和成分**

纤维编号	室温物相	低温物相	纤维成分
NMG1	A＋少量 7M	7M	$Ni_{49.9\pm0.3}Mn_{28.5\pm0.5}Ga_{21.6\pm0.5}$
NMG2	A＋7M	7M	$Ni_{50.6\pm0.4}Mn_{28.8\pm0.3}Ga_{20.6\pm0.4}$
NMG3	A	A	$Ni_{50.3\pm0.2}Mn_{26.9\pm0.3}Ga_{22.8\pm0.3}$
NMG4	7M	7M	$Ni_{50.5\pm0.3}Mn_{29.1\pm0.4}Ga_{20.4\pm0.4}$
NMGC1	7M	7M	$Ni_{49.4\pm0.3}Mn_{26.2\pm0.2}Ga_{20.7\pm0.3}Cu_{3.7\pm0.1}$
NMGF1	A	—	$Ni_{50.3}Mn_{25.1}Ga_{23.2}Fe_{1.4}$
NMGF2	A	—	$Ni_{50.3}Mn_{25.3}Ga_{22.0}Fe_{2.4}$

续表5－2

纤维编号	室温物相	低温物相	纤维成分
NMGF3	A	—	$Ni_{50.5}Mn_{24.8}Ga_{21.5}Fe_{3.2}$
NMGF4	A	—	$Ni_{50.2}Mn_{25.1}Ga_{20.4}Fe_{4.3}$
NMGF5	A	7M	$Ni_{50.0}Mn_{25.0}Ga_{19.6}Fe_{5.4}$
NMGF6	7M	7M	$Ni_{50.0}Mn_{25.2}Ga_{18.4}Fe_{6.4}$

1. Ni－Mn－Ga 纤维

图 5－6 所示为制备态 Ni－Mn－Ga 纤维的 TEM 形貌及对应的电子衍射图谱。由图 5－6(a)可知，室温下 NMG1 纤维中马氏体含量非常少，因此在微区 TEM 中未发现有马氏体组织存在。从图中可以看到制备态 NMG1 纤维室温下呈现明显的花呢状应变衬度特征，这与 Bennett 等利用原位透射电镜分析术得到的 $L2_1$的奥氏体组织一致。图 5－6(a)内嵌图中白色箭头所指超点阵斑点也验证了其有序结构。为了研究 NMG1 纤维马氏体特征，对其进行低温处理后 TEM 分析，如图 5－6(b)所示，NMG1 纤维马氏体呈现细小并且不特别清晰的孪晶片层结构，存在多级孪晶的现象。电子衍射照片显示其两个主斑点间存在 6 个小斑点，为 7M 马氏体，与 XRD 结果一致。

由图 5－6(c)可知，室温下 NMG2 纤维为奥氏体与马氏体的混合组织，马氏体呈现明显孪晶片层结构，奥氏体中存在大量位错，这种缺陷的产生与快速凝固过程有关，马氏体与奥氏体之间存在明显且清晰的相界面。马氏体对应的电子衍射显示其为 7M 马氏体，与 XRD 结果吻合。由图 5－6(d)可知，NMG3 纤维一个晶粒接近外表面处，该种纤维室温下为奥氏体，因此其具有图 5－6(a)中所示的花呢状形貌，以及超点阵斑点。除此之外，由于在快速凝固过程中，制备态纤维缺陷密度较高，因此观察到亚晶界的存在。

通过对 NMG1、NMG2 以及 NMG3 纤维室温与低温 XRD 进行分析及全谱拟合，得到制备态纤维的晶体结构信息，见表 5－3。NMG1 和 NMG2 在低温下均为单斜结构的 7M 马氏体，β 角度分别为 93.6°和 93.4°，结果与 Righi 等报道的 7M 非公度结构马氏体相一致。根据晶格参数可计算得到每个组成原子所占的平均体积(V_a)，结果见表 5－3。同一种纤维不同相状态下，V_a 值之间存在细微差别，这与晶格在相变过程中切变畸变有关，并且不同纤维 V_a 在相变过程中的变化趋势不同，这是由于快速凝固过程不同纤维形成的内应力与缺陷有所差别所导致的。不同制备态纤维的 V_a 之间存在差别应还与 Ni、Mn 和 Ga 原子的含量不同有关。

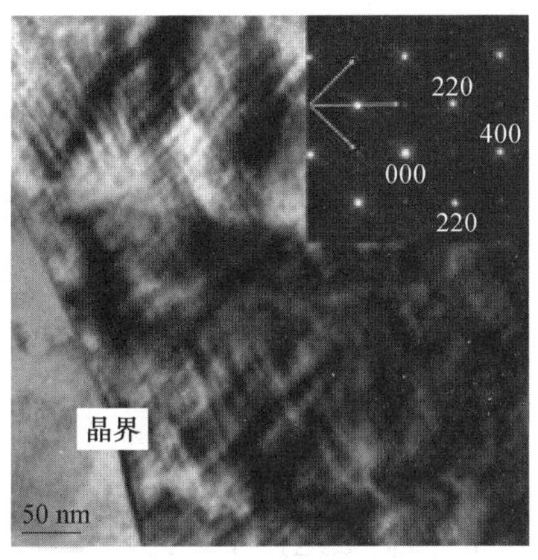

(a) NMG1 室温

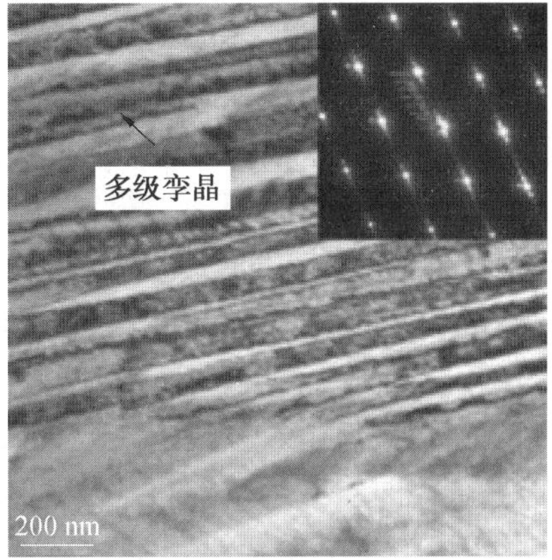

(b) NMG1 低温

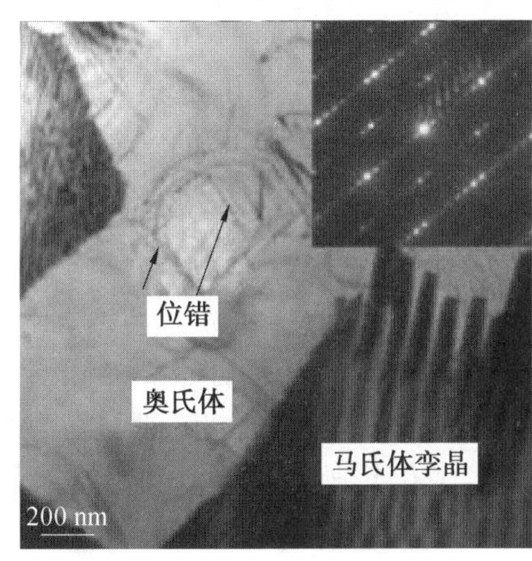

(c) NMG2

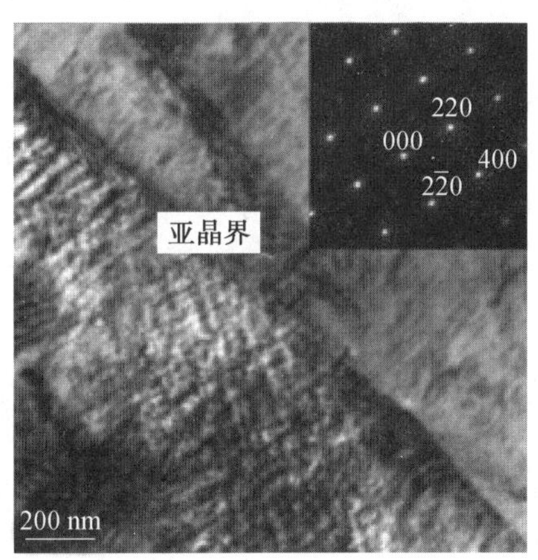

(d) NMG3

图 5－6　制备态 Ni－Mn－Ga 纤维的 TEM 形貌与电子衍射斑点

表 5－3　制备 Ni－Mn－Ga 态纤维相结构与晶格常数

纤维	相结构	晶格常数						
		a/Å	b/Å	c/Å	α/(°)	β/(°)	γ/(°)	V_a/(Å³)
NMG1	室温 A	5.83	—	—	90	90	90	12.38
	低温 7M	4.25	5.53	42.34	90	93.6	90	12.41
NMG2	高温 A	5.84	—	—	90	90	90	12.45
	低温 7M	4.26	5.50	42.49	90	93.4	90	12.42
NMG3	室温 A	5.83	—	—	90	90	90	12.38
	低温 A	5.83	—	—	90	90	90	12.38

2. Ni－Mn－Ga－Cu纤维

Cu元素的掺杂可以同时调节Ni－Mn－Ga合金磁相变与马氏体相变，使得合金达到磁－结构耦合的状态，有利于高磁热性能的获得，并且Ni－Mn－Ga合金本征脆性大，可以采用添加第四组元的方法来降低脆性。在众多第四组元的选择中，Cu元素因其价格低，并且可以高效调节相变温度和促进MCE的特性而得到广泛关注。另外，Ga作为Ni－Mn－Ga合金中最昂贵的金属，用Cu替代Ga还可以起到降低成本的作用。

设计成分(原子数分数)为$Ni_{50}Mn_{25}Ga_{25-x}Cu_x$($x=3.8\%$)，同样考虑到Mn元素在合金制备、纤维制备和后续热处理过程中的损失，加入质量分数为2%的Mn弥补损失。根据优化后的纺丝法制备工艺，高效地制备得到直径为20～80 μm，长度为30～150 mm的纤维，纤维表现出明显的金属光泽。

在铁磁形状记忆合金中，马氏体相变温度会随着e/a的增加和晶格单胞体积的减小而增加，因此Cu($3d^{10}4s^1$)替代Ga($4s^2 4p^1$)必然会引起e/a的增加，并且Cu原子体积较Ga原子小，因此晶胞收缩，相变温度增加。而Cu替代Ga使得T_C下降的原因在于Cu原子的存在影响了Mn—Mn第一近邻原子间距，Mn—Mn第一近邻原子间距在标准原子计量比Ni_2MnGa中拥有最好的磁性能，增大或者减小Mn—Mn原子间距均将降低合金磁性能，从而降低T_C的值。因此，本节通过Cu替代Ga有可能在室温附近获得磁－结构耦合状态的纤维。另外，文献[15－16]报道通过Cu替代Ga可以起到提高塑性的作用。同样，为进一步提高纤维的磁性能，对纤维进行了化学有序化热处理，有序化热处理前后NMGC1纤维的SEM表面形貌如图5－7所示。图中内嵌图可见纤维直径均匀性较好。与Ni－Mn－Ga制备态纤维相同，图5－7(a)显示NMGC1纤维表面呈现出胞状晶形态，并且表面有明显塑性变形的痕迹(黑色箭头)，说明Cu的掺杂提高了纤维的塑性。制备态纤维表面胞状晶粒尺寸为0.5～3 μm，然而无法辨

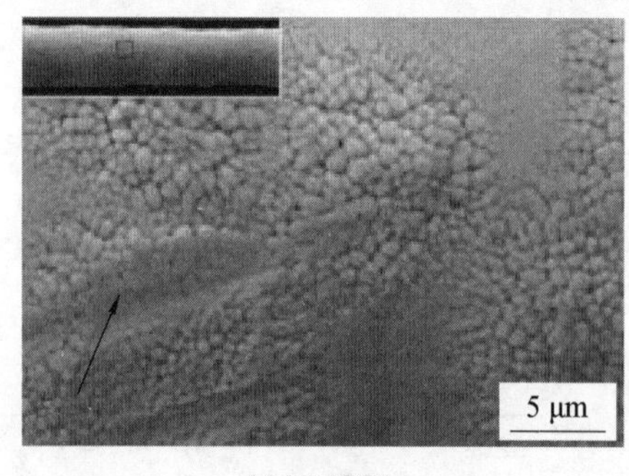

(a) NMGC1

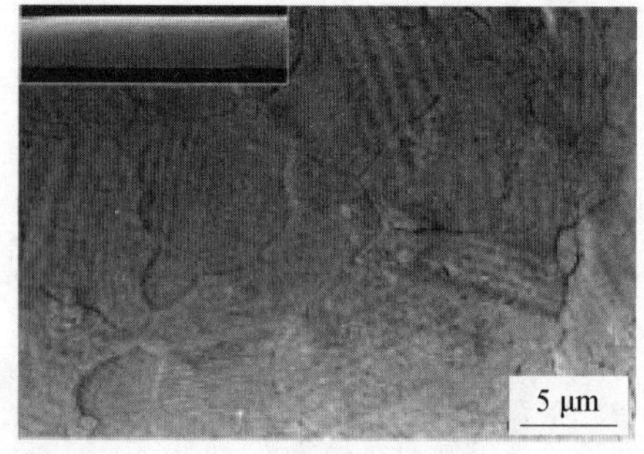

(b) NMGC1C

图5－7　有序化热处理前后NMGC1纤维的SEM表面形貌

别晶粒的真实尺寸。有序化热处理后纤维表面形貌如图 5－7(b)所示，由于晶界处元素的损失，晶界清晰可见，表面晶粒尺寸为 1～15 μm。纤维室温下为马氏体组织，孪晶片层跨越晶粒。

在室温下对 NMGC 合金和有序化热处理前后纤维进行 XRD 分析，研究纤维的结构特征，结果如图 5－8 所示。图中最下端灰色谱线为 Ni－Mn－Ga 合金非公度结构 7M 马氏体的标准谱线，经过标定，发现除了峰位稍有偏移以外，NMGC 合金和有序化热处理前后纤维室温下均为非公度结构的单斜 7M 马氏体状态。

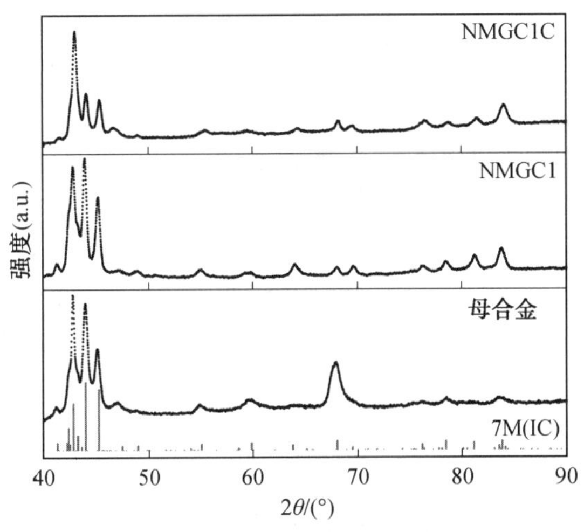

图 5－8　NMGC 合金、制备态及有序化态纤维室温 XRD 分析

将 XRD 谱线经过全谱拟合后得到晶格参数，见表 5－4。锭合金晶格参数为 $a=4.28$ Å、$b=5.49$ Å、$c=42.23$ Å 和 $\beta=92.5°$，计算得到 $V_a=12.39$ Å^3；NMGC1 纤维晶格参数为 $a=4.25$ Å、$b=5.52$ Å、$c=42.22$ Å 和 $\beta=93.3°$，计算得到 $V_a=12.36$ Å^3；NMGC1C 纤维晶格参数为 $a=4.25$ Å、$b=5.52$ Å、$c=42.10$ Å 和 $\beta=93.5°$，计算得到 $V_a=12.32$ Å^3。与制备态和有序化 Ni－Mn－Ga 纤维 7M 结构相比，Cu 的掺杂对纤维的结构参数影响非常小。

表 5－4　NMGC 合金及有序化热处理前后纤维的晶格参数

材料	相结构	晶格参数						
		a/Å	b/Å	c/Å	α/(°)	β/(°)	γ/(°)	V_a/(Å^3)
母合金	室温 7M	4.28	5.49	42.23	90	92.5	90	12.39
NMGC1	室温 7M	4.25	5.52	42.22	90	93.3	90	12.36
NMGC1C	室温 7M	4.25	5.52	42.10	90	93.5	90	12.32

3. Ni－Mn－Ga－Fe 纤维

Fe 的掺杂会对 Ni－Mn－Ga 合金的晶体结构、相变温度、居里温度和本征脆性产生影响，本节通过掺杂不同原子数分数的 Fe 来研究 $Ni_{50}Mn_{25}Ga_{25-x}Fe_x$（$x$=1,2,3,4,5,6）的组织结构。以上合金标记为 NMGF1～6，纤维成分见表 5－2。图 5－9 所示为制备态 NMGF4 纤维奥氏体结构的 TEM 形貌。图 5－9(a)显示 NMGF4 纤维的奥氏体花呢状形貌，在纤维中可解释为在马氏体预相变晶格的软化和声子分支，这种结构同样在 Ni－Fe－Ga、Ni－Mn－Ga 和 Ni－Mn－Fe－Ga 合金中存在。室温下的奥氏体组织说明此成分纤维的 M_s 低于室温。选区电子衍射结果标定表明奥氏体具有立方对称性，为有序的面心立方 $L2_1$ 结构，其结果如图 5－9(a)插图所示。借助于 HRTEM 技术进一步分析制备态纤维原子排列有序程度，图 5－9(b)是纤维的高分辨图像，图 5－9(c)中正反傅立叶变换可以清晰看出选区原子的长程有序排列。此外，在制备态 NMGF4 纤维中部分区域还观测到一定的位错线，如图 5－9(d)所示。图 5－9(e)的选区电子衍射照片发现体心立方结构的斑点沿着相互垂直的方向被拉长，呈现卫星状斑点。图 5－9(f)的 HRTEM 观测显示纤维的组织亚结构为纳米尺度的精细的长条微孪晶组成。微孪晶组织具有网格状结构，纳米孪晶在一定程度上相互穿插。插图显示通过正反傅立叶变换，原子在相互垂直的两个方向上的有序排列，这与 Sarkar 等在 TiNi 合金中观测到的现象类似，被其称为混乱的玻璃态，即玻璃马氏体。此外，在衍射图图 5－9(e)中还存在超点阵斑点，表明该合金具有高有序度的晶体结构。

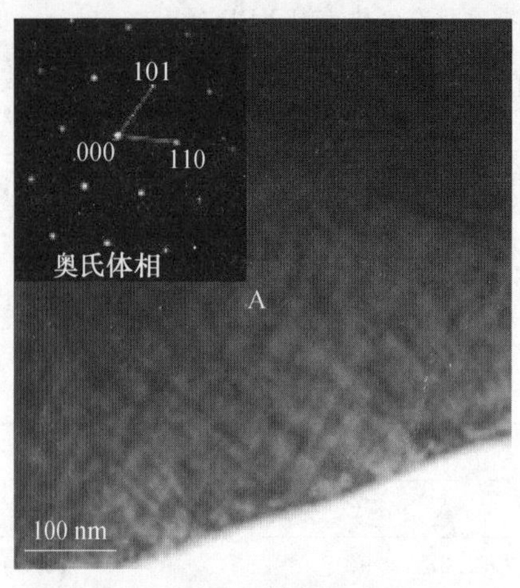

(a) 奥氏体组织

(b) 奥氏体高分辨像

图 5－9　制备态 NMGF4 纤维奥氏体结构的 TEM 形貌

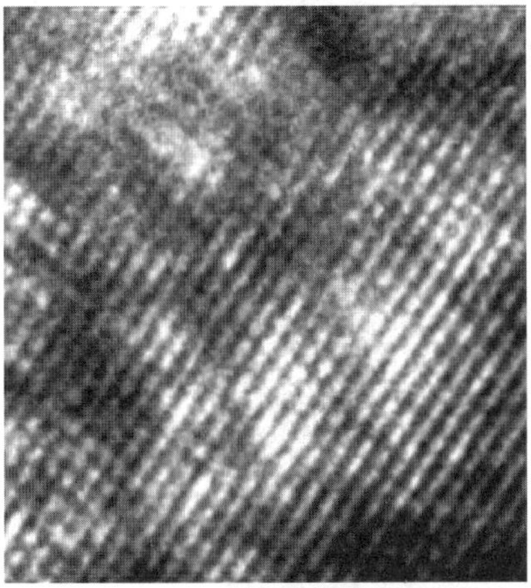

(c) 傅立叶变换后的形貌 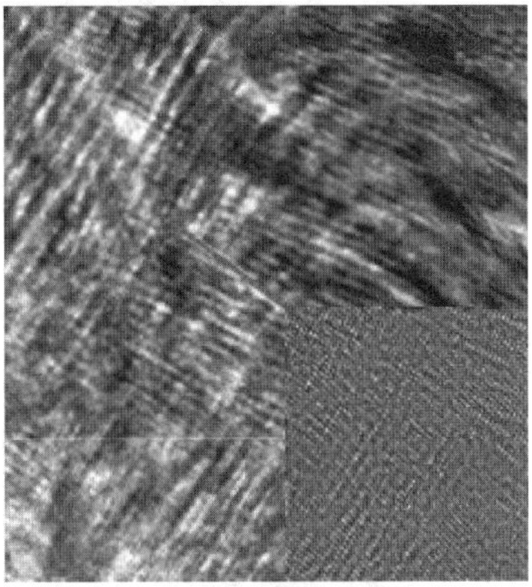　　(d) 纳米微孪晶形貌

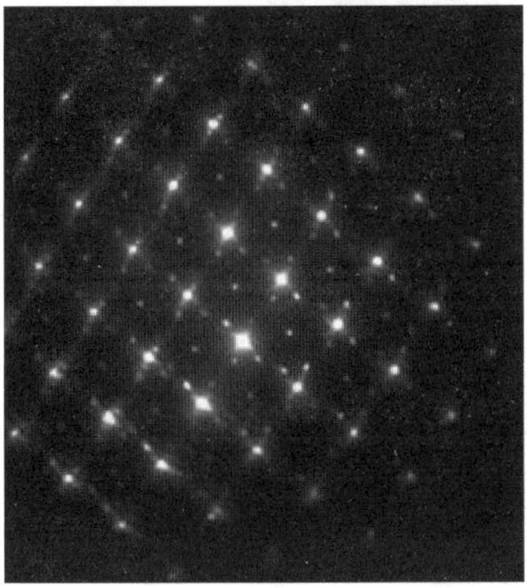

(e) 孪晶部分衍射 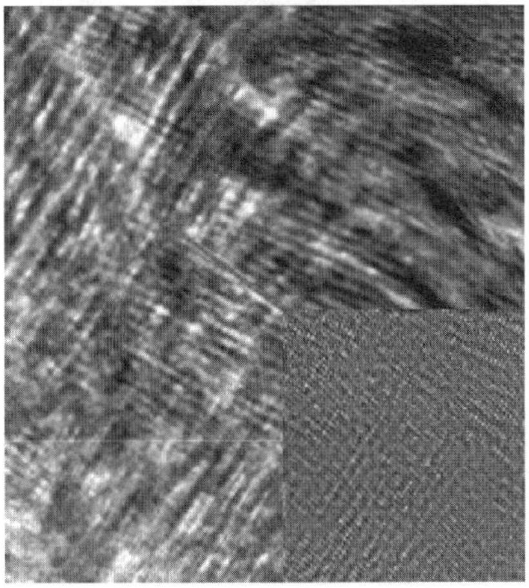　　(f) 孪晶组织高分辨像

续图 5—9

图 5—10 所示为制备态 NMGF5 纤维马氏体结构的 TEM 形貌和结构。从图中可以看出，室温下马氏体变体内部均由细小片状组成，由两个不同方向的变体构成了良好的自适应组态，呈典型的“人”字形，变体间的界面不是很清晰。插图显示了选区的电子衍射图，对斑点进行标定分析发现，沿着〈001〉$_M$ 方向，在每 2 个主衍射斑点之间有规律地分布着弱衍射斑点，这些弱衍射斑点每 6 个为一组，如图中标记所示，将(220)$_{L21}$ 方向强衍射斑点之间的距离平均分为 7 等份，故按照 Ni—Mn—Ga 合金的相变研究分类，该马氏体为 7M 马氏体。

在室温下对制备态的 NMGF1～6 纤维进行 XRD 物相分析，结果如图 5—11所示。对图谱进行标定，结果显示，NMGF1～4 室温下仅存在奥氏体衍射峰，是高度有序的立方 $L2_1$ 结构，同时这也说明这几个合金的相变开始温度

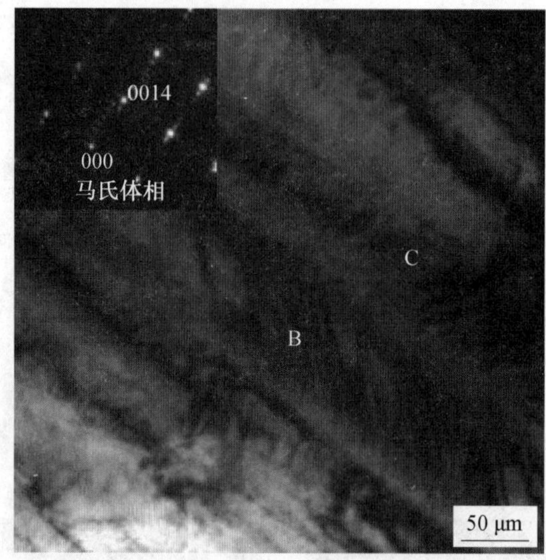

图 5－10　制备态 NMGF5 纤维的马氏体结构的 TEM 形貌和结构

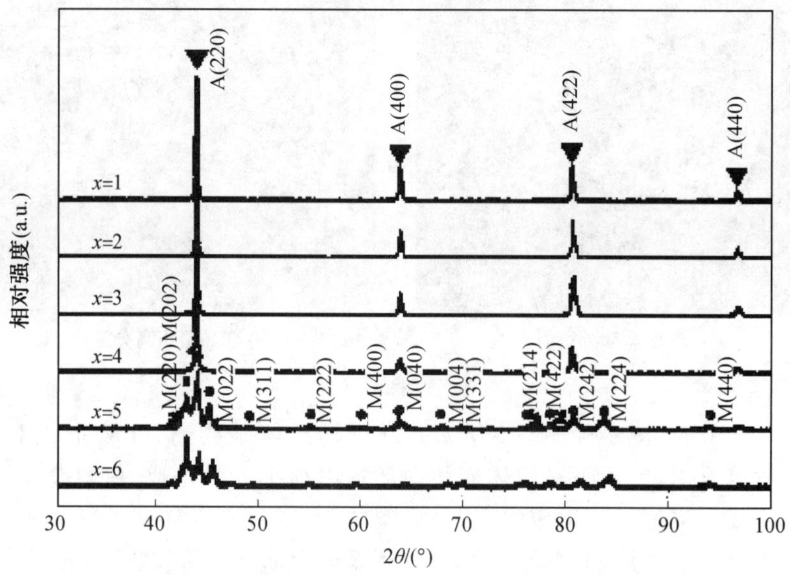

图 5－11　制备态 $Ni_{50}Mn_{25}Ga_{25-x}Fe_x$ 纤维的 XRD 衍射图

低于室温。随着 Fe 含量的增加，伴随着母相衍射峰减弱和马氏体衍射峰增强，NMGF5 和 NMGF6 的衍射谱发生了变化，由于马氏体的低对称性导致一些布拉格峰分裂。主峰(220)峰劈裂为(220)、(202)、(022)三个峰，母相(422)峰劈裂为(214)、(422)、(242)和(224)四个峰，这两种纤维晶体结构基本一致，

符合 7M 马氏体衍射峰特征，纤维的物相分析与电子显微透射分析相一致，其晶格常数和单胞体积见表 5－5。

表 5－5　$Ni_{50}Mn_{25}Ga_{25-x}Fe_x$ (x＝1～6) 纤维的晶格常数和单胞体积

Fe 的原子数分数/%	相结构	晶格常数				单胞体积/$Å^3$
		a/Å	b/Å	c/Å	c/a	
1	A	5.829	—	—	—	198.0
2	A	5.826	—	—	—	197.7
3	A	5.826	—	—	—	197.7
4	A	5.828	—	—	—	198.0
5	A	5.824	—	—	—	197.6
5	M	6.123	5.804	5.546	0.905 7	197.1
6	M	6.159	5.755	5.507	0.8941	195.2

图 5－12(a)和(b)给出纤维晶格常数和单胞体积随 Fe 含量变化的关系，奥氏体相晶格常数基本保持不变，$x>5$ 时，随着 Fe 含量的增加，马氏体相晶格常数 a 增加，b 与 c 均减小。Heusler 合金 $L2_1$ 结构可以被看作是四个面心立方(FCC)晶格互相贯穿组成的，如图 5－12(c)所示，A、B、C 和 D 原子分别占据(0,0,0)，(1/4,1/4,1/4)，(1/2,1/2,1/2)和(3/4,3/4,3/4)的位置；在 $x<4$ 时，Ni 原子占据 A 和 C 位，Ga 原子占据 D 位，Mn 和 Fe 原子将随机占据 B 位。由于 Mn 和 Fe 原子的原子散射振幅非常接近，由 X 射线衍射测量很难证实 Mn 和 Fe 原子的排列方式。当 Fe 含量增多，$x>5$ 时，过量的 Mn 和 Fe 原子就会取代 Ga 位。因为 Fe(1.27 Å)和 Mn(1.32 Å)原子半径均小于 Ga(1.40 Å)

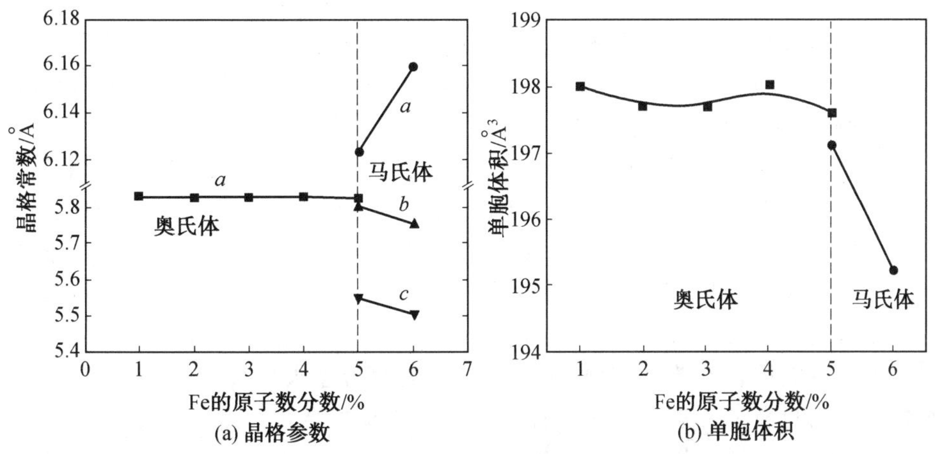

图 5－12　室温下制备态纤维晶格常数和单胞体积随 Fe 含量变化的关系

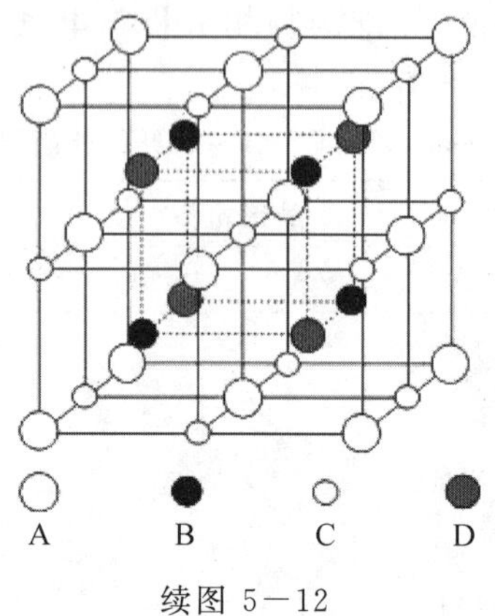

续图 5－12

原子，所以，马氏体相的单胞体积是收缩的，晶格的收缩使马氏体相稳定性增强，故相变可以在更高的温度下进行。

5.2.2 制备态纤维马氏体相变特征

1. Ni－Mn－Ga 纤维

马氏体相变是 Ni－Mn－Ga 铁磁形状记忆合金最重要的特征之一，相变温度根据采集信号的不同可以有多种测试方法。如图 5－1(b)所示为典型的制备态纤维在升降温过程中的 DSC 曲线，反映相变过程中热流的变化，相变温度可采用基线切线法得到，如图中 M_f 所示。由于铁磁形状记忆合金在加热至铁磁－顺磁转变温度时，会发生磁性转变，而磁性转变是一种弱一级(First Order Transformation，FOT)或者二级相变(Second Order Transformation，SOT)，相变过程产生的热焓变化很小，因此不容易用 DSC 曲线检测到，根据磁状态磁化特性的不同，可通过 VSM 测定磁化强度随温度的变化曲线($M-T$)来检测。另外，由于铁磁马氏体与奥氏体的结构不同，马氏体拥有更加强烈的磁晶各向异性，在低磁场下马氏体较难被磁化，因此，低磁场下的 $M-T$ 曲线也可以测得合金的马氏体相变温度。然而，由于检测信号的不同，两种方法测得的相变温度存在少许偏差。图 5－13 所示为典型的制备态纤维升降温 $M-T$ 曲线，相变温度同样采用切线法得到。从图中可以发现，在 T_C 附近，$M-T$ 曲线中存在一个异常尖锐的峰，对于快速凝固的材料来说这种尖锐的峰源自于材料中应力的各向异性，这种应力各向异性来源于快速凝固过程中形成的内应力和强的磁弹性共同存在于材料中，这种情况经去应力退火后会有改善。另外，这种情况还与材料顺磁态到铁磁态转变过程中的磁畴界面的移动有关。

根据制备态纤维的 DSC 和 $M-T$ 曲线，总结得到不同纤维在马氏体相变过程中的相变信息，结果见表 5－6。首先，由于两种测试方法过程中升降温速

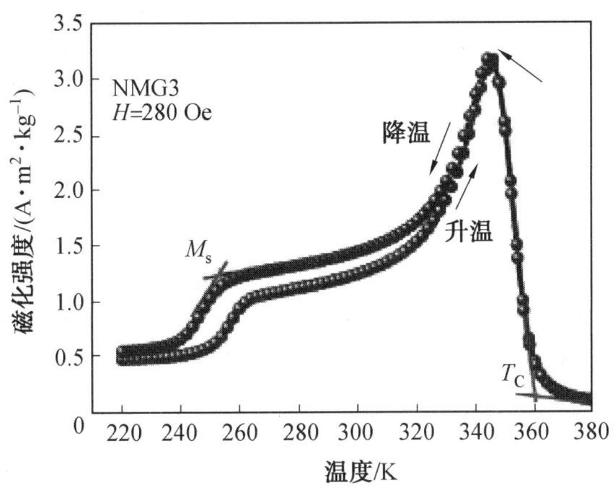

图 5－13　典型的制备态纤维升降温 $M-T$ 曲线

率及采集信号的不同，DSC 结果的相变宽度（$|A_s-A_f|$ 或者 $|M_f-M_s|$）较 VSM 结果宽，但是相变温度范围吻合较好。M_P 和 A_p 定义为 DSC 曲线的升降温峰值温度，并且定义峰值温度差 $|A_p-M_P|$ 为热循环过程相变滞后。对于 $M-T$ 曲线来说，定义 $|A_s-M_f|$ 为相变滞后。T_C 的获取方法如图 5－13 所示。$Q_{cooling}$ 和 $Q_{heating}$ 为降温和升温过程中的相变焓。根据相变焓值与相变温度的对比分析，发现四种纤维均属于第二类马氏体范围，其中 NMG3 由于其较低的相变温度，其相变焓低于第二类马氏体的平均水平，因此更加接近于第一类马氏体，而 NMG4 由于其较高的相变温度，其相变焓偏高，因此更加接近于第三类马氏体。对于富含 Mn 的 $Ni_{50}Mn_{25+x}Ga_x$ 合金来说，T_C 基本不随成分而变化，从表中可见制备态纤维的 T_C 差别不大，均在 360 K 左右。

表 5－6　不同 Ni－Mn－Ga 纤维在马氏体相变过程中的相变信息

纤维	测试方法	A_s/K	A_f/K	M_s/K	M_f/K	T_C/K	滞后	$Q_{冷却}$/(J·g⁻¹)	$Q_{加热}$/(J·g⁻¹)
NMG1	DSC	288.6	309.6	295.1	274.7	—	12.2	−4.5	4.9
	VSM	294.9	304.6	297.7	289.6	360.4	5.3	—	—
NMG2	DSC	294.7	309.7	299.8	285.6	—	9.4	−4.3	4.8
	VSM	299.3	305.1	302.3	294.2	360.5	5.1	—	—
NMG3	DSC	245.7	263.4	251.7	237.4	—	11.4	−3.3	3.6
	VSM	249.7	262.4	253.3	239.4	359.5	10.3	—	—

续表5－6

纤维	测试方法	A_s/K	A_f/K	M_s/K	M_f/K	T_C/K	滞后	$Q_{冷却}$/(J·g^{-1})	$Q_{加热}$/(J·g^{-1})
NMG4	DSC	352.5	364.9	360.4	343.2	—	8.0	－6.1	6.7
	VSM	355.2	368.1	359.1	350.1	366.2	5.1	—	—

相变滞后是一级相变的主要特征之一，主要与相变过程中的阻力有关。这种相变的阻力主要来自于不可逆的弹性应变能以及缺陷、界面移动等摩擦损耗。将大块多晶制备成纤维结构可以大大提高合金的比表面积，并且合金中的晶粒也存在更多的自由表面。多晶合金马氏体相变过程中会发生晶格体积的变化，而这种变化会受到相邻晶粒的制约，当晶粒的自由表面积提高时，这种阻力就会减少。然而在制备态的纤维中，由于快速凝固过程产生较大的内应力与缺陷，因此界面移动阻力增加，并且储存的弹性应变能由于缺陷的存在容易耗散而无法起到逆相变驱动力的作用，相变滞后有所增加。

2. Ni－Mn－Ga－Fe 纤维

本节介绍 Ni－Mn－Ga－Fe 纤维的马氏体相变特征，图5－14所示为制备态 $Ni_{50}Mn_{25}Ga_{25-x}Fe_x$（$x$=1～6）纤维的 DSC 曲线，由图可见，在加热和冷却过程中，分别只存在一个吸热和放热峰，吸热峰对应于该合金从低温马氏体相向高温奥氏体相的逆马氏体转变，而放热峰对应于该合金从奥氏体相向马氏体相的马氏体转变，表明该组纤维的马氏体相变均为一步热弹性马氏体相变，且随着 Fe 含量的增加相变峰强度升高，尽管合金成分变化不大，但温度变化范围很大，说明该类纤维的马氏体相变温度对成分的敏感性很强。制备态 $Ni_{50}Mn_{25}Ga_{25-x}Fe_x$

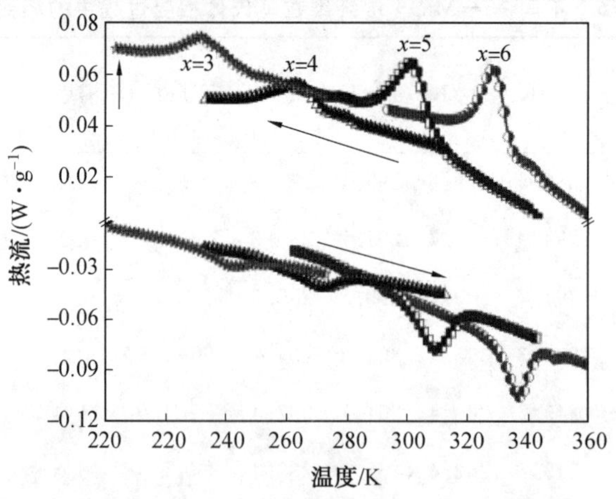

图 5－14　制备态 $Ni_{50}Mn_{25}Ga_{25-x}Fe_x$（$x$=1～6）纤维的 DSC 曲线

纤维相变温度见表 5—7。

表 5—7　制备态 $Ni_{50}Mn_{25}Ga_{25-x}Fe_x$ 纤维相变温度

Fe	A_s/K	A_f/K	A_p/K	M_s/K	M_f/K	M_P/K	T_0	T_0'	A_p-M_P /K	$Q_{冷却}$ /(J·g^{-1})	$Q_{加热}$ /(J·g^{-1})
$x=3$	232.7	249.7	242.4	242.5	2.2	231.7	246.1	227.5	10.7	1.990	1.193
$x=4$	253.5	281.2	272.5	272.6	245.8	262.7	276.9	249.7	9.8	2.05	2.101
$x=5$	297.5	318.8	310.3	309.4	291	301.1	314.1	294.3	9.2	4.600	4.523
$x=6$	329.4	343	337.2	334.3	320.5	328.3	338.7	325	8.9	4.462	4.400

由于热弹性马氏体中存在一部分可以释放的能成为逆转变驱动力的弹性应变能，故其逆转变驱动力 $\Delta G^{M\to\gamma}$ 由两部分组成，即化学驱动力 $\Delta G_C^{M\to\gamma}$ 和机械驱动力 $\Delta G_M^{M\to\gamma}$，即

$$\Delta G_C^{M\to\gamma}=\Delta G_C^{M\to\gamma}+\Delta G_M^{M\to\gamma}$$

当 $\Delta G_M^{M\to\gamma}=0$ 时，$T_0=T_0'$，即冷却和加热时的临界温度相等，此即一般马氏体相变；当 $\Delta G_M^{M\to\gamma}>0$ 时 $\Delta G^{M\to\gamma}>\Delta G_C^{M\to\gamma}$，$T_0>T_0'$，相变在 T_0 和 T_0' 之间呈现热弹性平衡，马氏体随温度升降而消长。

按照临界温度下降的程度，Wayman 将热弹性马氏体相变分为两类：

(1)$M_s<T_0'$，此时，$A_f>A_s>T_0>T_0'>M_s>M_f$；

(2)$M_s>T_0'$，此时，$A_f>T_0>M_s>A_s>T_0'>M_f$。

图 5—15 所示为 Fe 含量对 $Ni_{50}Mn_{25}Ga_{25-x}Fe_x$ 纤维马氏体相变温度的影响。从图中相变温度的变化情况可以看出，不同 Fe 含量均具有 $A_f>T_0>M_s>A_s>T_0'>M_f$ 的特征，故该合金单一的马氏体相变应属于 Wayman 描述的第二类马氏体相变，Fe 掺杂未改变马氏体相变的类型。

此外，在保持 Ni 和 Ga 相对原子数分数不变的情况下，采用 Fe 取代 Mn 元素，合金的马氏体正、逆相变温度（M_s、M_f、A_s、A_f）均随着 Fe 含量的增加而类线性升高。Fe 原子数分数从 3% 增加到 6%，相变温度增加了 91.8 K，在制备态 $Ni_{50}Mn_{25}Ga_{25-x}Fe_x$（$x=1\sim6$）纤维中，相变温度的升高率为

$$\frac{\Delta T}{Fe(\%)}=\left|\frac{T_6-T_3}{Fe_6-Fe_3}\right|=\left|\frac{334.3-242.5}{6-3}\right|=30.6\ K/\% \tag{5.1}$$

式中　$\Delta T/Fe(\%)$——相变温度的升高率；

Fe_6——Fe 的原子数分数为 6%；

Fe_3——Fe 的原子数分数为 3%；

T_6——Fe 的原子数分数为 6%时合金的马氏体相变温度；

T_3——Fe 的原子数分数为 3%时合金的马氏体相变温度。

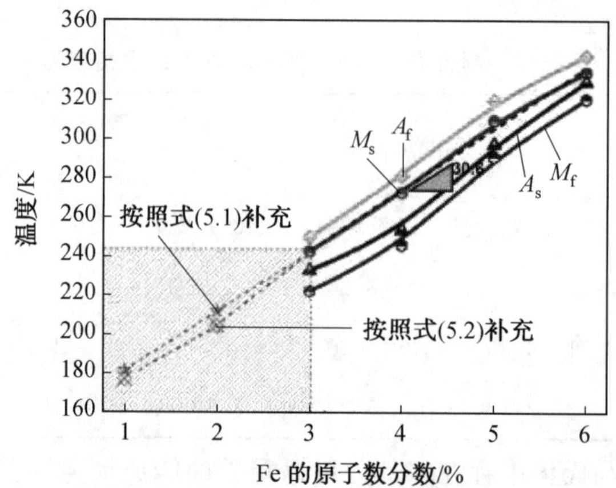

图 5－15　Fe 含量对 $Ni_{50}Mn_{25}Ga_{25-x}Fe_x$ 纤维马氏体相变温度的影响

在制备态 $Ni_{50}Mn_{25}Ga_{25-x}Fe_x$（$x$＝3～6）纤维中，当 Fe 取代 Ga 时，Fe 的原子数分数每增加 1％时其 MT 温度大约升高了 30.6 K，合金的 MT 温度随 Fe 原子增加而发生剧烈变化。

同时分析纤维真实成分（表 5－2）和表 5－7 马氏体相变温度与 Ni－Mn－Ga－Fe 纤维成分的关系，类似于三元 Ni－Mn－Ga 合金可给出马氏体相变温度与成分的经验表达式：

$$M_s = 973.14 - 26.44X_{Mn} - 7.32X_{Ga} + 25.84X_{Fe} \tag{5.2}$$

式中　X_{Mn}、X_{Ga}、X_{Fe}——Mn、Ga 和 Fe 元素在合金中的原子数分数。

通过式(5.2)可以大致估算制备态四元合金的 M_s，同时根据各元素的系数可知 Fe 添加后对相变温度的调节是较为明显的。

按照式(5.1)和式(5.2)分别计算出 x＝1 和 x＝2 的 MT 温度，补充到图 5－15中，两个公式计算略有差异。

成分对相变温度的影响常用电子浓度 e/a 的比值对相变温度的影响来衡量，e 为合金中价电子数，a 为原子数。以元素周期表为基础，采用 Heusler 合金电子结构能带计算中通常采用的方法来计算价电子数。Ni、Mn、Ga 及 Fe 原子外层价电子排布为 $3d^8 4s^2$、$3d^5 4s^2$、$4s^2 4p^1$ 和 $3d^6 4s^2$，因此每一个 Ni、Mn、Ga 及 Fe 原子的价电子数分别为 10、7、3 和 8，由此将不同成分合金的电子浓度(e/a)计算出来。

图 5－16 所示为电子浓度对 $Ni_{50}Mn_{25}Ga_{25-x}Fe_x$ 纤维马氏体相变温度的影响，由图可见，随着自由电子浓度的升高，纤维的相变特征温度均单调递增。图中拟合了马氏体相变温度 M_s 与电子浓度的关系，可得 Fe 掺杂制备态纤维相变温度与价电子浓度的经验公式为

$$M_s(\mathrm{K}) = 681(e/a) - 4\,993 \tag{5.3}$$

与三元 Ni－Mn－Ga 合金的经验公式 $M_s(K)=702.5(e/a)-5\,067$ 相对比，发现掺 Fe 后的制备态纤维相变温度随自由电子浓度的升高趋势比三元合金略缓。按照式(5.3)计算出 $x=1$ 和 $x=2$ 的 MT 温度，补充到图 5－16 中，与由式(5.1)和式(5.2)计算出的相变温度差异不大。

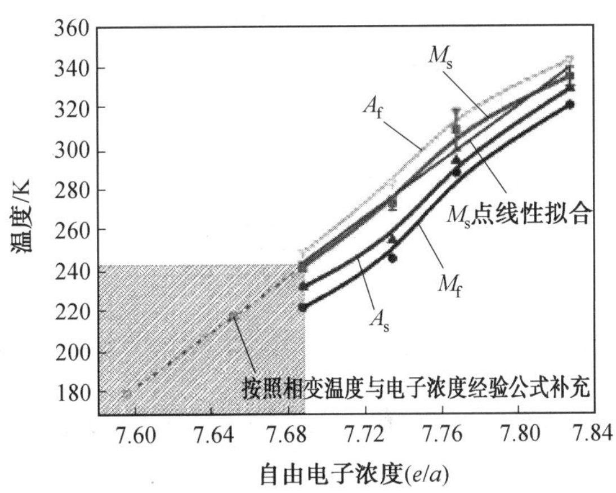

图 5－16 自由电子浓度对 $Ni_{50}Mn_{25}Ga_{25-x}Fe_x$ 纤维马氏体相变温度的影响

制备态纤维中，发现 Fe 原子数分数越高相变滞后递减(从 NMGF3 时的 10.7 K减小到 NMGF6 时的 8.9 K)。一般认为马氏体的相变热滞主要是由于马氏体和母相之间的相界面在推移过程中的摩擦而产生的，这种摩擦是能量的损耗，是一种不可逆的热耗散。降温过程中奥氏体相转变为马氏体时，部分能量转化为相界面摩擦能，转变完成后，晶格应变能储存在马氏体相中，当马氏体在升温过程中发生逆相变时，同样也需要克服相界面摩擦能，所以产生相变的温度滞后。相变过程中，相界面推移过程中的摩擦能越小，则以晶格畸变形式储存的弹性应变能越多，马氏体和逆相变过程中的温度滞后越小。$Ni_{50}Mn_{25}Ga_{25-x}Fe_x$ ($x=1\sim6$)纤维的热滞后随着 Fe 含量的变化幅度不大，Fe 原子数分数从 3%增加到 6%，热滞后下降了 1.8 K，热滞后的数值见表 5－7，呈现出典型的热弹性马氏体相变的特征。

相变焓的变化源于马氏体相变温度升高，即合金的相变温度越高，相变过程的焓变越大，反之焓变越小，结果如图 5－17 所示。纤维的相变焓见表 5－7。计算结果证实，$x<4$ 的纤维相变焓小于 2 J/g，且马氏体相变温度远低于室温，应属于第一类马氏体；而 $x>5$ 的纤维相变焓为 4.5 J/g 左右，M_s 接近于室温，故马氏体应为第二类马氏体。

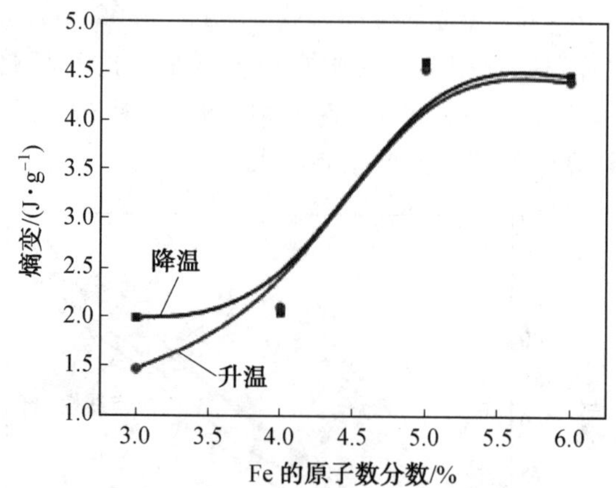

图 5－17 Fe 含量对 $Ni_{50}Mn_{25}Ga_{25-x}Fe_x$ 纤维相变焓的影响

5.2.3 熔体纺丝 Ni－Mn－Ga 纤维的组织演变

1. 直径分布

本节以 NMG3 纤维为例对纺丝法制备过程的组织结构演化进行系统分析。经过制备工艺参数优化后，利用纺丝法成功制备了连续(长度 3～20 cm)、直径均匀(直径 d，定义为横截面最大尺寸)的"D"形横截面的 Ni－Mn－Ga 纤维。如图 5－4 所示，纤维在制备过程中没有发生氧化，呈现银白色金属光泽。为了研究制备态纤维的直径分布情况，随机选取 100 根制备态纤维，对其直径 d 进行统计分析，如图 5－18 所示，结果表明，通过优化后的制备工艺参数制备得到的 Ni－Mn－Ga纤维直径分布在 35～80 μm，并且大部分分布在 45～65 μm。

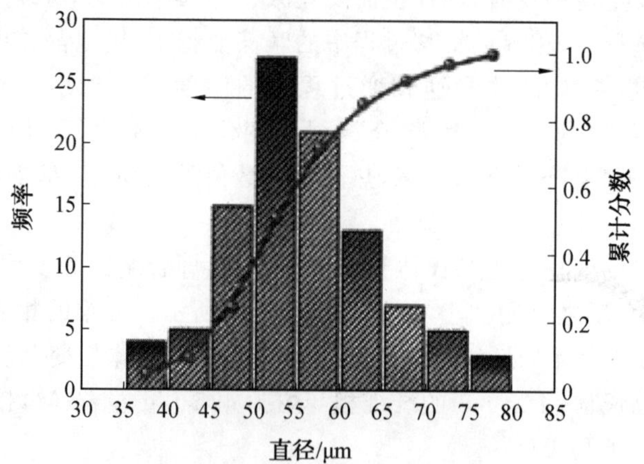

图 5－18 NMG3 纤维直径分布

2. 形核区域与圆度

基于优化的制备工艺参数，本小节对制备过程中形核、长大以及结构演化特征进行研究。为了研究演化特征，将制备得到的纤维进行分层选取，以达到研究的目的。图 5－19 和图 5－20 分别为 NMG3 纤维横截面与纵截面（或平面部分外表面）的 SEM 形貌和 EBSD 取向图。SEM 图片展示了纺丝法制备得到多晶 Ni－Mn－Ga 纤维的典型特征，其横截面形貌还显示了穿晶断裂的特征，暗示了其较好的机械性能。值得注意的是，纤维中优先形核区域的个数不同。

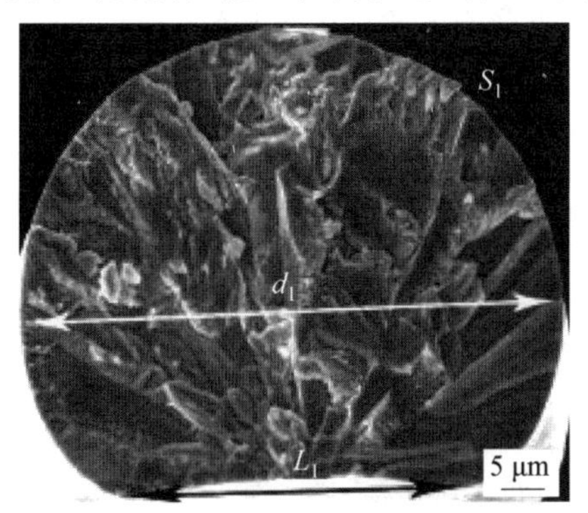

(a) 一个形核点(SEM横截面)

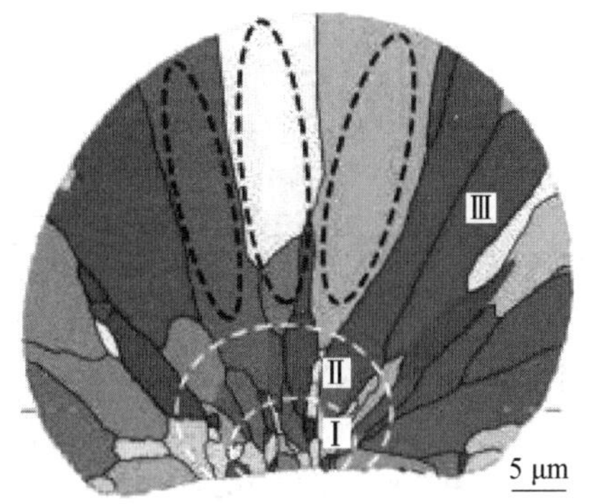

(b) 一个形核点(EBSD MAIPF横截面图)

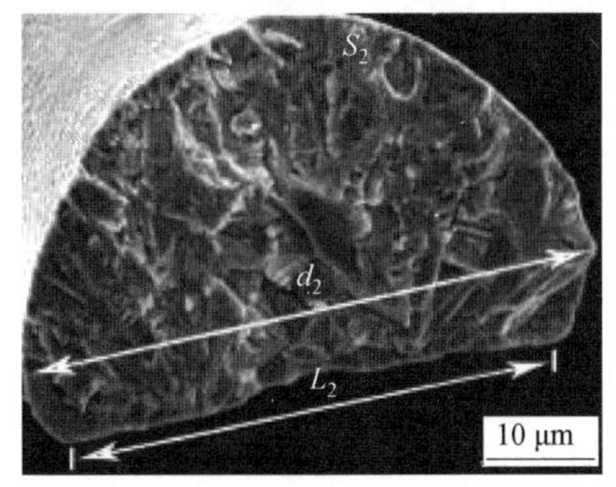

(c) 两个形核点(SEM横截面)

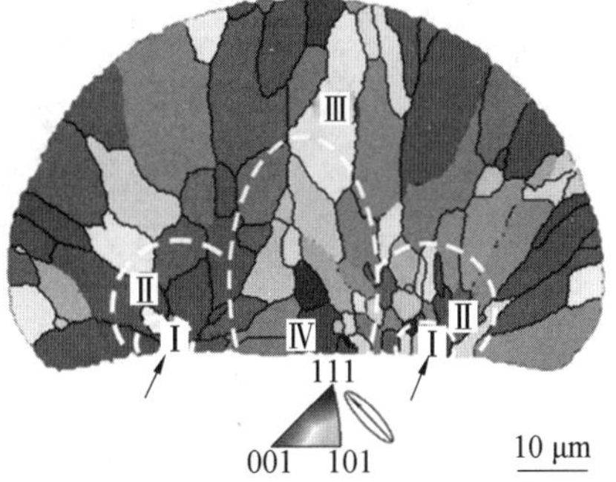

(d) 两个形核点(EBSD MAIPF横截面图)

图 5－19　NMG3 纤维横截面 SEM 形貌和 EBSD 取向图（见附录彩图）

如图 5－19(a)、(b)和图 5－20(a)、(b)所示，纤维取自于制备得到的底层纤维，即最初制备得到的纤维，此时纤维只有一个优先形核区域，位于纤维平面部分的中间位置。而图 5－19(c)、(d)和图 5－20(c)、(d)所示纤维取自于中层或者上层，即后制备得到的纤维，此时纤维拥有两个优先形核区域，如图 5－19(d)中黑色箭头所示，两个形核区域基本对称分布。

为了更深入地了解形核区域个数变化的原因，随机选取 50 根中/上层纤维，对两个形核区域之间的距离进行统计分析，间距频率分布直方图及累积分布曲

线如图 5－21 所示。结果显示两个形核区域之间的距离主要分布在 21～24 μm，这个数据正好与铜轮的尖端半径吻合（铜轮尖端半径为 20 μm，如图 5－3 所示）。这一结果表明纤维形核区域的个数可能取决于合金熔液与铜轮尖端之间的热交换：制备初期，铜轮尖端温度较低，当铜轮尖端接触到熔融的合金时，热量很快由合金传递到铜轮尖端从而快速形核，在这种情况下，只有一个居于两者接触区域中心的形核区域形成。随着制备过程的进行，铜轮尖端的温度开始上升，在接触到合金熔液的瞬间无法提供足够的过冷度而形核，而此时铜轮尖端两侧与气体接触是冷端，因此合金熔液在此处形核，从而形成两个形核区域。

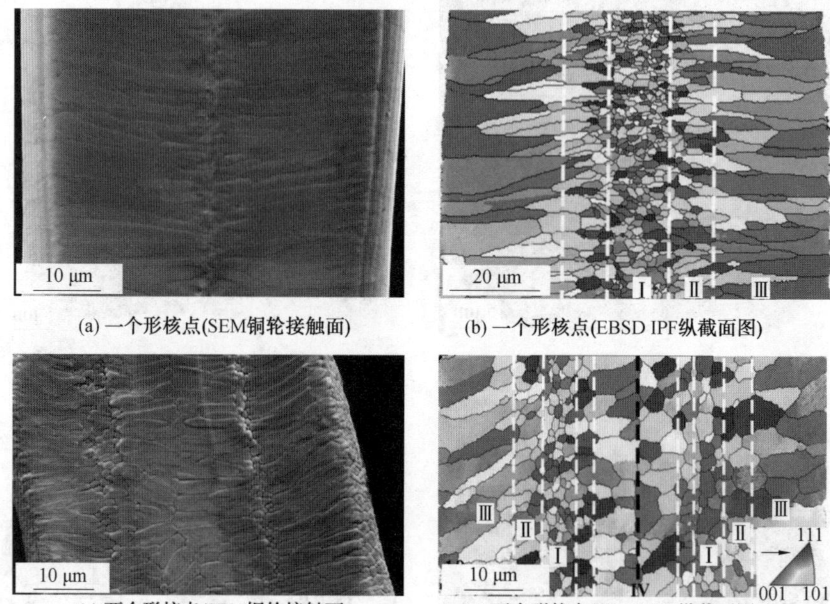

图 5－20　NMG3 纤维与铜轮接触面 SZM 形貌和纵截面 EBSD 取向图（见附录彩图）

另外，在研究的过程中发现纤维横截面的圆度与形核区域的个数有着密不可分的联系。在本节中，为了更好地定义纤维的圆度，将纤维的圆度定义为横截面弧长(S)与弦长(L)的比值（弧弦比 S/L），如图 5－19(a)所示。众所周知，当横截面为圆形截面时，$L=0$，S/L 趋于无穷大；而当横截面为半圆形时，$L=d$ 而 $S=\pi d/2$，此时 $S/L=\pi/2$，因此若截面大于半圆，则 $S/L>\pi/2$，反之则 $S/L<\pi/2$。因此，S/L 随着圆度的增加而增加的特性决定其可作为衡量横截面圆度的特征参数。

为了更好地研究纤维圆度与形核区域之间的联系，分别选取 50 根纤维对 S/L 进行统计分析，结果如图 5－22 所示。由图可见，一个形核区域的情况下 S_1/L_1 主要分布在 2.7～3.6，而两个形核区域时 S_2/L_2 主要分布在 1.8～2.7。

显然，该结果表明拥有一个形核区域的纤维圆度要高于拥有两个形核区域的纤维，并且两者之间存在一个交叉点 2.7，也验证了制备过程中从一个形核区域到两个形核区域的转变点。在研究过程中，还对超过 50 根的纤维进行了 SEM 观察，发现拥有两个形核区域的纤维具有更小的瑞利波，即直径波动更小。这一现象主要取决于在纤维制备后期，由于在铜轮尖端两侧形核，因此纤维平面部分更宽，这一特点使得合金熔液在凝固形成自由表面的过程中更加稳定，可以减少来自于表面能和重力的影响，从而减少了瑞利波的形成。

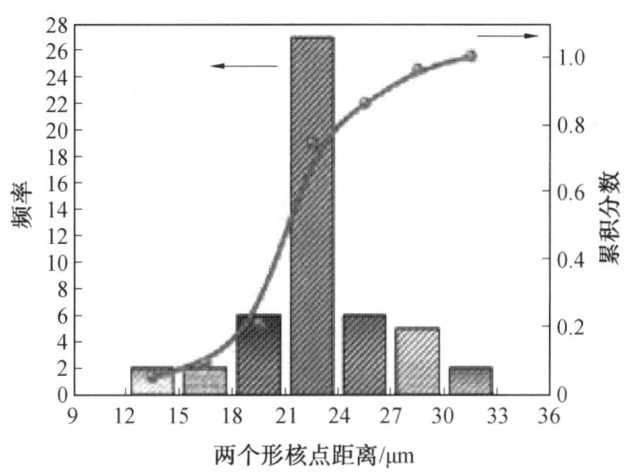

图 5－21　NMG3 纤维形核区域间距频率分布直方图及累积分布曲线

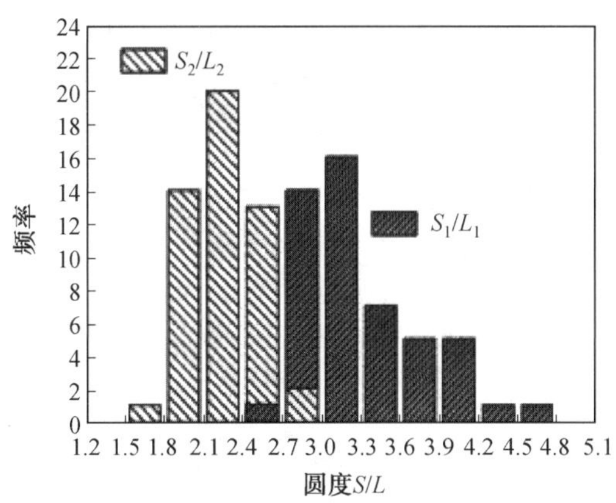

图 5－22　不同形核区域纤维弦弧比 S_1/L_1 和 S_2/L_2 频率分布直方图

综上所述，在纺丝法制备初期，由于铜轮尖端较冷而形成拥有一个优先形核区域的纤维，因此该种纤维拥有更好的圆度，但是直径相对不均匀。随着制备过程的进行，合金熔液开始在铜轮尖端两侧形核，形成拥有两个形核区域的纤维，该种纤维拥有更为均匀的直径，但是圆度相对较低。随着制备过程进一步进行，

即使是铜轮尖端两侧也无法提供有效的过冷度来使得合金熔液形核，此时熔融的合金倾向于沿着铜轮尖端两侧铜轮面向下流动，并且在达到过冷度的位置进行形核，后期 NMG3 纤维横截面 SEM 形貌和纵截面 EBSD 取向如图 5－23 所示。这种纤维取自于制备得到纤维的顶层，此时纤维依然拥有两个形核区域的特征，但是其平面部分由平直向轻微的弧面转化，更为重要的是，从横截面的角度来看该种纤维中的晶粒倾向于完全垂直于平面部分生长，从而产生一定的织构，这一特征将在下一节中详细讨论。

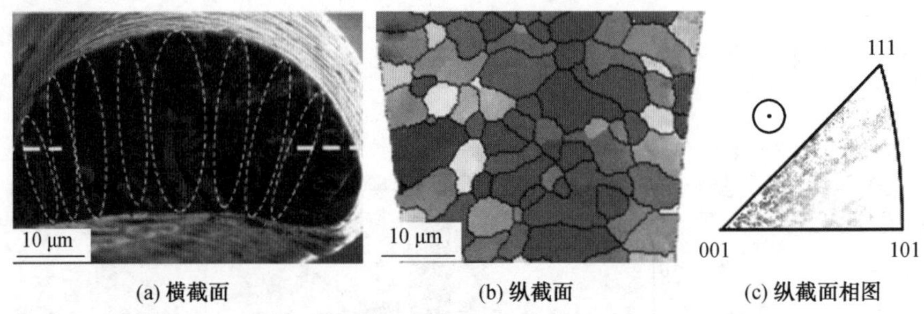

(a) 横截面　(b) 纵截面　(c) 纵截面相图

图 5－23　后期 NMG3 纤维横截面 SEM 形貌和纵截面 EBSD 取向(见附录彩图)

3. 传热过程组织演变

随着热量在合金与铜轮以及周围气体环境之间的转换，形核后的晶粒开始长大。首先需要强调的是，在纺丝法制备纤维过程中，热流方向和晶粒长大的方向均位于纤维横截面平面内。本节通过 EBSD 技术对制备态纤维的横截面和纵截面的晶粒形态进行分析，以揭示制备态纤维的晶粒长大过程。

对于拥有一个形核区域的纤维来说，纤维内部的晶粒可以分成三个区域，区域划分如图 5－19(b)和图 5－20(b)所示：区域Ⅰ为形核区域，该区域内为由于快速凝固而形成的细小的等轴晶粒，晶粒直径为 0.4～2 μm。随着热量从熔融合金传递到铜轮尖端，铜轮尖端的温度逐渐增加，无法继续形成新的形核质点，此时处于有利取向的细小核心开始长大，生长沿着热流方向从而形成宽度为 2～10 μm 的柱状晶粒，如区域Ⅱ所示。这些柱状晶继续合并长大，最终形成了如区域Ⅲ中所示的晶粒宽度为 10～35 μm 的柱状晶粒。因此，纺丝法制备得到的 Ni－Mn－Ga 纤维中晶粒是由形核区域开始向自由表面进行生长，这种特殊的晶粒分布是由放射状的热流方向所决定的。

对于拥有两个优先形核区域的纤维来说，纤维内部的晶粒分布稍有不同。如图5－19(d)和图 5－20(d)所示，纤维的横截面和纵截面都可以认为是由两个从相反的方向生长并接触在一起的完全对称的部分所组成的，图中将两部分以黑色虚线隔开。这样的晶粒形态中，首先也包含了一个形核区域的纤维所拥有的区域Ⅰ～Ⅲ，但是另一方面，晶粒从两侧形核区域向纤维内部生长，并最终在

纤维平面部分的中间位置相遇，将这个区域称为区域Ⅳ，如图 5－19(d)和图 5－20(d)所示。这是与一个形核区域的情况不同的，而正是这种晶粒生长方式导致了其几乎对称的两个组成部分。

4. 纤维横截面织构演化

拥有强织构的 Ni－Mn－Ga 多晶合金可以通过减小相邻晶粒之间的制约而减少孪晶界运动的阻力，从而有利于 MFIS 的获得。如前所述，纤维中晶粒的长大方向因由热流方向所控制而沿着横截面呈放射状，这种晶粒生长方向有可能使得纤维横截面中出现一定程度的织构。本节阐述 Ni－Mn－Ga 纤维横截面的织构演化。

为了研究纤维横截面中的织构，首先要引入一种新的反极图(Inverse Pole Figure，IPF)配色方案。一般情况下，EBSD 取向图通过 IPF 配色从而以颜色来反映图中晶粒的取向。以[001]IPF 配色为例，该种 EBSD 取向图反映的是扫描区域内晶粒的晶体学取向与样品[001]取向(样品扫描面法向)之间的取向关系，不同的颜色反映与样品[001]取向平行的各晶体学取向。对于本节中的纤维横截面来说，由于晶粒特殊的生长方式，普通的 IPF 图显然不能准确反映其取向信息，因此本节采用一种称为主轴反极图(Major Axis Inverse Pole Figure，MAIPF)的配色方法来进行配色从而反映纤维的晶体取向。如图 5－19(b)所示，首先将纤维横截面的晶粒抽象成椭圆的形状(黑色虚线椭圆)，众所周知，椭圆拥有一个长轴方向，因此，MAIPF 配色即可反映晶体中晶格取向与该区域椭圆长轴方向的取向关系，即用于配色的样品取向并非单一取向，而是一系列椭圆的长轴方向。由于纤维横截面中晶粒生长的方向即为椭圆的长轴方向，因此这种方法可以完美地表达纤维横截面的晶粒取向。以 MAIPF 配色的 EBSD 取向图可以准确地反映晶粒的生长所对应的晶体学方向。图 5－19(b)、(d)即为以 MAIPF 配色的 EBSD 取向图，图中晶粒大多呈现红色，根据配色方案可知在纤维横截面中，晶粒沿着晶体学〈001〉进行生长。

从纵截面的角度来观察晶粒的取向信息则可采用普通的 IPF 配色方法。图 5－20(b)、(d)为以纤维纵截面内垂直纤维轴向的方向 IPF 配色的 EBSD 取向图，从图中可见晶粒大多也呈现红色，说明从纵截面的角度也可以得出相同的结论，即晶粒沿着晶体学的〈001〉方向生长。从界面动力学的角度出发，体心立方的晶体结构中往往会出现这种沿着晶体学〈001〉方向生长的情况。

在纤维制备的后期，由于纤维形核位置的改变，因此纤维平面部分由平直向轻微的弧面转变，这种转变导致纤维横截面中晶粒的生长方向基本垂直于此平面部分，将横截面晶粒抽象成椭圆(白色曲线)，如图 5－23 所示，可观察到所有椭圆的长轴方向基本都垂直于平面部分的迹线。为了进一步研究该种情况下纤维中晶粒的取向，对纤维的纵截面进行了 EBSD 分析。图 5－23(b)为以纤维纵截面法向 IPF 配色的 EBSD 取向图,图 5－23(c)为与之相对应的离散的 IPF 反极图。图 5－23(b)中大面积的红色(见附录彩图)显示该区域内晶体学的〈001〉方向也就是晶粒的生长方向与截面法向平行,图 5－23(c)图显示其存在较强的织构。在这种情况下,假设 5M 马氏体在纤维中形成,则只有晶体学[100]和[001]平行于截面法向的变体能够形成,即大大降低了马氏体变体的数量,从而减少了变体之间的不协调性,增加了获得大的 MFIS 的可能性。这方面还需要后续更加详细及深入的研究。

5.2.4 熔体纺丝 Ni－Mn－Ga 纤维磁性能

本节以 Ni－Mn－Ga 制备态纤维为例进行介绍。典型的制备态纤维 NMG3 在马氏体状态下的磁化($M－H$)曲线如图 5－24 所示,根据 NMG3 纤维的马氏体相变温度,在 223 K 测试其磁化曲线以保证其处于马氏体状态。从图中可见,随着外加磁场的增加,纤维的磁化强度首先急剧增加,到达一定临界值后增加幅度变缓,这是典型的铁磁性合金磁化曲线特征。从图中可以发现,在磁化强度陡增区域存在一个曲线的拐点,此时对应的磁场为磁场诱导孪晶变体重取向(Magnetic-field-induced Variant Reorientation,MVR)的临界磁场 H^*。将曲线二阶求导后如图中虚线框中实线所示,显示 NMG3 纤维在 223 K 时 MIR 的临界磁场 H^* 为 4.5 kOe。H^* 的值随着温度的增加而下降,这与孪晶界运动临界应力随温度增加而降低有关。在测试最大磁场(50 kOe)下,纤维的最大磁化强度为 45.5 emu/g,没有达到饱和,这与制备态纤维在快速凝固过程中形成的低原子有序度有关。

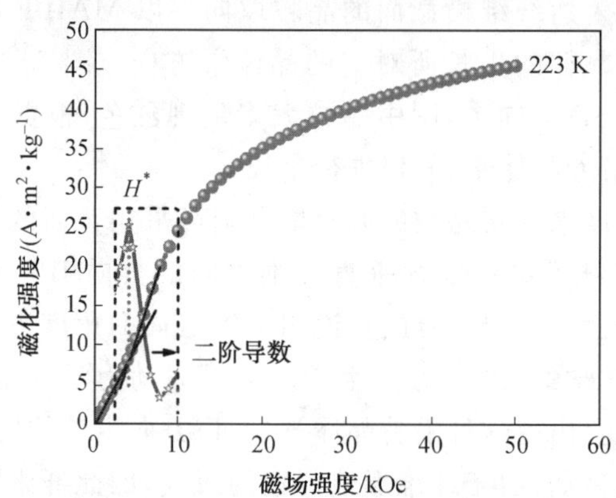

图 5－24　典型的制备态纤维 NMG3 在马氏体状态下的 $M－H$ 曲线

磁晶各向异性是 Ni－Mn－Ga 铁磁形状记忆合金的另一重要参数,决定磁场可作用在孪晶界上的力,即首先在强度一定的磁场(1 kOe)下通过两种不同的

旋转方式旋转样品 180°以上的角度，从磁化强度与旋转角度的关系曲线中找到磁化强度的极大值与极小值位置，也就是易磁化和难磁化的方向，然后在这两个方向下测试磁化曲线，两条磁化曲线之间包围的面积即为磁晶各向异性能。由于试样形状的影响，测试得到的磁化曲线需要进行退磁因子的校正，而磁化强度与旋转角度的关系只是为了寻找磁化的极值点，不需要进行校正。

5.3　有序热处理对熔体纺丝 Ni－Mn－Ga 纤维组织和性能的影响

化学有序化热处理是指在合金无序－有序转变温度附近进行充分保温退火，使得在制备过程中快速凝固而未占据正确格点的 Mn 和 Ga 原子能在该温度充分扩散，从而重新占据固溶体晶格中正确的位置，提高合金的有序度。热处理工艺中 998 K 和 973 K 保温2 h的目的是原子能够有充分的扩散，773 K 保温 20 h 为去应力退火，目的是使得快速凝固制备纤维过程中的内应力得到释放，并且减少缺陷。

5.3.1　有序热处理纤维组织结构及物相

根据研究需要，本节仅对 NMG1 和 NMG4 进行了该种化学有序化热处理，热处理前后纤维的成分对比见表 5－8，用字母“C”表示有序化状态。

如表 5－8 所示，纤维的成分为平均成分，平均成分和标准差取自 6 根纤维表面和 4 根纤维横截面的数据。由于在热处理过程中 Mn 颗粒的加入，Mn 的损失较少，反而 Ga 有少量的损失。当 Mn 元素含量不变时，Ga 元素含量的减少会导致相变温度的上升，这在后续相变温度的测试中得到了验证。在误差允许范围内，有序化前后的成分差别很小，并且成分标准差得到了降低，说明成分均匀性在有序化后得到了提高。

表 5－8　有序化热处理前后 Ni－Mn－Ga 纤维的成分对比

纤维	成分(原子数分数)/%					
	Ni	ΔNi	Mn	ΔMn	Ga	ΔGa
NMG1	49.9	0.3	28.6	0.5	21.5	0.5
NMG1C	50.1	0.2	28.5	0.3	21.4	0.3
NMG4	50.5	0.3	29.1	0.4	20.4	0.4
NMG4C	50.4	0.2	29.4	0.2	20.2	0.1

图 5－25 所示为有序化热处理前后纤维的 SEM 形貌。图 5－25(a)、(b)所示为 NMG1 纤维自由表面胞状晶形貌，1～5 μm 的胞状晶形态在有序化热处理前后没有发生改变。图 5－25(c)、(d)为 NMG1 纤维纵截面抛光照片，除了室温下有序化热处理纤维为马氏体，可观察到马氏体孪晶变体以外，晶粒的尺寸和分

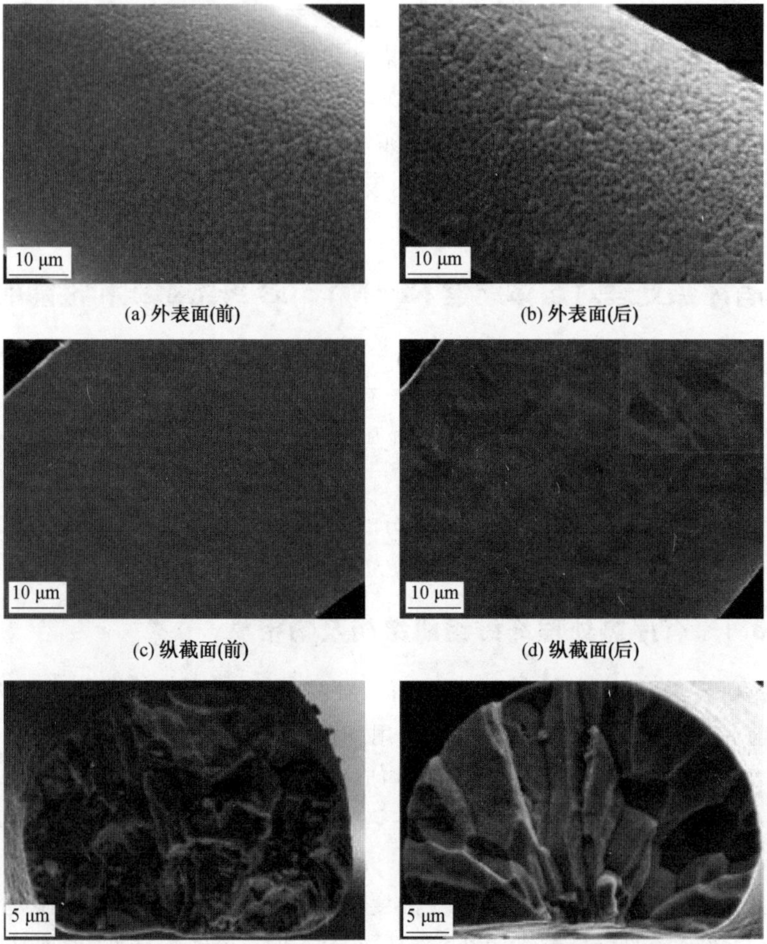

(a) 外表面(前)　　(b) 外表面(后)

(c) 纵截面(前)　　(d) 纵截面(后)

(e) 横截面(前)　　(f) 横截面(后)

图 5－25　有序化热处理前后 Ni－Mn－Ga 纤维的 SEM 形貌

布在有序化热处理前后基本相同。图 5－25(e)、(f)为 NMG4 纤维有序化热处理前后的断面形貌，图中可见纤维的晶粒分布与尺寸没有发生明显变化，但是有序化热处理后纤维倾向于沿晶断裂。综上所示，998 K 下进行有序化热处理由于温度较低，没有造成纤维晶粒的长大，但是一定程度上造成了晶界的弱化，导致沿晶断裂出现。

图 5－26 所示为有序化热处理前后 NMG1C 与 NMG4C 纤维的室温 XRD 曲线，分析结果显示两者在室温下分别为公度结构 5M 和非公度结构 7M 马氏体结构。由 XRD 分析得到有序化纤维的相结构和晶格参数见表 5－9。以 NMG1 为例分析有序化热处理前后纤维马氏体晶体结构的变化。如前文可知，室温下制备态 NMG1 纤维为立方 $L2_1$ 结构的奥氏体结构，晶格参数 $a=5.83$ Å。计算

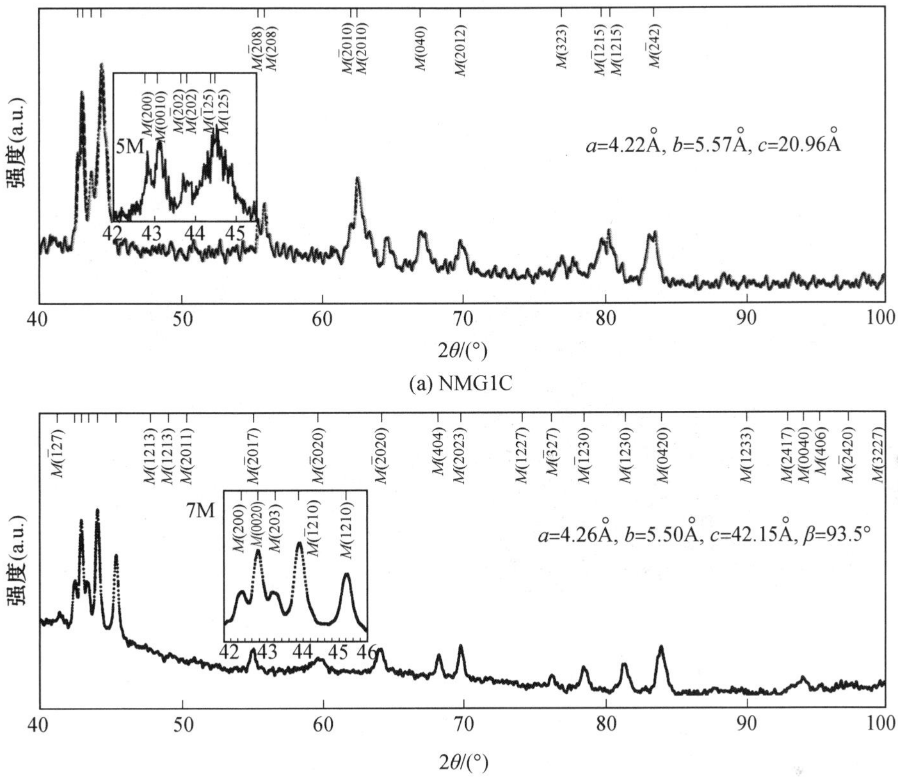

(a) NMG1C

(b) NMG4C

图 5－26　有序化热处理后 NMG1C 和 NMG4C 纤维的室温 XRD 曲线

得到 V_a＝12.38 Å^3。当降温至 263 K，纤维发生马氏体相变，生成非公度 7M 马氏体，晶格参数 a＝4.25 Å、b＝5.53 Å、c＝43.34 Å、β＝93.6°，计算得到 V_a＝12.41 Å^3。NMG1 纤维进行有序化热处理后，室温下纤维呈现 5M 马氏体结构，晶格参数 a＝4.22 Å、b＝5.57 Å、c＝20.96 Å，计算得到 V_a＝12.29 Å^3。

表 5－9　有序化纤维 Ni－Mn－Ga 的相结构和晶格常数

纤维	相结构	晶格常数						V_a/Å^3
		a/Å	b/Å	c/Å	α/(°)	β/(°)	γ/(°)	
NMG1C	室温 5M	4.22	5.57	20.96	90	—	90	12.29
NMG4C	室温 7M	4.26	5.50	42.15	90	93.5	90	12.32

图 5－27 所示为 288 K 下 NMG1 纤维有序化热处理前后的 TEM 形貌及 NMG1C 的电子衍射图。如图 5－27(b)所示，288 K 下 NMG1 为奥氏体与马氏体的混合组织，图中不仅可观察到奥氏体晶粒内部界面平直的马氏体孪晶组织，还可观察到晶粒内部大量的位错缺陷。而图 5－27(a)为 NMG1C 纤维 TEM 形

貌，马氏体孪晶片层清晰可见，电子衍射显示其为5M的马氏体结构，与XRD结果一致。图中实线所示为孪晶界，细小的孪晶片层可能与调制结构有关，虚线所示为90°磁畴界，畴界两侧的马氏体变体具有不同的取向。通过对比发现，有序化热处理后位错等缺陷密度得到了有效的减少。因此，有序化前后纤维马氏体 V_a 的差别，可以认为主要源自于有序化热处理后纤维内应力和制备缺陷的减少。

(a) 有序化态

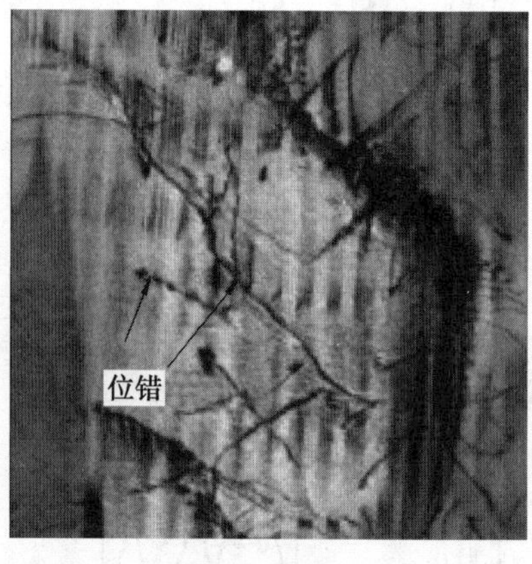

(b) 制备态

图 5－27　288 K下NMG1纤维有序化热处理前后的TEM形貌及NMG1C的电子衍射图

为了进一步研究有序化热处理后纤维内部结构，利用EBSD技术对纤维横截面和纵截面内部孪晶结构与取向进行研究，结果如图5－28所示。NMG1C纤维室温下为5M结构马氏体，以立方坐标系下5M马氏体结构标定纤维EBSD。图5－28(a)所示为以NMG1C纤维横截面法向IPF配色的EBSD取向图，与制备态横截面的MAIPF配色方案不同，因为此处关注的是纤维横截面内晶体学〈001〉方向与纤维轴向的取向关系。图5－28(b)为以纤维轴向IPF配色的NMG1C纵截面EBSD取向图。图中可见由于扫描范围较宽，扫描步长大于孪晶片层尺寸，在扫描范围内很难观察到孪晶形貌。

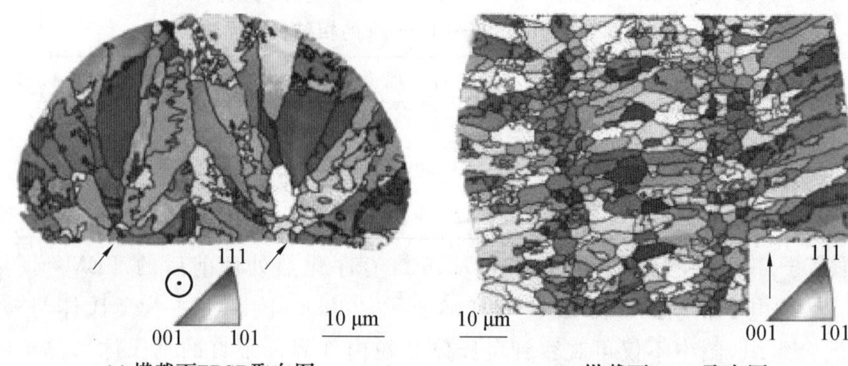

(a) 横截面EBSD取向图　　(b) 纵截面EBSD取向图

图 5－28　5M结构NMG1C纤维横/纵截面EBSD取向分布

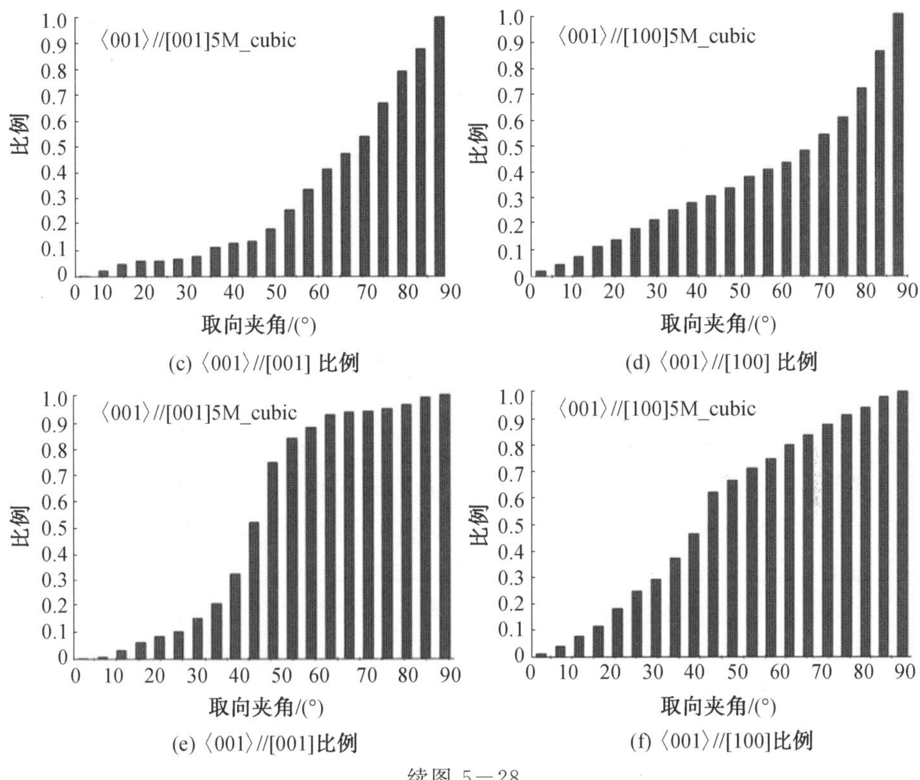

(c)〈001〉//[001] 比例　　(d)〈001〉//[100] 比例

(e)〈001〉//[001]比例　　(f)〈001〉//[100]比例

续图 5-28

虽然孪晶片层细，无法观察到整体的孪晶分布与片层形貌，但是根据 EBSD 取向图依然可以得到截面范围内纤维中特定晶体学取向与样品取向的关系。如图 5-28(c)、(e)所示为从图 5-28(a)中得到的 5M 马氏体晶体学〈001〉和〈100〉取向与截面法向(纤维轴向)的取向分布概率图，图中显示在横截面范围内，马氏体晶体学〈001〉取向与轴向取向差在[-45°,45°]范围内的概率小于 20%，而〈100〉(5M 结构〈010〉与〈100〉等价)与轴向取向差在[-45°,45°]范围内的概率大于 70%，说明图中横截面范围内 c 轴(〈001〉)更加倾向于沿着纤维径向而非轴向排列。如图 5-28(d)、(f)所示为从图 5-28(b)中得到的 5M 马氏体晶体学〈001〉和〈100〉取向与纤维轴向([100])的取向分布概率图，图中显示在纵截面范围内，马氏体晶体学〈001〉取向与轴向取向差在[-45°,45°]范围内的概率小于 35%，而〈100〉与轴向取向差在[-45°,45°]范围内的概率约 70%，同样说明图中横截面范围内 c 轴更加倾向于沿着纤维径向而非轴向排列。然而，这种方法得到的取向信息只是平面内的取向信息，并不能反映整个纤维内部孪晶的取向，若要得到完整的取向信息，需要将纤维逐层切片，分别进行 EBSD 分析，得到 3D 的取向信息，这一过程需要未来进一步的详细研究。然而，这种取向信息给了本节一个启示，即纤维中尽管马氏体变体细小，但是变体可以分为两类，一类是晶体学〈001〉方向与轴向取向差在[－45°,45°]范围的变体，该类变体使得 c 轴倾向于沿纤维轴向排列；另一类是〈001〉方向与轴向取向差在[45°,135°]范围，也就是〈100〉(〈010〉与〈100〉等同)与轴向取向差在[－45°,45°]范围的变体，该类变体使得 c 轴倾向于沿纤维径向排列。这样两类变体概括了多晶纤维中所有的变体，可以用这两种"统计平均"变体来分析纤维中马氏体的平均取向，以更加简便地解释纤维中的性能变化与组织变化的对应关系。这一概念在后续唯像模型的建立时会有更加详细的叙述。

5.3.2 有序化热处理纤维马氏体相变特征

1. Ni－Mn－Ga 纤维

本节介绍有序化热处理对 Ni－Mn－Ga 纤维马氏体相变特征的影响。文献中报道化学有序化热处理对纤维马氏体相变的影响主要与纤维的成分变化(包括 Mn 元素或者 Ga 元素的挥发以及成分的均匀化)、Ga 空位的集中、长程原子有序度的提高，以及缺陷和内应力的释放等方面有着密切的联系。图 5－29 所示为有序化热处理后 NMG1C 纤维升/降温过程中的 DSC 和 $M-T$ 曲线，为了进行有序化热处理前后 $M-T$ 曲线的对比，将磁化强度进行归一化处理，其中 M_0 为 $M-T$ 曲线中磁化强度的最大值。与制备态纤维的 DSC 曲线不同，有序化热处理后纤维的 DSC 曲线可观测到铁磁－顺磁相变的热焓变化，对 DSC 升/降温曲线磁相变附近进行一阶微分求导，即得到了 T_C 值。由图 5－29(b)$M-T$ 曲线对比发现，T_C 附近的尖锐的峰在有序化热处理后不再出现，说明有序化热处理使得快速凝固过程中形成的内应力与强的磁弹性之间的交互作用得到了缓解。图中还可以发现降温过程中开始发生马氏体相变时磁化强度有一个陡降过程，原因是低对称性的马氏体拥有很大的磁晶各向异性，在相同的外场作用下较奥氏体更难发生磁化，因此磁化强度较低。

根据纤维的 DSC 与 $M-T$ 曲线，总结得到 NMG1C 纤维的马氏体相变信息，见表 5－10。与图 5－14 进行对比发现，马氏体相变温度在有序化热处理后向高温方向移动，M_s 为 317 K，使得室温下为马氏体结构，这也解释了图 5－26(d)中的 NMG1C 纤维马氏体孪晶片层结构。表 5－10 所示 NMG1C 纤维的相变温度属于典型的调制结构马氏体应属于的相变温度范围，并且其相变焓值显示其属于第二类马氏体范围。升/降温过程相变焓值稍有差别，这种差别主要与马氏体相变过程中声子发射过程有关。

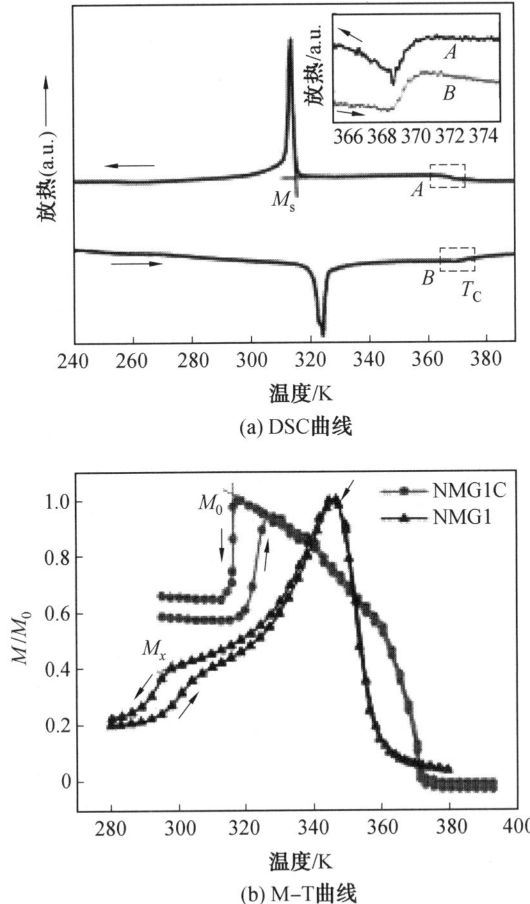

(a) DSC曲线

(b) M-T曲线

图 5－29　有序化热处理后 NMG1 纤维升/降温过程中的 DSC 和 $M-T$ 曲线

表 5－10　NMG1C 纤维的马氏体相变信息

纤维	测试方法	A_s/K	A_f/K	M_s/K	M_f/K	T_C/K	滞后	$Q_{冷却}$ /(J·g^{-1})	$Q_{加热}$ /(J·g^{-1})
NMG1C	DSC	321.8	325.9	316.0	311.7	367.5	10.6	－5.5	4.5
	VSM	316.9	325.5	317.9	315.8	371.8	1.1	—	—

根据表 5－10 和图 5－29 的 DSC 结果可知，马氏体相变及其逆相变过程相变宽度由制备态 NMG1 纤维的 20.4 K 和 21.0 K 下降至有序化态 NMG1C 纤维的 4.3 K 和 4.1 K。研究表明，这种相变宽度下降的现象不仅与热处理后的成分均匀化有关，还与内应力的释放有关。在制备态纤维中，内应力的存在有利于形成择优取向的马氏体变体，这一过程会形成更多的存储的弹性应变能，从而需要

更多的过冷度去完成相变，进而提高相变过程的宽度。

相变滞后(峰值相变温度差$|A_p - M_P|$)由 NMG1 的 12.2 K 降至 NMG1C 的 10.6 K，这一现象与两个能量损耗过程有关：一方面，相变过程存储的弹性应变能会随着马氏体－奥氏体相界面处的应变松弛或者界面经过位错或沉淀相而损耗；另一方面，为了克服相界面移动时的阻力需要克服摩擦力做功，从而造成摩擦损耗。这两部分能量的耗散都会导致马氏体相变过程中滞后的提高。研究表明，有序化热处理之后，纤维中这两部分损耗都会因为内应力以及缺陷的减少而降低。由于相变过程中，存储的弹性应变能的存在会随着外加应力或者内应力的增加而增加，这部分存储的弹性应变能即是逆相变的驱动力。因此在制备态纤维中，存在的内应力会增加相变过程存储的弹性应变能，从而成为逆相变的驱动力而减小滞后值，然而内应力和缺陷的存在又增加了相界面移动过程中存储的弹性应变能的损耗而使得滞后增加。而在有序化纤维中，内应力与缺陷的消除使得相变过程中存储的弹性应变能的损耗减少，因此，即使存储的弹性应变能也较少，但是最终依然有较制备态纤维多的存储弹性应变能驱动逆相变，从而降低相变滞后。另外，内应力与缺陷的减少也降低了摩擦损耗，从而降低了有序化纤维的相变滞后。

另外，有序化处理后用两种方法得到的 T_C 分别为 367.5 K 和 371.8 K，均高于制备态纤维 360.4 K，说明有序化热处理有效地提高了纤维的磁性能。

降温过程相变生成的马氏体在有序化前后发生了改变。基于纤维相变过程参数，接下来从热力学的角度解释这一现象。首先，根据文献报道纤维在发生从奥氏体到马氏体的相变过程中的体积自由能变化 ΔG_v 可表示为

$$\Delta G_v = \frac{Q\Delta T}{T_0} \tag{5.4}$$

式中 Q——相变过程中的焓变；

T_0——两相间的理论相变温度；

ΔT——相变过程的过冷度，可以用$(T_0 - M_P)$表示，并且近似等于$(A_p - M_P)/2$，其中 M_P 和 A_p 为相变过程峰值温度。

因此，式(5.4)可表述为

$$\Delta G_v = Q\frac{A_p - M_P}{A_p + M_P} \tag{5.5}$$

结合表 5－10 可知，奥氏体向 7M 或者 5M 转变的过程中，两者具有相当的相变焓 Q，并且$(A_p - M_P)$的值与$(A_p + M_P)$的值相比非常小。因此，ΔG_v 的值主要取决于$(A_p + M_P)$的高低，将数据代入式(5.5)，计算得到结果如下：

$$\Delta G_v^{P\to 7M} < \Delta G_v^{P\to 5M} < 0 \tag{5.6}$$

式中 P——母相奥氏体。

式(5.6)表明相变过程中 7M 马氏体相比于 5M 马氏体拥有更低的自由能，即 7M

马氏体比 5M 马氏体更稳定，因此无论发生马氏体相变或者逆相变过程，拥有 7M 马氏体的纤维应该具有更高的相变温度。然而在本节的研究过程中发现了与其完全相反的现象，这也与制备态纤维中较高的内应力有关，由于 7M 马氏体较 5M 马氏体稳定，7M 马氏体可以由 5M 马氏体通过外加应力发生相变而得到，因此制备态纤维较高的内应力在相变过程中提供给了形成 7M 马氏体的驱动力。经过有序化热处理后，内应力得到了释放，从而在相变过程中只形成了 5M 马氏体。

2. Ni－Mn－Ga－Fe 纤维

(1)Fe 对有序化热处理后纤维 MT 温度的影响。

图 5－30 所示为热处理后 $Ni_{50}Mn_{25}Ga_{25-x}Fe_x$（$x$＝1～6）纤维的 DSC 曲线，$x$＝1～6成分的相变温度均测出，说明热处理后相变温度较制备态有所提高。由图可见，与制备态纤维相同，在加热和冷却过程中，均只存在一个吸热和放热峰，表明该组纤维的马氏体相变均为一步热弹性马氏体相变，相变温度跨度大，同样说明该类纤维的马氏体相变温度对成分的敏感性很大。具体相变温度、相变滞后和相变焓信息见表5－11。

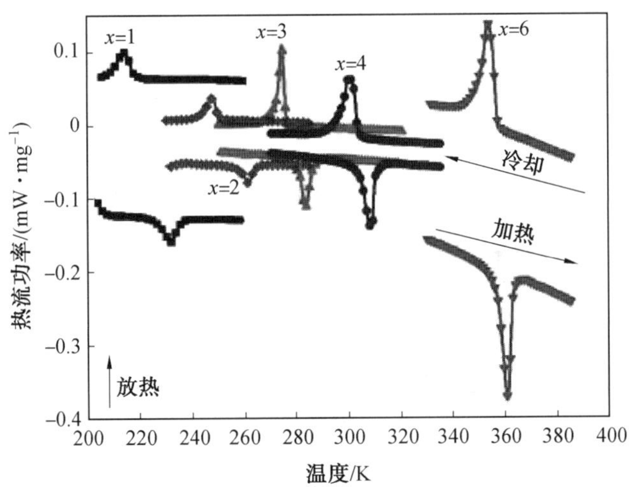

图 5－30 热处理后 $Ni_{50}Mn_{25}Ga_{25-x}Fe_x$（$x$＝1～6）纤维的 DSC 曲线

表 5－11 热处理态 $Ni_{50}Mn_{25}Ga_{25-x}Fe_x$ 纤维相变温度、相变滞后、相变焓信息

Fe	A_s /K	A_f /K	A_p /K	M_s /K	M_f /K	M_P /K	T_0 /K	T'_0/K	(A_p-M_P) /K	$Q_{冷却}$ /(J·g^{-1})	$Q_{加热}$ /(J·g^{-1})
x＝1	230	233.38	231.8	221	218.5	214.1	227.2	224.3	17.7	2.632	2.298
x＝2	257.1	268.5	262.2	254.7	246.4	248.2	261.6	251.8	14	1.8	1.518

续表5－11

Fe	A_s /K	A_f /K	A_p /K	M_s /K	M_f /K	M_P /K	T_0 /K	T_0'/K	(A_p-M_P) /K	$Q_{冷却}$ /(J·g^{-1})	$Q_{加热}$ /(J·g^{-1})
$x=3$	281.4	288.6	284	282.5	271.7	274.9	285.6	276.6	9.1	4.274	3.657
$x=4$	304	311.6	309	311	298	300.7	311.3	301	8.3	6.266	5.697
$x=5$	311.2	331.1	333	323.2	304	325	327.2	307.6	8	3.692	3.433
$x=6$	354	363.4	361.1	361.4	350.4	353.6	362.4	352.2	7.5	10.76	9.638

图 5－31 所示为 Fe 含量对热处理 $Ni_{50}Mn_{25}Ga_{25-x}Fe_x$ 纤维马氏体相变温度的影响。按照临界温度下降的程度，根据 Wayman 描述的分类，$x<3$ 时，具有 $A_f>A_s>T_0>T_0'>M_s>M_f$ 特征，$M_s<T_0'$ 此时合金的马氏体相变应属于第一类马氏体相变；随着 Fe 含量的增多 $x>3$ 时，具有 $A_f>T_0>M_s>A_s>T_0'>M_f$ 的特征，$M_s>T_0'$。即 Fe 掺杂使马氏体相变的类型发生了转变。类似地，在保持 Ni 和 Ga 相对原子数分数不变的情况下，采用 Fe 取代 Mn 元素，合金的马氏体正逆相变温度（M_s、M_f、A_s、A_f）均随着 Fe 原子数分数的增加而类线性升高。Fe 原子数分数从 1%增加到 6%，相变温度升高了 140.4 K，在热处理后的 $Ni_{50}Mn_{25}Ga_{25-x}Fe_x$（$x=1\sim6$）纤维中，相变温度的升高率为

$$\frac{\Delta T}{\mathrm{Fe}}=\left|\frac{T_6-T_1}{\mathrm{Fe}_6-\mathrm{Fe}_1}\right|=\left|\frac{361.4-221}{6-1}\right|=28.1\ (\mathrm{K}/\%) \tag{5.7}$$

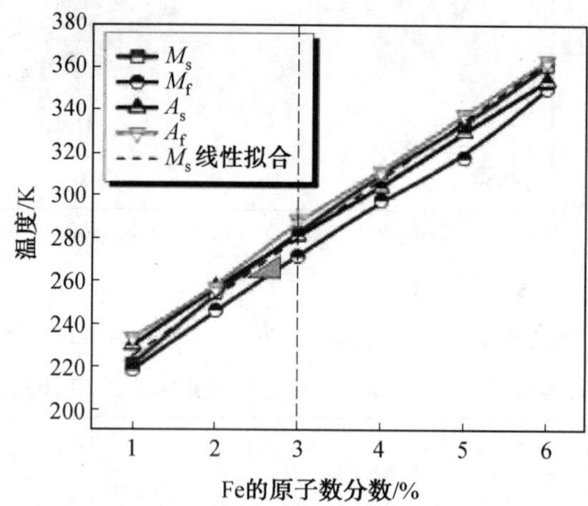

图 5－31　Fe 含量对热处理 $Ni_{50}Mn_{25}Ga_{25-x}Fe_x$ 纤维马氏体相变温度的影响

即在热处理后，当 Fe 元素取代 Ga 元素时，Fe 元素的原子数分数每增加 1%时其 MT 温度升高了 28.1 K，合金的马氏体相变温度随 Fe 原子增加而发生剧烈

变化，与制备态纤维相变温度的升高率相比趋势略微缓慢。

同时分析马氏体相变温度与 Ni－Mn－Ga－Fe 纤维成分的关系，并考虑到 Fe 含量升高马氏体相变类型的改变，将马氏体相变温度与成分的经验表达式也划分为两个区域：

$x \leqslant 3$ 时

$$M_s = -49.87x_{Ni} + 57.75x_{Mn} + 47.75x_{Ga} + 76.8x_{Fe} \tag{5.8}$$

$x > 3$ 时

$$M_s = -0.944x_{Ni} + 11.85x_{Mn} - 1.32x_{Ga} + 20.2x_{Fe} \tag{5.9}$$

式中　x_{Mn}、x_{Ga}、x_{Fe}——Mn、Ga 和 Fe 元素在合金中的原子数分数。

观察两式发现，Fe 的原子数分数系数是相对较大的，故 Fe 含量可以大幅调整相变温度，通过该式可以大致估算热处理后不同马氏体相变类型四元合金的 M_s。

图 5－32 所示为价电子浓度（e/a）对热处理后 $Ni_{50}Mn_{25}Ga_{25-x}Fe_x$ 纤维马氏体相变温度的影响，由图可见，随着电子浓度的升高，纤维的马氏体相变温度单调升高。类似于制备态纤维情况，Fe 掺杂有序化热处理后纤维相变温度与价电子浓度的经验公式为

$$M_s(\mathrm{K}) = 705(e/a) - 5\ 113 \tag{5.10}$$

与制备态纤维的经验公式相对比，发现有序化后相变温度随电子浓度的升高系数更为接近三元合金的变化趋势。

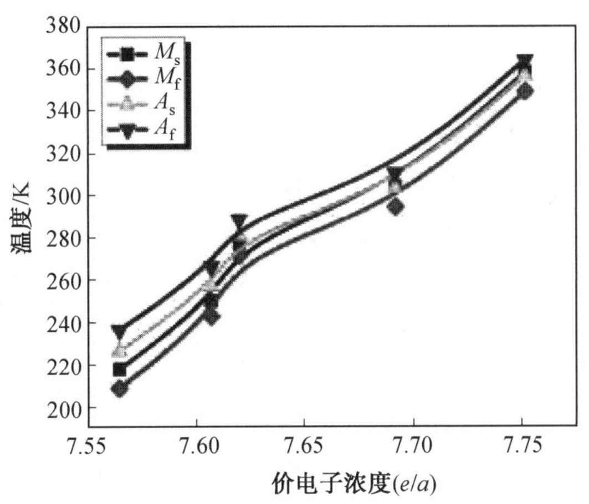

图 5－32　价电子浓度（e/a）对热处理后 $Ni_{50}Mn_{25}Ga_{25-x}Fe_x$ 纤维马氏体相变温度的影响

（2）有序化热处理态纤维的相变滞后与相变焓。

图 5－33 所示为 Fe 含量对热处理后 $Ni_{50}Mn_{25}Ga_{25-x}Fe_x$ 纤维相变滞后的影

响，发现 Fe 含量越高相变温度越高，相变滞后递减，尝试将其进行拟合，发现其与 Fe 原子数分数的 1/2 次幂成反比，即

$$\Delta T = 17.8 X_{Fe}^{-1/2} \tag{5.11}$$

图 5－33 插图为热处理前后相变滞后的差值与 Fe 含量的关系，分析表明，热处理后相变滞后平均减少了 1.5 K，分析原因是热滞后来源于相界面推移过程中的摩擦，退火后晶粒不断长大，内部的缺陷越来越少，内应力减小，相界面摩擦能也减小，相变过程中所要克服的界面摩擦所耗的能量减小，导致热滞后变小，表明退火可以降低相变所需的热驱动力，使材料的热弹性相变性质越来越完善。

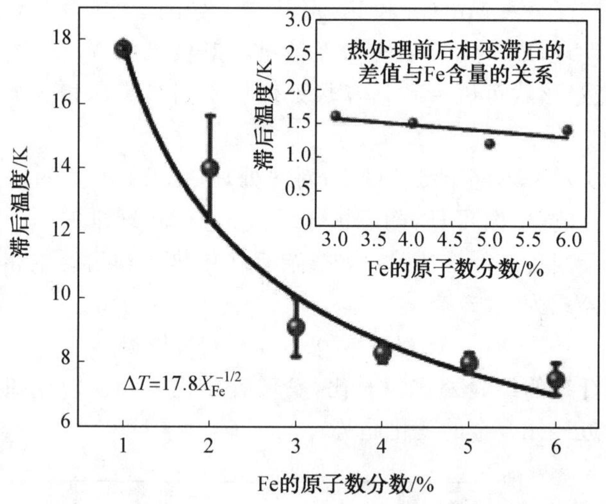

图 5－33　Fe 含量对热处理后 $Ni_{50}Mn_{25}Ga_{25-x}Fe_x$ 纤维相变滞后的影响

图 5－34 所示为 Fe 含量对热处理后 $Ni_{50}Mn_{25}Ga_{25-x}Fe_x$ 纤维相变焓的影响，对相变过程焓变进行计算发现热处理后纤维的相变焓也比制备态的有所提高，这与热处理后相变温度提高有关，按照相变温度与相变焓的关系尝试将其分为以下三类：$x<2$ 时，$\Delta H\approx 2$ J/g，且相变温度远低于室温，属于第一类马氏体相变；$3<x<4$，ΔH 在5 J/g左右，相变温度居于室温左右，属于第二类马氏体相变；$5<x<6$，$\Delta H>8$ J/g，相变温度远高于室温，属于第三类马氏体相变。

(3)相变温度变化的微观机制。

通常认为有三种因素影响 Heusler 型合金马氏体的相变温度：①基体中电子浓度的变化；②原胞尺寸；③析出相。经上述分析表明掺杂 Fe 元素后的 Ni－Mn－Ga 合金的 $L2_1$ 型晶体结构稳定性同晶体内的导电电子浓度密切相关。

从能带理论的 Fermi－Sommerfeld 电子理论的自由电子模型来分析，每一个电子的运动可以被近似看作是独立的(近自由电子近似)，具有一系列确定的本征态，这样一种单电子近似描述的系统宏观态就可以由电子在这些本征态间

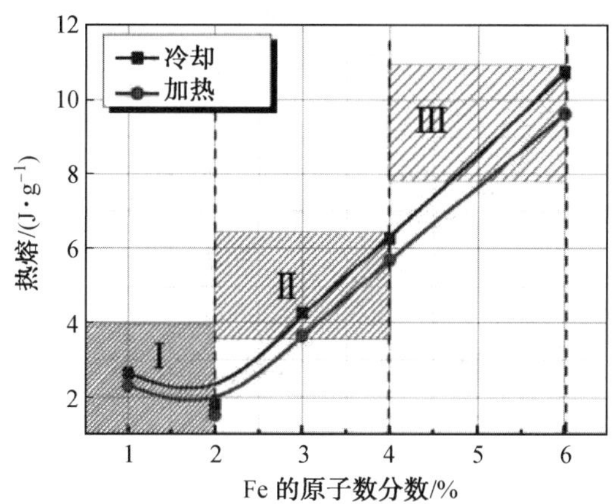

图 5－34 Fe 含量对热处理后 $Ni_{50}Mn_{25}Ga_{25-x}Fe_x$ 纤维相变焓的影响

的统计分布来描述。对于系统的平衡态，量子自由电子学说认为自由电子的状态服从 Fermi－Driac 的量子统计规律。金属中自由电子的能量是量子化的，构成准连续谱。具有能量为 E 的状态被电子占据的概率为 $f(E)$，其被归结为确定的费米分布函数

$$f(E)=\frac{1}{\exp\left(\frac{E-E_F}{k_B T}\right)+1} \tag{5.12}$$

式中 E_F——费米能；

k_B——玻耳兹曼常数；

T——热力学温度，K。

当 $E=E_F$ 时，$f(E)=1/2$；

当 $E\gg E_F+k_B T$ 时，$f(E)\approx 0$；

当 $E\ll E_F+k_B T$ 时，$f(E)\approx 1$。

表明当 $T\to 0$ K 时，费米面是 k 空间中占有电子与不占有电子区域的界面；当 $T\neq 0$ K 时，大部分电子分布在费米面内，且能量都小于 E_F，只有极少数电子位于费米面上。如果缩小费米面，由 Fermi－Driac 的量子统计规律，各个电子的能量就会降低，必然会引起整个系统的能量降低，那么系统就会处于一个比较稳定的状态。

根据 Hume－Rothery 等的理论，在一定的电子/原子比例下，当费米面同(110)布里渊区接触时，晶体的周期结构能稳定存在。从能带理论角度看，当电子浓度达到临界值时，费米面接触布里渊区的边界时，这时从电子的占有状态来看，费米面之上的电子就有可能跃迁到布里渊区的角落，使系统的能量急剧增

加，而为了降低自由能，点阵会发生畸变，这样就会形成一个新的布里渊区来容纳那些高能量电子。当 Ni 和 Mn 原子数分数恒定不变时，增加 Fe 含量，合金的价电子浓度会随之增加，从而导致晶体内的导电电子数增加，致使费米面与布里渊区边界发生交叠。根据电子/原子的比例不同，晶格参数会在周期的方向上出现变化，对应的晶体结构不稳定，使得马氏体相变温度升高。

另外，尺寸因素也是影响 SMAs 马氏体相变温度的因素之一，前已述及，Ga 和 Fe 的原子半径分别为 1.81 Å 和 1.72 Å，价电子数分别为 3 和 8，在纤维中用小半径和高价电子数的 Fe 原子取代 Ga 原子时，会引起晶胞体积的收缩和电子浓度 e/a 的升高，从而使合金的马氏体相变温度升高。此外，在该合金系中 XRD、SEM 和 TEM 均未见析出相，因此可以认为 MT 温度的升高是电子浓度升高和晶胞体积收缩两者共同作用的结果。

对比制备态与有序化热处理后纤维的相变温度，发现原子有序排列后会提高相变温度，可能原因归结为：①如 Mn 元素在退火过程中的损失或者是 Ga 原子空位的聚集等成分上的改变导致的相变温度的变化；②微观结构上的变化，比如在快速凝固中形成的缺陷、成分不均匀等现象在退火后被消除，导致了相变温度的提高。此外，原子有序化程度的提高和内应力的释放使得晶格的剪切变形变得容易而有利于马氏体相变的发生，从而提高了合金的相变温度。

5.3.3 有序化热处理纤维磁性能

1. Ni－Mn－Ga 纤维

为对比有序化热处理前后 NMG1 纤维磁性能的差异，在相同温度水平（$M_s - T_{test}$）下测试纤维马氏体状态磁化曲线，结果如图 5－35 所示。

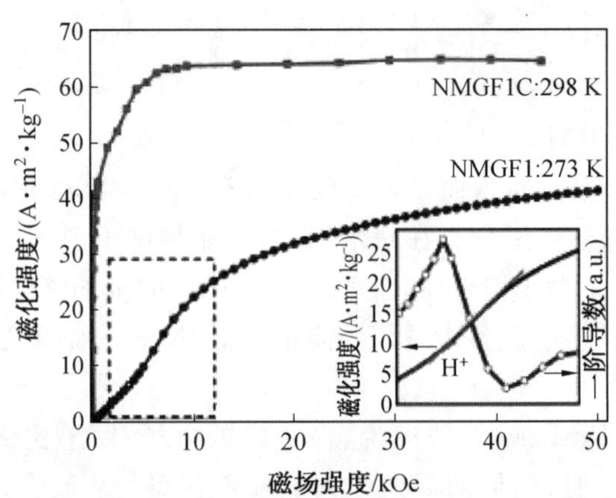

图 5－35　有序化热处理前后 NMG1 纤维磁化曲线

磁化曲线对比结果显示，在相同温度水平下，有序化热处理之后纤维的饱和磁化强度得到了显著的提高，由 40 (A·m^2)/kg 上升到 64 (A·m^2)/kg，并且有序化态纤维的饱和磁场强度为 7 kOe，而制备态纤维直至 50 kOe 也并未达到饱和，这与制备态 NMG3 纤维的磁化曲线结果一致。饱和磁化强度的提高和饱和磁场强度的降低均证明纤维磁性能的提高。

Ni－Mn－Ga 合金磁性能的提高取决于合金的有序化程度，主要是固溶体中 Mn 原子的正确占位，正确占位的 Mn 原子使得 Mn－Mn 原子外层电子的发生交互作用而提高合金铁磁性。因此，试验结果显示有序化热处理确实起到了使纤维发生原子有序化的效果，从而大大提高了纤维的磁性能。另外，与制备态纤维发生斜率变化的起始磁化阶段不同(NMG1 纤维 H^* 约为 4.5 kOe)，有序化热处理后纤维的磁化曲线在 0.5 kOe 以下快速上升，然后在 7 kOe 左右即达到磁化饱和。这表明有序化处理之后纤维的磁晶各向异性得到了提高，因此 MIR 过程可能出现在非常低的磁场，即孪晶界可在更低的磁场下运动。图 5－36 所示为 NMG1C 纤维在 280 K 下的马氏体相磁滞回线，结果显示纤维几乎没有磁滞现象产生。文献报道热处理后低饱和磁场强度和高饱和磁化强度即为合金内应力得到释放以及缺陷得到消除的一种表现。因此，有序化热处理后 NMG1C 纤维饱和磁化强度的提高以及饱和磁场强度的降低即证明了纤维中内应力的减少。

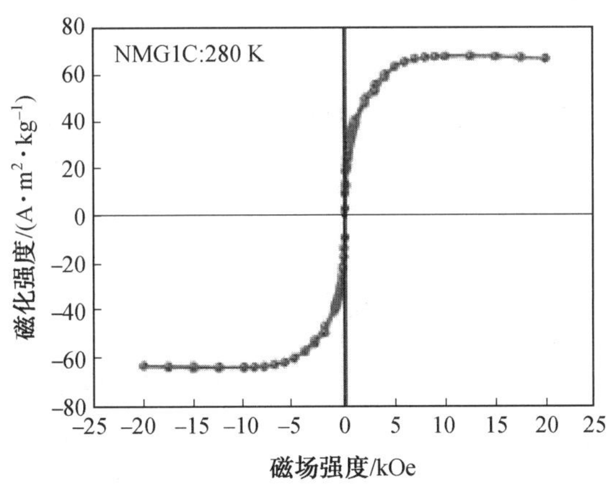

图 5－36　NMG1C 纤维在 280 K 下的马氏体相磁滞回线

2. Ni－Mn－Ga－Fe 纤维

选取热处理后 NMGF6 纤维的两个特征方向：纤维的长度方向和垂直于纤维的方向($H_{/\!/}$ 和 $H_{\perp}$)，室温下磁场在这两个方向上分别测试磁滞回线，经退磁因子修正后，如图 5－37 所示。对比垂直和平行磁场方向的磁滞回线可以看出，

沿着纵向的磁滞回线(平行于纤维)具有高的初始磁化率,在较低磁场下 9 kOe 下迅速达到饱和,高场下的饱和磁化值略低于垂直方向 6.3%,插图给出铁磁体在平行和垂直纤维方向上的矫顽力分别是 96 Oe 和 17.5 Oe,垂直方向高于平行方向。综上对比两个方向的曲线得出结论:与垂直方向相比,平行于纤维方向显示低的磁晶各向异性,表现出易磁化的特征。

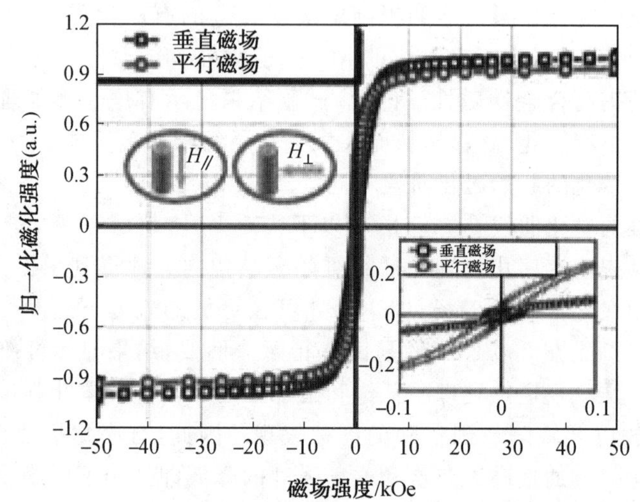

图 5－37　热处理后 NMGF6 纤维平行磁场和垂直磁场方向的磁滞回线

5.4　晶粒长大热处理对 Ni－Mn－Ga－X 纤维组织和性能的影响

5.4.1　晶粒长大热处理工艺

本节希望通过晶粒长大热处理得到少晶或者竹节状晶粒形态的 Ni－Mn－Ga 纤维,从而减少晶界对孪晶界运动的阻碍,并且通过训练处理得到可产生较大的 MFIS 的纤维。因此,本节主要系统研究 Ni－Mn－Ga 纤维晶粒长大的热处理工艺的影响因素,并获得最优的工艺参数。

将 Ni－Mn－Ga 纤维放入石英管中通入一定 Ar 保护气氛,在 1 273 K 下保温 1 h,即可使得纤维中的晶粒发生长大,1 273 K 处理 1 h 的 NMG1 纤维 SEM 形貌如图 5－38 所示。

由图 5－38 可见,在热处理条件下纤维中的晶粒得到了有效的长大,纤维直径范围内拥有 1～2 个晶粒。纤维表面可看到明显的马氏体孪晶,说明室温下纤

维已处于马氏体状态。然而从图中可见纤维在晶界处发生开裂，这一现象与晶界处成分损失以及相变过程变形不协调有关。纤维从晶粒长大降温的过程中，到达马氏体相变温度时，即会发生马氏体相变，然而由于不同晶粒相变形成的马氏体具有不同的取向，因此相变过程会造成晶界处变形不协调。另外，由于元素在晶界处挥发，因此晶界处结合强度降低，进而不同晶粒由于马氏体变体取向的不同就会在晶界处发生不协调开裂。沿晶界断裂较为严重的情况下，纤维即会断裂，如图中中间晶粒的形态，这种情况虽然不利于多晶 MFIS 的获得，但是将该种单晶颗粒在磁场下定向排列于树脂集体中，也可能在树脂基复合材料中获得较大的 MFIS。总之，保证晶界的结合强度对于在多晶 Ni－Mn－Ga 纤维中获得 MFIS 至关重要。

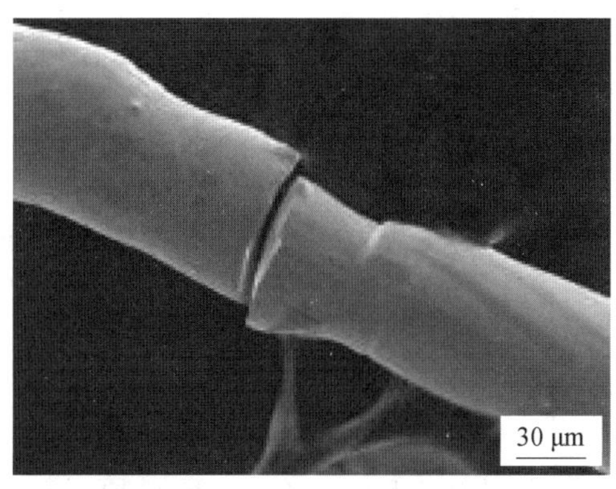

图 5－38　1 273 K 处理 1 h 的 NMG1 纤维 SEM 形貌

在优化晶粒长大热处理工艺参数的过程中，主要考虑的参数包括氧化、元素挥发等因素。要保证高温下纤维不发生氧化，高真空度或者惰性气体保护气氛均可以达到目的。考虑到纤维在降温马氏体过程中各晶粒中的马氏体取向不同的问题，可设计在应力作用下进行热处理，从而使得降温过程中马氏体变体择优取向，减少变形不协调性。另外，元素的挥发可以通过在高温下增加石英管中气压的方式实现。综上所述，设计增加真空石英管中充入 Ar 气体的量，一方面 Ar 气体可以起到防止氧化以及提高气压防止元素挥发的作用；另一方面，Ar 气氛在高温下气压增加，还可以起到向纤维四周施加压力的作用。因此，设计试验判断气压的变化对热处理结果的影响，选择 0 atm、0.1 atm、0.3 atm 和 0.5 atm①4 个气压，对纤维进行 1 273 K 下 3 h 的热处理。由于温度的变化，根据普适气体定律 $PV=nRT$，压强会随着温度增加，从 297 K 到 1 273 K 大约增加 4 倍，因此

① 1 atm＝101.325 kPa。

在高温下，气压分别为 0 atm、0.4 atm、1.2 atm 和 2 atm，观察气压的存在对纤维晶粒长大过程的影响。

为保证结果的一致性，取 6 根纤维，将每根纤维分成 4 段，分别用于不同气压下的热处理工艺研究，热处理完成对不同纤维分别进行 EDS 成分分析，并将结果与制备态纤维进行对比。0 atm 下纤维发生了较为严重的氧化与成分挥发。将制备态、0.1 atm 和 0.5 atm 下热处理后 Mn 的原子数分数进行对比，结果如图5－39所示。

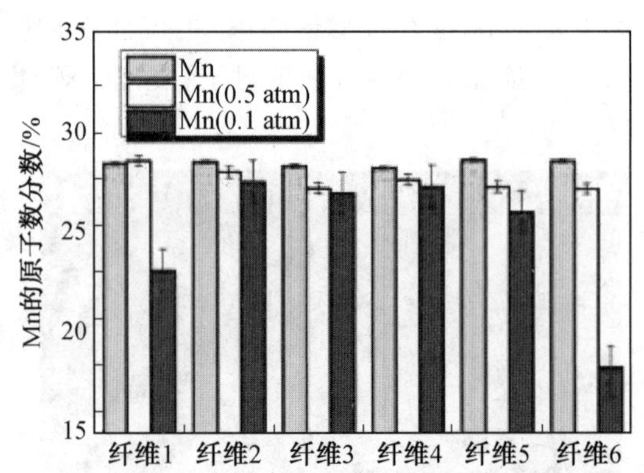

图 5－39　不同 Ar 气压状态热处理后 NMG1 纤维 Mn 的原子数分数

结果显示 0.1 atm 下，纤维 1 与纤维 6 中 Mn 的原子数分数显著下降，纤维 2～5中 Mn 的原子数分数也发生了不同幅度的减小，Mn 元素的大量损失将严重影响纤维的性能，因此 0.1 atm 的 Ar 保护气氛无法满足试验的要求。0.5 atm 情况下，纤维 2～6 中 Mn 元素成分有不同程度的损失，但是损失幅度较小，并且可能会由于 Ga 元素的挥发，纤维 1 中 Mn 的原子数分数略高于制备态值。基于此试验结果，继续提高 Ar 气压至 1 atm，然而结果显示太高的 Ar 气氛抑制了晶粒的长大。因此，选择 0.5 atm 的 Ar 气氛进行后续试验的研究。

考虑到 Ar 的加入会在一定程度上抑制晶粒的生长，因此选择不同的保温温度和保温时间来优化热处理工艺参数，0.5 atm Ar 气氛下不同热处理温度及时间下 NMG1 纤维晶粒形态如图 5－40 所示。

图 5－40(a)和(b)分别为 NMG1 纤维 1 273 K 下处理 3 h 和 12 h 的结果，对比发现时间的延长并没有使得纤维中的晶粒长大成竹节晶的形态。图 5－40(c)为 NMG1 纤维 1 323 K 下处理 3 h 后的 SEM 形貌，结果显示了热处理后 NMG1 纤维呈典型的竹节晶形态，证明相比于延长热处理时间，热处理温度的提高能够更有效地使得纤维中的晶粒发生充分长大。将 NMG2 纤维同样进行1 323 K下 3 h 热处理，结果如图 5－40(d)所示，同样得到竹节晶的形态。然而，由于不同纤

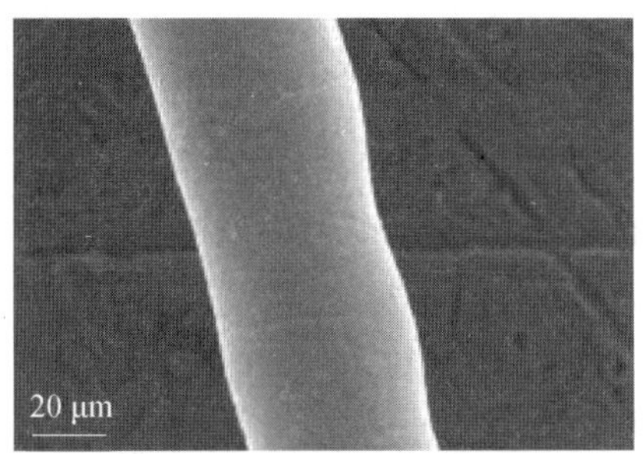

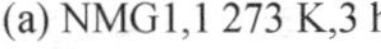

(a) NMG1,1 273 K,3 h

20 μm

(b) NMG1,1 273 K,12 h

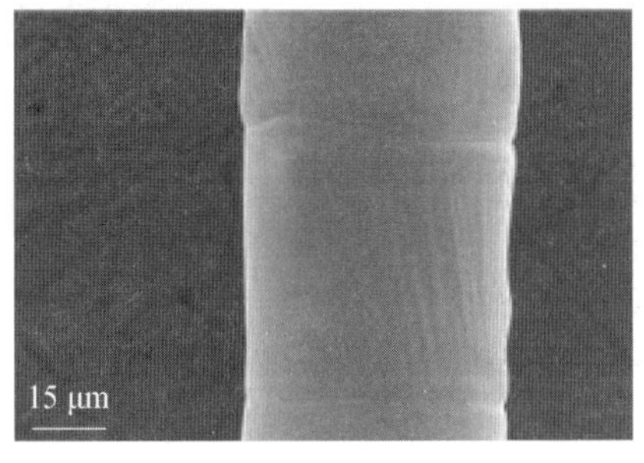

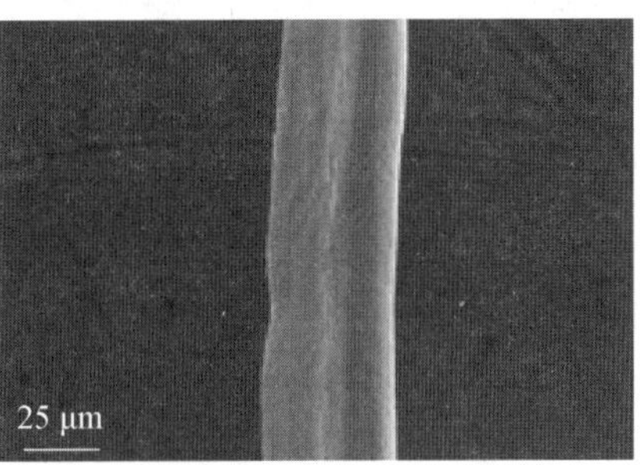

(c) NMG,1 323 K,3 h

(d) NMG2,1 323 K,3 h

图 5－40　0.5 atm Ar 气氛下不同热处理温度及时间下 NMG1 纤维晶粒形态

维之间存在成分与尺寸的差别,因此晶粒长大的激活能也不同,很多情况下部分位置出现三叉晶界后就很难再发生长大,因此完全竹节晶形态的纤维结构很难达到,热处理优化的结果只能保证提高纤维中竹节晶部分的比例,从而达到降低孪晶界运动临界应力的结果。

对 NMG2 纤维 1 323 K 下 3 h 热处理后纤维的成分进行 EDS 分析,结果见表 5－12。热处理前后纤维成分变化很小,Ga 元素在纤维表面相对于制备态原子数分数有 0.4%的损失,然而 Mn 元素虽然成分均匀性稍有降低(标准差 ΔMn 从 0.3 上升到 0.4 和 0.5),但平均成分基本没有发生改变。两者的结果导致 Ni 元素稍有上升,热处理后纤维相变温度会上升。

表 5－12　1 323 K/3 h 热处理前后 NMG2 纤维成分

纤维	测试位置	成分(原子数分数)/%					
		Ni	ΔNi	Mn	ΔMn	Ga	ΔGa
NMG2	平均	50.6	0.4	28.8	0.3	20.6	0.4
NMG2A1323/3 h/0.5 atm	内部	50.9	0.1	28.6	0.4	20.5	0.3
	外部	51.0	0.4	28.8	0.5	20.2	0.4

5.4.2 少晶态纤维晶粒形态及界面

图 5－41 所示为少晶态 NMG1 纤维 SEM 形貌(NMG1A1273/3 h/0.5 atm)。与制备态纤维形貌相比,纤维晶粒发生了明显的长大,纤维直径范围内拥有 1～3 个晶粒。热处理后纤维表面与横截面可见粗大的马氏体孪晶片层结构,图 5－41(a)可见马氏体孪晶片层跨越了整个纤维直径,单层孪晶片层厚度可达 6 μm;图 5－41(b)中孪晶片层止于晶界,片层厚度随晶粒尺寸的长大而长大。

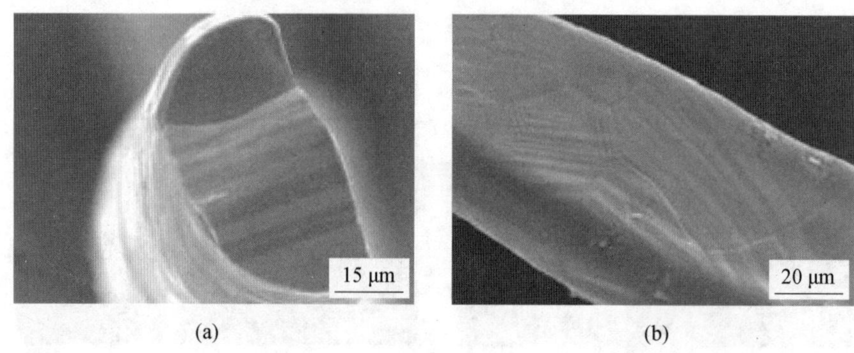

图 5－41 少晶态 NMG1 纤维(NMG1A1273/3 h/0.5 atm)SEM 形貌

通过 EBSD 技术研究了竹节晶(NMG2A1323/3 h/0.5 atm)与少晶态(NMG1A1273/3 h/0.5 atm)纤维的晶粒形态与取向,结果分别如图 5－42 和图 5－43所示,两者均是采用样品法向 IPF 配色的 EBSD 取向图,图中晶粒的颜色根据其取向着色。图 5－42 显示纤维中晶粒均贯穿直径,晶粒之间界面平直清晰,晶粒沿纤维轴向尺寸在 30～60 μm 之间。根据各晶粒的颜色可知相邻晶粒之间具有较大的取向差,说明纺丝法制备得到的纤维中产生的织构在热处理之后没有得到继承,因此在后续的试验过程中需要采用训练等方法降低相邻晶粒中马氏体变体的取向差,减小变体数量,为获得 MFIS 奠定基础。

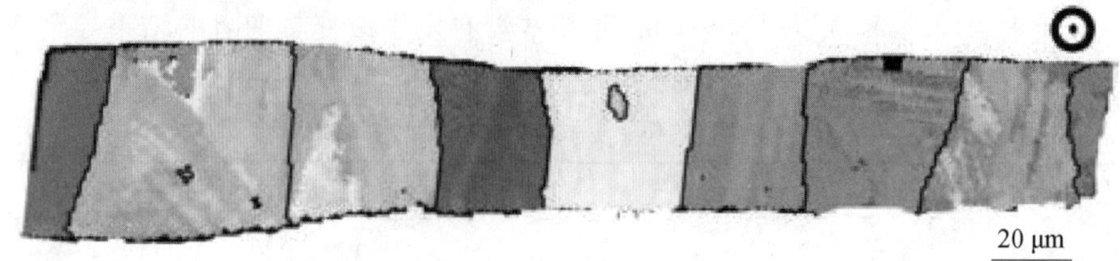

图 5－42 竹节晶 NMG2 纤维(NMG2A1323/3 h/0.5 atm)EBSD 图谱

图 5－43 显示纤维右侧分布有大量的三叉晶界,截面范围内纤维径向分布有 1～2 个晶粒,未达到竹节晶状态,晶粒之间界面平直清晰。未贯穿纤维径向的晶粒尺寸较小,沿轴向尺寸约为十几到三十几微米,而贯穿纤维径向的晶粒尺

寸较大，扫描范围内最大的晶粒尺寸达到 70 μm 以上。三叉晶界处晶粒之间取向较为一致，但是与左侧晶粒之间取向差别较大，因此该种纤维中要获得较大的 MFIS 也需要进行有效的训练。

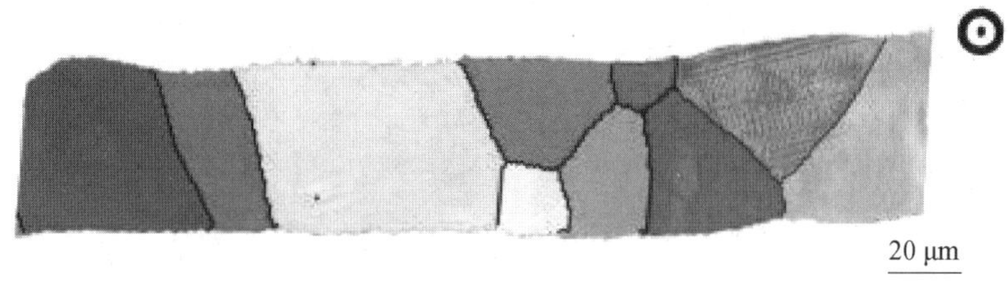

图 5－43　少晶态 NMG2 纤维（NMG1A1273/3 h/0.5 atm）EBSD 图谱

晶界特性对少晶纤维的机械性能有至关重要的影响。图 5－44 所示为少晶纤维（NMG2A1323/3 h/0.5 atm）跨越晶界 EDS 面扫描图谱，从图中可见 Mn 元素成分在晶界处稍有损失，说明 Mn 元素在晶界处存在少量挥发损失现象。结果显示 Ni 与 Ga 元素在整个扫描范围内分布均匀。这一结果证明了界面弱化应与 Mn 元素的挥发有关，Mn 元素的挥发使得界面处外表面存在一定的凹陷，即晶界处产生一个应力集中，使得加载时在晶界处优先断裂，从而弱化了纤维的机械性能。

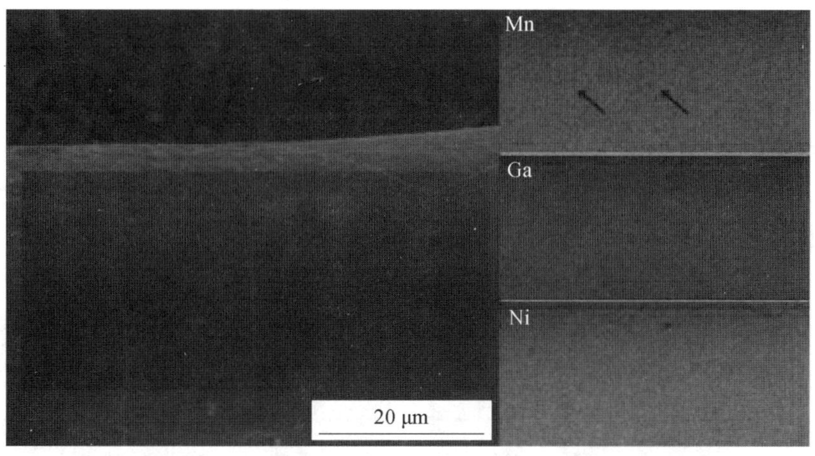

图 5－44　少晶纤维（NMG2A1323/3 h/0.5 atm）跨越晶界 EDS 面扫描图谱

Mn 元素的挥发导致晶界弱化的现象主要体现在纤维表面，为研究纤维内部晶界结合，本节利用 FIB 技术在纤维（NMG2A1323/3 h/0.5 atm）晶粒 A 与晶粒 B 的晶界处切取样品，晶粒位置 SEM 图像如图 5－45(a)所示。样品 TEM 微观形貌与电子衍射结果如图 5－45(a)所示。图中分界面即为晶粒 A 与晶粒 B 的晶界，界面清晰且结合良好。晶粒 A 中所示平行条纹为变体内部次级孪晶结构，显示出明显的调制结构马氏体的特征。晶粒 B 处孪晶结构较为模糊，但是电子衍射表明其为 5M 马氏体结构。

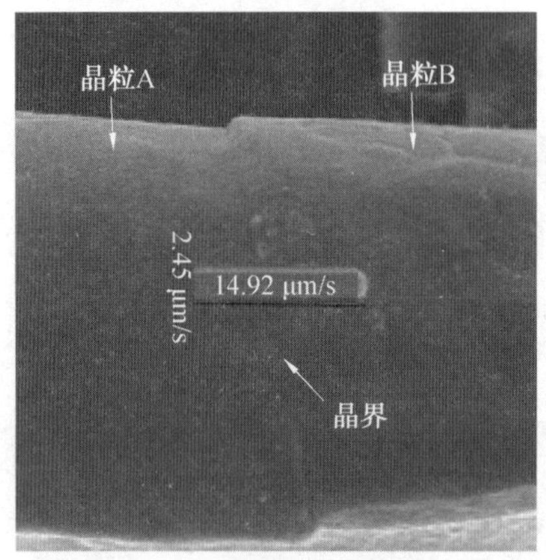

(a) 晶粒位置SEM图像

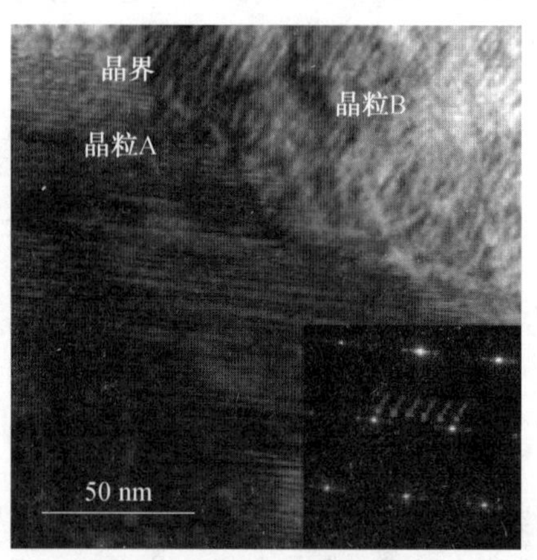

(b) 晶界处TEM明场像

图 5－45　少晶 NMG2 纤维界面特征研究（NMG2A1323/3 h/0.5 atm）

5.4.3　少晶态纤维晶粒组织结构及物相

为研究晶粒长大后晶粒中马氏体的组织结构特征，利用 FIB 技术在纤维（NMG2A1323/3 h/0.5 atm）单个晶粒处切取样品，减薄后进行 TEM 观察。图 5－46(a)所示为低倍 TEM 下该晶粒的整体形貌，图中观察到界面平直的孪晶片层，片层厚度较为均匀。将区域放大，高倍相及衍射形貌如图 5－46(b)所示，与有序化态纤维相比（图 5－46(a)），片层结构更加均匀、清晰和规则。图中 90°磁

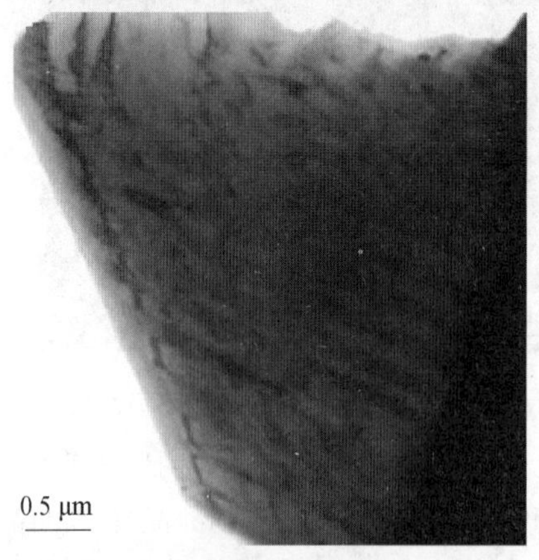

(a) 低倍TEM形貌

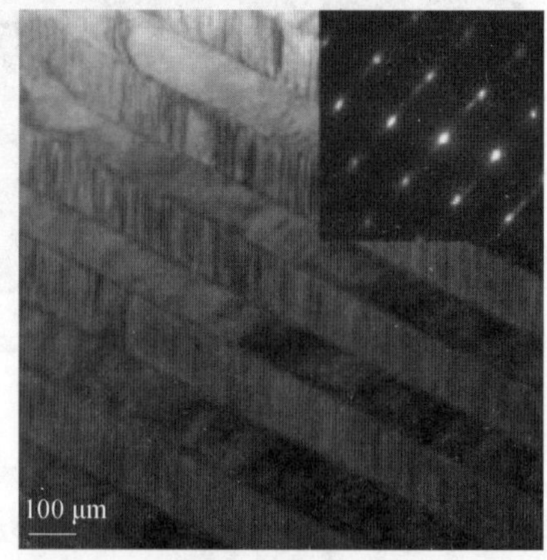

(b) 高倍像及衍射形貌

图 5－46　单个晶粒 NMG2 纤维 TEM 孪晶形貌及相应电子衍射信息（NMG2A1323/3 h/0.5 atm）

畴界清晰可见，畴界两侧为取向不同的马氏体变体，由图可见该晶粒中仅存在两种取向的变体，说明晶粒长大热处理减少了单个晶粒中马氏体的变体数量。由于制备样品太薄，电子衍射斑点被拉长，因此无法得到清晰的结构信息。

为得到晶粒长大后纤维(NMG2A1323/3 h/0.5 atm)的马氏体结构信息，对纤维进行了室温 XRD 分析，结果如图 5－47 所示。图中上框线上分别标注有 5M 马氏体与 7M 马氏体的 XRD 峰位信息，将其与纤维室温 XRD 谱线进行对比发现纤维在室温下为 5M 马氏体与 7M 马氏体的混合组织。

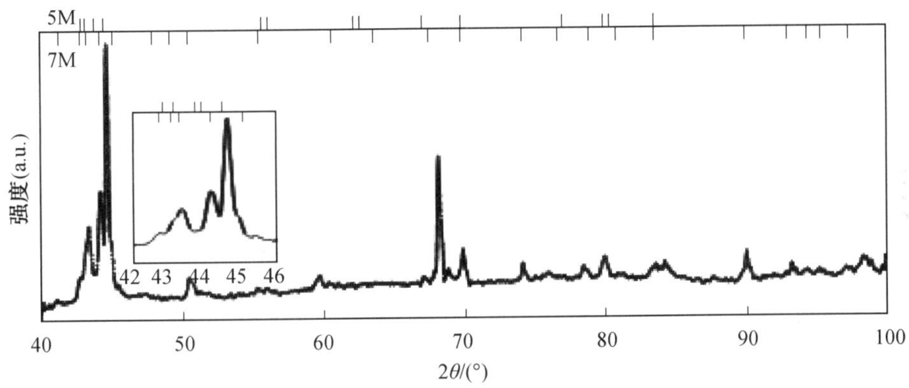

图 5－47　少晶态 NMG2 纤维(NMG2A1323/3 h/0.5 atm)室温 XRD 分析

5.4.4　少晶态纤维马氏体相变特征

晶粒长大后纤维在室温下均为马氏体结构，因此晶粒长大热处理使得马氏体相变温度得到了提高，为研究晶粒长大后纤维的马氏体相变特征，以 NMG1A1273/3 h/0.5 atm 少晶态纤维为例进行说明。图 5－48 所示为少晶态 NMG1 纤维在 0.05 kOe 和 0.28 kOe 下的 $M-T$ 曲线，为进行更好的比较，将磁化强度进行归一化处理。在降温过程中，曲线中可以观察到明显的顺磁－铁磁转变(T_C以及奥氏体－马氏体结构相变(M_s))。

从图中可见，在两种磁场下，T_C 与 M_s 的取值结果相同，分别为 353 K 和 370 K。这一结果表明晶粒长大热处理后纤维的马氏体相变温度较有序化热处理(M_s 为 317.9 K)后明显增加，T_C 与有序化热处理(T_C 为 371.8 K)后相当。如前所述，纤维在晶粒长大处理后成分变化并不非常严重，因此马氏体相变温度的提高除了与成分变化有关外，还与热处理后内应力与缺陷的进一步消除有关。纤维 T_C 与有序化热处理后相当，体现了晶粒长大热处理后伴随的有序化热处理达到了提高纤维磁性能的效果。从图中还可以看到，在 0.05 kOe 下降温 $M-T$ 曲线由于马氏体磁晶各向异性较高而出现的磁化强度下降的现象，而 0.28 kOe 下这种现象即消失，这说明在很小的磁场下马氏体即可达到磁化饱和，进一步证

明了磁性能的提高。

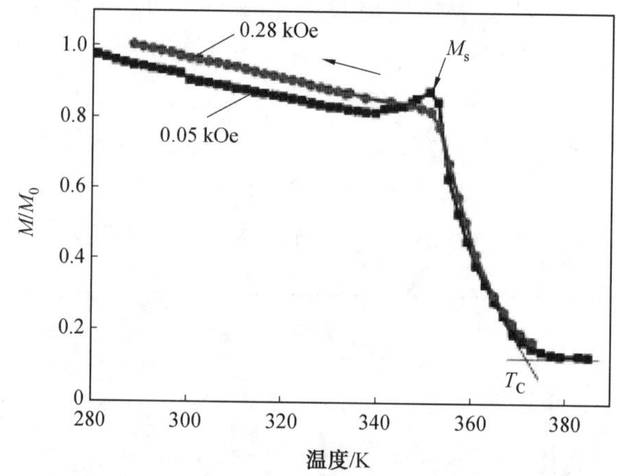

图 5－48　少晶态 NMG1 纤维(NMG1A1273/3 h/0.5 atm)在 0.05 kOe 和 0.28 kOe 下的 $M-T$ 曲线

本节通过高温 EBSD 技术研究了少晶纤维同一个三叉晶界位置的奥氏体以及与之对应的马氏体形貌及取向特征，以纤维轴向 IPF 配色的 EBSD 取向图如图 5－49 所示，图中晶粒的颜色根据其取向着色。

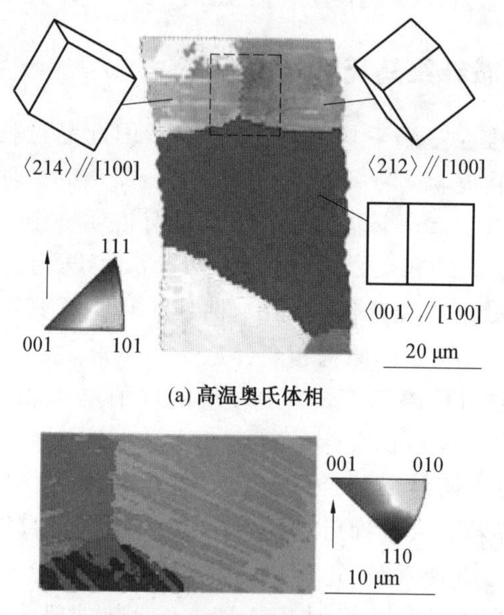

图 5－49　少晶态 NMG1 纤维(NMG1A1273/3 h/0.5 atm)三叉晶界处高(低)温 EBSD(见附录彩图)

图 5－49(a)为 373 K 下纤维奥氏体的晶粒形貌特征，图中所示上部分三个晶粒与纤维轴向的取向关系，其中红色晶粒即为易磁化轴〈001〉沿着纤维轴向[100]排列的现象，〈001〉//[100]。由此可见，此三叉晶界处三个晶粒之间取向差较大。对室温下相同区域的马氏体结构进行 EBSD 分析，采用 5M 马氏体结构标定，图 5－49(a)中黑色虚线框中区域如图 5－49(b)所示。从马氏体变体的颜色可以看出，每个原始奥氏体晶粒内部主要由两种不同取向的马氏体变体交替分布。Cong 等报道若是在有局部过高内应力的情况下，EBSD 取向图中变体的颜色将会有深浅的变化，而如图 5－49(b)所示，变体颜色均一，说明没有局部内应力过高现象产生。另外，由图 5－49(b)可见孪晶片层厚度在微米量级，与有序化纤维相比有了明显的长大。

本章参考文献

[1] QIAN M F, ZHANG X X, WEI L S, et al. Effect of chemical ordering annealing on martensitic transformation and superelasticity in polycrystalline Ni-Mn-Ga microwires [J]. Journal of Alloys and Compounds, 2015, 645: 335-343.

[2] QIAN M F, ZHANG X X, WEI L S, et al. Structural, magnetic and mechanical properties of oligocrystalline Ni-Mn-Ga shape memory microwires [J]. Materials Today: Proceedings, 2015, 2S: S577-S581.

[3] QIAN M F, ZHANG X X, WEI L S, et al. Microstructural evolution of Ni-Mn-Ga microwires during the melt-extraction process [J]. Journal of Alloys and Compounds, 2016, 660: 244-251.

[4] 钱明芳. Ni－Mn－Ga 记忆合金纤维组织结构及热驱动/磁热特性[D]. 哈尔滨：哈尔滨工业大学，2016.

[5] CHERNENKO V A, CESARI E, KOKORIN V V, et al. The development of new ferromagnetic shape-memory alloys in Ni-Mn-Ga system[J]. Scripta Materialia, 1995, 33(8): 1239-1244.

[6] RIGHI L, ALBERTINI F, VILLA E, et al. Crystal structure of 7M modulated Ni-Mn-Ga martensitic phase [J]. Acta Materialia, 2008, 56(16): 4529-4535.

[7] TAHA M A, ELMAHALLAWY N A, ABDELGAFFAR M F. Geometry of melt-spun ribbons [J]. Materials Science and Engineering A, 1991, 134: 1162-1165.

[8] WANG H, XING D, WANG X, et al. Fabrication and characterization of melt-extracted Co-based amorphous wires [J]. Materials Science and Engineering A,2011,42A(4):1103-1108.

[9] NAGASE T,KINOSHITA K,UMAKOSHI Y. Preparation of Zr-based metallic glass wires for biomaterials by arc-melting type melt-extraction method [J]. Materials Transactions,2008,49(6):1385-1394.

[10] BAIK N I,CHOI Y,KIM K Y. Fabrication of stainless steel and aluminum fibers by PDME method [J]. Journal of Materials Processing Technology, 2005,168(1):62-67.

[11] BENNETT J C,HYATT C V,GHARGHOURI M A,et al. In situ transmission electron microscopy studies of directionally solidified Ni-Mn-Ga ferromagnetic shape memory alloys [J]. Materials Science and Engineering A,2004,378:409-414.

[12] ZHANG X X, QIAN M F, ZHANG Z, et al. Magnetostructural coupling and magnetocaloric effect in Ni-Mn-Ga-Cu microwires [J]. Applied Physics Letters,2016,108(5):52401.

[13] JIANG C B, FENG G, GONG S K, et al. Effect of Ni excess on phase transformation temperatures of NiMnGa alloys [J]. Materials Science and Engineering A,2003,342:231-235.

[14] MARCOS J,MANOSA L,PLANES A,et al. Multiscale origin of the magnetocaloric effect in Ni-Mn-Ga shape-memory alloys [J]. Physical Review B,2003,68:094401.

[15] WaNG J,BAI H,JIANG C,et al. A Highly plastic $Ni_{50}Mn_{25}Cu_{18}Ga_7$ high-temperature shape memory alloy [J]. Materials Science and Engineering A,2010,527(7-8):1975-1978.

[16] LI P, WANG J, JIANG C. Magnetic field-induced inverse martensitic transformation in NiMnGaCu alloys [J]. Journal of Physics D,2011(44): 285002.

[17] 刘艳芬. $Ni_{50}Mn_{25}Ga_{25-x}Fe_x$ 形状记忆合金纤维的相变行为及性能研究[D]. 哈尔滨:哈尔滨工业大学,2015.

[18] LI J Q,LIU Z H,YU H C,et al. Martensitic transition and structural modulations in the heusler alloy Ni_2FeGa [J]. Solid State Communications, 2003,126(6):323-327.

[19] BENNETT J C,HYATT C V,GHARGHOURI M A,et al. In situ transmission electron microscopy studies of directionally solidified Ni-Mn-Ga

ferromagnetic shape memory alloys [J]. Materials Science and Engineering A,2004,378(1-2):409-414.

[20] WANG W,REN X,WU G. Martensitic microstructure and its damping behavior in $Ni_{52}Mn_{16}Fe_8Ga_{24}$ single crystals [J]. Physical Review B,2006,73(9):092101-092104.

[21] SARKAR S,REN X B,OTSUKA K. Evidence for strain glass in the ferroelastic-martensitic system $Ti_{50-x}Ni_{50+x}$[J]. Physical Review Letters,2005,95(20):205702.

[22] BENNETT J C,HYATT C V,GHARGHOURI M A,et al. In situ transmission electron microscopy studies of directionally solidified Ni-Mn-Ga ferromagnetic shape memory alloys [J]. Materials Science and Engineering A,2004,378(1-2):409-414.

[23] WANG W,REN X,WU G. Martensitic microstructure and its damping behavior in $Ni_{52}Mn_{16}Fe_8Ga_{24}$ single crystals [J]. Physical Review B,2006,73(9):092101-092104.

[24] RAO N V R,GOPALAN R,CHANDRASEKARAN V,et al. Microstructure,magnetic properties and magnetocaloric effect in melt-spun Ni-Mn-Ga ribbons [J]. Journal of Alloys and Compounds,2009,478(1-2):59-62.

[25] XU H B,LI Y,JIANG C B. Ni-Mn-Ga high-temperature shape memory alloys [J]. Materials Science and Engineering A,2006,438-440:1065-1070.

[26] KANOMATA T,MURAKAMIA S,KIKUCHIA D,et al. Magnetic properties of Ni-Mn-Fe-Ga ferromagnetic shape memory alloys [J]. International Journal of Applied Electromagnetics and Mechanics, 2008, 27(2008):215-224.

[27] HECZKO O, SVEC P, JANICKOVIC D, et al. Magnetic properties of Ni-Mn-Ga ribbon prepared by rapid solidification [J]. IEEE Transactions on Magnetics,2002,38(5):2841-2843.

[28] ZHOU X, KUNKEL H, WILLIAMS G, et al. Phase transitions and the magnetocaloric effect in Mn rich Ni-Mn-Ga Heusler alloys [J]. Journal of Magnetism and Magnetic Materials,2006,305(2):372-376.

[29] LIU Y F,ZHANG X X,XING D W,et al. Martensite transformation and magnetic properties of $Ni_{50}Mn_{25}Ga_{25-x}Fe_x$ ferromagnetic microwires for application in microdevices [J]. Physica Status Solidi A,2015,212(4):855-861.

[30] LIU Y F,ZHANG X X,XING D W,et al. Martensite transformation and

superelasticityin polycrystalline Ni-Mn-Ga-Fe microwires prepared by melt-extraction technique [J]. Materials Science and Engineering A, 2015, 636:157-163.

[31] WAYMAN C M. Introduction to the crystallography of martensitic transformations[M]. London: Macmillan, 1964.

[32] SOTO D, HERNÁNDEZ F, FLORES-ZIGA H, et al. Phase diagram of Fe-doped Ni-Mn-Ga ferromagnetic shape-memory alloys [J]. Physical Review B, 2008, 77(18): 184103.

[33] GLAVATSKYY I, GLAVATSKA N, SDERBERG O, et al. Transformation temperatures and magnetoplasticity of Ni-Mn-Ga alloyed with Si, in, Co or Fe [J]. Scripta Materialia, 2006, 54(11): 1891-1895.

[34] CHERNENKO V A. Compositional instability of β-phase in Ni-Mn-Ga alloys [J]. Scripta Materialia, 1999, 40(5): 523-527.

[35] GAITZSCH U, CHULIST R, WEISHEIT L, et al. Processing routes toward textured polycrystals in ferromagnetic shape memory alloys [J]. Advanced Engineering Materials, 2012, 14(8): 636-652.

[36] GUTIERREZ J, BARANDIARAN J M, LAZPITA P, et al. Magnetic properties of a rapidly quenched Ni-Mn-Ga shape memory alloy [J]. Sensors and Actuators A-Physical, 2006, 129: 163-166.

[37] 从道永. 新型 Ni－Mn－Ga 磁致形状记忆合金的晶体结构与微结构研究[D]. 沈阳:东北大学, 2008.

[38] RIGHI L, ALBERTINI F, PARETI L, et al. Commensurate and incommensurate "5M" modulated crystal structures in Ni-Mn-Ga martensitic phases [J]. Acta Materialia, 2007, 55(15): 5237-5245.

[39] 刘艳芬, 刘晓华, 马霖, 等. 有序化热处理对 Ni－Mn－Ga－Fe 形状记忆纤维的影响[J]. 中国有色金属学报, 2018, 28(4): 749-757.

[40] SANCHEZ-ALARCOS V, RECARTE V, PEREZ-LANDAZABAL J I, et al. Correlation between atomic order and the characteristics of the structural and magnetic transformations in Ni-Mn-Ga shape memory alloys [J]. Acta Materialia, 2007, 55(11): 3883-3889.

[41] ALBERTINI F, BESSEGHINI S, PAOLUZI A, et al. Structural, magnetic and anisotropic properties of Ni_2MnGa melt-spun ribbons [J]. Journal of Magnetism and Magnetic Materials, 2002, 242(2): 1421-1424.

[42] DA SILVA E P. Calorimetric observations on an NiTi alloy exhibiting two-way memory effect [J]. Materials Letters, 1999, 38(5): 341-343.

[43] HAMILTON R F,SEHITOGLU H,CHUMLYAKOV Y,et al. Stress dependence of the hysteresis in single crystal NiTi alloys [J]. Acta Materialia,2004,52(11):3383-3402.

[44] JIANG C,MUHAMMAD Y,DENG L,et al. Composition dependence on the martensitic structures of the Mn-rich NiMnGa alloys [J]. Acta Materialia,2004,52(9):2779-2785.

[45] 田莳. 材料物理性能[M]. 北京:北京航空航天大学出版社,2004.

[46] SMIT J. Magnetism in Hume-Rothery alloys [J]. J Phys F:Metal Phys,1978,8:2139.

[47] FENG Y,SUI J H,CHEN L,et al. Martensitic transformation behaviors and magnetic properties of Ni-Mn-Ga rapidly quenched ribbons [J]. Materials Letters,2009,63(12):965-968.

[48] AYUELA A,ENKOVAARA J,ULLAKKO K,et al. Structural properties of magnetic Heusler alloys [J]. Journal of Physics-Condensed Matter,1999,11(8):2017-2026.

[49] LIU Y F,ZHANG X X,XING D W,et al. Magnetocaloric effect(MCE)in melt-extracted Ni-Mn-Ga-Fe Heusler microwires [J]. Journal of Alloys and Compounds,2014,616:184-188.

第 6 章
铁磁形状记忆合金纤维的性能

本章重点介绍 Ni-Mn-Ga 合金纤维的功能特性，包括超弹性、磁感生应变、磁热性能，分析磁-结构耦合状态，以及 Cu 和 Fe 掺杂对纤维磁热性能的影响，最后给出纤维的阻尼特性。

Ni－Mn－Ga－X 铁磁形状记忆合金因其拥有热驱动形状记忆效应(SME)和超弹性性能(SE)、磁感生应变特性(MFIS)、阻尼特性、磁热特性(MCE)等多种功能特性而受到广泛关注。然而众所周知，Ni－Mn－Ga 大块合金的本征脆性使其只能在压缩条件下研究力学特性，并且极易发生沿晶断裂而使样品遭到破坏。本章制备得到的 Ni－Mn－Ga－X 纤维由于快速凝固制备过程中形成的细小晶粒及内应力，因此纤维发生沿晶断裂倾向减弱，并由其一维特性在拉伸条件下研究纤维中马氏体相变和孪晶界运动变成可能。由于热处理对纤维的组织结构及相变特性有显著的影响，因此，结合纤维的内在结构特征研究热处理对其 SME、SE 以及训练过程的影响对研究该种材料的综合性能有重大的意义。另外，一维纤维材料可以增加比表面积，降低相变滞后和磁滞后，并且可在制冷机中增加与制冷液体的接触面积，促进散热，是一种潜在的磁制冷工质。本章主要对 Ni－Mn－Ga－X 合金纤维的热驱动和磁热特性等进行系统介绍，同时简单介绍 Ni－Mn－Ga－X 合金纤维的其他功能特性。

6.1　Ni－Mn－Ga 纤维的超弹性

本节以热处理前后 NMG1 纤维为例说明有序化热处理对纤维 SE 性能的影响。由于不同纤维之间成分会有少许差别而使得相变温度有差异，因此首先采用温度阻尼谱(1 K/min)确定两种纤维的相变温度，结果如图 6－1 所示。采用切线法得到制备态纤维的相变温度分别为 M_s＝287.7 K，M_f＝277.2 K，A_s＝294.4 K，A_f＝305.8 K；有序化热处理后纤维的相变温度分别为 M_s＝309.9 K，M_f＝300.8 K，A_s＝316.6 K，A_f＝334.4 K。该结果与 NMG1 有序化热处理前后的 DSC 和 VSM 结果吻合较好(表 5－3 和表 5－7)。根据纤维的相变温度，选择制备态纤维 SE 测试温度为 288 K、291 K、293 K、296 K、298 K、301 K、303 K 和 306 K，有序化态纤维为 310 K、313 K、315 K、318 K、320 K、323 K。为了表述方便，一致采用测试温度 T_{test} 与 M_s 的差来表述纤维的测试温度，即 $T_{test}-M_s\approx$ 0 K、3 K、5 K、8 K、10 K、13 K 和 15 K。

有序化热处理前后纤维在不同温度下的 SE 曲线如图 6－2 所示。从图中可以看出，纤维的脆性较大块多晶明显降低，293 K 时，NMG1 纤维在 330 MPa 下的最大应变达到了 3.63％，而由于最大应力值整体较低，NMG1C 纤维应变稍小，因此在 310 K 时 NMG1C 纤维在 165 MPa 下达到 2.06％的最大应变。显然，当继续增加应力，应变会继续增加。

如图 6－2(b)所示，可以将一个 SE 曲线分为四个阶段：阶段Ⅰ为奥氏体的弹性变形阶段，之后随着应力的增加应力诱发马氏体(Stress Inducol Martens-

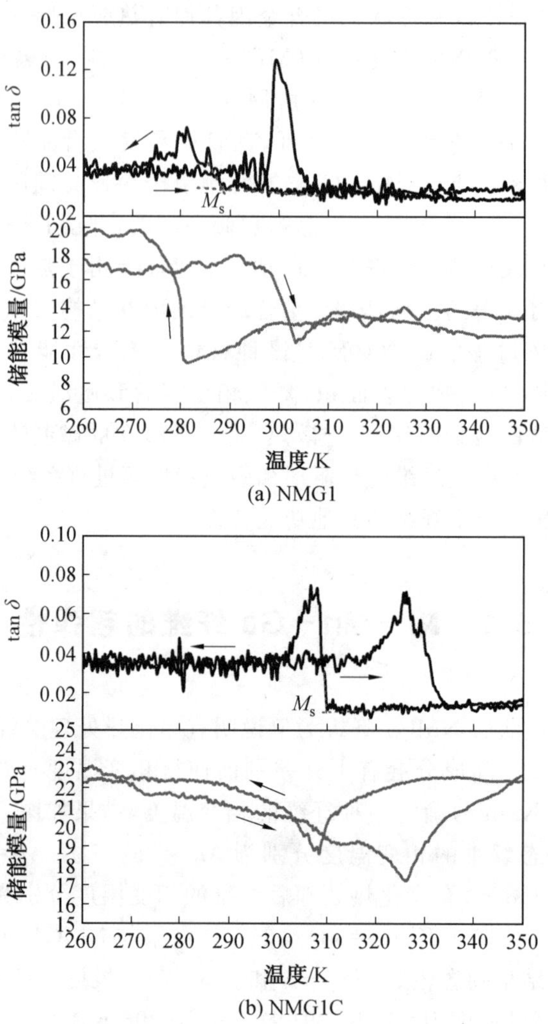

图 6—1　有序化热处理前后单根 NMG1 纤维阻尼温度谱相变温度

ite,SIM)的产生出现了一个应力的平台或者曲线斜率较小的过程,即为阶段Ⅱ。由于纤维直径存在一定的不均匀性,在相同的载荷下会在直径较细的位置因产生更大的应力而先发生马氏体的转变,因此形成一个应力渐渐增加的坡面。阶段Ⅱ中 NMG1 和 NMG1C 纤维分别由奥氏体向 7M 马氏体和 5M 马氏体转变。随着试验的进行,直径较小区域的奥氏体已经完全转变为马氏体后,如果其余位置由于应力水平不够而无法驱动马氏体转变或者转变的位置极少,那么接下来曲线的走向即为一个斜率增大的光滑曲线,这个过程应该包括残余奥氏体和新生马氏体的弹性变形以及较少的应力诱发马氏体的产生,即阶段Ⅲ。如果应力

继续增大而不发生断裂应该会有马氏体之间的转变。但是，如果在应力增大的过程中又存在部分区域的应力足够驱动马氏体的产生，就会出现如图 6－2 中 $T_{test}-M_s$ 为 0 K 时台阶状的形态。一般这种情况会在温度较低的情况下产生，原因是这种情况下应力诱发马氏体的临界应力较低，能够驱动马氏体产生的位置更多。卸载过程中，包括弹性应变恢复和由于逆相变产生的应变恢复，定义弹性应变的恢复过程为阶段Ⅳ。最终未能恢复的应变在退火的过程中完全恢复，说明没有塑性应变产生。

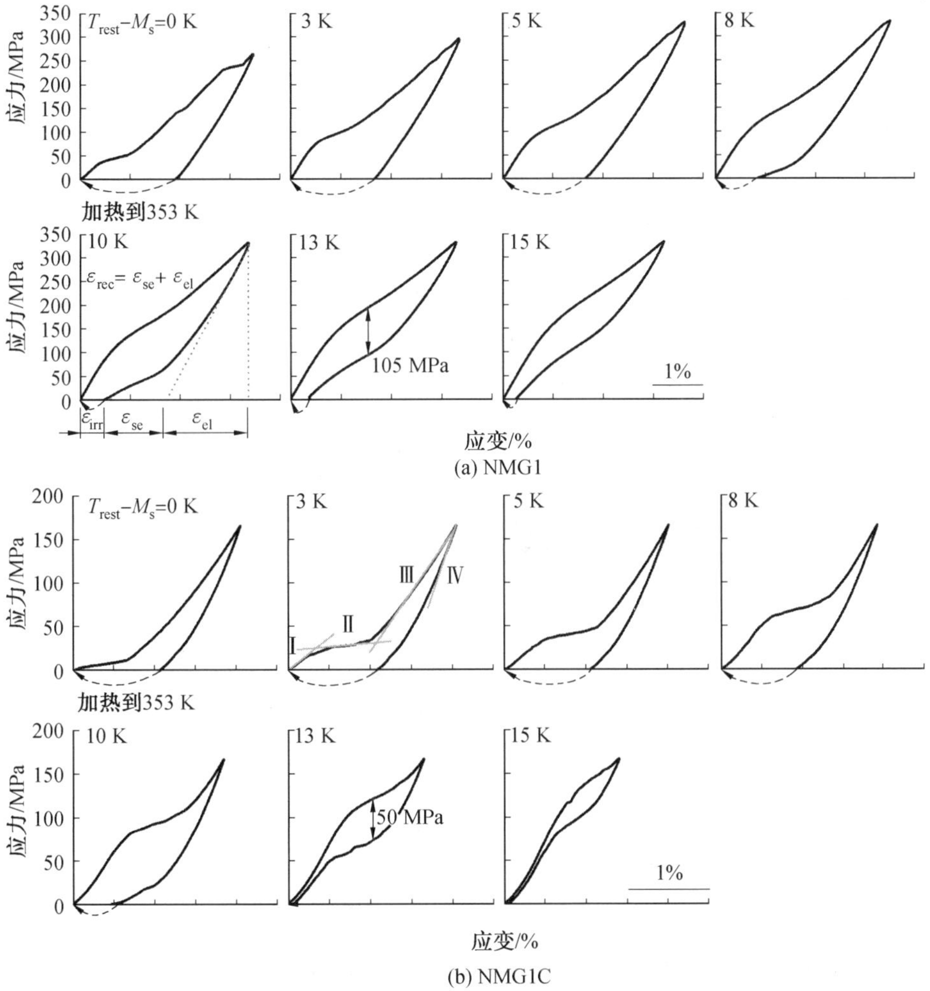

(a) NMG1

(b) NMG1C

图 6－2　有序化热处理前后 NMG1 纤维在不同温度下的 SE 曲线

对比图 6－2(a)和(b)，发现在相同的温度水平($T_{test}-M_s$)下，有序化热处理后纤维诱发马氏体的临界应力远远小于制备态纤维。首先两者相变产生的马氏体类型不同，由于7M马氏体比5M马氏体更稳定，因此制备态纤维奥氏体向7M马氏体转变时需要更大的能量。另外，原子有序度的增加会减少马氏体切变的阻力，并且有序化热处理后缺陷和内应力的减少使得新相长大核心生成的阻力减少，从而可以在较小的能量水平下产生SIM过程，即应力诱发马氏体的临界应力σ_{M_s}降低。

图6－3所示为有序化热处理前后NMG1纤维超弹性曲线特征斜率随温度变化规律。阶段Ⅰ的斜率代表纤维中奥氏体的弹性模量。由图中可见，两种纤维奥氏体模量均随着温度的增加而增加，这一现象与奥氏体中预先存在的调制结构导致的软声子模冷凝现象有关。在进入阶段Ⅱ时，即发生SIM过程时，与单晶不同，应力逐渐上升，显示出纤维的多晶和不均匀直径的特征。从图6－3可以看到，这个过程中NMG1C纤维拥有比NMG1更小的斜率值。这一现象与有序化热处理之后内应力的降低有关。在NMG1纤维中，内应力的存在阻碍纤维中自适应马氏体的形成，从而使得纤维中存储更高的弹性应变能，而这种弹性应变能是马氏体相变的阻力，因此，SIM需要更多的能量去完成。再者，有序化程度的提高使得马氏体相变切变过程变得容易，从而导致NMG1C纤维在较小应力下即可完成SIM过程。最后，成分的均匀化和缺陷的减少使得NMG1C纤维的马氏体孪晶运动阻力减少，从而有利于SIM过程的进行。

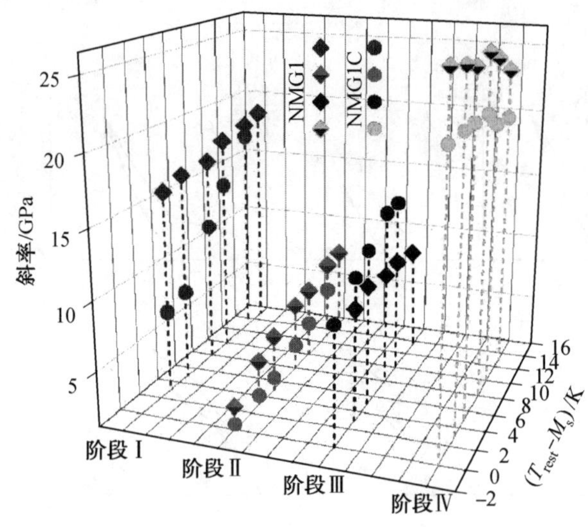

图6－3　有序化热处理前后NMG1纤维超弹性曲线特征斜率随温度变化规律

SIM阶段结束之后，曲线斜率再次上升，如图6－3中阶段Ⅲ所示。虽然这部分一般认为是马氏体的弹性变形阶段，但是实际上还包含未完成的SIM过程、残余奥氏体的弹性变形以及马氏体与马氏体之间的相互转换也有可能出现在这

个阶段。然而，这方面的证实还需要后续的进一步研究。

阶段Ⅳ为弹性恢复的阶段，同时包括马氏体和奥氏体的弹性恢复，由于奥氏体的模量随着温度的升高而增加，而此时如图 6－2 所示的斜率随温度的增加而降低，因此认为与马氏体的孪晶可动性随温度的升高而升高导致的模量降低的过程有关，这一现象与 Ni－Mn－Ga 单晶以及其余铁磁形状记忆合金如 Ni－Fe－Ga和 Ni－Fe－Co－Ga 等类似。

SE 循环过程的应力滞后是能量损耗的标志，为比较有序化热处理前后纤维 SE 应力滞后的差别，选择相同温度水平（$T_{test}-M_s=13$ K）下进行比较。此处应力滞后的衡量标准采用 SE 曲线 SIM 加载与卸载平台的应力差值，如图 6－2 中“13 K”SE 曲线所示，NMG1 纤维为 105 MPa，而 NMG1C 纤维为 50 MPa，这一结果与纤维 DSC 结果中的相变滞后相一致，也与有序化热处理后纤维相变过程能量损耗减小有关。

综上所述，有序化纤维 SE 曲线与处理前相比的差别主要集中在①较低的临界应力 σ_{M_s}；②较缓的相变平台；③较小的应力滞后。

在形状记忆合金中，SE 的恢复率是其用于实际应用的一个主要指标。图 6－4所示为有序化处理前后 NMG1 纤维 SE 曲线恢复率随温度的变化规律，图中可将恢复率曲线分为 A、B 和 C 三个部分。A 部分主要出现在 $T_{test}-M_s=8$ K 之前，这一部分的恢复率随温度缓慢上升。如图 6－2(b)所示，尽管 NMG1C 纤维在温度很低时即反映出卸载过程中 SE 恢复的现象，但这种现象并不明显，图 6－2(a)显示直至 $T_{test}-M_s=8$ K，NMG1 纤维才出现卸载过程 SE 恢复的现象。因此，在 A 部分中恢复的应变几乎只有弹性应变 ε_{el}。另外，由于 NMG1 纤维的外加载荷较大，因此产生的弹性应变在卸载过程中恢复也较多，从而导致了其恢复率在 A 部分较 NMG1C 高。

$T_{test}-M_s=8$ K 之后，两种纤维的 SE 恢复率均呈现快速增长趋势，如 B 部分所示。随着温度的增加，需要更多的能量，即更大的外加应力来诱导 SIM 过程的进行。因此，纤维中存储的弹性应变能增加，这种弹性应变成为卸载过程中逆相变的动力，从而使得恢复应变中 SE 应变 ε_{se}的比例增加。然而在这一过程中，ε_{el}依然是总恢复应变 ε_{rec} 中的主要组成部分，因此 NMG1 纤维的恢复率依然高于 NMG1C。

随着温度增加到 $T_{test}-M_s=13$ K，进入 C 部分，恢复率的上升趋势变缓。此时，能够驱动 SIM 过程所需要的外加应力继续增加，因此在试验所施加应力的情况下，SIM 过程不能够完全被驱动。但是，外加应力的增加使得存储的弹性应变能增加，促进逆相变的发生，从而 ε_{se}继续增加。如图 6－2(b)所示，$T_{test}-M_s=$ 13 K 时，NMG1C 纤维的 SE 曲线在卸载时几乎完全恢复。而 NMG1 纤维在相同温度水平下只有部分恢复。如图 6－4 所示，NMG1C 纤维在 $T_{test}-M_s=15$ K

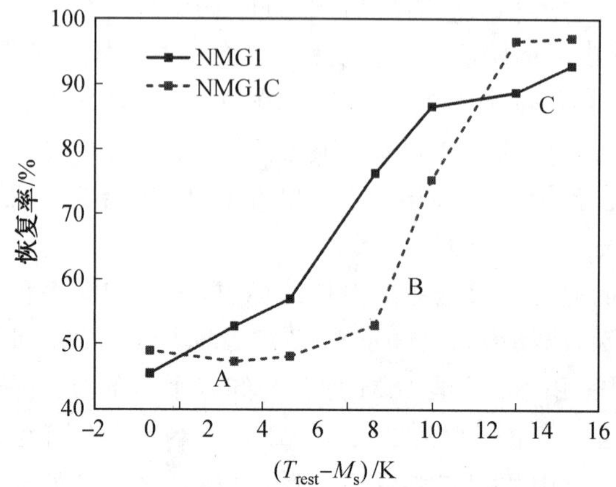

图 6－4 有序化热处理前后 NMG1 纤维 SE 曲线恢复率随温度变化的规律

时恢复率达到 97%。逆相变的驱动力是加载过程中存储的弹性应变能和两相的化学自由能差，而相同的温度水平决定了其相同的化学自由能差，因此有序化热处理后纤维更容易发生恢复的原因在于存储的弹性应变能在相变过程中的消耗较少，这可能与直径的不同有关，但是更大的原因是有序化热处理之后纤维中缺陷内应力的减少，因此相界面移动等能能量损耗减少，并且有序化处理后屈服强度提高，因此发生不可逆塑性变形的概率降低，减少弹性应变能的损耗。另外，NMG1C 纤维恢复率的提高还与有序化热处理后原子有序度的提高有关。

如图 6－2(b)$T_{test}-M_s=3$ K 所示，采用切线法选取 SE 曲线中 SIM 临界应力(σ_{M_s})、马氏体转变终了应力(σ_{M_f})、逆相变开始应力(σ_{A_s})和逆相变终了应力的值(σ_{A_f})。SIM 开始临界应力 σ_{M_s} 与温度满足 Clausius－Clapeyron 关系，并且该关系的斜率($\mathrm{d}\sigma_{M_s}/\mathrm{d}T$)表征 SE 临界应力的温度依赖性，即 SE 在不同温度水平产生的难易程度。NMG1 和 NMG1C 纤维的 $\mathrm{d}\sigma_{M_s}/\mathrm{d}T$ 值分别为 7.6 MPa/K 和 7.1 MPa/K。图 6－5 所示为有序化热处理前后 NMG1 纤维应力诱发马氏体临界应力温度依赖性及其与其他种类 SMAs 的对比。很明显，Ni－Mn－Ga 单晶的 SE 临界应力的温度依赖性远小于多晶合金。这种现象产生的原因可由 Clausius－Clapeyron 来进行解释，方程如下：

$$\frac{\mathrm{d}\sigma_{M_s}}{\mathrm{d}T}=\frac{Q\rho}{\varepsilon T_0} \tag{6.1}$$

式中 Q 和 T_0——相变过程焓变以及奥氏体与马氏体之间的理论相变温度，并且 T_0 近似等于$(A_p+M_p)/2$；

ρ——材料的密度；

ε——材料在加载方向上的孪晶界运动的理论最大应变。

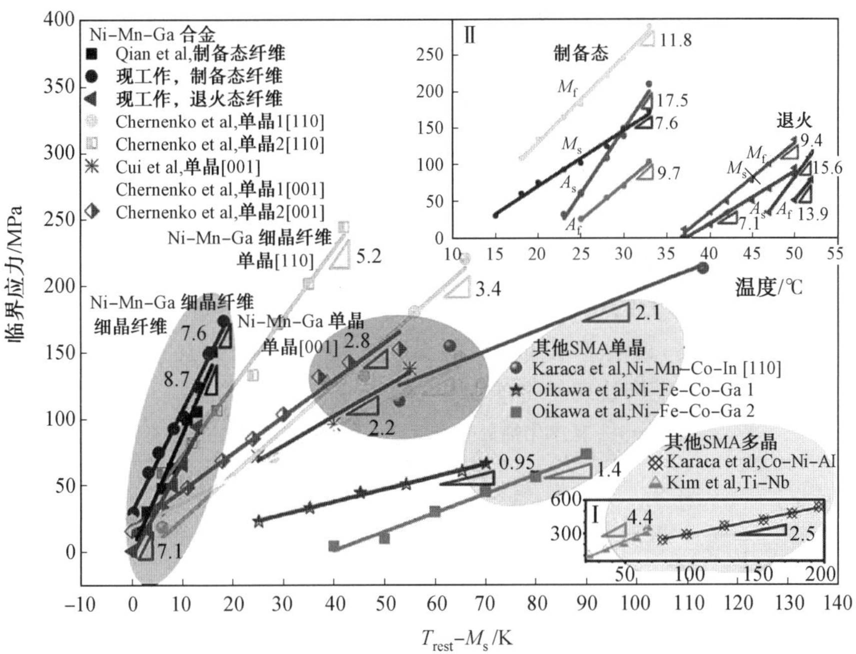

图 6－5 有序化热处理前后 NMG1 纤维应力诱发马氏体临界应力温度依赖性及其与其他种类 SMAs 的对比

有序化热处理前后 NMG1 纤维理论最大应变见表 6－1。由表 6－1 可知，NMG1 和 NMG1C 的平均相变焓 Q 分别为 4.7 J/g 和5.0 J/g。材料的密度为 8.2 g/cm^3。由 DMA 温度谱得到两种纤维的 T_0值分别为 294.2 K 和 317.5 K。单晶中理论最大应变 ε 可以通过马氏体的晶格参数来得到，然而，多晶中 ε 值无法用这种方法得到，但是由于晶界的限制以及马氏体中的多种变体的存在，多晶中的 ε 值必然低于单晶，因此斜率($d\sigma_{M_s}/dT$)的增加。并且由于 Q、T_0 和 ε 值的不同，有序化热处理前后纤维的 $d\sigma_{M_s}/dT$ 也不同。反过来，根据式(6－1)可知，将已知的 $d\sigma_{M_s}/dT$、Q 和 T_0 值代入后即可得到两种纤维在拉伸方向上可能达到的理论最大应变值，结果见表 6－1。这里的理论应变值是指通过应力或者磁场诱导下可产生的由于马氏体孪晶重取向得到的应变，不包括弹性变形或者塑性变形导致的应变值。由表 6－1 可知，NMG1 和 NMG1C 的理论最大应变值分别为 0.017 和 0.018，由于晶粒在有序化热处理时没有发生长大，因此理论的应变值并没有太大的差别，并且多晶的理论最大应变值较单晶要小得多。

从图 6－5 中可见，Ni－Mn－Ga 纤维的斜率值($d\sigma_{M_s}/dT$ 约 7.6 MPa/K)，大于Ni－Mn－Ga 单晶(沿[001]方向约 2.8 MPa/K；沿[110]方向约 5.2 MPa/K)和

其余铁磁形状记忆单晶合金(Ni－Mn－In－Co 约 2.1 MPa/K;Ni－Fe－Co－Ga 约 1.4 MPa/K)。此外,其余传统多晶 SE 合金的 SIM 临界应力温度依赖性关系如内嵌图Ⅰ所示,可见这些多晶合金的斜率(Co－Ni－Al 约 2.5 MPa/K;Ti－Nb 约 4.4 MPa/K)较 Ni－Mn－Ga 纤维小,原因可能与这些合金粗大的晶粒尺寸有关。总而言之,本节中 Ni－Mn－Ga 纤维 SIM 临界应力拥有更高的温度依赖性,这应该与纤维中较小的晶粒尺寸有密切的关系。

内嵌图Ⅱ所示为 NMG1 和 NMG1C 纤维四种 SIM 临界应力(σ_{M_s}、σ_{M_f}、σ_{A_s} 和 σ_{A_f})随温度的变化,由图可见四种临界应力的温度依赖性均随着有序化热处理而降低。四种临界应力的温度依赖性中,逆相变开始的临界应力的温度依赖性,即 $d\sigma_{A_s}/dT$ 的值最高,说明逆相变过程的温度依赖性最大,并且有序化热处理后有所下降,说明有序化热处理使得逆相变变得容易。

表 6－1　有序化热处理前后 NMG1 纤维理论最大应变

纤维	T_0/K	Q /(J·g^{-1})	ρ /(g·cm^{-3})	斜率 /(MPa·K^{-1})	ε
NMC1	294.2	4.7	8.2	7.6	0.017
NMG1C	317.5	5.0		7.1	0.018

从图 6－5 还可以发现,不同温度下 σ_{M_s}、σ_{A_s} 与温度的关系间有一个交点,实际上由于各条拟合直线之间不平行,若增加应力或者升高温度都彼此之间都会有交点,但是可能继续增加应力或升高温度时纤维已经发生破坏,因此目前只有这一个交点。这个交点表明当在一个较大的应力下发生升降温过程中的相变时,由于外应力作用形成的弹性应变能增大,而弹性应变能是逆相变的驱动力,因此逆相变在较低的温度下就能发生。

6.2　Ni－Mn－Ga 纤维的磁感生应变

6.2.1　少晶态纤维孪晶界运动特性

Ni－Mn－Ga 合金中 MFIS 的获得需要有低的孪晶界运动临界应力 σ_{tw} 和高的磁晶各向异性 K_u。通过减小样品尺寸和进行有序化热处理的方法可以有效提高合金的磁晶各向异性,在前面的章节中已有叙述。在降低孪晶界运动临界应力 σ_{tw} 方面,主要通过两种方法,一是通过热处理,纤维晶粒长大;二是通过应力热循环训练减少变体数量,降低 σ_{tw}。本节通过研究少晶态纤维在应力作用下的孪晶界运动来研究两种方法对 σ_{tw} 的影响。

1. 少晶态纤维孪晶界运动特性分析

选择 NMG1A1273/3 h/0.5 atm 少晶态纤维来研究应力作用下的孪晶界运动特征。为了研究少晶纤维的最大应变值，采用将纤维拉断的方法进行测试，其应力—应变曲线如图 6—6 所示。由于 MFIS 的测量是在室温下，因此拉伸试验也选择在室温下进行。结果显示，少晶纤维的断裂最大应变为 4.55%，略小于 5M 马氏体的理论最大应变值(6.2%)。拉伸过程中，可见由于纤维各部分孪晶的运动应力不同以及纤维直径不均匀导致的孪晶界运动产生的三个平台，该纤维孪晶界运动的临界应力较大，分别为 55 MPa、62 MPa 和 82 MPa，在这种情况下要在纤维中获得 MFIS 必须要有有效的训练过程。

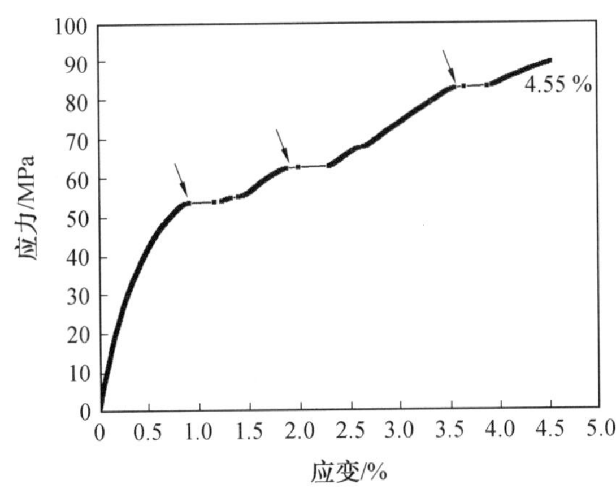

图 6—6　少晶 NMG1 纤维训练前拉伸条件下应力—应变曲线

由于少晶纤维的初始 σ_{tw} 较大，因此需要对纤维进行应力热循环训练。图 6—7所示为少晶 NMG1 纤维训练前拉伸条件下的应力—应变曲线，发现该纤维与图 6—6 具有相同的多个应力平台的现象，也是大多数少晶态纤维中出现的特征，此处进行详细分析。为使纤维不发生断裂，施加最大应变值为 2.5%。图中可见三个孪晶界运动应力平台，共同导致了 1.57%的应变。第一个平台运动的临界应力为 20 MPa，运动后产生了 0.91%的应变，此后，随着应力的增加，第二和第三个平台分别在 25 MPa 和 26 MPa 下运动，并且分别产生了 0.24%和 0.42%的应变。临界应力的不同可能与不同晶粒中孪晶的取向不同从而导致临界应力不同有关。此外，由于纤维不是完美的竹节晶结构，因此每个晶粒中孪晶界运动受到的阻力因晶界和晶粒尺寸的不同而不同，从而导致每个平台中应变的不同。对于自由表面较多的晶粒来说，相邻晶粒之间的相变不协调性下降，从而有利于孪晶界的运动。再者，不同晶粒间的孪晶变体拥有不同尺寸和取向，其中拥有最有利取向和具有最小孪晶界运动临界应力的孪晶变体则倾向于首先运动，对应于图中的第一个平台所示的状况。随着应力的增加，处于不利取向的孪晶也开始运动，从而在应力应变曲线中表现出另外的平台。值得注意的是，图中的应变计算时基于整根纤维的标距长来计算的，然而实际变形过程中变形的部位必然是集中在几个特定的部位，因此，实际的应变必然要大于图中所示的应变。

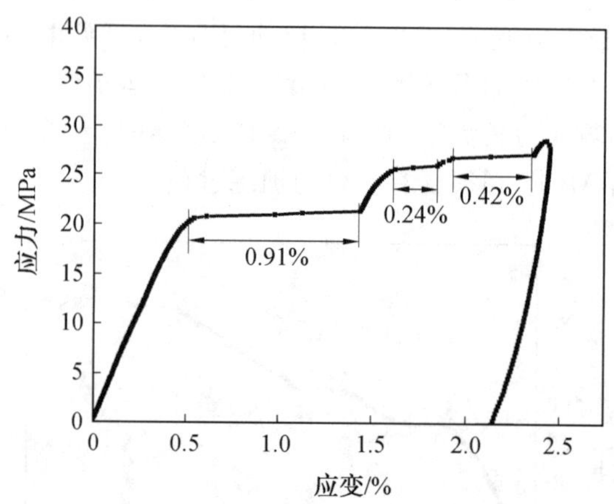

图 6—7　少晶 NMG1 纤维训练前拉伸条件下的应力—应变曲线(293 K，拉伸卸载)

2. 热—机械训练对孪晶界运动特征的影响

由图 6—7 可知，该纤维初始孪晶界运动的临界应力达到 20 MPa，远大于磁场可以作用在孪晶上的力 σ_{mag}，见表 1—4，对于 5M 马氏体来说为 2～3 MPa，对于 7M 马氏体来说为 1.5 MPa。因此对纤维进行应力热循环训练来降低孪晶界运动的临界应力，该纤维选择在 25 MPa 下跨越相变区间循环 5 次的应力热循环训练，训练之后纤维的应力—应变曲线如图 6—8 所示。

首先，发现纤维初始马氏体变体运动的临界应力下降到 9 MPa，接着第二和第三个台阶的临界应力分别为 16 MPa 和 20 MPa，说明训练有效地降低了部分孪晶界运动的临界应力，但是发现每个台阶的应变值下降，这与拉伸试验的试验手段有关。应力热循环训练使得纤维中马氏体孪晶变体择优取向，因此在训练后降温到马氏体状态测试温度(298 K)时，纤维中马氏体变体的取向是多数长轴沿轴向排列的状态，此时即使孪晶界运动的临界应力下降，轴向拉伸也无法再让纤维进一步增加，因此出现如训练后拉伸曲线所示的台阶应变减小的情况。因此，一般在大块多晶合金中，训练方向与测试方向之间是正交的关系。然而，训练的效果不影响 MFIS 的测量，因为沿着纤维轴向施加磁场时，c 轴倾向于沿轴向排列，从而使得纤维尺寸沿轴向收缩，则若纤维中初始马氏体沿轴向择优取向，则磁场作用下纤维 MFIS 绝对值越大。因此，该种训练方法有利于 MFIS 的获得。

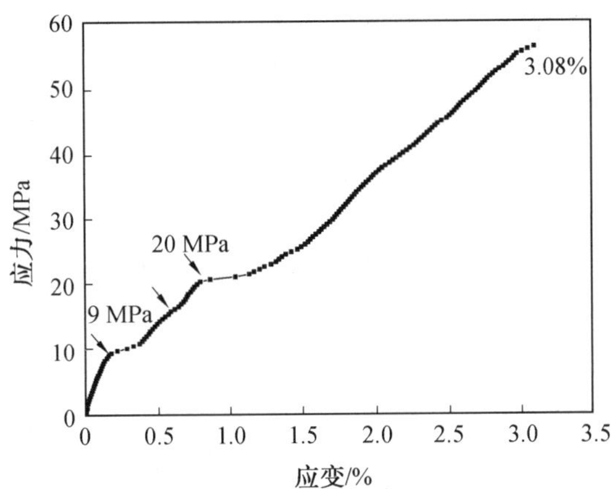

图 6－8　少晶 NMG1 纤维热循环训练后应力－应变曲线(298 K)

研究发现，少晶纤维拉伸前后的表面孪晶状态可以通过 SEM 观察得到，如图 6－9 所示，图中所示为同一根纤维的不同部位。其中图 6－9(a)和(b)对应图 6－7 中拉伸前和卸载后的纤维自由表面孪晶形貌，图 6－9(c)和(d)为该纤维拉伸前与图 6－8 图中所示断裂后的纤维平面部分孪晶形貌，图中白色实线用以标记孪晶边界轮廓。图中可见通过 SEM 即可观察到孪晶界的运动。图 6－9(a)和(b)显示该晶粒为单变体状态，并且拉伸之前，孪晶边界几乎垂直于纤维轴向，而拉伸卸载过后，孪晶边界平行于纤维轴向，证明了拉伸过程中孪晶界的运动。纤维的应变用整根纤维的标距计算呈现偏小的状态，从该图中也可以计算得到，若每一个平台对应于一个晶粒中孪晶界的运动，如 0.91％的平台是由于图 6－9(a)和(b)中纤维中孪晶界的运动导致，那么纤维的真实应变通过计算为 45.5％，这显然大于任意一种马氏体的理论最大应变，从而证明应力－应变曲线上一个台阶不只是对应于纤维中某一个晶粒中孪晶界的运动。另外，如果少晶纤维中所有的晶粒都发生孪晶界的运动而贡献给最终的应变，那么得到的应变将会与单晶处于同一水平。

6.2.2　Ni－Mn－Ga 纤维磁感生应变

纺丝法制备的一维 Ni－Mn－Ga 纤维中目前还未有采用直接法测试得到磁感生应变，但 2008 年 Scheerbaum 等已通过间接法在 $Ni_{50.9}Mn_{27.1}Ga_{22.0}$ 中测得 1％的磁感生应变，纤维直径为 60～100 μm，晶粒形态为竹节晶，如图6－10所示。

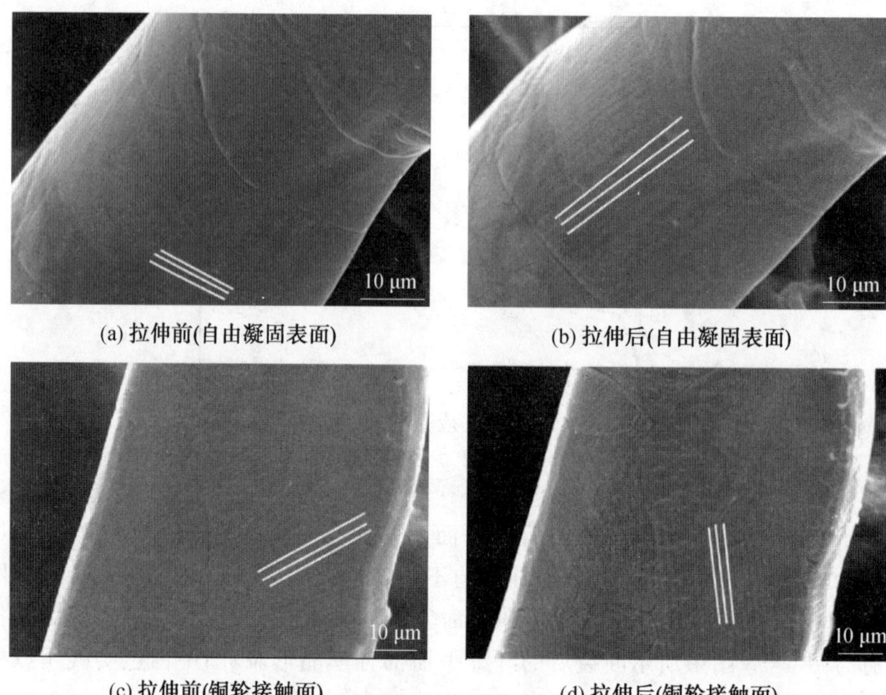

(a) 拉伸前(自由凝固表面)　(b) 拉伸后(自由凝固表面)

(c) 拉伸前(铜轮接触面)　(d) 拉伸后(铜轮接触面)

图 6－9　少晶 NMG1 纤维拉伸前后 SEM 孪晶形态

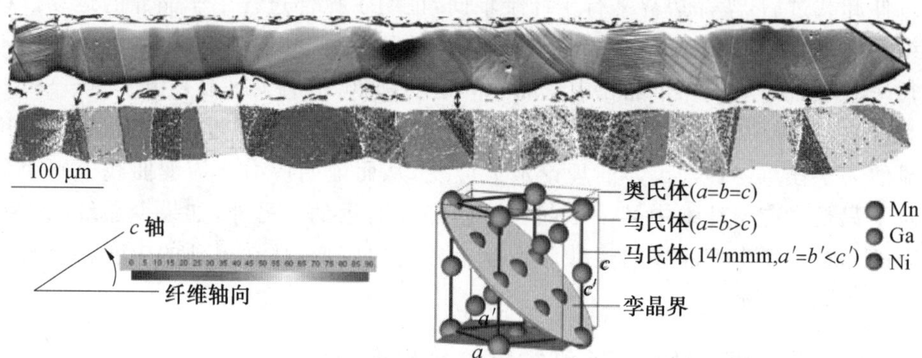

图 6－10　Ni－Mn－Ga 纤维晶粒取向与形貌(见附录彩图)

Scheerbaum 等采用在平行和垂直磁场作用下纤维在 EBSD 中的晶粒取向和局部应变的变化，测得 1％的磁感生应变，并且认为纤维中 1％的磁感生应变仅仅来自于局部的三个区域(图 6－11)，若是纤维得到有效的训练，使得磁场作用的范围遍布整根纤维，则理论上的最大应变可达 6％。

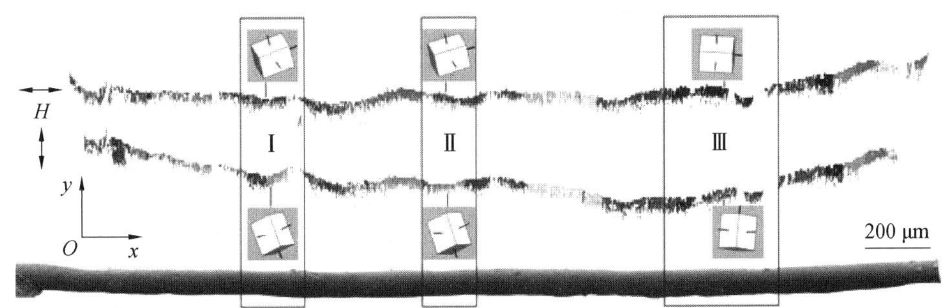

图 6－11　平行及垂直于 Ni－Mn－Ga 纤维轴线的 20 kOe 磁场作用下纤维 EBSD 图谱（Ⅰ、Ⅱ和Ⅲ为形变最大的区域）

6.3　Ni－Mn－Ga－X 合金纤维的磁热特性

6.3.1　Ni－Mn－Ga 纤维磁/结构相变设计

当磁制冷材料一级和二级相变发生耦合，即出现一级磁相变时，磁有序状态的改变会伴随晶格结构的不连续变化而产生更大的磁化强度差 ΔM，从而导致磁熵变 ΔS_m 产生。一级磁相变的产生存在两种情况，一种是马氏体和奥氏体本身具有不同的磁状态，因此一级结构相变过程同时伴随磁性转变，这种现象多存在于 Ni－Mn－In、Ni－Mn－In－Co、Ni－Mn－Sn 等合金中；另一种情况是通过调节两种相变温度，奥氏体的磁性转变温度与马氏体相变温度一致，该种合金主要包括 Ni－Mn－Ga 和 Ni－Mn－Ga－Cu 等。

然而由于一级相变的相变特征，耦合时相变区间一般较窄。以 Ni－Mn－Ga 为例，耦合时，ΔS_m 集中在 1～3 K 的 ΔT_{FWHM} 内，导致 RC 值下降。从实际应用的角度来说，磁制冷材料不仅需要有大的 ΔS_m，还需要有宽的 ΔT_{FWHM}。研究者们通过将不同相变温度的材料做成复合材料的方法来获得整个循环区间内的平稳变化的 ΔS_m，这种方法的实施需要精确调节各组分之间的质量比，然而这种方法最终由于材料本身及温度范围的限制，因此 ΔS_m 值减小，限制了其应用。另外，还有学者通过加压的方式、引入中间相变或者在拥有高低温两种二级磁相变的材料中调节两种相变间距的方法来增加 ΔM。目前认为最有效的方法还是从单种材料本身出发研究宽化制冷工作区间的方法。本节通过不同方法在纤维中引入两种磁－结构耦合状态，即完全耦合和部分耦合状态，用于后续 MCE 的研究。

1. 磁一结构耦合状态设计

Ni－Mn－Ga 合金中，T_C 和马氏体相变温度均可通过成分调节而在很大的温度范围内变化，成分的变化可以用外层电子浓度 e/a 表示。一般来说，当 $e/a<7.7$时，马氏体相变发生在 T_C 以下；反之，$e/a>7.7$ 时，马氏体相变发生在 T_C 以上。当 e/a 趋近于 7.7 时，两种相变倾向于同时发生，从而产生磁/结构相变的耦合，因此通过调节 Ni－Mn－Ga 合金成分至 e/a 趋近于 7.7 即可能得到磁一结构耦合的状态。另外，Mn 元素是影响合金磁性能的主要元素，因此富 Mn 状态下拥有更好的磁性能。如前所述，有序化热处理可以有效提高纤维的磁性能，但并不改变合金的成分。综上所述，本节选择富 Mn 合金 NMG4，设计 Ni、Mn 和 Ga 合金，有序化热处理热前后纤维 e/a 均为 7.7。

NMG4C 纤维 DSC 及 $M-T$ 曲线如图 6－12 所示，制备态纤维在 $e/a=7.7$ 情况下，马氏体相变温度（$M_P=354.1$ K）低于 T_C（366.2 K），原因是缺陷和内应力的存在阻碍马氏体相变的进行。相应的马氏体相变温度和 T_C 信息见表 6－2。相比于表 5－6 中制备态 NMG4 纤维信息，由于热处理后缺陷和内应力的减少，因此马氏体相变温度和 T_C 都得到了提高。

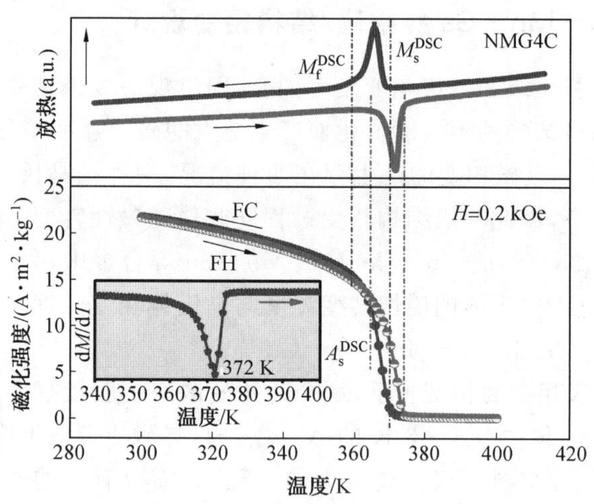

图 6－12 NMG4C 纤维 DSC 及 $M-T$ 曲线

实际上，由于 DSC 对升/降温过程中热流的变化很敏感，并且伴随吸热与放热峰的出现，因此对于获得结构相变信息比较方便。相反，结构相变过程中磁矩信号的强弱是取决于马氏体或者奥氏体中磁交互作用与内部 Mn－Mn 原子间距的关系，因此耦合状态时很难区分结构相变与磁相变。因此，选择两种测试方式进行对比判断结构相变与磁相变的关系。由图 6－12 可见，DSC 曲线升温过程马氏体逆相变开始温度 A_s^{DSC} 和终了温度 A_f^{DSC} 分别位于 VSM 曲线所示的铁磁区

（高磁化）和顺磁区（低磁化），反之，降温过程中马氏体相变开始温度 M_s^{DSC} 和终了温度 M_f^{DSC} 分别位于顺磁区和铁磁区。由此可见，无论是升温过程还是降温过程，纤维中发生的是铁磁态的马氏体和顺磁态的奥氏体之间的相互转变，即一级结构相变与二级磁相变发生了耦合，产生了一级磁相变。

表 6－2 NMG4C 纤维相变信息

纤维	A_s /K	A_p /K	A_f /K	M_s /K	M_P /K	M_f /K	T_C /K	A_f-A_s /K	$Q_{冷却}$ /(J·g^{-1})	$Q_{加热}$ /(J·g^{-1})
NMG4C	366.6	371.5	373.7	368.6	365.4	361.1	372.0	7.1	6.8	7.1

由第 5 章图 5－26NMG4C 纤维室温下 XRD 分析，结果显示纤维在室温下为单一的 7M 马氏体相，晶格参数 $a=4.25$ Å、$b=5.53$ Å、$c=43.34$ Å、$\beta=93.6°$。因此在发生升温过程一级磁相变时，纤维中结构仅发生 7M 马氏体和母相奥氏体之间的转变。由于马氏体和奥氏体分别是铁磁与顺磁态，因此，相变过程中出现了较大的磁化强度差 ΔM，从而可以预测巨 ΔS_m 将会在该纤维中出现。

2. 磁－结构部分耦合状态设计

(1)磁－结构相变距离调节。

如前所述，磁－结构耦合相变可以导致巨 ΔS_m 的产生，然而耦合时一般集中在较窄的 ΔT_{FWHM} 内，降低了其 RC 值，从而限制了其实际应用价值。本节通过引入调节合金马氏体相变与居里转变的间距，并且宽化马氏体相变宽度的方法使得磁－结构相变部分耦合，从而达到宽化 ΔT_{FWHM}，提高 RC 值的目的。因此，磁－结构部分耦合状态的获得可分为两个步骤：①相变间距调节；②马氏体相变宽度宽化处理。本节主要介绍相变间距的调节。

除了成分调节之外，热处理也是微调 Ni－Mn－Ga 纤维相变温度的一种手段，对比图 5－1(b)和图 5－29(a)可知，有序化热处理使得 NMG1 纤维的逆相变峰值温度 A_p 从 297.8 K 上升到 324.3 K，增长 27 K，而 T_C 值增加 7 K。对于 NMG1C 纤维来说，T_C 与 A_p 点间距为 43 K，由其 DSC 曲线（图 5－29(a)）可见马氏体相变与居里转变峰相差较远，无法达到部分耦合的状态。因此，需要选择制备态相变温度稍高的纤维，本节研究过程中选择了多种不同相变温度的纤维进行试验，最终以 NMG2 纤维结果最为理想，故以此为例进行说明。NMG2 纤维 A_p 为 303.1 K，根据 NMG1 纤维的结果，预测有序化热处理后 NMG2 纤维 A_p 约为 330 K，若以 $T_C=360$ K 计算，则两者间距 30 K 左右。试验证明，该种相变间距可以通过后续处理得到较好的磁－结构部分耦合状态的效果，最终结果将在下一节结合马氏体相变宽度的宽化处理共同阐述。

(2)结构相变宽化处理。

为了得到较高的磁性能，本节中测试 MCE 所需的纤维均需经过有序化热处理。然而，正常的有序化热处理工艺下，均要在石英管中添加0.2～0.3 atm Ar气氛以及Mn颗粒来防止Mn元素在热处理过程中的挥发，这种有序化热处理方法会导致成分均匀化，使得相变宽度变窄，如图5－29(a)所示。然而，在本节中，为了提高纤维马氏体相变宽度，需要完全改变热处理的思路，即刻意制造Mn元素的损失来达到需要的效果，因此，本试验采用一种新的有序化热处理方式，即取消保护气氛和Mn颗粒，在真空条件下直接对纤维进行有序化热处理。一维纤维比表面积大，并且Mn元素的饱和蒸气压较高，因此在高温真空环境下必然会造成表面Mn元素的损失。

研究表明，NMG2纤维通过真空无Mn有序化热处理后出现了Mn元素成分由表面向内部梯度分布的状态。纤维平均成分见表6－3，发现成分均匀性较差，满足设计要求。接着将NMG2C纤维进行横截面抛光，采用类似“同心圆”方法先后两次分别在纤维中心位置以及距离纤维表面4 μm、6 μm、10 μm、14 μm和4 μm、6 μm、9 μm、10 μm、12 μm、14 μm、15 μm、17 μm轮廓线上进行EDS能谱分析，对结果进行点对点分析处理，结果如图6－13(a)和(b)所示。图中右侧色谱显示不同成分对应不同颜色，显示两次测试结果均得到了Mn元素成分由表面到内部逐渐增加的梯度分布状态，并且表面至内部成分(原子数分数)差别在1.1%左右，此处EDS的相对精度已经过ICP－OES方法标定，并且认为在相同的测试条件下成分的相对值是准确的。

表6－3　NMG2C纤维成分(原子数分数)　　%

纤维	Ni	ΔNi	Mn	ΔMn	Ga	ΔGa
NMG2C	50.6	0.2	28.1	0.6	21.3	0.5

成分梯度的存在必然导致相变宽度的增加，为了验证这一结果，采用单根纤维测试其$M-T$曲线，结果如图6－13(c)所示。经过切线法得到该纤维马氏体

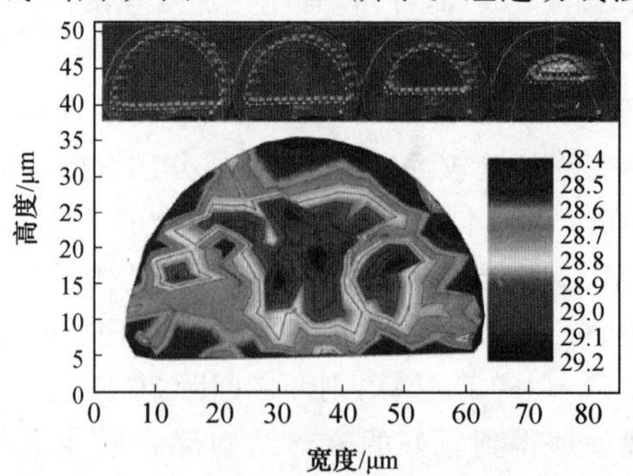

(a) NMG2横截面Mn成分分布

图6－13　真空无Mn有序化热处理后NMG2纤维横截面Mn元素分布及单根纤维$M-T$曲线(见附录彩图)

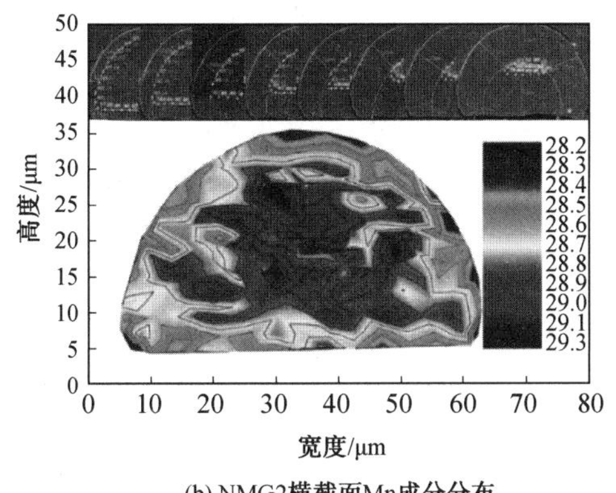

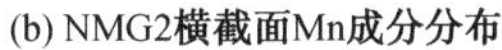
(b) NMG2横截面Mn成分分布

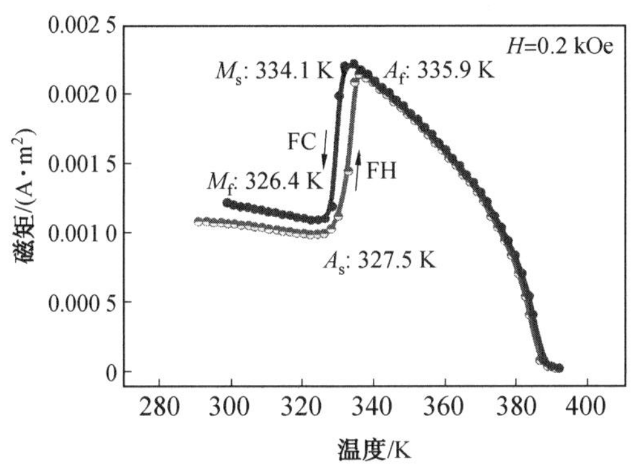

(c) 单根NMG2纤维M-T曲线

续图 6－13

相变温度 M_s、M_f、A_s 和 A_f 分别为 334.1 K、326.4 K、327.5 K 和 335.9 K，则升/降温过程相变宽度 $|A_f - A_s|$ 和 $|M_f - M_s|$ 分别为 8.4 K 和 12.3 K，远大于正常有序化热处理后的相变宽度，从而验证了成分梯度化的结果。

为了进一步确定有序化热处理后 NMG2 纤维的整体相变特性，对 NMG2 合金、制备态纤维以及两种有序化热处理方法下的纤维升/降温过程 DSC 曲线进行测试，如图 6－14 所示，通过切线法得到所有的马氏体相变温度见表6－4。首先需要指出的是，NMG2 合金拥有比纤维更加不均匀的成分分布，因此具有最宽的相变宽度。

表 6－4 所示为 NMG2 合金、制备态及不同有序化纤维的相变温度，正常有序化热处理后升/降温过程相变宽度为 4.1 K，而经过真空无 Mn 有序化热处理后分别为 15.2 K 和 20.6 K，增加了 4～5 倍。这两个值较单根纤维的 VSM 结果稍大一些，原因可能在于测试手段的不同，VSM 的测试结果与 DSC 相比，相变宽度要窄很多，但是也不排除不同纤维之间成分的差异。总之，经过真空无 Mn 有序化热处理后，NMG2C 纤维的相变宽度得到了显著的提升。

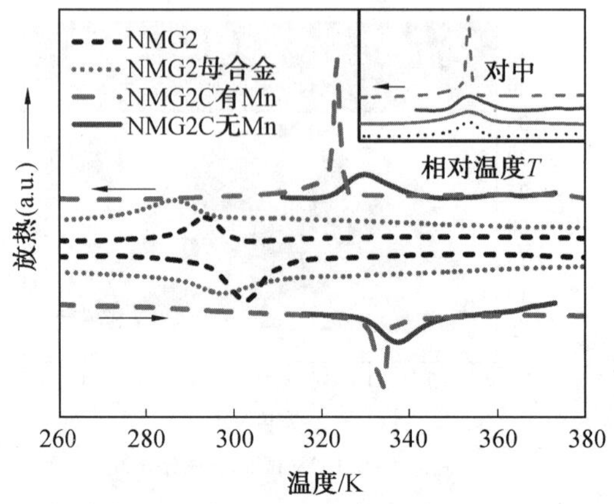

图 6－14　NMG2 合金、制备态及不同有序化纤维升/降温 DSC 曲线

表 6－4　NMG2 合金、制备态及不同有序化纤维的相变温度

材料	A_s/K	A_p/K	A_f/K	M_s/K	M_P/K	M_f/K	T_C/K	(A_f-A_s)/K	(M_s-M_f)/K
母合金	287.3	296.9	309.1	294.8	286.5	273.8	—	21.8	21.0
NMG2	294.7	303.1	309.7	299.8	293.8	285.6	360.5	15.0	14.2
NMG2C(Mn)	332.0	334.1	336.1	325.9	323.5	321.8	—	4.1	4.1
NMG2C	329.8	337.2	345.0	342.4	330.1	321.8	365.0	15.2	20.6

NMG2C 纤维(多根)升/降温过程 DSC 曲线和低场 0.2 kOe 下 $M-T$ 曲线如图 6－15 所示,内嵌图为升温过程曲线的一阶导数,显示 T_C 为 365 K。因此,马氏体相变与磁相变温度间距,即 T_C-A_p,约为 28 K。在该种相变温度间距下,综合马氏体相变宽度的增加,使得纤维中形成一种磁－结构部分耦合的状态,如图 6－15 中 VSM 曲线所示,两种相变存在交叉点,即升温过程中马氏体相变结束立即发生磁相变,并且在 0.2 kOe 磁场下,磁相变和马氏体相变拥有几乎相同的相变宽度。另外,一般二级相变不伴随滞后的产生,因此,升/降温过程中磁相变过程出现的滞后也暗示着部分磁－结构耦合相变的存在。

6.3.2　磁－结构耦合状态 Ni－Mn－Ga 纤维磁热效应

1.热滞后和磁滞后特性

纤维与大块多晶材料的不同主要是由于一维纤维材料的高比表面积。做一个简单的计算,假设纤维直径为 50 μm,长为 50 mm,那么它的比表面积为相同体积立方块体材料的 6.2 倍。图 6－16 所示为 NMG4C 纤维 0.2 kOe 和50 kOe

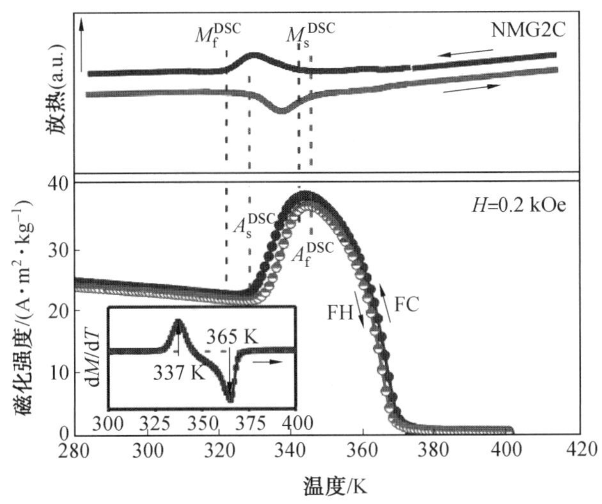

图 6－15 NMG2C 纤维升降温过程 DSC 曲线及低场 0.2 kOe 下 $M-T$ 曲线

下升/降温过程的 $M-T$ 曲线，图中可见纤维的相变热滞后在 50 kOe 下为约 2.8 K，远小于大块多晶材料(约 10 K)。相变过程热滞后是影响磁制冷材料性能的一个重要问题，见表 5－3 和表 5－9，相变过程中纤维会发生晶胞体积的变化，若体积变化无法得到有效释放，则相变过程即产生滞后。然而，本节中一维纤维高比表面积和高比例的晶粒自由表面可以降低相邻晶粒之间的制约作用，使得合金相变过程中的体积变化可以通过自由表面得到有效的释放，从而降低相变过程中的热滞后。一级相变热滞后还与纤维中的缺陷和内应力有关，因此，有序化热处理是降低热滞后的有效手段。另外，小尺寸材料中原子扩散距离的减小也会减小相变热滞后。

除了相变热滞后以外，磁场作用下磁制冷材料产生的磁滞后也是影响磁热性能的一个重要因素。图 6－17 所示为 NMG4C 纤维最大磁场为 50 kOe 时相变附近不同温度加/去磁磁化曲线，曲线包围的面积即为磁滞后，通过计算得到磁滞后随温度变化曲线如图 6－17 内嵌图所示。NMG4C 纤维 50 kOe 下磁滞后平均值为 2 J/kg，基本可以忽略不计，并且远优于文献报道值。与热滞后相同，磁滞的减小也是依赖于纤维的高比表面积及热处理后缺陷和内应力的减少而导致的磁场作用下磁畴壁运动阻力的减少。综上所述，磁一结构耦合状态 NMG4C 纤维拥有较小的热滞后和几乎可忽略不计的磁滞后，对 MCE 起到促进作用。

2. 外磁场对相变温度的影响

由图 6－16 可知，磁一结构耦合状态 NMG4C 纤维相变温度随着磁场的增

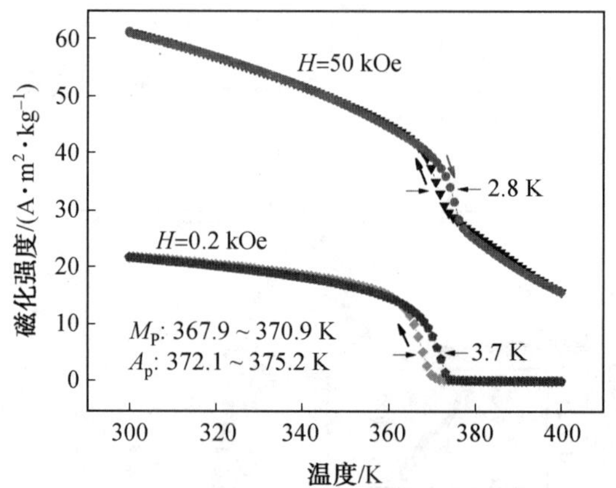

图 6－16　NMG4C 纤维 0.2 kOe 和 50 kOe 下升降温过程的 $M-T$ 曲线

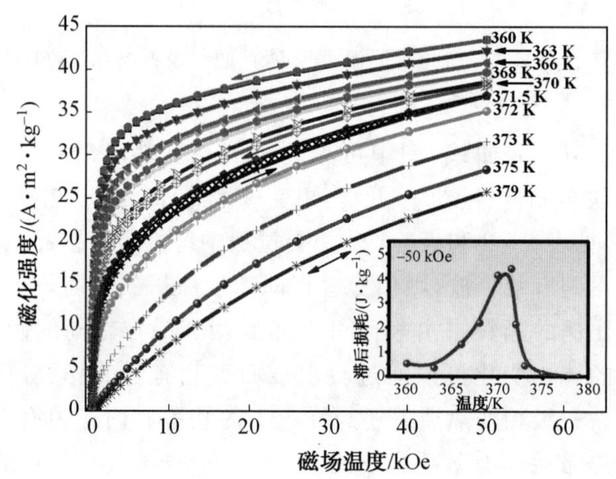

图 6－17　NMG4C 纤维不同温度加/去磁磁化曲线及磁滞后随温度变化曲线

加而向高温方向移动，说明纤维中存在磁驱动的顺磁奥氏体向铁磁马氏体的转变。此处取升/降温过程曲线的一阶导数最大值为相变峰值温度 A_p 和 M_p，用以评价相变温度随磁场的变化幅度。由图 6－16 求导得到 NMG4C 纤维 0.2 kOe 和 50 kOe 下相变峰值温度，见表 6－5。

在升温和降温过程中，磁场从 0.2 kOe 增加到 50 kOe 时相变温度的变化 ΔT_{0h} 和 ΔT_{0c} 分别为 3.9 K 和 2.8 K。由于本节中 MCE 只考虑升温过程，因此得到温度随磁场的变化率 $dA_p/dH=0.08$ K/kOe。Marcos 等报道在一级磁相变附近的 MCE 主要依赖于 dA_p/dH 的值，这个值反映的是微观状态下系统中声子自旋耦合的强度，并且随着 e/a 值的增加而增加。NMG4C 纤维的 dA_p/dH 值与

文献中报道的 Ni－Mn－Ga 合金的值相当。

表 6－5　NMG4C 纤维 0.2 kOe 和 50 kOe 下相变峰值温度　K

纤维	A_p(0.2 kOe)	A_p(50 kOe)	M_P(0.2 kOe)	M_P(50 kOe)	ΔT_{0h}	ΔT_{0c}
NMG4C	371.3	375.2	368.1	370.9	3.9	2.8

已知 NMG4C 纤维 dA_p/dH＝0.08 K/kOe，根据 Clausius－Clapeyron 方程可以计算纤维在相变点附近的最大饱和磁化强度差值，方程如下：

$$\frac{\Delta H}{\Delta T}=-\frac{Q}{T_0\Delta M} \tag{6.2}$$

式(6.2)中等号左侧一项用 dA_p/dH 替代可得

$$\frac{dA_p}{dH}=-\frac{T_0\Delta M}{Q} \tag{6.3}$$

式中　Q 和 T_0——相变过程焓变以及奥氏体与马氏体之间的理论相变温度，并且 T_0 近似等于$(A_p+M_P)/2$；

ΔM——相变点附近奥氏体与马氏体之间的理论最大饱和磁化强度差。

由图 6－12 中 DSC 曲线可知，升温过程相变焓 Q 为 7.1 J/g，由表 6－2 可知纤维 T_0 为 368.5 K，另外 dA_p/dH＝0.08 K/kOe，将参数代入式(6.2)，得到 ΔM＝15.4 emu/g。如图 6－16 所示，认为 50 kOe 下 NMG4C 纤维已完全达到磁化饱和的状态，此时一级磁相变附近奥氏体与马氏体之间的饱和磁化强度差约为 16 emu/g，两者吻合较好。

3. 磁热性能

本节中磁热效应(Magnetocacoric Effect，MCE)用等温磁熵变 ΔS_m 来进行表征，ΔS_m 可以通过测试不同温度下的等温磁化曲线并通过 Maxwell 关系式来计算得到。近年来针对这种方法在一级磁相变附近的适用性问题上一直存在争议，原因在于利用等温磁化曲线计算磁相变附近 ΔS_m 时会产生虚高的值。然而研究表明，对于拥有弱磁弹性耦合($\lambda_1/\lambda_0<2$)的一级相变来说，Maxwell 关系式完全适用。对于 Ni－Mn－Ga 合金来说，λ_1 约为 10^7，而 λ_0 约为 10^{10} erg/cm^3，因此完全符合上述条件。

根据 Maxwell 关系式，合金 ΔS_m 的大小取决于$\partial M/\partial T$ 的值，因此对 NMG4C 的升温 $M-T$ 进行一阶微分。$\partial M/\partial T$ 在 372 K 出现极值，因此在372 K 附近测试了一系列升温过程的等温磁化曲线，等温磁化曲线的温度间隔选择为 0.5 K、1 K、2 K、3 K 和 5 K，结果如图 6－18(a)所示。由图可见，纤维的饱和磁化强度随着温度的增加而减小，并且由于马氏体相变与磁转变耦合，因此同一温度水平下马氏体的饱和磁化强度与 NMG1C 相比有所降低。

虽然可判别 NMG4C 纤维的马氏体相变和磁相变发生了耦合，但是对于确

切的马氏体相变和磁相变在相变温度附近的交互作用方式无法得知，本节采用Laudau二级相变理论进行分析。物质的磁性主要由局域磁矩和巡游电子磁矩两部分组成，利用Inoue－Shimizu模型描述自由能变化为

$$G=G_d+G_f-nM_dM_f \tag{6.4}$$

式中　n——分子场系数；

G_d——外场 H 下巡游d电子子系统的自由能，

$$G_d=\frac{1}{2}a_1M_d^2+\frac{1}{4}a_3M_d^4+\frac{1}{6}a_5M_d^6-M_dH \tag{6.5}$$

G_f——局域自旋4f电子子系统的自由能，为

$$G_f=\frac{1}{2}b_1M_f^2+\frac{1}{4}b_3M_f^4+\frac{1}{6}b_5M_f^6-M_fH \tag{6.6}$$

由 $M=M_f+M_d$ 为常数，故自由能可以化简为

$$G=\frac{1}{2}c_1M^2+\frac{1}{4}c_3M^4+\frac{1}{6}c_5M^6-MH \tag{6.7}$$

发生相变时能量极小，即 $\partial G/\partial M=0$，并忽略高次项，即可得到居里点附近的Landau相变理论所描述的磁化强度与磁场之间的关系式为

$$A+BM^2=H/M \tag{6.8}$$

由图6－18可知，磁－结构耦合状态 $M-T$ 曲线中马氏体相变与磁相变重合，因此 T_C 的获得变得困难，根据式(6.7)，通过被称为Arrott曲线的方法来判别，即作出 M^2 与 H/M 的关系曲线，如图6－18(b)所示。作高场下曲线的切线，与 M^2 相交，相交点记为 M_0^2。对于铁磁记忆合金来说，当 M_0^2 为正值时，合金处于铁磁状态，即 $T<T_C$；而当 M_0^2 为负值时，即与 H/M 有交点时，合金处于顺磁态，

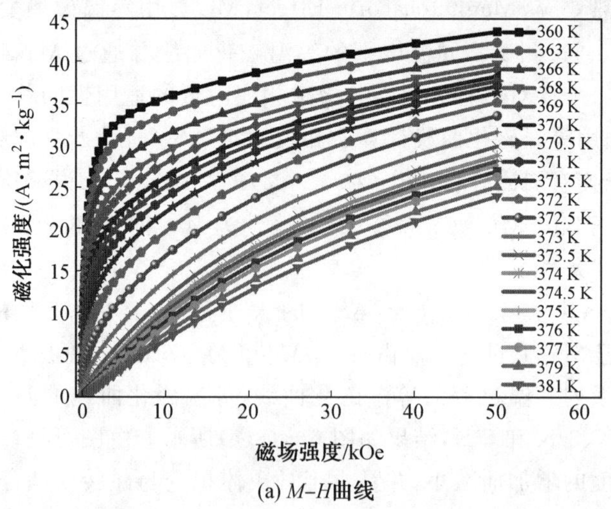

(a) M–H曲线

图6－18　NMG4C纤维不同温度 $M-H$ 磁化曲线及Arrott曲线

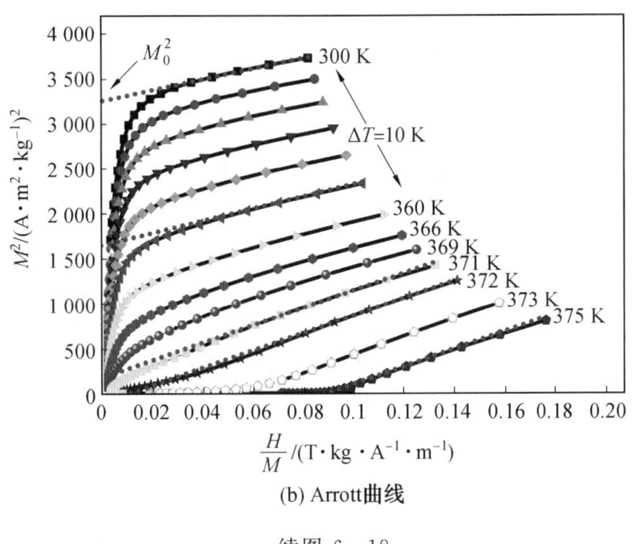

(b) Arrott曲线

续图 6－18

$T>T_C$。当 $T=T_C$ 时，M_0^2 为 0，M^2 与 H/M 呈线性关系，经过原点。如图 6－18(b)所示，NMG4C 在升温过程中 371 K 之前 M_0^2 为正值，372 K 之后 M_0^2 为负值，因此认为 T_c 位于 371～372 K，这与用 $M-T$ 曲线一阶导数法求得的 372 K极值非常吻合。基于表 6－2 可知，纤维升温过程中 A_s 和 A_f 分别为 366.6 K和373.7 K，而得到 T_C 为 371～372 K，因此可以确定马氏体结构相变包含磁相变，进一步确认了磁－结构耦合的存在。

通过计算得到不同磁场下 ΔS_m 与温度的关系曲线，如图 6－19 所示，可见 ΔS_m 在相变点 372 K 附近出现峰值，并且 50 kOe 下 ΔT_{FWHM} 仅为 3 K。20 kOe 和 50 kOe 下纤维 ΔS_m 的值为－11.3 J/(kg・K)和－18.5 J/(kg・K)，该值稍小于 Li 等报道的 $Ni_{52}Mn_{26}Ga_{22}$ 带材(－16.4 J/(kg・K)和－30.0 J/(kg・K))，但是远高于其制备态带材(－5.3 J/(kg・K)和－11.4 J/(kg・K))。另外，也高于 $Ni_{55}Mn_{20.6}Ga_{24.4}$ 和 $Ni_{55}Mn_{19.6}Ga_{25.4}$ 单晶在 20 kOe 下的值(－9.5 J/(kg・K)和－10.4 J/(kg・K))。NMG4C 纤维中 ΔS_m 的显著提高主要源于原子有序度的提高以及磁－结构耦合的作用。

为了评价磁制冷材料的磁热性能，不仅需要考虑 ΔS_m 的值，还需要考虑其温度依赖性。用材料的 RC 值来综合评价 MCE，通过对 ΔS_m-T 曲线下 ΔT_{FWHM} (T_1-T_2)范围内的积分减去磁滞后值来表示，公式如式(1.20)所示。对于 NMG4C 纤维来说，尽管 ΔS_m 值较高，并且磁滞后基本可以忽略不计，但由于 ΔT_{FWHM}值仅有 3 K，因此 20 和 50 kOe 下的净 RC_{net} 值仅有 25.1 J/kg 和 63.6 J/kg。关于 RC 值的问题将在介绍部分耦合状态 NMG2C 纤维时详细阐述。

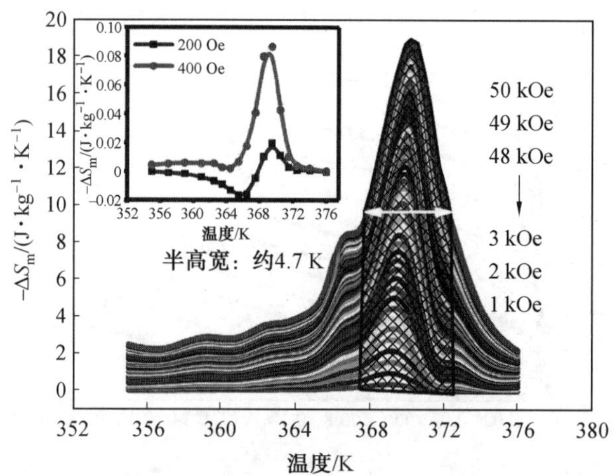

图 6－19　NMG4C 纤维不同磁场下 ΔS_m 与温度的关系曲线(见附录彩图)

6.3.3　磁－结构部分耦合状态 Ni－Mn－Ga 纤维磁热效应

1. 晶体结构

如前所述，NMG2C 经过真空无 Mn 有序化热处理达到了磁－结构部分耦合的状态，本节主要研究该种状态纤维的特性。图 6－20 所示为 NMG2C 纤维室温下 XRD 分析，制备态 NMG2 纤维室温下为奥氏体，低温下为马氏体，室温和低温下 XRD 分析分别如图 5－1(a)和图 5－2(b)所示。

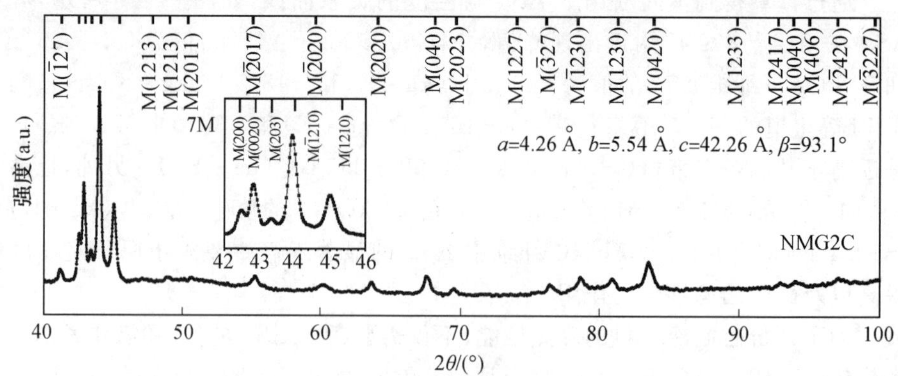

图 6－20　NMG2C 纤维室温 XRD

通过对比，发现有序化热处理后 NMG2 纤维的马氏体类型没有发生改变，依然为非公度结构的 7M 单斜马氏体。因此，纤维中只存在单一 7M 马氏体与奥氏体之间的转变。同样将 XRD 结果进行全谱拟合，得到 NMG2C 纤维的晶格参数，见表 6－6。NMG2C 晶格参数为 a＝4.26 Å、b＝5.54 Å、c＝42.26 Å 和 β＝

93.1°，计算得到 V_a=12.45 Å^3。V_a 值较低温下马氏体稍有波动。NMG1 纤维有序化热处理后马氏体结构发生了改变，而 NMG2 和 NMG2C 中没有出现相同的情况。通过计算得到 NMG1、NMG1C、NMG2 和 NMG2C 的 e/a 值分别为 7.63、7.69、7.65、7.67，根据图 1－4 可知，四种纤维 e/a 的范围中既有可能出现 5M 马氏体，又有可能出现 7M 马氏体，两种马氏体出现的范围相近，因此出现 5M 马氏体或者 7M 马氏体都属合理情况。

表 6－6　NMG2C 纤维结构信息

纤维	相结构	晶格常数						
		a/Å	b/Å	c/Å	α/(°)	β/(°)	γ/(°)	V_a/Å^3
NMG2C	室温 7M	4.26	5.54	42.26	90	93.1	90	12.45

2. 热滞后和磁滞后特性

同样研究部分耦合状态 NMG2C 纤维的滞后特性。图 6－21 所示为 NMG2C 纤维 0.2 kOe 和 50 kOe 下升/降温过程的 $M-T$ 曲线，图中可见纤维的相变热滞后在 50 kOe 下仅为 1.1 K，较 NMG4C(2.8 K)低，这可能与磁与结构的耦合交互作用强弱有关。从图 6－16 和图 6－21 均可发现，热滞后随着磁场的增加而减小。纤维在磁场诱导下磁畴壁转动而发生磁结构的转变，因此磁场越大，磁畴壁运动的驱动力越大，从而使得热滞后下降。

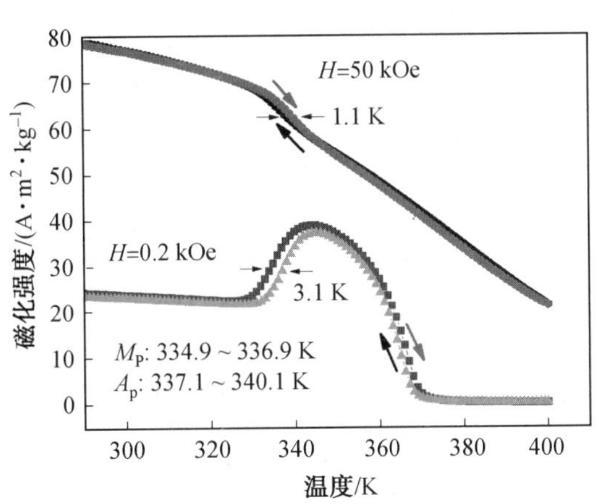

图 6－21　NMG2C 纤维 0.2 kOe 和 50 kOe 下升/降温过程的 $M-T$ 曲线

除了相变热滞后以外，磁场作用下磁制冷材料产生的磁滞后也是影响磁热性能的一个重要因素。图 6－22 所示为 NMG2C 纤维最大磁场强度为 50 kOe 时相变附近不同温度加/去磁磁化曲线，曲线包围的面积即为磁滞后，通过计算得到磁滞后随温度的变化曲线，如内嵌图中所示。从图中可以看到，加/去磁过

程中磁化曲线基本重合，纤维在 50 kOe 下的磁滞后最大值仅为 0.12 J/kg，较 NMG4C 纤维小了一个数量级，可以忽略不计。NMG2C 小的热滞后和可忽略不计的磁滞后为高 RC 值的获得奠定了基础。

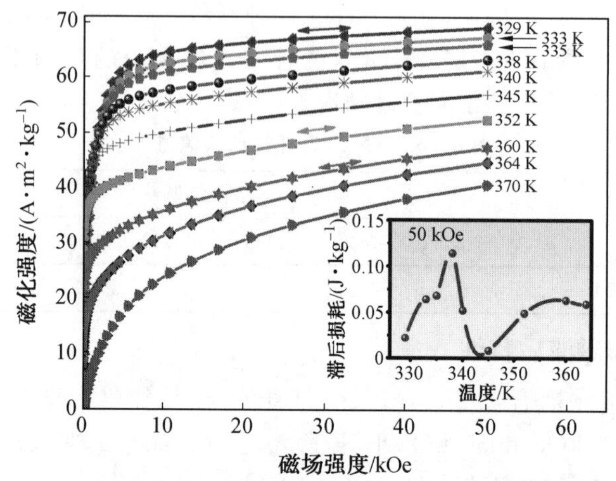

图 6－22　NMG2C 纤维最大磁场强度为 50 kOe 时相变附近不同温度加/去磁磁化曲线

3. 马氏体相变特征

由图 6－21 可知，磁－结构部分耦合状态 NMG2C 纤维在升/降温过程中相变温度随着磁场的增加而向高温方向移动，可见纤维中发生磁驱动的铁磁奥氏体到铁磁马氏体的转变。由图 6－21 求导得到 NMG2C 纤维 0.2 kOe 和 50 kOe 下相变峰值温度，见表 6－7。

表 6－7　NMG2C 纤维 0.2 kOe 和 50 kOe 下相变峰值温度　　K

纤维	A_p(0.2 kOe)	A_p(50 kOe)	M_P(0.2 kOe)	M_P(50 kOe)	ΔT_{0h}	ΔT_{0c}
NMG2C	337.1	340.1	334.9	336.9	3.0	2.0

在升温和降温过程中，磁场从 0.2 kOe 增加到 50 kOe 时相变温度的变化 ΔT_{0h} 和 ΔT_{0c} 分别为 3.0 K 和 2.0 K，即 dA_p/dH＝0.06 K/kOe，较 NMG4C 小。由 DSC 曲线可得纤维升温过程相变焓 Q 为 4.6 J/g，由表 6－4 可知纤维 T_0 为 333.7 K，另外 dA_p/dH＝0.06 K/kOe，将三者代入式(6.2)，即得到 ΔM＝8.3 (A·m²)/kg，与 50 kOe 下相变附近奥氏体与马氏体的饱和磁化强度差吻合。

为了研究磁场对纤维在升降温过程中，特别是相变时纤维磁性的影响，测试了 NMG2C 纤维在 0.2 kOe 下的场冷(FC)和零场冷(ZFC)$M-T$ 曲线，如图 6－23所示。

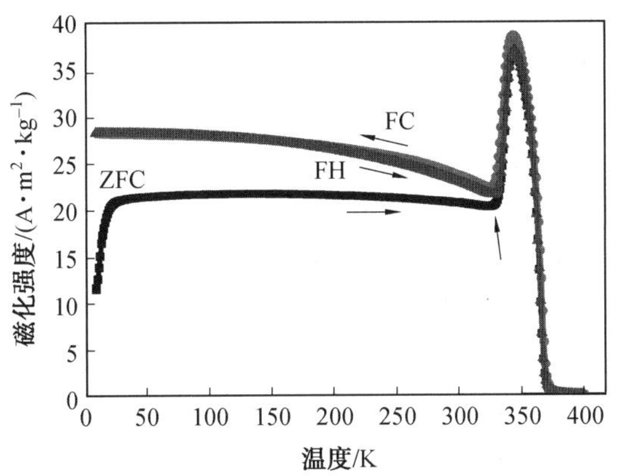

图 6－23　NMG2C 纤维在 0.2 kOe 下的场冷(FC)和零场冷(2FC) $M-T$ 曲线

由图 FC 和 FH 曲线可见，0.2 kOe 磁场下降温至约 4 K 范围内，纤维马氏体磁化强度随温度降低而增加。ZFC 曲线在高温下与 FC 曲线重合，但是在降温过程中两者分离，并且 ZFC 曲线磁化强度低于 FC。这种现象的解释如下：当在无磁场的情况下冷却过程中，纤维中磁矩沿着自身的易磁化方向排列。一般情况下，若纤维中完全没有各向异性，那么在低温下磁矩应该为零，然而由于 NMG2C 纤维拥有较强的易磁化轴沿轴向排列的磁晶各向异性，因此即使在零场下冷却，磁矩在约 4 K 时依然大于 10 $(A \cdot m^2)/kg$。然而由于零场下降温至低温，因此在升温过程刚开始施加磁场时，磁矩没能来得及转向，依然是一种被锁定的状态，但是随着温度的不断增加，则有更多的能量可以扰动这个被锁定的系统状态，并且塞曼效应也被驱动，从而使得由于外场作用而导致的磁矩转向的特性开始驱动，磁矩慢慢倾向于沿着磁场的方向排列，最终在阈值温度达到与 FC 相同的水平。另外，高温下奥氏体磁化强度随温度增加而减小，至磁转变点以上变为顺磁态，磁化强度降温零。

4. 磁热性能

如图 6－15 中内嵌图所示为相变峰值点，因此在升温过程中以 337 K 和 365 K为密集点作不同温度下的等温磁化曲线，结果如图 6－24(a)所示。与 NMG4C 相同，纤维的饱和磁化强度随温度增加而减小。然而，与磁一结构耦合状态不同的是，NMG2C 纤维中拥有铁磁态的奥氏体。虽然奥氏体与马氏体拥有相同的磁状态，但是马氏体相为单斜结构，较立方结构的奥氏体相拥有更高的磁晶各向异性，因此在低磁场下很难被磁化，于是就出现了如图 6－24(a)中虚线椭圆形所示的情况，即奥氏体与马氏体的磁化曲线在低场下出现了交叉点，对于 NMG2C 纤维来说这个磁场为 1.3 kOe，即当 $H<1.3$ kOe 时，奥氏体先于马氏

体磁化而达到更高的磁化强度，而当大于这个磁场时，马氏体中由于塞曼效应的作用通过磁矩转向甚至孪晶界的运动达到磁化饱和，该过程马氏体单位体积内沿外场排列磁矩比例快速增加，磁化强度不断提高。

基于不同温度下的等温磁化曲线，计算得到不同磁场下 NMG2C 纤维 ΔS_m 与温度的关系曲线，如图 6－24(b)所示。从图中可见，ΔS_m 在 337 K 和 365 K 左右出现两个极值峰，分别对应于结构相变和磁相变，在 50 kOe 下的值分别为 －5.2 J/(kg・K)和－5.3 J/(kg・K)。另外，与磁－结构耦合状态不同的是，结构相变附近低场下出现正磁热峰，磁场 1 kOe 时拥有最大值 0.14 J/(kg・K)，接着随磁场的增加而减小，最终在 3 kOe 时变为负磁热。这个现象与低场下马氏体难以磁化，导致图 6－24(a)中所示马氏体与奥氏体低场下磁化曲线交叉有关。Marcos 等报道了关于不同 MCE 的来源，发现正 MCE 是来自于磁矩和马氏体变体之间的磁－结构之间的耦合作用，这同时也是 SME 的来源。这部分正 MCE 一般发生在磁场小于饱和磁场强度的区域，并且与马氏体的饱和磁化强度成正比。研究发现，Ni－Mn－Ga 合金的饱和磁化和磁场强度在标准化学计量比 Ni_2MnGa合金时拥有最大值，此时正 MCE 的值最大。然而，饱和磁场强度随着 e/a 的增加而减小，并且在 $e/a=7.7$ 时，磁－结构耦合，相变附近马氏体饱和磁场强度最小，正 MCE 不再出现。这也解释了磁－结构耦合状态 NMG4C 中由于 $e/a\approx7.7$不出现正 MCE，而 NMG2C 纤维 $e/a\approx7.67$，出现了较小的正 MCE 的原因。

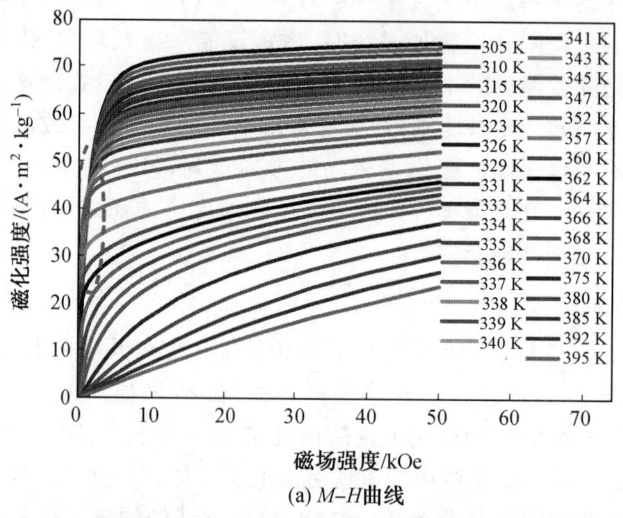

(a) M–H曲线

图 6－24　NMG2C 纤维不同温度磁化曲线及不同磁场下 ΔS_m 随温度变化关系(见附录彩图)

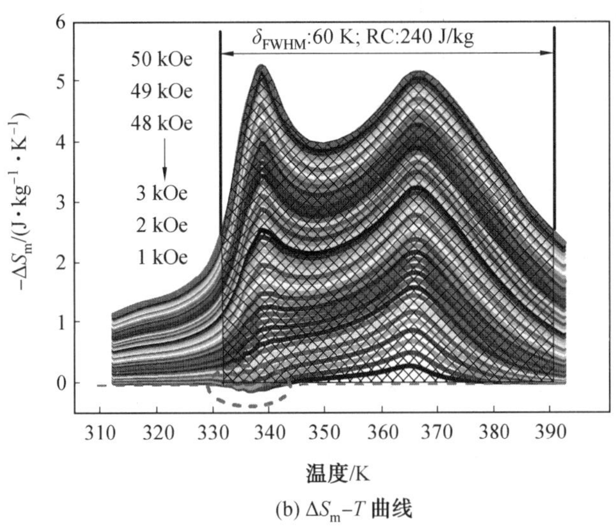

(b) ΔS_m-T 曲线

续图 6－24

图 6－25 所示为 NMG2C 纤维一级和二级 ΔS_m^{max} 随磁场的变化规律，对于结构相变来说，两者之间为线性关系，但是对于磁相变来说，ΔS_m^{max} 与磁场之间关系如图中所示，$\Delta S_m^{max}=0.002H^{0.74}$，其中指数 0.74 的值与合金的成分、结构和磁状态有关。一般来说，$n>2/3$ 是由于小尺寸纤维的形状各向异性、尺寸效应以及热处理后成分依然有局部不均匀等。

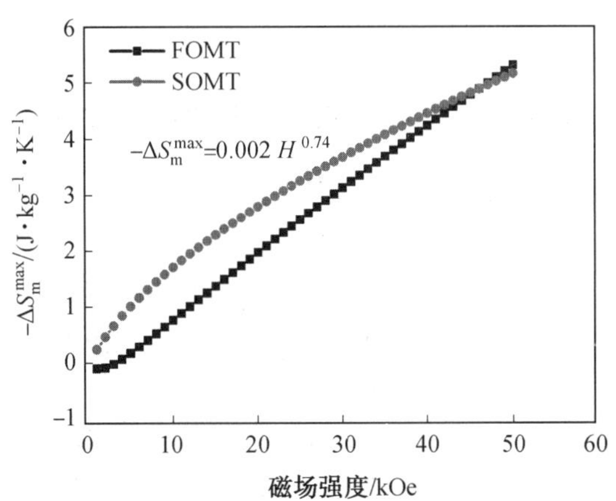

图 6－25　NMG2C 纤维一级和二级 ΔS_m^{max} 随磁场的变化规律

图 6－24 中，最值得注意的是两个磁热峰之间的过渡区的磁热值，由图可见在 50 kOe 下约为 4.0 J/(kg・K)，这个值与峰值相比相差不大。得益于这个现

象，两个峰值区结合这个磁热值较高的过渡区，形成了一个大幅度宽化的 ΔT_{FWHM}，50 kOe下达到了 60 K。另外，如 6.4.1 中所述，NMG2C 纤维的磁滞后极小，可以忽略不计。因此，结合宽化了的 Δ_{FWHM} 和极小的磁滞后，根据式(1.22)计算得到 NMG2C 纤维不同磁场下的 RC_{net} 值为 240 J/kg，NMG2C、NMG4C 纤维以及其他多种磁制冷材料不同温度下净 RC_{net} 值对比，如图 6－26 所示。NMG2C 在 50 kOe 下的 RC_{net} 值为 240 J/kg，而 NMG4C 虽然拥有高 ΔS_m，但是由于其 3K 的 ΔT_{FWHM}，因此其 RC_{net} 值非常小。与稀土化合物相比时，NMG2C 拥有较小的 RC_{net} 值，但是却更加经济实用。

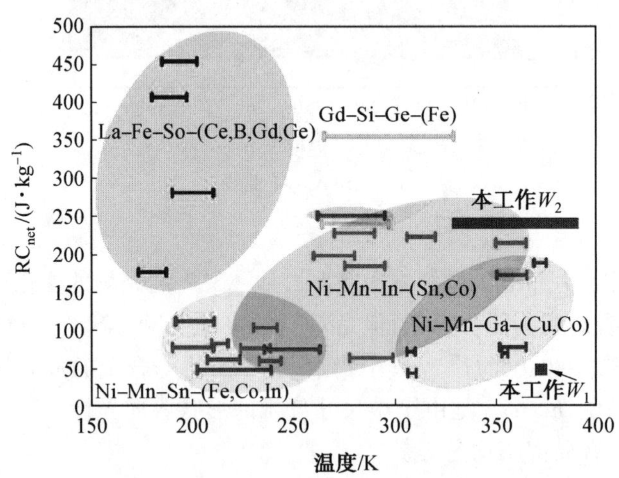

图 6－26　不同合金不同温度下净 RC_{net} 值对比

6.3.4　Cu 掺杂对 Ni－Mn－Ga 纤维磁热性能的影响

磁一结构耦合状态的获得还可以通过第四组元的添加来获得。对于富 Mn 的 Ni－Mn－Ga 合金来说，其 T_C 基本保持不变，这对于 MCE 的应用来说温度显然太高，并且 Ni－Mn－Ga 合金本征脆性大，可以采用添加第四组元的方法来降低脆性。在众多第四组元的选择中，Cu 元素因其价格低，并且可以高效调节相变温度和促进 MCE 的特性而得到广泛关注。通过在 Ni－Mn－Ga 合金中以 Cu 元素替代 Ga 元素的方法来达到提高纤维塑性，并达到磁一结构耦合的目的，另外 Ga 作为 Ni－Mn－Ga 合金中最昂贵的元素，用 Cu 替代 Ga 还可以起到降低成本的作用。

有序化热处理前后 NMGC1 纤维 DSC 及 $M-T$ 曲线如图 6－27 所示。有序化热处理前后纤维的马氏体相变与磁转变同时发生，即在升温过程中纤维直接由铁磁态的马氏体转变为顺磁态的奥氏体，产生了一级磁相变。图 6－27(b)中内嵌图为有序化热处理纤维升温过程曲线的一阶导数，显示 T_C 为 356 K，与

NMG4 纤维相比，T_C 下降了 16 K，虽然没有达到室温，但是 Cu 元素的添加明显起到降低 T_C 的作用。由图 6－27(a)可见，相同外加磁场下，制备态纤维的磁化强度较有序化热处理纤维低一个数量级，这一现象与快速凝固过程中造成的原子有序度低、缺陷密度高和内应力的存在有关。因此证明制备态的纤维由于较低的磁性能而无法作为磁制冷材料使用。而有序化热处理后，纤维的磁性能显著提高，并且由于磁一结构耦合状态的存在，有望得到优异的磁热性能。

为了在磁一相变耦合的情况下得到较大的制冷工作区间，对 NMGC1 也进行了真空无 Mn 的有序化热处理。为了简化试验过程，选择几条特征线进行 EDS 点能谱及线能谱分析，其横截面 Mn 元素成分分布如图 6－28 所示。

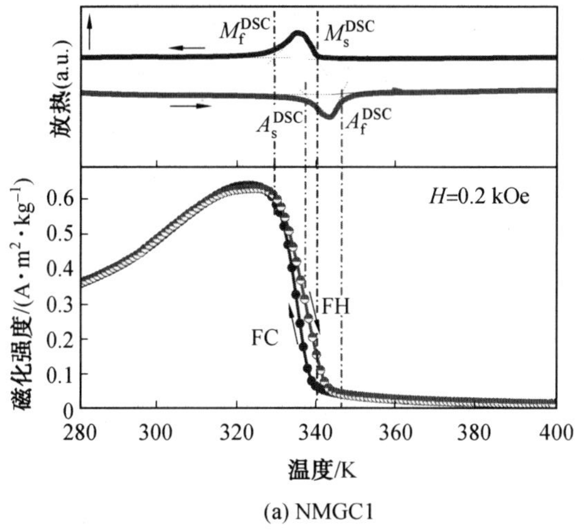

(a) NMGC1

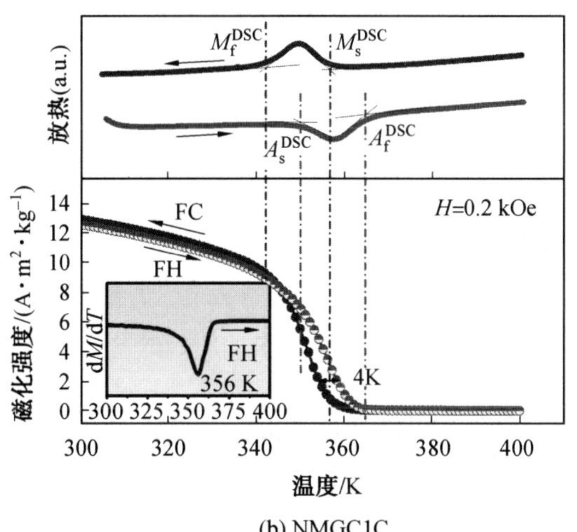

(b) NMGC1C

图 6－27　有序化热处理前后 NMGC1 纤维 DSC 及 $M-T$ 曲线

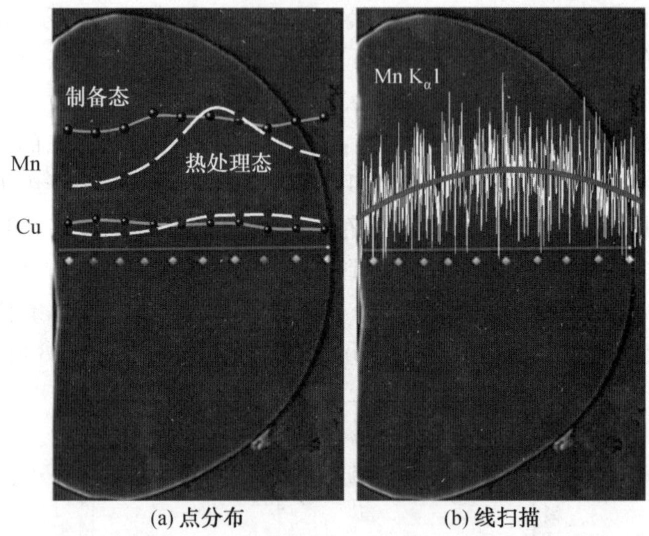

图 6－28　真空无 Mn 有序化热处理后 NMGC1C 纤维横截面 Mn 元素成分分布

图 6－28(a)中 SEM 为 NMGC1C 纤维横截面，白色和灰色曲线分别为有序化热处理前后纤维横截面中线上 10 个点的能谱结果，由图可见 NMGC1 纤维中 Mn 和 Cu 元素均变化较小，但是 NMGC1C 纤维 Mn 元素由纤维表面向内部呈梯度上升趋势，但 Cu 元素没有太大变化。图 6－28(b)为相同位置的连续线扫描结果，同样可见 Mn 元素成分从表面到内部呈梯度变化，与点扫描结果一致。综上所述，与 NMG2C 纤维相同，经过真空无 Mn 有序化热处理后，NMGC1C 纤维出现 Mn 元素成分从表面到内部梯度分布的情况，但是 Cu 元素成分变化很小。

为了确定有序化热处理后 NMGC1 纤维的整体相变特性，对母合金、制备态以及有序化态纤维升/降温过程 DSC 曲线进行了测试，结果如图 6－29 所示，通过切线法得到所有的马氏体相变温度，见表 6－8。

表 6－8　NMGC 合金、制备态及有序化纤维相变信息　　K

材料	A_s	A_p	A_f	M_s	M_P	M_f	T_C	A_f-A_s	M_s-M_f
母合金	376.5	381.4	387.4	373.0	368.2	363.6	348.3	10.9	9.4
NMGC1	338.0	342.9	347.3	340.0	334.9	328.8	337.1	9.3	11.2
NMGC1C	350.6	357.6	365.4	356.4	349.7	342.8	356.0	14.8	13.6

如表 6－8 所示，升/降温过程中有序化热处理后纤维的相变宽度为 14.8 K 和 13.6 K，高于合金铸锭和制备态纤维，证明成分梯度化起到了宽化相变宽度的作用。因此，结合磁－结构耦合状态导致的效应以及宽化的相变宽度，有望在 NMGC1C 纤维中获得大的 ΔS_m 以及宽的 ΔT_{FWHM}。

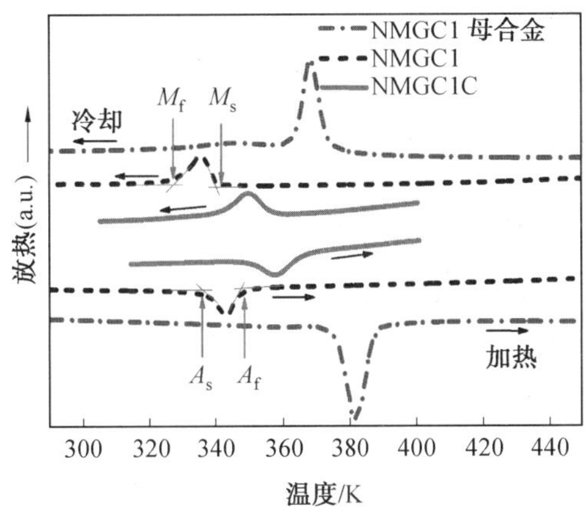

图 6－29　NMGC 合金、制备态及有序化纤维升/降温 DSC 曲线

由图 6－27(b)可知，$M-T$ 曲线$\partial M/\partial T$ 极值出现在 356 K，因此在356 K附近测试了一系列升温过程中的等温磁化曲线，结果如图 6－30(a)所示。由图中可见，掺杂 Cu 元素后纤维的马氏体饱和磁化强度降低。为了确定纤维的 T_C，选择相变温度附近的等温磁化曲线作 Arrott 曲线，结果如图 6－30(b)所示，可见 T_C 点位于 356～358 K，与一阶导数法结果相吻合。由表 6－8 可知，纤维 A_s 和 A_f 分别为 350.6 K 和 365.4 K，因此，与 NMG4C 纤维相同，磁转变过程与马氏体转变同时发生，进一步确认了磁一结构耦合的状态。

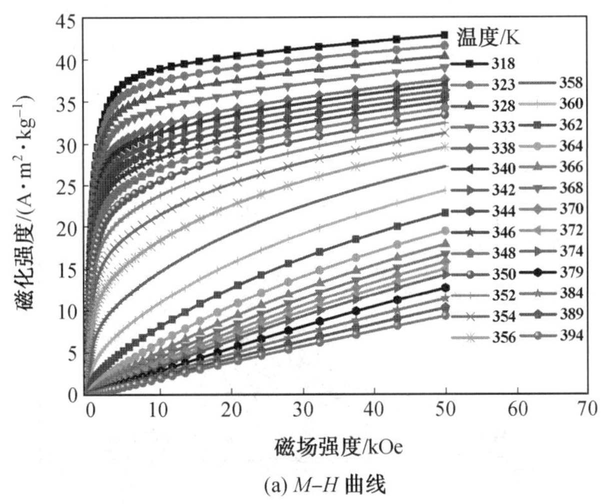

图 6－30　NMGC1C 纤维不同温度磁化曲线及 Arrott 曲线

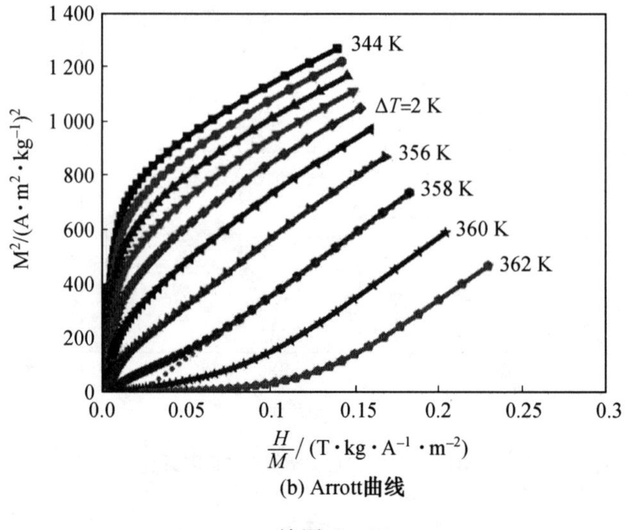

(b) Arrott曲线

续图 6－30

基于不同温度下的等温磁化曲线，根据式(6.8)计算得到不同磁场下NMGC1C纤维 ΔS_m 与温度的关系曲线，如图 6－31 所示。从图中可见，ΔS_m 最大值出现在 359 K，并且 20 kOe 和 50 kOe 下纤维 ΔS_m 的最大值为－3.6 J/(kg·K)和－8.3 J/(kg·K)，远大于 Ni－Mn－In－Co 和 Ni－Mn－Ga－Fe 纤维。最大 ΔS_m 与磁场的关系曲线如内嵌图中所示，结果显示具有近似线性的变化趋势，并且在 50 kOe 下没有达到饱和。

由图 6－31 可见，纤维在 50 kOe 下 ΔT_{FWHM} 达到约 13 K，这是迄今为止在 Ni－Mn－Ga－Cu 合金中得到的最大值。根据式(1.16)计算得到纤维不同磁场

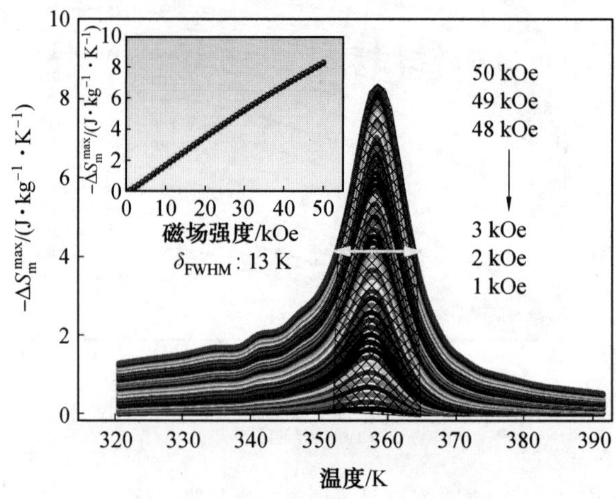

图 6－31　不同磁场下 NMGC1C 纤维 ΔS_m 与温度的关系曲线(见附录彩图)

下的 RC 值。由于滞后很小可忽略不计，可得到在 50 kOe 下，纤维的 RC 值约为 78 J/kg。与其余镍锰基合金相比，在 50 kOe 的磁场下，NMGC1C 纤维拥有较小的 ΔS_m（-8.3 J/(kg·K)），但是其 ΔT_{FWHM}（约 13 K）却大于其余镍锰基的带材或者大块单晶或多晶合金材料；纤维 RC 值（约 78 J/kg）与其余镍锰基合金相当（70～115 J/kg），并且高于已报道的其余 Ni－Mn－Ga－Cu 大块多晶及单晶合金（72～75 J/kg）；另外，当与 Gd 和 $LaFe_{13-x}Si_x$ 等合金相比，NMGC 合金不含稀土元素，并且经济、无毒性。

6.3.5　Fe 掺杂对 Ni－Mn－Ga 纤维磁热性能的影响

本节系统研究 Fe 掺杂对 Ni－Mn－Ga 纤维马氏体相变、磁相变、相变滞后、饱和磁化强度和磁热性能的影响。

1. 磁场对马氏体相变温度和居里温度的影响

对于有序化热处理后的纤维在一个恒定磁场 10 Oe 下测量样品的 $M-T$ 曲线，如图 6－32 所示，加热、冷却速率为 5 K/min。不同 Fe 含量纤维 $M-T$ 曲线有类似规律。在加热过程中，所有的 $M-T$ 曲线均发生马氏体与奥氏体转变和奥氏体相的磁相变，前者发现热滞后的存在，是一级可逆结构相变，后者是二级

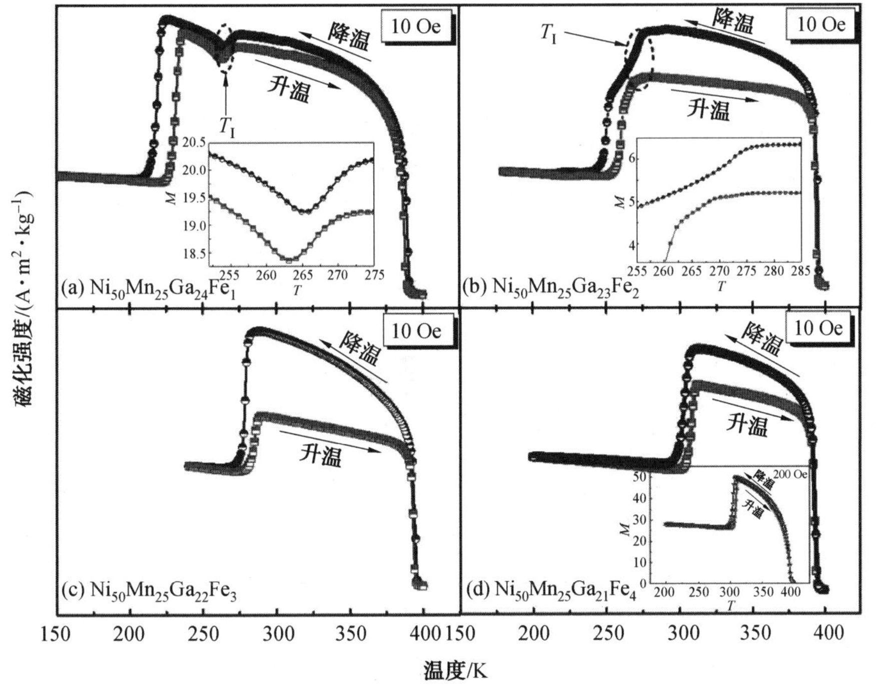

图 6－32　$Ni_{50}Mn_{25}Ga_{26-x}Fe_x$ 纤维的 $M-T$ 曲线

铁磁—顺磁相变，磁结构从有序向无序转变。此外，在约 270 K 时出现磁化强度值明显向下的跳跃，对应于预马氏体相变，在 x(Fe)＝1 和x(Fe)＝2的纤维中相变潜热小(约 2 J/g)，预马氏体相变分别发生在 268 K 和 272 K(图 6－32(a)和(b))。在 x(Fe)＞2 的纤维中没有出现预马氏体相。已有的研究表明，在 Ni_2MnGa体系，预马氏体相是结构和磁自由度之间的磁弹性耦合引起的，合金的 TA2 支(1/3 1/3 0)声子显示出明显的随温度软化的现象。在 $M-T$ 曲线上还可以发现 10 Oe 磁场下铁磁奥氏体相冷却过程的磁化值高于加热过程，为了探索加热冷却过程磁化差值的原因，在一个稍高的磁场 200 Oe 下测量 $M-T$ 曲线，如图 6－32(d)插图所示，200 Oe 磁场下奥氏体相磁化值变化比 10 Oe 小得多，马氏体相变温度向低温稍有移动。

图 6－33(a)所示为 $Ni_{50}Mn_{25}Ga_{26-x}Fe_x$ 纤维马氏体相变温度和居里温度随 Fe 原子数分数变化的温度—成分相图。由图可见，马氏体相变温度受到成分的调控，因成分变化而发生线性增加，M_s 随 Fe 原子数分数变化的关系式如下：

$$\frac{\Delta T}{x(\mathrm{Fe})}=\left|\frac{T_6-T_1}{\mathrm{Fe}_6-\mathrm{Fe}_1}\right|=\left|\frac{361.3-224.8}{6-1}\right|=27.3 \tag{6.9}$$

马氏体相变温度随着 Fe 平均升高率为 27.3 K/%，这个值与 DSC 方法测出的非常接近，比 $Ni_{50}Mn_{25}Ga_{26-x}Cu_x$ 合金的升高率小得多(76.4 K/%)。此外，预马氏体相变和马氏体相变温度随着 Fe 原子数分数的增加都是向高温方向移动，最后汇合到一起。二者对于 Fe 原子数分数有不同的依赖作用，预马氏体相变温度升高率低于马氏体相变温度。在 $Ni_{50}Mn_{25}Ga_{23}Fe_2$纤维中，预马氏体和马氏体相变温度较接近，这可能导致有趣的现象，比如 MCE。纤维的居里温度稳定在

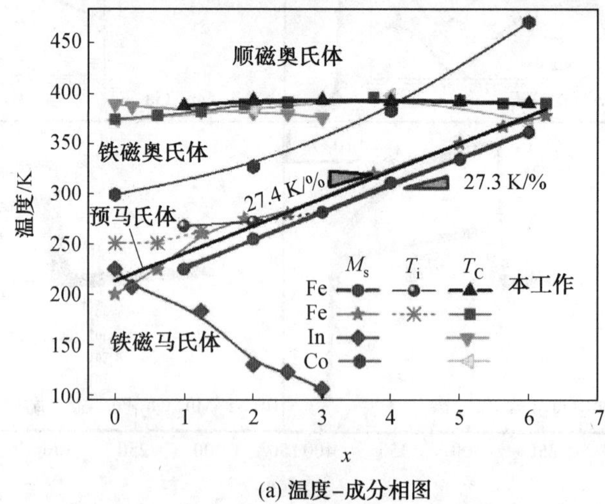

(a) 温度-成分相图

图 6－33 $Ni_{50}Mn_{25}Ga_{26-x}Fe_x$ 纤维的相图

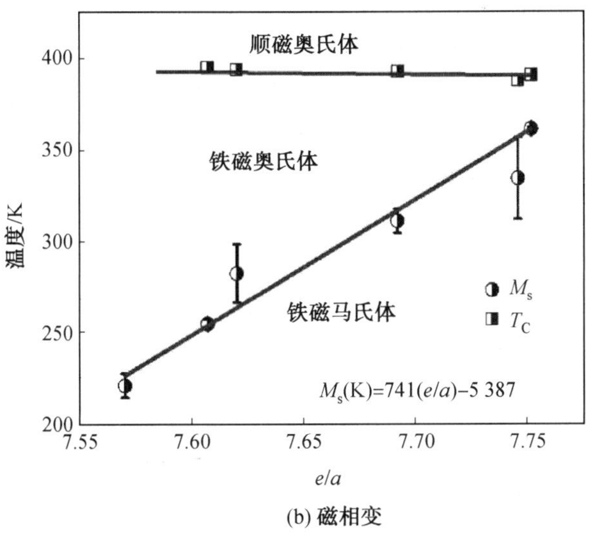

(b) 磁相变

续图 6－33

390 K，比三元 Ni_2MnGa 合金提高了 25 K，这是因为 Fe 原子具有高于 Ga 原子的磁化值。相图的特点是 $T_C > M_s$，即马氏体相变发生在两个铁磁相之间。此外，当 $x(Fe) > 4$ 时马氏体相变温度高于室温，对于室温下开发应用有利。此外，不同的合金化元素对 M_s 和 T_C 的影响不同，在图6－33中还给出了一些常见的掺杂后的合金，例如 $Ni_2MnGa_{1-x}Fe_x$（$0 \leqslant x(Fe) \leqslant 0.4$）、$Ni_2MnGa_{1-x}In_x$（$0 < x(Fe) < 0.25$）、$(Ni_{50.26}Mn_{27.30}Ga_{22.44})_{100-x}Co_x$（$0 < x(Co) < 6$）等合金 M_s 和 T_C 的变化情况，不同的元素对 T_C 的影响是微弱的，这几个合金的磁相变均发生在 390 K 或略高于这个温度的区间内。而 M_s 强烈地依赖于掺杂元素的种类，比如 Fe、In 和 Co 等。Co 取代 Ga 使 M_s 快速增长，In 取代 Ga 却是使 M_s 下降，尽管 In 原子的半径大于 Ga 原子。图 6－33(b)所示为纤维 M_s 和 T_C 与 e/a 的关系，即磁相变，M_s 和 T_C 线将相图分为几个区域：顺磁奥氏体、铁磁奥氏体和铁磁马氏体。线性拟合斜率为 741 K/(e/a)，是低于三元 Ni－Mn－Ga 合金的(937 K/(e/a)，这也表明在 Heusler SMAs 中 e/a 是描述结构稳定性和磁有序度一个非常方便的参数。

2. Fe 原子数分数对相变滞后的影响

热滞后是区别一级和二级相变的标准，结构相变的热滞后定义为 $A_p - M_P$，磁相变无热滞后。结构相变的热滞后与 $Ni_{50}Mn_{25}Ga_{25-x}Fe_x$ 纤维中 Fe 原子数分数的关系如图 6－34 所示，结构相变的热滞后从 12.5 K($x=1$)减小到 3.3 K($x=4$)，即 Fe 替换 Ga 时平均相变滞后变化是 3.1 K/%，当 $x(Fe) > 4$ 时结构相变滞后的变化是很小的。滞后的减少反映了奥氏体/马氏体相界面摩擦耗能的减少，与结构相变的滞后相比磁相变的滞后是微小的。

基于马氏体热滞来源于相界面的摩擦理论，可以计算出相界面移动的能量耗散。这个摩擦模型以马氏体转变百分数为序参量，系统的自由能为

$$F=a+bm+cm^2 \tag{6.10}$$

式中 m——马氏体转变的百分数；

a、b、c——与 m 无关但为温度的函数。

界面运动的摩擦力为

$$F_r=H_r-TS_r \tag{6.11}$$

式中 H_r 和 S_r——摩擦焓和熵。

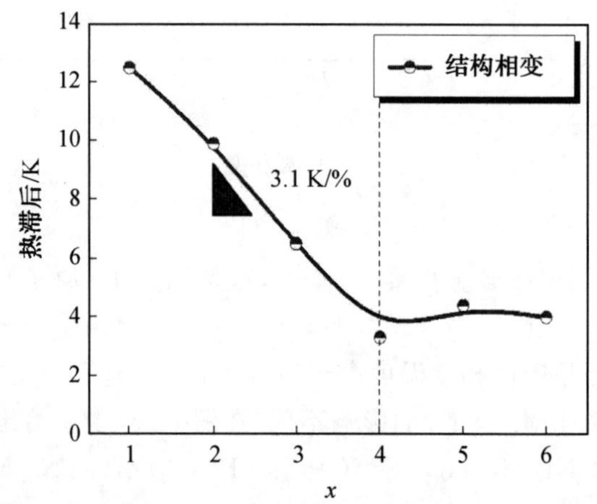

图 6－34　结构相变的热滞后与 $Ni_{50}Mn_{25}Ga_{25-x}Fe_x$ 纤维中 Fe 原子数分数的关系

以 $Ni_{50}Mn_{25}Ga_{24}Fe_1$ 纤维的冷却和加热曲线为例说明计算过程，$Ni_{50}Mn_{25}Ga_{24}Fe_1$ 纤维加热和冷却过程中 $M-T$ 曲线的线性拟合如图 6－35 所示。由图可见，相变回线的线性部分在 10％～90％，相变是一种热弹性平衡态，系统的自由能函数和摩擦函数可以根据状态方程表示出来，在冷却过程中 $L_c=0$，加热过程中 $L_h=0$，故拟合后的状态方程为

$$\begin{aligned} L_c&=m+A_cT-B_c=0 \\ L_h&=m+A_hT-B_h=0 \end{aligned} \tag{6.12}$$

对于 $Ni_{50}Mn_{25}Ga_{24}Fe_1$ 纤维

$$L_c=m+1.82T-382.4=0$$

$$L_h=m+1.65T-367.3=0$$

根据平衡态具有最小自由能，即 $\partial F/\partial m=0$，当体系不平衡时，状态变化，相变的驱动力为 $f_d=-\dfrac{\partial F}{\partial m}$，相界面移动的阻力为 $f_r=-\dfrac{\partial F_r}{\partial m}$，正马氏体相变边界条

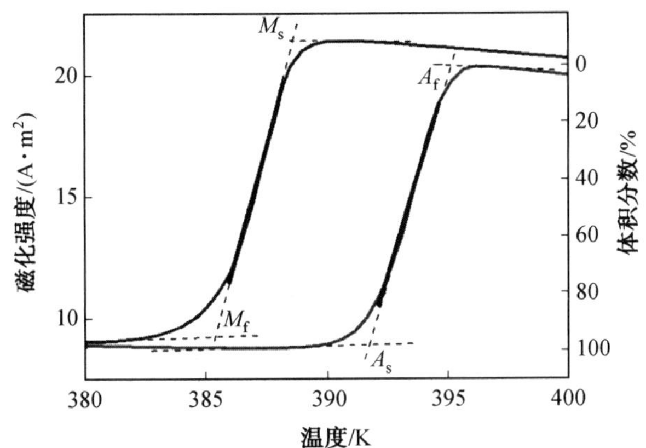

图 6－35　$Ni_{50}Mn_{25}Ga_{24}Fe_1$ 纤维加热和冷却过程中 $M-T$ 曲线的线性拟合

件为 $f_d=f_r$，逆马氏体相变的边界条件为 $f_d=-f_r$，故

$$F_r=-\Delta S\frac{(A_h-A_c)T+B_h-B_c}{A_h+A_c}m \tag{6.13}$$

$$F=(1.74T-374.9)m+0.5m^2+C \tag{6.14}$$

$$F_r=(0.085T-7.55)m \tag{6.15}$$

基于 Clausius－Clapeyron 方程

$$\frac{d\sigma}{dT}=-\frac{\Delta S}{\varepsilon V}=-\frac{\Delta H}{\varepsilon T_0 V} \tag{6.16}$$

对于 Ni_2MnGa 合金，ε 是 0.06，V 是 32 cm^3/mol，可以计算出 F_r。

图 6－36 所示为界面摩擦耗能与 $Ni_{50}Mn_{25}Ga_{25-x}Fe_x$ 纤维中 Fe 原子数分数的关系。结构相变的孪晶界界面摩擦耗能随着 Fe 原子数分数降低，和结构相变中的热滞后展现了类似的变化规律。在 MT 过程中产生的热滞后源于界面推移过程中产生的摩擦，意味着 Fe 原子数分数增加会使 MT 中奥氏体和马氏体相界面运动的阻力减少。

3. Fe 原子数分数对饱和磁化强度的影响

图 6－37 所示为室温下制备态和有序化热处理后不同 Fe 原子数分数 Ni－Mn－Ga－Fe纤维的磁化曲线，两个状态的纤维分别显示了亚铁磁性和铁磁性的特征，制备态纤维难磁化并且在 50 kOe 的磁场下没能达到饱和，相反，热处理后的纤维在 0.2 kOe 的磁场下即达到饱和，这是由于在纤维制备过程中引入了内应力，化学有序化热处理减少了缺陷和残余应力，因此是成分均匀化的结果，此结果与 NMG1 纤维一致，如图 5－35 所示。

对于铁磁性材料磁化过程大致分为以下四个阶段：①磁畴的可逆转动过程，此时若去掉外磁场，磁畴壁会回到原来位置；②不可逆磁化过程，随着磁场的增

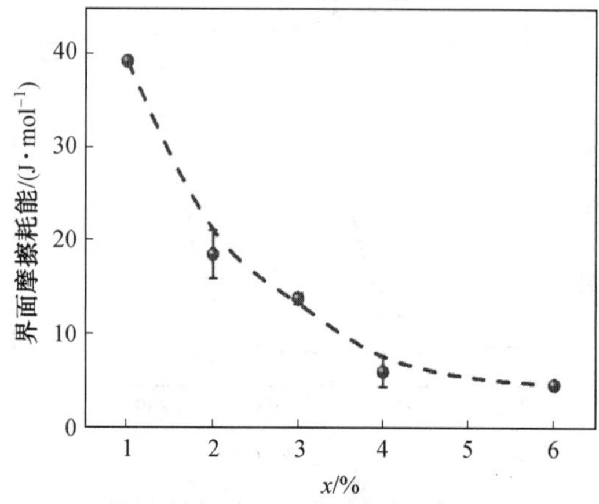

图 6－36　界面摩擦耗能与 $Ni_{50}Mn_{25}Ga_{25-x}Fe_x$ 纤维中 Fe 原子数分数的关系

加磁化曲线上升较快，磁化强度急剧增加，此时撤掉外场后，磁畴壁的位置不能恢复；③磁畴磁矩的转动，磁畴壁的移动基本完成后，只有靠磁畴和磁矩的转动才能使磁化值增加；④趋近饱和阶段，尽管外场很大，但磁化值增加却很小。对于多晶试样，由于各个晶粒的晶轴取向混乱以及晶粒之间的相互作用，磁畴结构非常复杂，低场时畴壁位移过程与磁化矢量转动过程不易分开。但是，到了强磁场范围，畴壁位移过程将完全停止，磁化矢量转动成为磁化的唯一方式（第 4 阶段）。在这种情况下，由于各种多晶体的磁化均来自磁化矢量的转动过程，因此具有共同的规律，即它们普遍遵守趋近饱和定律。强磁场中定律可表述为

$$M=M_{sat}\left(1-\frac{a}{H}-\frac{b}{H^2}\right)+\chi_p H \tag{6.17}$$

式中　M_{sat}——饱和磁化强度；

a——不均度参数；

b——各向异性参数；

χ_p——在更高的磁场下顺磁磁化过程的磁化率。

其中，a/H 项只在低场下起作用，χ_p 项数值很小，可以忽略。因此，高场下式(6.17)可以简化为

$$M=M_{sat}\left(1-\frac{b}{H^2}\right) \tag{6.18}$$

经过推导可得常数 b 为

$$b=\frac{8}{105}\frac{K_1^2}{M_{sat}^2\mu_0^2} \tag{6.19}$$

式中　K_1——磁晶各向异性常数；

μ_0——真空磁导率。

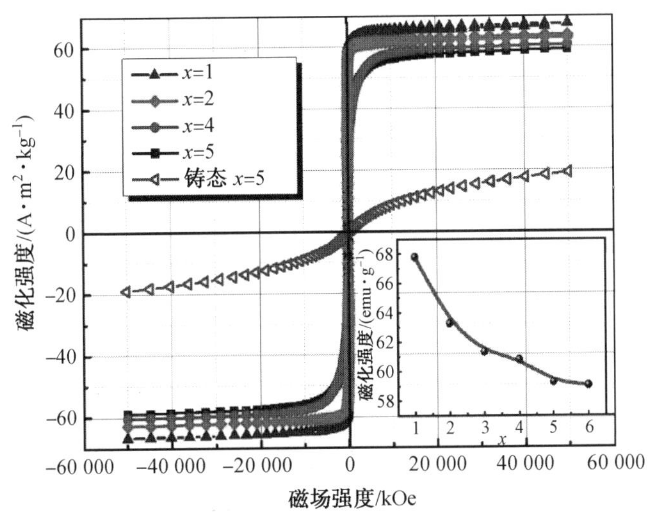

图 6—37　室温下 $Ni_{50}Mn_{25}Ga_{25-x}Fe_x$ 纤维的磁化曲线

利用等温磁化曲线、式(6.17)和式(6.18)，可以求出纤维的饱和磁化强度和磁晶各向异性常数。以下以 $Ni_{50}Mn_{25}Ga_{19}Fe_6$ 纤维为例，说明计算过程：将 $M-H$ 曲线转化为 $M-1/H^2$ 曲线，如图 6—38(a)所示，然后选取处于趋近饱和阶段的点进行线性拟合，如图 6—38(b)所示，求出该曲线在 M 轴上的截距和斜率。其中，截距即为纤维的饱和磁化强度。

图 6—37 插图为趋近饱和定律计算出来的饱和磁化强度与 Fe 原子数分数的关系曲线。可见，饱和磁化强度随着 Fe 原子数分数的增加逐渐降低。Fe 的原子数分数从 1%增加到 6%时，纤维的饱和磁化强度从66.44 $(A\cdot m^2)/kg$降低到 58.36 $(A\cdot m^2)/kg$，降低约 8.1 $(A\cdot m^2)/kg$。化学计量比三元 Ni_2MnGa 合金饱和磁化强度为 66 $(A\cdot m^2)/kg$，与 Fe 原子数分数 $x=1$ 时的纤维饱和磁化值较为接近。根据铁磁交换时价电子数择优占位原则，掺 Fe 时其价电子数大于 Mn，会优先占据 Mn 位，而使 Ga 位空出。因此，过量的 Mn 原子占据了 Ga 空位形成反铁磁交换，如图6—39所示。占位规则和从铁磁到反铁磁的转变导致交换相互作用的改变，从而导致饱和磁化值随着 Fe 原子数分数而减少。此外，前已述及，在 Ni_2MnGa 晶体中 Mn—Mn 原子之间不会发生直接的 d—d 耦合作用形成纯 Mn 材料的反铁磁有序排列，而是通过 Ni、Ga 的巡游电子进行耦合交换作用形成铁磁性的平行有序排列。可见 Mn—Mn 原子的交换作用以及 Mn—Mn 原子间距将直接影响材料的磁性能。在 Ni—Mn—Ga 合金中 Mn 原子之间的磁耦合作用是通过 Ni 和 Ga 提供的巡游电子来完成的。Ga 含量的减少使得对 Mn 原子提供的传导电子减少，从而使 Mn—Mn 原子间的交换作用减弱，这也是饱和

磁化强度降低的原因之一。

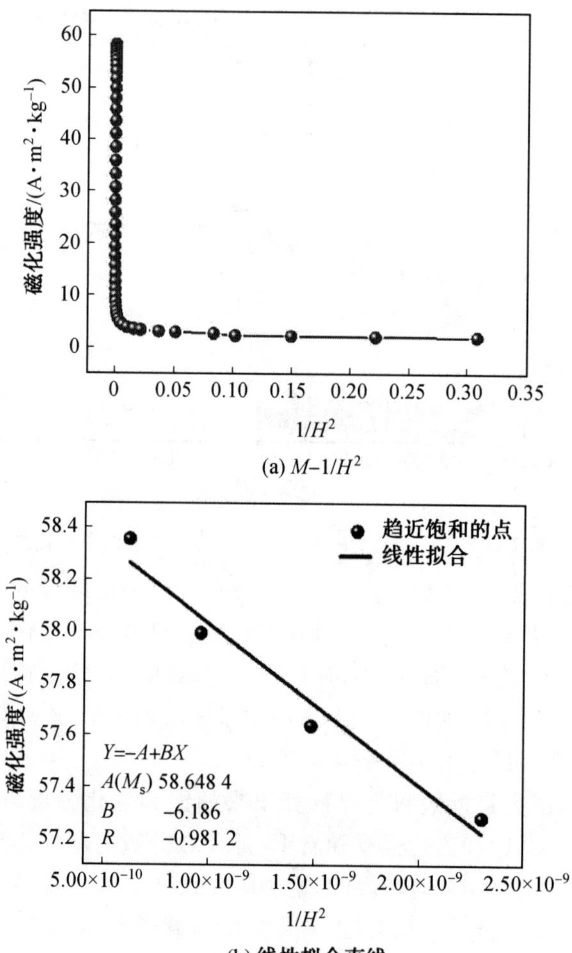

图 6—38 $Ni_{50}Mn_{25}Ga_{19}Fe_6$ 纤维饱和磁化强度的计算

综合分析发现，Fe 元素的取代不仅可以有效地改变纤维的马氏体相变温度，而且还可以显著提高居里温度，显著改变材料的饱和磁化强度等，这为以后小尺寸材料的广泛研究提供了新的思路。

4. 磁热性能

图 6—32 中显示了在马氏体相变处，磁化值 $\Delta M(H)=M_M-M_P$（M_M 和 M_P 是马氏体相和母相的磁化值）具有一个明显的变化，在图 6—40 中给出了相变处 ΔM 的数值与 H 的曲线，ΔM 与磁场密切相关。图 6—40(a)是在低场下的放大图，清晰地显示 ΔM 是负值，其绝对值随着磁场的增加而下降且具有一个极小

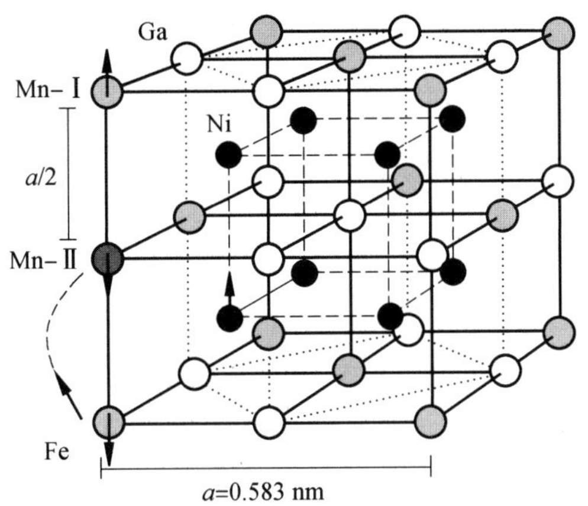

图 6－39　Ni－Mn－Ga－Fe 合金中 Mn 位的反铁磁排列

值。图 6－40(b)为高场图，图中所示 ΔM 随着磁场的增加达到一个正的饱和值 ΔM_{sat}，趋近饱和时与磁场近似遵循了指数关系。饱和磁化值取决于马氏体和母相之间饱和磁矩差值。$Ni_{50}Mn_{25}Ga_{21}Fe_4$ 和 $Ni_{50}Mn_{25}Ga_{19}Fe_6$ 纤维 $\Delta M=0$ 的磁场分别为 7.5 kOe、5.0 kOe 和 2.0 kOe。$\Delta M<0$ 时，$Ni_{50}Mn_{25}Ga_{23}Fe_2$ 纤维具有 ΔM 的极小值；$\Delta M>0$ 时，$Ni_{50}Mn_{25}Ga_{19}Fe_6$ 纤维具有 ΔM 的最大值。

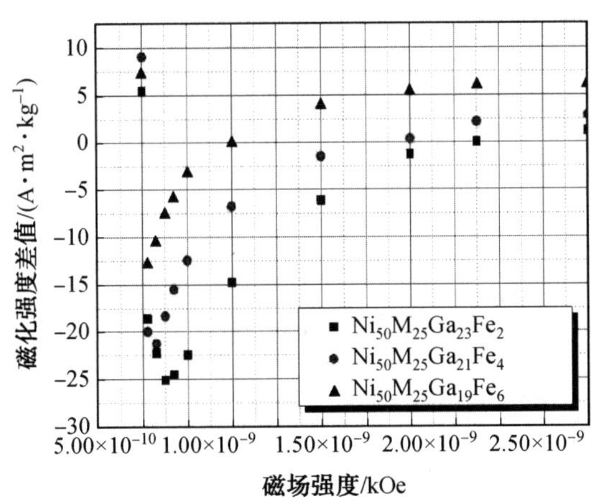

(a) 低场

图 6－40　$Ni_{50}Mn_{25}Ga_{25-x}Fe_x$（$x$＝2，4，6）纤维马氏体相变过程磁化强度差与磁场关系

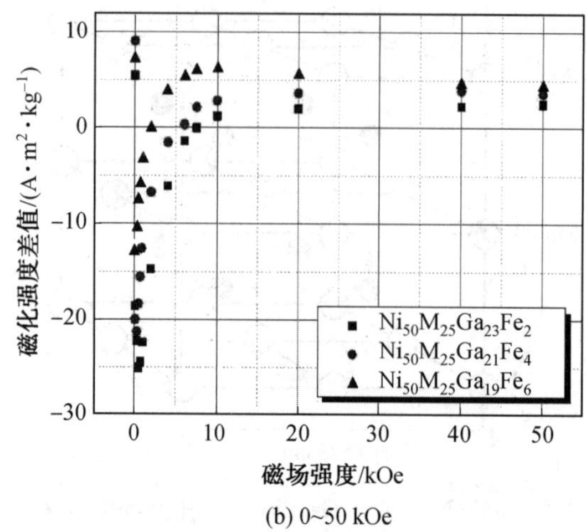

(b) 0~50 kOe

续图 6－40

为了深入探究磁场对纤维磁性的影响，测试了外磁场为 100 Oe 和 50 kOe 时 $Ni_{50}Mn_{25}Ga_{23}Fe_2$ 纤维的 $M-T$ 曲线，如图 6－41(a)所示，场冷(FC)曲线在 100 Oe时奥氏体态的磁化值随着温度的降低而增加，对应于顺磁－铁磁相变，磁化达到峰值后急剧下降，对应奥氏体向马氏体相变。场热(FH)曲线是逆相变的过程。此外，零场冷(ZFC)曲线磁化在低温区域是低于 FC 和 FH 曲线的，是因为马氏体相的孪晶界移动和磁晶各向异性。高场 50 kOe 下的 $M-T$ 曲线如图 6－41(b)所示，在低温区域磁化值对温度的依赖作用与低场相反。插图显示马氏体相变的放大图。

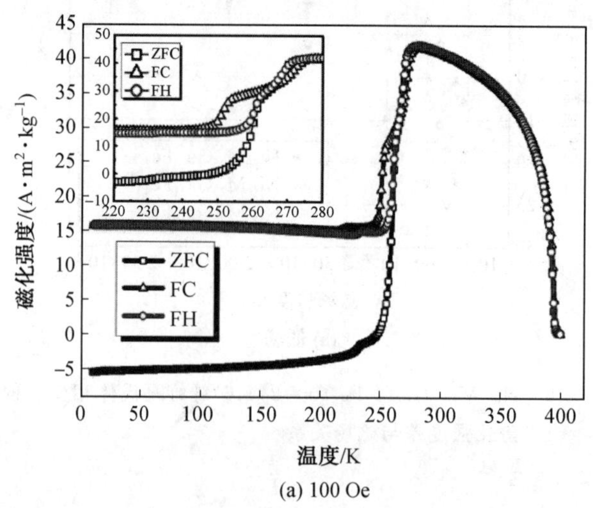

(a) 100 Oe

图 6－41　$Ni_{50}Mn_{25}Ga_{23}Fe_2$ 纤维的 ZFC、FC 和 FH 磁化曲线

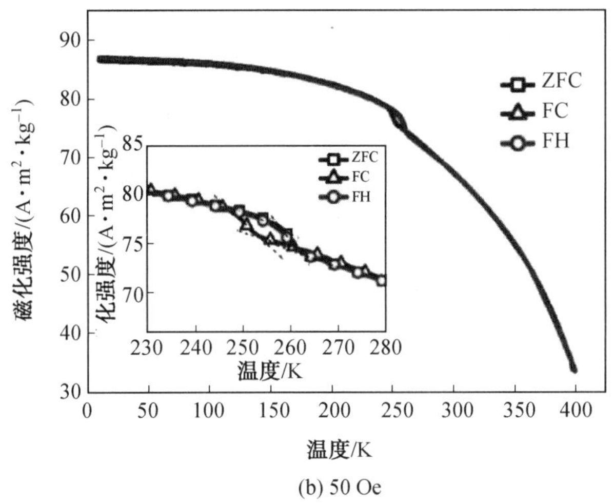

(b) 50 Oe

续图 6－41

图 6－42 所示为磁场作用下两种马氏体磁晶各向异性作用的示意图。在零场或很低的磁场下，马氏体由一系列不同取向的孪晶变体组成，在每一个变体内，是磁化交替、方向相反的磁畴，小磁场仍然足以使部分变体沿着易磁化轴方向排列。在一个中间场，磁畴趋向于与孪晶带一致，由于马氏体相的强磁晶各向异性，相邻两个变体之间，通过减小易磁化轴与磁场之间夹角而增加变体分数，塞曼能差值最小化。相反，奥氏体态在施加中间磁场已经形成了磁饱和单变体具有高磁对称性，故中间磁场时 $M_M < M_A$。最后马氏体晶体在高磁场下形成一个磁饱和单变体，此时 $M_M > M_A$。

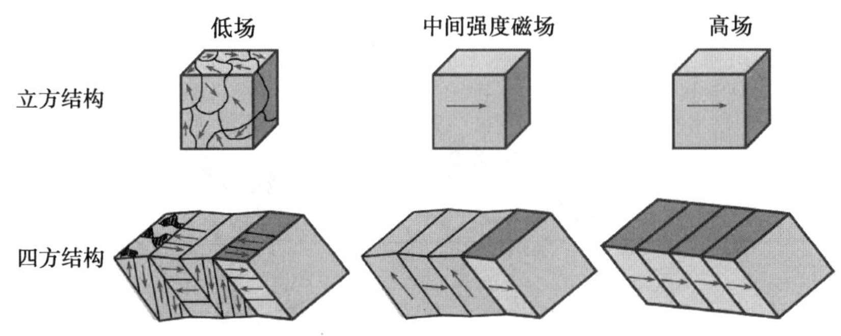

图 6－42　磁场作用下两种马氏体磁晶各向异性作用的示意图

图 6－43 所示为 200 Oe 下 $Ni_{50}Mn_{25}Ga_{23}Fe_2$、$Ni_{50}Mn_{25}Ga_{21}Fe_4$ 和 $Ni_{50}Mn_{25}Ga_{19}Fe_6$ 纤维的 $M-T$ 曲线，插图显示 FH 的 dM/dT 与 T 曲线，由此可以精确地确定各相变温度，峰值温度 A_p 分别是 261.5 K、309.2 K 和 361 K。在图 6－43(c)中(右侧)还显示高于居里温度时的 H/M 与 T 的曲线，在这一温度区

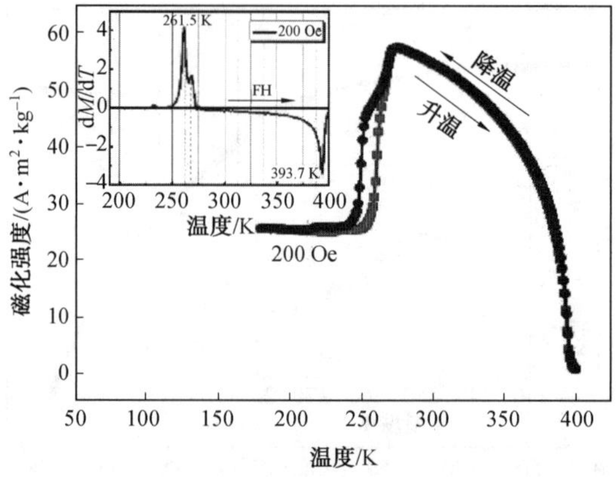

(a) $Ni_{50}Mn_{25}Ga_{23}Fe_2$

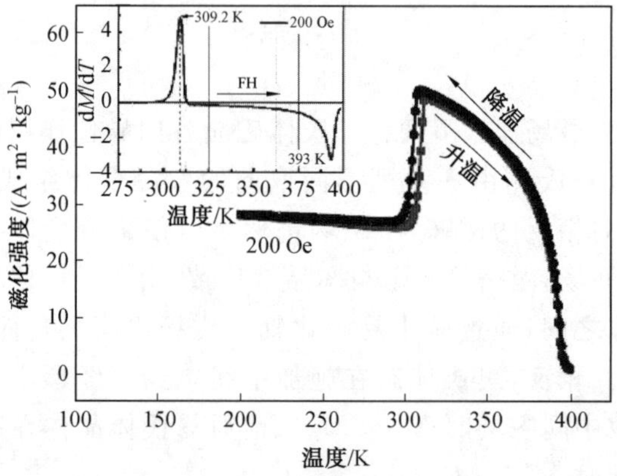

(b) $Ni_{50}Mn_{25}Ga_{21}Fe_4$

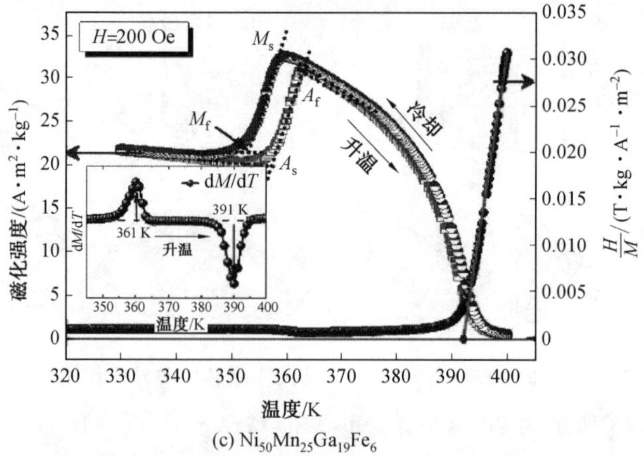

(c) $Ni_{50}Mn_{25}Ga_{19}Fe_6$

图 6－43　200 Oe 下 Ni－Mn－Ga－Fe 纤维的 $M-T$ 曲线（插图显示 dM/dT 与 T 曲线）

间时曲线遵循 Curie－Weiss 定律。1907 年法国物理学家 Weiss 发现介电常数或磁化率在居里温度以上呈顺电相或顺磁相的关系，即铁磁物质的转变温度称为居里点，达到此温度铁磁物质将失去铁磁性，呈现顺磁性，Curie－Weiss 定律表述为

$$\chi=\frac{C}{T-T_C} \tag{6.20}$$

式中　T_C——居里点；

C——居里外斯常数。

磁化率可以写为

$$\chi=\frac{AM}{QH} \tag{6.21}$$

式中　A——分子量；

Q——物质的量；

H——外磁场。

比较式(6.19)和式(6.20)，可知过了居里点，H/M 与 T 成正比。外延该线性关系曲线与温度轴的交点即为纤维的居里外斯温度 θ_p，图 6－43(c)中居里外斯常数 C 为 0.008 78，θ_p 为 392.1 K。

为了表征 MCE，选取了相变温度低于室温、近于室温和高于室温的热处理后 $Ni_{50}Mn_{25}Ga_{23}Fe_2$、$Ni_{50}Mn_{25}Ga_{21}Fe_4$ 和 $Ni_{50}Mn_{25}Ga_{19}Fe_6$ 纤维，在马氏体相变温度附近测试了一系列等温磁化曲线，而对于马氏体相变温度最为接近居里温度，在居里点附近也测试了等温磁化曲线，温度间隔为 1～10 K，如图 6－44(a)、(b)和(c)所示。以图 6－44(b)为例来说明温度和磁场对磁化曲线的影响。在低于相变温度时，与奥氏体相相比，马氏体相由于较低的对称性而具有高磁晶各向异性，表现得磁化难达到饱和状态，插图显示从铁磁马氏体向铁磁奥氏体变化时存在一个交叉点，对于 $Ni_{50}Mn_{25}Ga_{21}Fe_4$ 纤维该点的磁场为 4.5 kOe。低于这个交叉场，奥氏体的磁化值高于马氏体相的磁化值，即 $M_A>M_M$；相反，高于这个交叉场磁化为 $M_A<M_M$。对于 $Ni_{50}Mn_{25}Ga_{23}Fe_2$ 和 $Ni_{50}Mn_{25}Ga_{19}Fe_6$ 纤维交叉场分别为 7.6 kOe 和 1.5 kOe，这意味着在 Ni－Mn－Ga－Fe 合金中这个临界交叉场依赖于成分。此外，在图 6－44(c)图插图中还给出了一级马氏体相变和二级磁相变附近的(358～364 K 和 390 K)磁化和退磁曲线，曲线重合度良好，表现出磁滞损耗接近于 0，这对于磁制冷有益。

计算出的磁熵变值与温度和磁场的关系如图 6－45(a)、(b)和(c)所示，三组曲线具有类似特征：结构相变处的磁熵变显示一个窄峰，对应的半高宽都大约是 6 K，对于一级相变峰值出现在相变温度处，对于二级相变峰值出现在居里点处。$Ni_{50}Mn_{25}Ga_{22}Fe_2$ 纤维在 260.5 K、$\Delta H<46$ kOe 的 ΔS_m 为正值。在高磁场

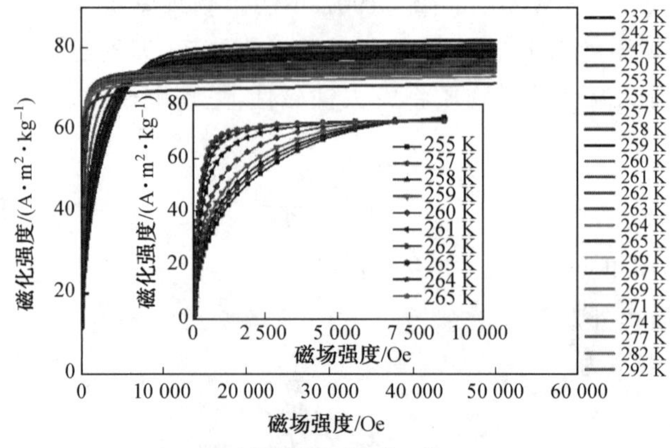

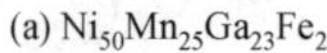

(a) $Ni_{50}Mn_{25}Ga_{23}Fe_2$

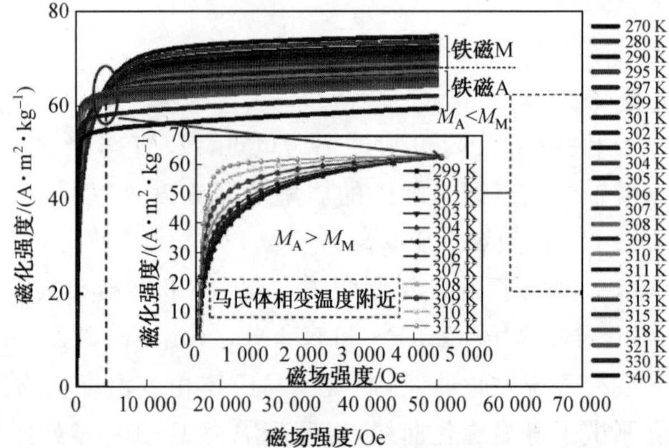

(b) $Ni_{50}Mn_{25}Ga_{21}Fe_4$

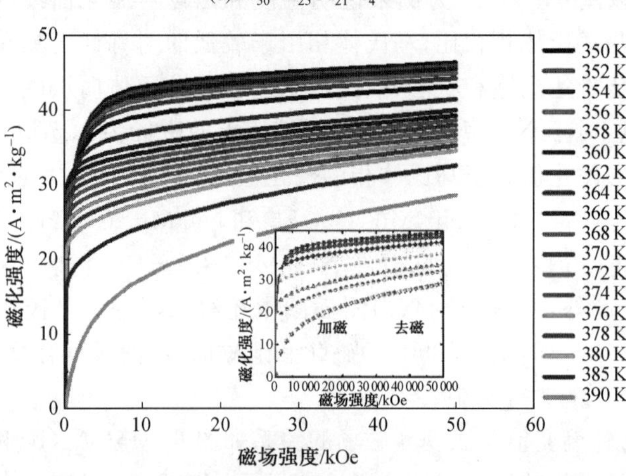

(c) $Ni_{50}Mn_{25}Ga_{19}Fe_6$

图 6-44　Ni-Mn-Ga-Fe 纤维的等温磁化曲线，插图显示相变温度附近的 $M-H$ 曲线（见附录彩图）

50 kOe下$-\Delta S_m$的最大值为-0.3 J/(kg·K)，相应的MCE是正磁热效应(DMCE)，相反在低场7.6 kOe下ΔS_m的最大值为2.12 J/(kg·K)，相应的MCE是反磁热效应(IMCE)，大的磁熵变可以在如此低的磁场下获得，这是永磁铁就可以达到的。$Ni_{50}Mn_{25}Ga_{21}Fe_4$纤维的DMCE和IMCE是出现在近室温的309.5 K，低场4.5 kOe下ΔS_m的最大值是0.9 J/(kg·K)，当磁场增加到20 kOe时磁熵变从正转变为负值，在高磁场50 kOe下达到最大负值为-2.71 J/(kg·K)。随着Fe掺杂含量的增加，如在$Ni_{50}Mn_{25}Ga_{19}Fe_6$纤维MT温度趋近于居里温度，这种磁晶各向异性减弱，这时负值占主导，发生的是传统磁热行为DMCE，在1.5 kOe只有一个很小的正磁熵变，另外，在高磁场50 kOe下360.5 K达到最大负值为-4.7 J/(kg·K)。在一个中间场20 kOe下，最大磁熵变为-1.71 J/(kg·K)。

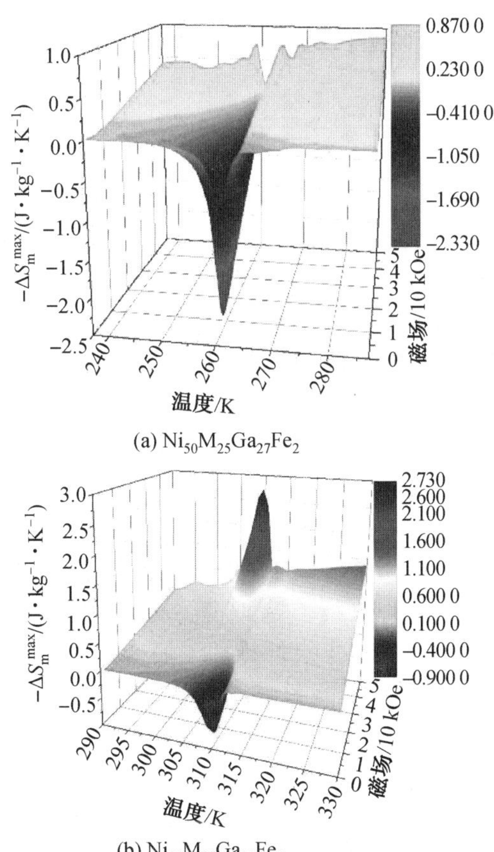

图6−45 Ni−Mn−Ga−Fe纤维不同磁场下磁熵变与温度关系图(见附录彩图)

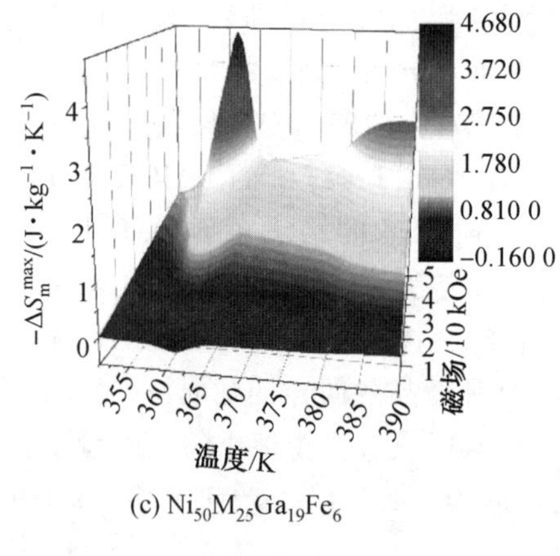

(c) $Ni_{50}M_{25}Ga_{19}Fe_6$

续图 6－45

在图 5－30 的 DSC 曲线中显示结构相变的热焓变 Q＝10.14 J/g，相变熵 ΔS 计算公式为

$$\Delta S \approx \frac{Q}{T_0} \tag{6.22}$$

平均相变温度 $T_0=(A_f+M_s)/2$，在奥氏体和马氏体平衡相变温度处具有相同的吉布斯能，则 T_0 和 ΔS 计算为 360.5 K 和 28.1 J/(kg · K)，磁熵变显然远低于相变熵，可以通过增加磁场进一步提高磁熵变值。

通过前面分析表明，DMCE 和 IMCE 出现的峰值温度恰好与马氏体相变温度邻近，因此，磁熵变与马氏体相变有重要的关系，马氏体相变在 MCE 中扮演极为重要的角色。此外，在图 6－45(c)中除了以 360.5 K 为中心存在一个较窄的峰外，在 390 K 处还存在一个宽化的小峰，在高磁场 50 kOe 下 $Ni_{50}Mn_{25}Ga_{19}Fe_6$ 纤维的负磁熵变达到最大值为－2.91 J/(kg · K)。在一个中间场30 kOe负磁熵变达到－2.05 J/(kg · K)，高出同磁场下未掺杂的 $Ni_{50.95}Mn_{25.45}Ga_{23.6}$ 纤维 3 倍。

为了进一步理解 DMCE 和 IMCE，可从等温场变与磁熵变和温度的关系曲线清晰观测磁熵变符号的改变。选取每一个温度下的 $Ni_{50}Mn_{25}Ga_{23}Fe_2$、$Ni_{50}Mn_{25}Ga_{21}Fe_4$、$Ni_{50}Mn_{25}Ga_{19}Fe_6$ 纤维的磁熵变作为磁场的函数绘制图像，如图6－46所示。三组曲线看似形状各异，但实则具有类似的变化规律，每组曲线由两部分组成，一部分是磁熵变，为负值，随着磁场的增加而线性减少；另一部分是随着磁场的增加先达到一个正的最大磁熵变，然后线性减小。这两部分在不同成分中所占比例不同，图 6－46(a)中磁熵变是负值的线性减少部分较弱，图 6－46(b)中二者相当，图 6－46(c)中磁熵变是负值的线性减少部分占主导。仔细分析每组曲线，发现随着磁场增加先达到一个正的最大磁熵变，后线性减小时的最大峰值出现在相变温度附近，对于 $Ni_{50}Mn_{25}Ga_{23}Fe_2$、$Ni_{50}Mn_{25}Ga_{21}Fe_4$、$Ni_{50}Mn_{25}Ga_{19}Fe_6$纤维分别是 260.5 K、309.5 K 和 360.5 K，刚好与相变温度相

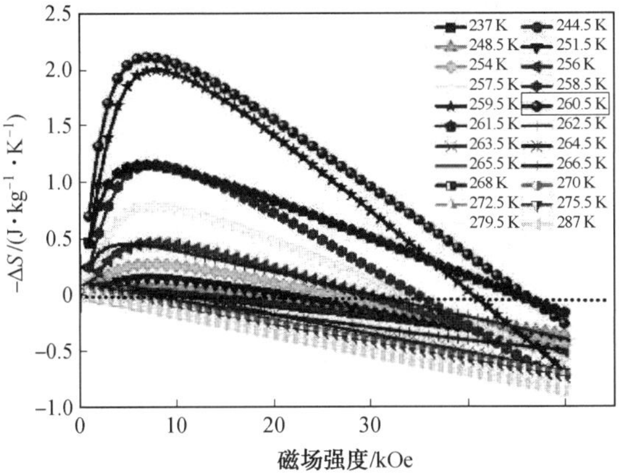

(a) $Ni_{50}Mn_{25}Ga_{23}Fe_2$

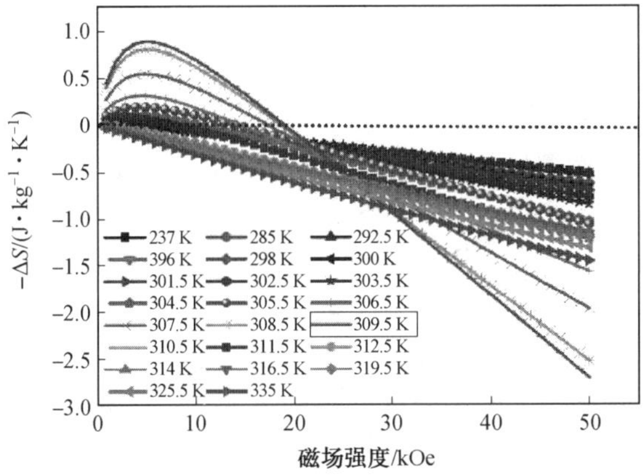

(b) $Ni_{50}Mn_{25}Ga_{21}Fe_4$

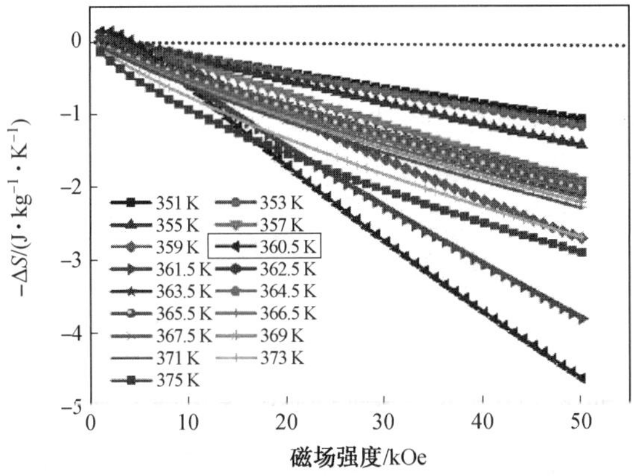

(c) $Ni_{50}Mn_{25}Ga_{19}Fe_6$

图 6－46　Ni－Mn－Ga－Fe 纤维磁熵度与磁场强度关系曲线(见附录彩图)

对应。将这条曲线取出，绘制成 ΔS_m^{max} 与 H 的关系，如图 6－47 所示。对比发现 $Ni_{50}Mn_{25}Ga_{19}Fe_6$ 纤维 ΔS_m^{max} 最初的增加阶段是弱的。$Ni_{50}Mn_{25}Ga_{23}Fe_2$、$Ni_{50}Mn_{25}Ga_{21}Fe_4$、$Ni_{50}Mn_{25}Ga_{19}Fe_6$ 纤维过了最大值后的线性下降阶段，当磁场每增加 10 kOe 时斜率分别为 0.6 J/(kg・K)、0.87 J/(kg・K)和1.0 J/(kg・K)。而这种 ΔS_m^{max} 随着 H 呈现的线性变化情况在稀土材料中很常见，比如报道的纯 Gd 材料和一些软磁非晶材料。仅在 Gd_2In 合金中发现了在同一温度处磁场诱导 MCE 符号的变号情况，不过正负磁熵变的情况略有不同，这种合金是磁场诱导的变磁相变引起反铁磁和铁磁态的分离所致。同样是 MCE 的符号逆转行为，显然 Gd_2In 合金和Ni－Mn－Ga－Fe纤维的微观机制是绝不相同的。但是与 Gd_2In 合金相比，Ni－Mn－Ga－Fe纤维的峰值温度提高了 170～270 K，这对于室温制冷更具有实际应用意义。

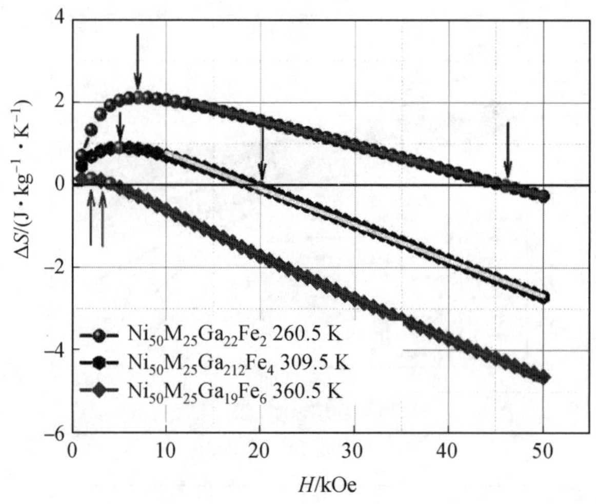

图 6－47　马氏体相变温度处 ΔS_m 与磁场的关系曲线

分析发现，ΔS_m^{max} 与磁场的关系是随着 Fe 含量的不同而变化，即会受到 e/a 的调控。如图 6－48 所示为 $|\Delta S_m^{max}|$ 和正磁熵变最大值对应磁场与 e/a 的关系曲线。随着 e/a 的增加，正磁熵变最大值减小，负磁熵变最大值增加，正磁熵变最大值对应的磁场减少，这个磁场值与等温磁化曲线图 6－44 中马氏体向奥氏体转变的交叉点的位置一致，并且恰好与图 6－40 中 $\Delta M=0$ 的磁场相对应。Marcos 指出在马氏体相变附近的 MCE 主要源于两个因素：

①介观尺度的磁矩和马氏体变体之间的磁结构耦合。

②微观尺度上的自旋声子耦合导致相变温度随着磁场而移位。

以上这两个因素是由 e/a 决定的。$Ni_{50}Mn_{25}Ga_{23}Fe_2$ 纤维 T_C 和 M_s 之间具有大的差值 139 K，$e/a \approx 7.6$，介观耦合占主导，在低场下显示正磁熵变。相反，

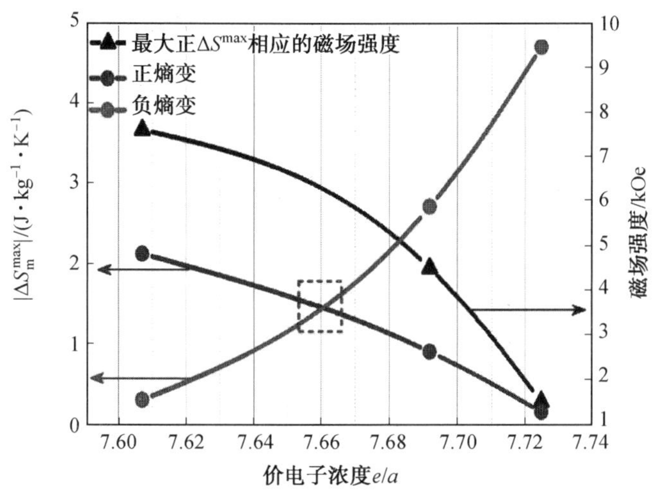

图 6—48　$|\Delta S_m^{max}|$和正磁熵变最大值对应磁场与 e/a 的关系曲线

$Ni_{50}Mn_{25}Ga_{21}Fe_4$、$Ni_{50}Mn_{25}Ga_{19}Fe_6$ 纤维 $e/a\approx7.7$，T_c 和 M_s 之间的差值小，对应的微观耦合占主要贡献，会产生负磁熵变。当 e/a 约为 7.66 时介观耦合和微观耦合相等，如图 6—48 中虚线方框所示。

基于图 6—45(c)绘制出 $Ni_{50}Mn_{25}Ga_{19}Fe_6$ 纤维结构相变和磁相变处 ΔS_m^{max} 与磁场的关系，如图 6—49 所示。对于二级磁相变材料，在一个给定的温度值，ΔS_m^{max} 与磁场符合定律

$$\Delta S_m^{max}\propto H^n \tag{6.23}$$

指数 n 与磁状态有关，可以写作为

$$n=\frac{\mathrm{dln}\ \Delta S_m^{max}}{\mathrm{dln}\ H} \tag{6.24}$$

将拟合结果绘制在图 6—49 中，对于 $Ni_{50}Mn_{25}Ga_{19}Fe_6$ 纤维围绕磁相变处，该指数 $n=0.71$，偏离平均场理论计算出的 2/3，这个值接近于 Gd 基和 Fe 基非晶丝的指数($n=0.74$ 和 0.75)，但是比 FePd 薄带的指数低很多($n=0.84$)。基于 2/3 平均场理论，熔体抽拉的纤维 n 值略高于 2/3 是与局部成分不均匀、形状各向异性和几何尺寸效应有关的。

6.3.6　制冷温度宽化与磁制冷能力设计

本节主要对宽化 ΔT_{FWHM} 及优化磁热性能的思路进行阐述，可以用图6—50所示的示意图进行简要说明。图 6—50(a)所示为合金中结构相变与磁相变温度差(ΔT_{F-SOT})较大的情况，此时磁与结构的耦合作用小，两个相变峰互不影响，即出现如图中所示两个分离的峰，并且由于马氏体变体与磁矩之间交互作用小，因此 ΔS_m 值一般较小。随着 ΔT_{F-SOT} 的减小，两个相变磁热峰不断靠近，最终出现

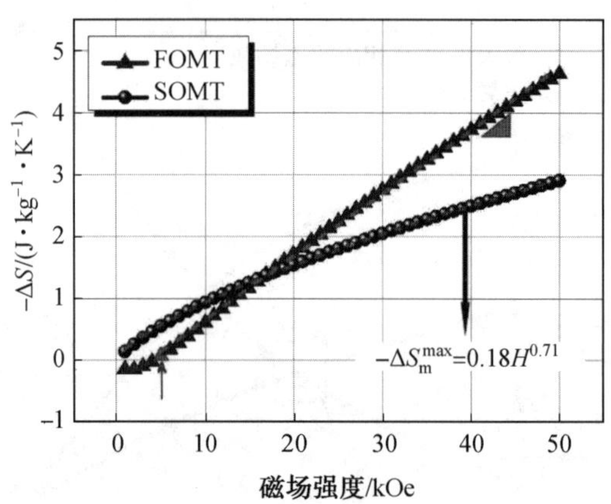

图 6－49　$Ni_{50}Mn_{25}Ga_{19}Fe_6$ 纤维一级和二级相变处的 $|\Delta S_m^{max}|$ 与磁场的关系曲线

过渡区，如图 6－50(b)所示。然而一般情况下，马氏体结构相变是非扩散型相变，对于成分均匀的合金来说，相变宽度很窄，因此当 ΔT_{F-SOT} 减小，两个磁热峰相遇时就会出现如图 6－50(b)所示两个磁热峰高低不协调的现象。而实际的应用过程，特别是 Ericsson 型循环制冷机，需要在很宽温度范围内 ΔS_m 值稳定的状态，因此如图 6－50(b)所示的状态没有实用价值。

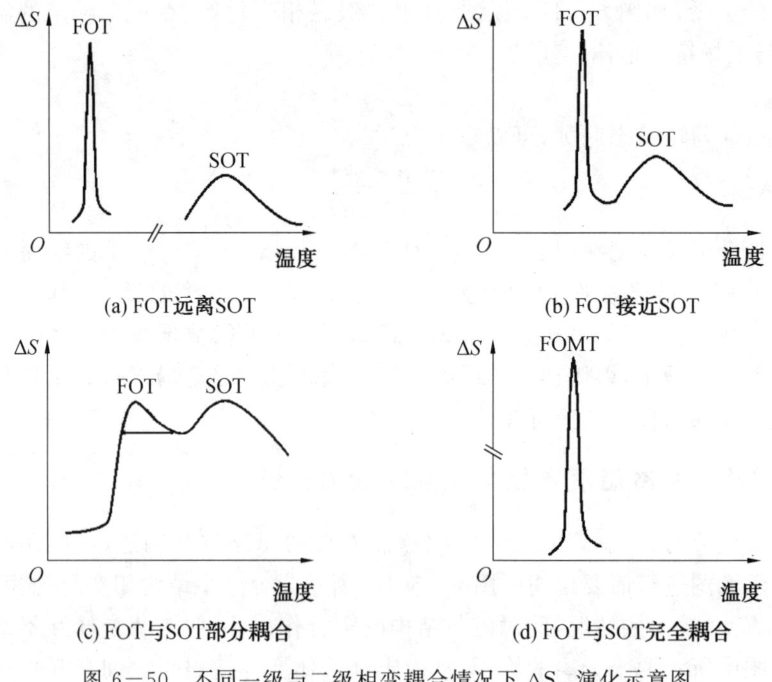

图 6－50　不同一级与二级相变耦合情况下 ΔS_m 演化示意图

因此，考虑到结构相变处 ΔS_m 较磁相变处高且温度范围窄的特点，结合 ΔS_m 值正比于$\partial M/\partial T$ 的特性，设计一种宽化结构相变温度宽度的方法来宽化结构相变处磁热峰宽度，最终达到两峰有效过渡，且 ΔS_m 值在较宽温度范围内数值稳定的目的。因此，在图 6－50(b)的基础上，本书基于 Ni－Mn－Ga 纤维相变温度依赖于成分以及 Mn 元素在高温条件下易挥发的特点，通过真空条件下热处理在纤维中引入自表面到内部呈梯度分布的成分分布，达到了宽化结构相变温度范围的目的。结果示意图如图 6－50(c)所示，两个磁热峰值有效过渡，使得过渡区拥有与磁热峰相当的 ΔS_m 值，从而宽化了整体的 ΔT_{FWHM}，提高了合金的 RC 值。另外，当 ΔT_{F-SOT} 趋近于 0，即磁－结构相变耦合的状态，则出现如图 6－50(d)中所示的情况，由于磁－结构耦合，铁磁态的马氏体直接转变为顺磁态的奥氏体，因此 ΔM 增加，若结构相变宽度没有宽化，则在很窄的温度范围内会出现极高的 ΔS_m 值，而若结构相变进行了宽化，则会出现 ΔS_m 值降低，峰值宽度增加的情况，然而此时的 ΔT_{FWHM} 远不及图6－50(c)中的情况，因此一般情况下图6－50(d)中的 RC 值远小于图 6－50(c)中的情况。

总体来说，采用一种较为简易的方法，制备得到磁－结构耦合和部分耦合的 Ni－Mn－Ga－(Cu)纤维，实现了通过成分调节和热处理工艺调节来优化纤维 MCE 的设想。另外，由前述可知有序化前后的纤维在低应力下大于 100 次冷热循环没有发生断裂，这种服役状态较磁场作用下的热循环要苛刻许多，因此说明纤维的机械稳定性足以满足制冷工作的需要。结合一维纤维材料机械稳定好、易散热和可作为子元件组成复杂形状组件的优点，使得Ni－Mn－Ga－(Cu)纤维在磁制冷方面拥有很好的应用前景。

6.4　Ni－Mn－Ga－X 合金纤维的阻尼特性

材料的阻尼特性在减震降噪方面有着广阔的应用，目前对于 Ni－Mn－Ga 合金的研究主要集中在磁感生应变性能，而对于阻尼性能的研究较少。由于阻尼性能对于材料的微观组织非常敏感，早期主要将阻尼用于马氏体相变的研究，发现在马氏体相变以及逆转变时会产生内耗峰值同时伴随着模量的极小值；对于第一类 Ni－Mn－Ga 合金还会发生预马氏体转变，伴随着阻尼极大值和模量极小值。Gavriljuk 等发现在马氏体温度范围内存在阻尼峰，认为是由马氏体点阵重建造成的。除了上述 Ni－Mn－Ga 合金阻尼性能与马氏体相变关系研究，马氏体相变峰的组成也受到极大关注，Chang 等发现相变阻尼峰由等温和非等温两部分组成，前者与升/降温速率无关，而后者会随着升/降温速率发生变化。本节主要介绍 Ni－Mn－Ga－X 一维纤维材料的阻尼特性。

6.4.1 Ni－Mn－Ga 纤维

1. 振动频率对纤维阻尼性能的影响

采用动态机械热分析仪 DMA Q800 测试纤维阻尼性能，图 6－51(a)所示为 NMG1 纤维在降温过程中不同振动频率的阻尼－温度谱。从图中可以看出在不同频率下阻尼变化规律相同，开始时在 303 K 之前，随着温度的降低，阻尼逐渐下降，当温度进一步降低，阻尼值迅速增大，在 283 K 处出现了阻尼峰值，在 0 ℃以后阻尼值发生一定的振荡。可以使用切线法确定阻尼峰的起始点与结束点，与 DSC 测试的 M_s 点 294.6 K，M_f 点 278.6 K 吻合，说明该峰位与马氏体相变相对应，阻尼峰值对应于纤维的马氏体相变过程。从图中还可以看出随着频率的降低，曲线的峰值位置没有变化，说明振动频率对于阻尼峰的位置没有影响。但是伴随振动频率的减小，曲线在低温范围的波动更加明显，这是因为在低温马氏体状态下，马氏体中含有很多孪晶界面，在外加动态载荷作用下发生滞弹性运动。在较低频率下滞弹性运动更加充分，能够消耗更多能量，因此曲线的波动也更加明显。

在图 6－51(a)中选取马氏体、奥氏体和两者混合状态的平均值绘制柱状图 6－51(b)，其中两者混合状态选取为阻尼峰值。从图中可以看出，在混合态时材料的阻尼值最大，其次是马氏体状态，而奥氏体状态最小。在奥氏体和马氏体状态下，振动频率对于阻尼影响很小，而在混合态下随着振动频率的升高，阻尼值不断降低。在 Dejonghe 模型中，混合态的阻尼值与振动频率的关系为

$$\tan\delta=\frac{\nu}{2\pi}\left\{\frac{\partial V_{\mathrm{m}}}{\partial T}\cdot\frac{\partial T}{\partial t}\cdot\frac{1}{f}+\frac{4}{3}\sigma_0\frac{\partial V_{\mathrm{m}}}{\partial\sigma}\left[1-\left(\frac{\sigma_{\mathrm{c}}}{\sigma_0}\right)^3\right]\right\} \tag{6.25}$$

式中 ν——泊松比；

$\frac{\partial V_{\mathrm{m}}}{\partial T}$——单位温度马氏体生成量；

$\frac{\partial T}{\partial t}$——升/降温速率；

f——频率；

σ_0——应力振幅；

$\frac{\partial V_{\mathrm{m}}}{\partial \sigma}$——单位应力下马氏体转变量；

σ_{c}——临界应力。

从式(6.25)可以看出，混合态的阻尼值与振动频率的倒数成正比，这与本节试验结果相吻合。

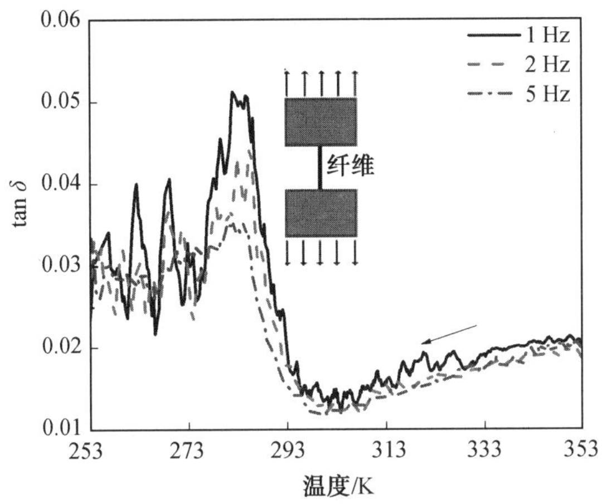

(a) 不同振动频率的阻尼–温度谱

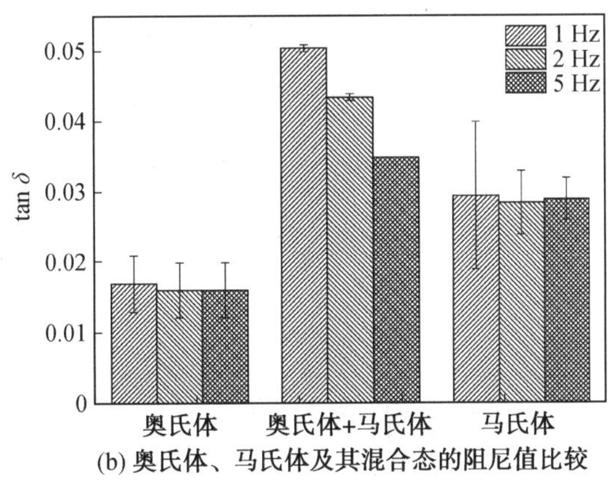

(b) 奥氏体、马氏体及其混合态的阻尼值比较

图 6－51　NMG1 纤维的阻尼性能(不同频率)

2. 降温速率对纤维阻尼性能的影响

图 6－52(a)所示为 NMG1 纤维在降温过程中不同降温速率的阻尼－温度谱，从中看出随着降温速率的增加，相变峰起始点向低温方向移动，这是因为随着降温速率的提高，相变滞后增大。从 2 ℃/min 到 5 ℃/min 滞后比较明显，从 5 ℃/min 和 10 ℃/min 滞后变化很小。图 6－52(b)为 NMG1 纤维奥氏体、马氏体及其混合态的阻尼值比较。从图中可以看出，在混合态下阻尼值随着升/降温速率的上升而上升，相变过程的阻尼峰包含三部分，分别为暂态部分 IF_{Tr}、相变部分 IF_{Pt} 和本征部分 IF_{Int}，它们的关系为

$$IF(T)=IF_{Tr}(T)+IF_{PT}(T)+IF_{Int}(T) \tag{6.26}$$

对比式(6.25)模型可以看出，暂态部分 $IF_{Tr}(T)$ 与降温速率成正比，因此总体阻尼值增大。同样与振动频率有相同规律，升/降温速率对马氏体状态和母相

状态阻尼并没有太大影响。从图中还可以看出,在降温速率为 10 ℃/min 时,其混合态阻尼值为 0.075,是马氏体状态的 3 倍。

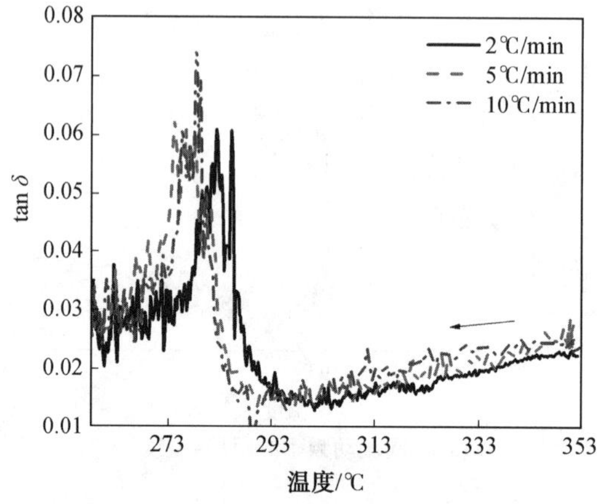

(a) 不同降温速率的阻尼-温度谱

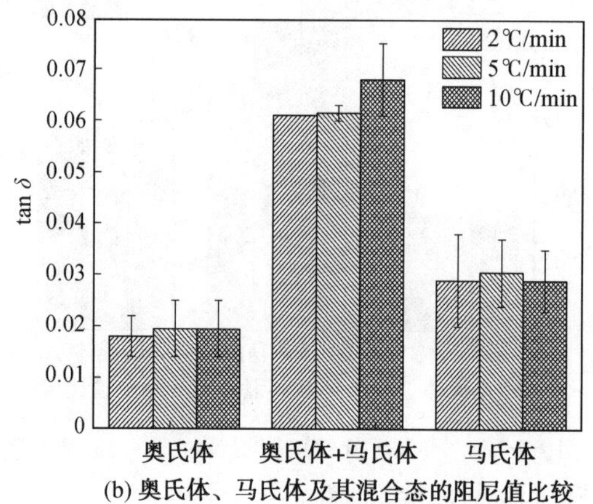

(b) 奥氏体、马氏体及其混合态的阻尼值比较

图 6－52　NMG1 纤维的阻尼性能(不同升降温速率)

3. 应变振幅对纤维阻尼性能的影响

图 6－53(a)所示为 NMG1 纤维在降温过程中不同应变振幅的阻尼－温度谱,从图中可以看出在 0.05%应变振幅、纤维在马氏体状态出现更加明显的波动。图 6－53(b)所示为纤维在不同状态、不同应变振幅下的阻尼比较,从图中可以看出,应变振幅对混合态下阻尼值都没有影响,这可能是因为对于 0.05%和 0.1%应变振幅,材料都处在比较小的应变范围,所以材料的能量损耗都不大,在此小应变振幅范围内,混合态的阻尼不受应变振幅影响。但是,马氏体状态下 0.1%应变振幅阻尼略高于 0.05%应变振幅,而奥氏体状态下则相反。从图中还可以看出纤维在马氏体状态的最大阻尼值为 0.03,这与 Ni－Mn－Ga 单晶在马

氏体状态下的阻尼接近，而 Ni－Mn－Ga 单晶在马氏体状态下的高阻尼源于马氏体孪晶界良好的可动性，这可能表明 Ni－Mn－Ga 纤维在马氏体状态下，孪晶也具有良好的可动性。

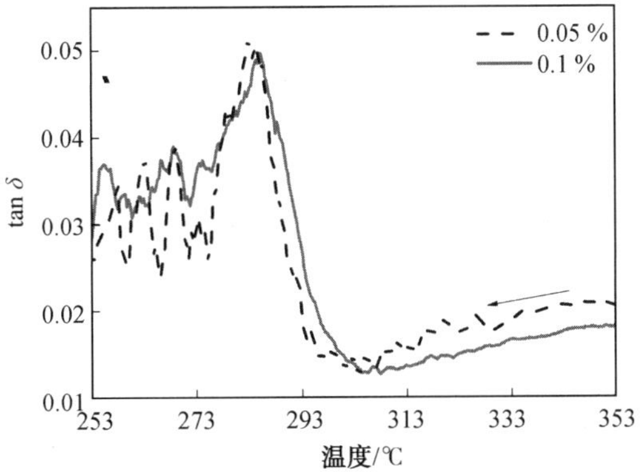

(a) 不同应变振幅的阻尼-温度谱

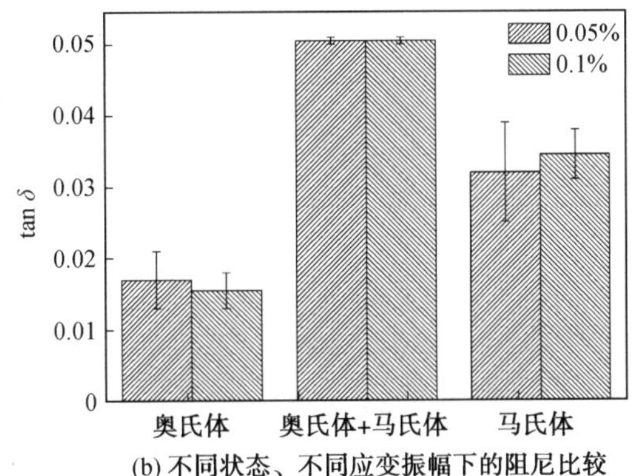

(b) 不同状态、不同应变振幅下的阻尼比较

图 6－53　NMG1 纤维的阻尼性能(不同应变振幅)

综上所述，NMG1 纤维的阻尼值在马氏体/奥氏体混合态下，随振动频率增加而减小，但随降温速率升高而增大；而在马氏体或奥氏体状态下，不受振动频率和降温速率的影响。在马氏体状态下阻尼随应变振幅增加而增加，而奥氏体下阻尼随应变振幅增加而减少，两者混合态下，阻尼性能不受应变振幅的影响。

6.4.2　Ni－Mn－Ga－Cu 纤维

Cu 元素的添加可以有效提高纤维的塑性，降低沿晶断裂倾向，并且同时具有 Ni－Mn－Ga 三元合金的马氏体相变特性。快速凝固制备过程中引入的高密度位错和晶界面积的增加都将对纤维的阻尼特性有促进作用。本节将介绍制备态 NMGC1 纤维的阻尼性能。图 6－54 所示为 NMG1 纤维在相同应变振幅下不同频率的阻尼－温度谱，由图可见，纤维阻尼性能对振幅不敏感，并且得到马氏体、奥氏体和峰值的 tan δ 值分别为 0.08、0.04 和 0.12。图 6－55(a)所示为 NMG1 纤维在相同频率、不同应变振幅(0.1%、0.2%、0.3%和 0.5%)下的阻尼－温度谱,由图可见,纤维阻尼值随着应变振幅的增加而增加,表现出了强烈的应变振幅依赖性。同时,可见马氏体相变温度随着应变振幅的增加而向高温方向移动,说明马氏体稳定性随应变振幅而增加。马氏体的阻尼值随应变振幅的增加而上升,但是奥氏体的阻尼值在 0.3%应变振幅以下几乎不变,在0.5%时迅速增加,这与阻尼特性在不同相中的产生原理密切相关。马氏体阻尼特性产生的原理是孪晶界的运动,应变的增加会使得孪晶界运动加剧,从而促进阻尼性能。然而对于奥氏体来说,阻尼性能的产生与位错的运动有关,只有到达临界应力(0.5%)时,位错运动,阻尼性能显著提高。

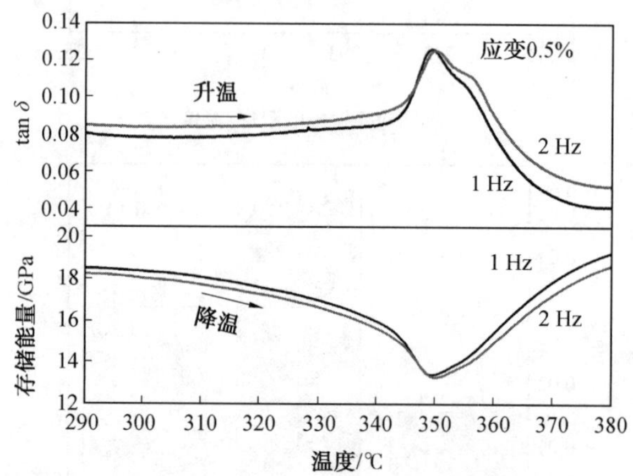

图 6－54　NMGC1 纤维在相同应变振幅下不同频率的阻尼－温度谱

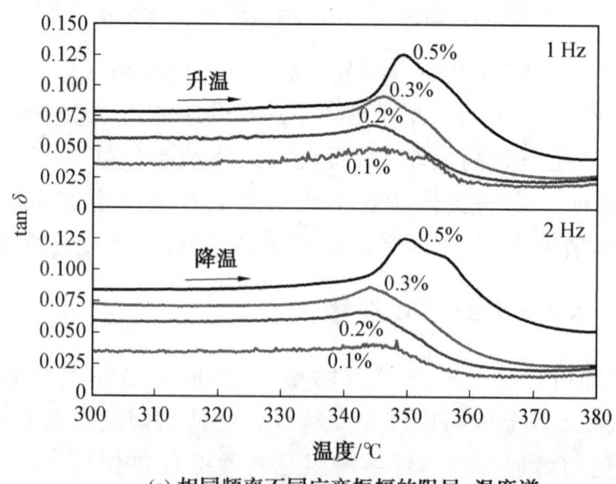

(a) 相同频率不同应变振幅的阻尼-温度谱

图 6－55　NMGC1 纤维的阻尼－温度谱和阻尼性能

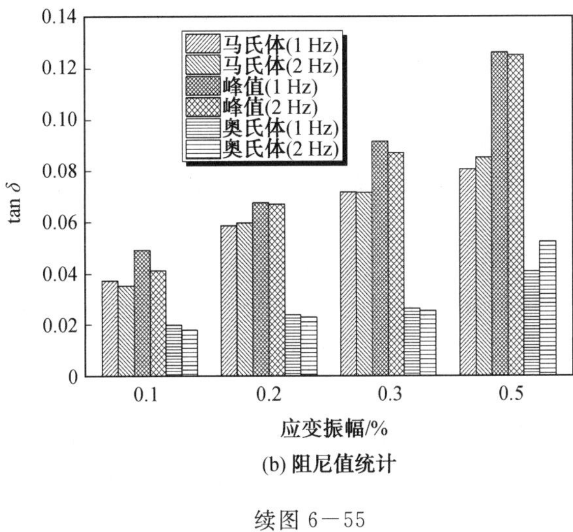

(b) 阻尼值统计

续图 6－55

本章参考文献

[1] LIU Y F, ZHANG X X, XING D W, et al. Magnetocaloric effect (MCE) in melt-extracted Ni-Mn-Ga-Fe Heusler microwires [J]. Journal of Alloys and Compounds, 2014, 616: 184-188.

[2] QIAN M F, ZHANG X X, WEI L S, et al. Effect of chemical ordering annealing on martensitic transformation and superelasticity in polycrystalline Ni-Mn-Ga microwires [J]. Journal of Alloys and Compounds, 2015, 645: 335-343.

[3] QIAN M F, ZHANG X X, WEI L S, et al. Tunable magnetocaloric effect in Ni-Mn-Ga microwires [J]. Scientific Reports, 2018, 8: 16574.

[4] QIAN M F, ZHANG X X, WITHERSPOON C, et al. Superelasticity and shape memory effects in polycrystalline Ni-Mn-Ga microwires [J]. Journal of Alloys and Compounds, 2013, 577: S296-S299.

[5] LIU Y F, ZHANG X X, LIU J S, et al. Superelasticity in polycrystalline Ni-Mn-Ga-Fe microwires fabricated by melt-extraction [J]. Materials Research-Ibero-American Journal of Materials, 2015, 18: 61-65.

[6] ZHANG X X, QIAN M F, ZHANG Z, et al. Magnetostructural coupling and magnetocaloric effect in Ni-Mn-Ga-Cu microwires [J]. Applied Physics Letters, 2016, 108(5): 52401.

[7] 刘艳芬. $Ni_{50}Mn_{25}Ga_{25-x}Fe_x$ 形状记忆合金纤维的相变行为及性能研究[D]. 哈尔滨:哈尔滨工业大学,2015.

[8] 钱明芳. Ni－Mn－Ga 铁磁形状记忆合金纤维的制备及应力驱动应变特性研究[D]. 哈尔滨:哈尔滨工业大学,2011.

[9] 钱明芳. Ni－Mn－Ga 记忆合金纤维组织结构及热驱动/磁热特性[D]. 哈尔滨:哈尔滨工业大学,2016.

[10] 魏陇沙,张学习,耿林,等. Ni－Mn－Ga 纤维的阻尼性能研究[J]. 哈尔滨理工大学学报,2013,18(2):7-10.

[11] 徐易. Ni－Mn－Ga 纤维直径和晶粒尺寸对超弹性和形状记忆效应的影响[D]. 哈尔滨:哈尔滨工业大学,2012.

[12] ZHANG X X,QIAN M F,WANG G W,et al. High damping capacity of Ni-Mn-Ga-Cu microwires prepared by melt-extraction technique [J]. Rare Metals,2017,1:1-6.

[13] SEGUI C,CESARI E,PONS J,et al. Internal friction behaviour of Ni-Mn-Ga [J]. Materials Science and Engineering A,2004,370(1-2):481-484.

[14] CUI Y T,WU L,YOU S Q,et al. Strain characteristics and superelastic response of $Ni_{53.2}Mn_{22.6}Ga_{24.2}$ single crystals [J]. Solid State Communications,2009,149(37-38):1539-1542.

[15] 魏陇沙. 多晶 Ni－Mn－Ga 合金高温变形行为及组织研究[D]. 哈尔滨:哈尔滨工业大学,2013.

[16] SEGUI C,PONS J,CESARI E,et al. Low-temperature behaviour of Ni-Fe-Ga shape-memory alloys [J]. Materials Science and Engineering A,2006,438:923-926.

[17] HAMILTON R F,SEHITOGLU H,CHUMLYAKOV Y,et al. Stress dependence of the hysteresis in single crystal NiTi alloys[J]. Acta Materialia,2004,52(11):3383-3402.

[18] CHERNENKO V A,L'VOV V,PONS J,et al. Superelasticity in high-temperature Ni-Mn-Ga alloys [J]. Journal of Applied Physics,2003,93(5):2394-2399.

[19] OIKAWA K,SAITO R,ANZAI K,et al. Elastic and superelastic properties of NiFeCoGa fibers grown by micro-pulling-down method[J]. Materials Transactions,2009,50(4):934-937.

[20] KARACA H E,KARAMAN I,BREWER A,et al. Shape memory and pseudoelasticity response of NiMnCoIn magnetic shape memory alloy single crystals[J]. Scripta Materialia,2008,58(10):815-818.

[21] KARACA H E, KARAMAN I, LAGOUDAS D C, et al. Recoverable stress-induced martensitic transformation in a ferromagnetic CoNiAl alloy [J]. Scripta materialia, 2003, 49(9): 831-836.

[22] KIM H Y, SATORU H, KIM J I, et al. Mechanical properties and shape memory behavior of Ti-Nb alloys [J]. Materials Transactions, 2004, 45 (7): 2443-2448.

[23] GANOR Y, SHILO D, SHIELD T W, et al. Breaching the work output limitation of ferromagnetic shape memory alloys [J]. Applied Physics Letters, 2008, 93(12): 122509.

[24] QIAN M F, ZHANG X X, WEI L S, et al. Structural, magnetic and mechanical properties of oligocrystalline Ni-Mn-Ga shape memory microwires [J]. Materials Today: Proceedings, 2015, 2S: S577-S581.

[25] GAITZSCH U, POTSCHKE M, ROTH S, et al. A 1% magnetostrain in polycrystalline 5M Ni-Mn-Ga [J]. Acta Materialia, 2009, 57(2): 365-370.

[26] DUNAND D C, MULLNER P. Size effects on magnetic actuation in Ni-Mn-Ga shape-memory alloys [J]. Advanced Materials, 2011, 23(2): 216-232.

[27] SCHEERBAUM N, HECZKO O, LIU J, et al. Magnetic field-induced twin boundary motion in polycrystalline Ni-Mn-Ga fibres [J]. New Journal of Physics, 2008, 10: 073002.

[28] LI Z B, ZHANG Y D, SANCHEZ-VALDES C F, et al. Giant magnetocaloric effect in melt-spun Ni-Mn-Ga ribbons with magneto-multistructural transformation [J]. Applied Physics Letters, 2014, 104(4): 044101.

[29] SMAILI A, CHAHINE R. Composite materials for Ericsson-like magnetic refrigeration cycle[J]. Journal of Applied Physics, 1997, 81(2): 824-829.

[30] LIU J, GOTTSCHALL T, SKOKOV K P, et al. Giant magnetocaloric effect driven by structural transitions [J]. Nature Materials, 2012, 11(7): 620-626.

[31] LI Z, XU K, ZHANG Y, et al. Two successive magneto-structural transformations and their relation to enhanced magnetocaloric effect for $Ni_{55.8}Mn_{18.1}Ga_{26.1}$ Heusler alloy[J]. Scientific Reports, 2015, 5(1): 1-7.

[32] KORTE B J, PECHARSKY V K, GSCHNEIDNER K A. The correlation of the magnetic properties and the magnetocaloric effect in $(Gd_{1-x}Er_x)$ NiAl alloys [J]. Journal of Applied Physics, 1998, 84(10): 5677-5685.

[33] CHERNENKO V A, CESARI E, KOKORIN V V, et al. The development

of new ferromagnetic shape-memory alloys in Ni-Mn-Ga system [J]. Scripta Metallurgica et Materialia,1995,33(8):1239-1244.

[34] HU F X,SHEN B G, SUN J R. Magnetic entropy change in $Ni_{51.5}Mn_{22.7}Ga_{25.8}$ alloy [J]. Applied Physics Letters,2000,76(23):3460-3462.

[35] MARCOS J,MANOSA L,PLANES A,et al. Multiscale origin of the magnetocaloric effect in Ni-Mn-Ga shape-memory alloys [J]. Physical Review B,2003,68(9):094401.

[36] LIU G J,SUN J R,SHEN J,et al. Determination of the entropy changes in the compounds with a first-order magnetic transition[J]. Applied Physics Letters,2007,90(3):032507.

[37] CHERNENKO V A,ANTON R L,KOHL M,et al. Magnetic domains in Ni-Mn-Ga martensitic thin films [J]. Journal of Physics-Condensed Matter,2005,17(34):5215-5224.

[38] 李卫,姜寿亭.凝聚态磁性物理[M].北京:科学出版社,2002.

[39] ARROTT A. Criterion for ferromagnetism from observations of magnetic isotherms [J]. Physical Review,1957,108(6):1394-1396.

[40] LI Z B, LLAMAZARES J L S, SANCHEZ-VALDES C F, et al. Microstructure andmagnetocaloric effect of melt-spun $Ni_{52}Mn_{26}Ga_{22}$ ribbon [J]. Applied Physics Letters,2012,100(17):17410217.

[41] RAO N V R,GOPALAN R,CHANDRASEKARAN V,et al. Microstructure,magnetic properties and magnetocaloric effect in melt-spun Ni-Mn-Ga ribbons [J]. Journal of Alloys and Compounds,2009,478(1-2):59-62.

[42] JIN X, MARIONI M, BONO D, et al. Empirical mapping of Ni-Mn-Ga properties with composition and valence electron concentration [J]. Journal of Applied Physics,2002,91(10):8222-8224.

[43] SHULL R D, PROVENZANO V, SHAPIRO A J, et al. The effects of small metal additions(Co, Cu, Ga, Mn, Al, Bi, Sn) on the magnetocaloric properties of the $Gd_5Ge_2Si_2$ alloy [J]. Journal of Applied Physics,2006,99(8):08k908.

[44] ZHOU X Z,KUNKEL H,WILLIAMS G,et al. Phase transitions and the magnetocaloric effect in Mn rich Ni-Mn-Ga Heusler alloys [J]. Journal of Magnetism and Magnetic Materials,2006,305(2):372-376.

[45] ZHANG X X,MIAO S P, SUN J F. Magnetocaloric effect in Ni-Mn-In-Co microwires prepared by Taylor-Ulitovsky method [J]. Transactions of Nonferrous Metals Society of China,2014,24(10):3152-3157.

[46] LIU Y F,LUO L,ZHANG X X,et al. Magnetostructural coupling induced magnetocaloric effects in Ni-Mn-Ga-Fe microwires [J]. Intermetallics, 2019,112:106538.

[47] SOTO D,HERNANDEZ F A,FLORES-ZUNIGA H,et al. Phase diagram of Fe-doped Ni-Mn-Ga ferromagnetic shape-memory alloys [J]. Physical Review B,2008,77(18):184103.

[48] LI Y Y,WANG J M, JIANG C B. Study of Ni-Mn-Ga-Cu as single-phase wide-hysteresis shape memory alloys [J]. Materials Science and Engineering A,2011,528(22-23):6907-6911.

[49] BROWN P J,CRANGLE J,KANOMATA T,et al. The crystal structure and phase transitions of the magnetic shape memory compound Ni_2MnGa [J]. Journal of Physics-Condensed Matter,2002,14(43):10159-10171.

[50] CHERNENKO V A. Compositional instability of β-phase in Ni-Mn-Ga alloys [J]. Scripta Materialia,1999,40(5):523-527.

[51] WANG W H,CHEN J L,LIU Z H,et al. Thermal hysteresis and friction of phase boundary,motion in ferromagnetic $Ni_{52}Mn_{23}Ga_{25}$ single crystals [J]. Physical Review B,2002,65(1):012416.

[52] HAYASAKA Y,AOTO S,DATE H,et al. Magnetic phase diagram of ferromagnetic shape memory alloys $Ni_2MnGa_{1-x}Fe_x$ [J]. Journal of Alloys and Compounds,2014,591:280-285.

[53] 田莳. 材料物理性能[M]. 北京:北京航空航天大学出版社,2004.

[54] 高丽. Ni－Mn－Ga－Re 磁性记忆合金的微观结构与马氏体相变和力学性能[D]. 哈尔滨:哈尔滨工业大学,2007.

[55] WEBSTER P J, ZIEBECK K R A,TOWN S L, et al. Magnetic order and phase transformation in Ni_2MnGa [J]. Philosophical Magazine B,1984, B49:295-310.

[56] AYILA S K,MACHAVARAPU R,VUMMETHALA S. Site preference of magnetic atoms in Ni-Mn-Ga-M(M＝Co,F(e) ferromagnetic shape memory alloys[J]. Physica Status Solidi(b),2012,249(3):620-626.

[57] LI C M,LUO H B,HU Q M,et al. Site preference and elastic properties of Fe-,Co-,and Cu-doped Ni_2MnGa shape memory alloys from first principles [J]. Physical Review B,2011,84(2):024206.

[58] PLANES A,MANOSA L, ACET M. Magnetocaloric effect and its relation toshape-memory properties in ferromagnetic Heusler alloys [J]. Journal of Physics-Condensed Matter,2009,21(23):233201.

[59] VARGA R,RYBA T,VARGOVA Z,et al. Magnetic and structural properties of Ni-Mn-Ga Heusler-type microwires [J]. Scripta Materialia,2011,65(8):703-706.

[60] SHEN H X,WANG H,LIU J S,et al. Enhanced magnetocaloric and mechanical properties of melt-extracted $Gd_{55}Al_{25}Co_{20}$ micro-fibers [J]. Journal of Alloys and Compounds,2014,603:167-171.

[61] BHATTACHARYYA A,GIRI S, MAJUMDAR S. Field induced sign reversal of magnetocaloric effect in Gd_2In [J]. Journal of Magnetism and Magnetic Materials,2012,324(6):1239-1241.

[62] OESTERREICHER H,PARKER F T. Magnetic cooling near Curie temperatures above 300 K [J]. Journal of Applied Physics,1984,55(12):4334-4338.

[63] QIN F X,BINGHAM N S,WANG H,et al. Mechanical and magnetocaloric properties of Gd-based amorphous microwires fabricated by melt-extraction [J]. Acta Materialia,2013,61(4):1284-1293.

[64] PRIDA V M,FRANCO V,VEGA V,et al. Magnetocaloric effect in melt-spun FePd ribbon alloy with second order phase transition [J]. Journal of Alloys and Compounds,2011,509(2):190-194.

[65] PENG Z M,JIN X J,FAN Y Z,et al. Internal friction and modulus changes associated with martensitic and reverse transformations in a single crystal $Ni_{48.5}Mn_{31.4}Ga_{20.1}$ alloy [J]. Journal of Applied Physics, 2004, 95(11): 6960-6962.

[66] CHERNENKO V A,SEGUI C,CESARI E,et al. Some aspects of structural behaviour of Ni-Mn-Ga alloys [J]. Journal De Physique Ⅳ,1997,7(C5):137-141.

[67] GAVRILJUK V G,SODERBERG O,BLIZNUK V V,et al. Martensitic transformations and mobility of twin boundaries in Ni_2MnGa alloys studied by using internal friction [J]. Scripta Materialia,2003,49(8):803-809.

[68] CHANG S H, WU S K. Low-frequency damping properties of near-stoichiometric Ni_2MnGa shape memory alloys under isothermal conditions [J]. Scripta Materialia,2008,59(10):1039-1042.

[69] 冯端. 金属物理学(第 3 卷):金属力学性质[M]. 北京:科学出版社,1999.

[70] PEREZ-SAEZ R B,RECARTE V,NÓ M L,et al. Anelastic contributions and transformed volume fraction during thermoelastic martensitic transformations[J]. Physical Review B,1998,57(10):5684.

第7章

铁磁形状记忆合金颗粒的制备与性能

本章介绍了 Ni-Mn-Ga 和 Ni-Mn-In-Co 铁磁形状记忆合金颗粒的制备方法，热处理对成分、相变以及磁热性能的影响规律，分析了混合颗粒混合组元数量和比例对其制冷能力的影响。

第2～6章介绍了三维、二维和一维Ni－Mn基合金的制备方法和功能特性，本章介绍零维Ni－Mn基合金微米颗粒制备与磁热特性。制备Ni－Mn基合金颗粒主要有两种方法。一是电火花腐蚀，即将目标合金材料作为电极，然后通过电极间放电使电极局部熔化，生成的液滴在低温液态电解质中急冷得到合金颗粒。Tang等采用这种方法制备了微米级球状$Ni_{49}Mn_{30}Ga_{21}$合金颗粒并对其晶体结构、相变行为、磁热效应和磁学性能进行详细研究。二是机械球磨法，因为Ni－Mn基多晶合金较脆，所以采用机械球磨法很容易将合金块体粉碎，从而获得合金颗粒。与电火花腐蚀法相比，机械球磨法具有经济实用的特点，但是要想获得不同尺寸的合金颗粒需要探索试验参数，制备周期较长。

选择Ni－Mn－Ga和Ni－Mn－In－Co两种合金，颗粒的制备采用人工机械研磨法，通过标准试样筛筛选出不同尺寸的合金颗粒，在减少制备周期的同时也提高了颗粒尺寸的稳定性；随后选取不同粒径的颗粒，研究不同热处理工艺对颗粒成分、组织、物相、马氏体相变及磁热性能的影响；最后，将不同相变温度的微米合金颗粒进行均匀混合，研究单一颗粒和混合颗粒的等温磁熵变ΔS_m、工作温度范围和制冷能力ΔRC，揭示混合颗粒作为磁制冷材料的优势。

7.1 微米颗粒的制备

采用高纯Ni、Mn、Ga、In、Co金属作为原材料，在Ar气氛下通过感应加热熔炼法制备Ni－Mn－Ga和Ni－Mn－In－Co大块合金。将大块合金清洗后，用万能试验机进行压碎处理，然后放到玛瑙研钵中进行研磨。通过标准试样筛对研磨的颗粒进行筛选，得到8种不同粒径范围的Ni－Mn－In－Co颗粒和5种不同粒径范围的Ni－Mn－Ga颗粒，按尺寸由大至小分别标记为P1(880～1 000 μm)、P2(550～650 μm)、P3(325～380 μm)、P4(212～230 μm)、P5(125～150 μm)、P6(61～96 μm)、P7(38～45 μm)、P8(13～18 μm)和P′1(600～710 μm)、P'_2(63～96 μm)、P'_3(50～63 μm)、P'_4(45～50 μm)、P'_5(38.5～45 μm)。不同粒径Ni－Mn－Ga和Ni－Mn－In－Co合金的颗粒形貌如图7－1和图7－2所示。从图中可以看出，颗粒粒径较大时，长径比很大，粒径为600～710 μm颗粒长径比的平均值为3。随着颗粒尺寸减小，长径比逐渐减小，颗粒趋于球形。

(a) 600~710 μm (b) 63~96 μm (c) 50~63 μm
(d) 45~50 μm (e) 38.5~45 μm

图 7—1 不同粒径 Ni—Mn—Ga 合金的颗粒形貌

7.2 Ni－Mn－Ga 合金颗粒的热处理

Ni—Mn—Ga 合金中，居里温度 T_C 和马氏体相变温度均可通过成分调节而在很大的温度范围内变化，成分的变化可以用外层自由电子浓度 e/a 表示。一般来说，当 $e/a<7.7$ 时，马氏体相变发生在 T_C 以下；反之，$e/a>7.7$ 时，马氏体相变发生在 T_C 以上；当 e/a 趋近于 7.7 时，两种相变倾向于同时发生，从而发生磁—结构相变的耦合，因此通过调节 Ni—Mn—Ga 合金成分趋近于 7.7 可能得到磁—结构耦合的状态。本节尝试制备 4 种成分的颗粒，分别为 $Ni_{54}Mn_{21}Ga_{25}$（NMG32）、$Ni_{54.5}Mn_{20.5}Ga_{25}$（NMG33）、$Ni_{55}Mn_{20}Ga_{25}$（NMG34）、$Ni_{54.75}Mn_{20.25}Ga_{25}$（NMG35）。

对研磨态合金颗粒进行有序化热处理和去应力热处理。根据 Ni—Mn—Ga 相图确定有序化热处理工艺。有序化热处理工艺为 998 K 保温 2 h，973 K 保温 10 h，773 K 保温 20 h，随炉冷；去应力热处理工艺为 773 K 保温 20 h，随炉冷。化学有序化热处理是指在合金无序—有序转变温度附近进行充分保温处理，使得由于合金凝固过程中未占据正确格点的 Mn 和 Ga 原子能在该温度下充分扩散，从而重新占据固溶体晶格中正确的位置，提高合金的有序度。热处理工艺中 998 K 保温 2 h 和 973 K 保温 10 h 的目的是为了原子能够有充分的扩散，773 K 保温 20 h 为去应力退火，目的是使得研磨过程中的内应力释放，并且减少缺陷。

(a) 880~1 000 μm　(b) 550~650 μm　(c) 325~380 μm

(d) 212~230 μm　(e) 125~150 μm　(f) 61~96 μm

(g) 38~45 μm　(h) 13~18 μm

图 7－2　不同粒径 Ni－Mn－In－Co 合金的颗粒形貌

微米颗粒热处理均采用密封石英管的方法，需要注意的是，有序化热处理时，封管过程中，反复洗气 3 次后充入(0.4～0.5)×10^{-5} Pa 高纯氩气，抑制合金元素的挥发，然后再将石英管密封。去应力热处理采用两种不同的环境气氛，一种和有序化热处理相同，在石英管中充入(0.4～0.5)×10^{-5} Pa 高纯氩气；另一种将石英管抽真空至 0.5 Pa。

根据研究需要，以 NMG33 和 NMG34 合金为研究对象，选取粒径为 38.5～45 μm 的颗粒进行有序化热处理和两种去应力热处理，研究不同热处理工艺对颗粒成分和马氏体相变特征的影响。用字母“PV”和“PA”分别表示颗粒在真空和氩气氛围下的去应力退火状态，用字母“PC”表示颗粒的有序化状态。

7.2.1　热处理对颗粒成分的影响

Ni－Mn－Ga 合金相变温度强烈依赖于成分，并且相变温度影响合金马氏

体结构及性能，因此，对颗粒成分的调控极其重要。由于颗粒的比表面积很大，且合金中 Mn 元素和 Ga 元素在高温下容易挥发，所以研究不同热处理对颗粒成分的影响是十分必要的。

为了揭示在不同热处理过程中合金成分的变化，对热处理后的大块合金和颗粒成分进行了分析总结，每个成分至少取 10 个颗粒的成分进行平均，颗粒成分的均匀性可以通过成分标准差来表示，结果见表 7－1。对比颗粒在真空和氩气氛围下去应力退火后的成分，发现两者相差较小，说明在 773 K 下原子长程扩散能力较差，元素挥发量较小。相比于大块合金，去应力热处理后颗粒的均匀性降低，并且有序化后颗粒的成分均匀性进一步降低，这可能是由于有序化热处理的时间较长、温度较高，颗粒间的成分变化比较明显。

表 7－1 不同热处理后 Ni－Mn－Ga 大块合金和颗粒表面成分(原子数分数) %

合金编号	状态	Ni	Ni 成分误差	Mn	Mn 成分误差	Ga	Ga 成分误差
NMG33	母合金	54.00	0.16	21.16	0.13	24.84	0.13
	PV	54.27	0.21	21.30	0.18	24.43	0.19
	PA	54.37	0.22	21.24	0.18	24.39	0.16
	PC	53.96	0.31	21.86	0.27	24.18	0.46
NMG34	母合金	54.78	0.11	20.73	0.10	24.49	0.05
	PV	55.20	0.34	20.40	0.18	24.40	0.31
	PA	55.42	0.32	20.54	0.36	24.04	0.21
	PC	54.33	0.30	21.37	0.20	24.30	0.38

7.2.2 热处理对颗粒相变的影响

为了确定有序化热处理和去应力热处理后 NMG33 和 NMG34 合金微米颗粒的整体相变特征，对 NMG33 和 NMG34 大块合金及不同热处理下微米颗粒升/降温 DSC 曲线进行测试，结果如图 7－3 所示。通过切线法得到所有的马氏体相变温度，见表 7－2。从图 7－3 中可以看出，热处理后颗粒的相变温度向低温移动，相变峰变矮、变缓。从表 7－2 可以看出，相对于大块合金，热处理后微米颗粒的相变温度得到了明显的宽化。由文献可知，若材料的成分均匀、内应力比较小、相变温宽主要是由于马氏体向奥氏体转变过程中形成的弹性能对相变的阻碍，而这种情况在多晶中比单晶中要大得多，因此单晶的相变温宽小。另外，由于合金颗粒成分分布不均匀，造成不同区域相变温度的差异和相变的先后进行，因此相变温宽增加。两种因素的综合结果造成了相变温度区间的宽化。

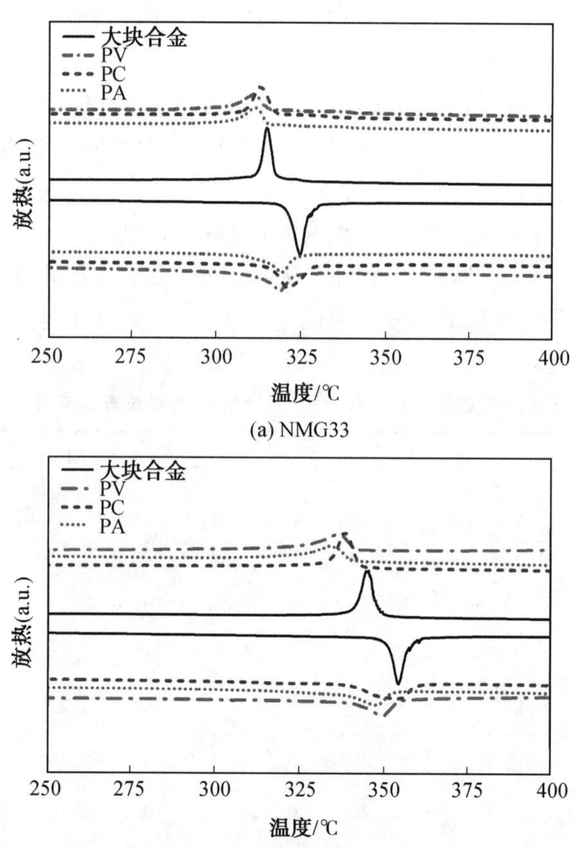

(a) NMG33

(b) NMG34

图 7－3　Ni－Mn－Ga 大块合金及不同热处理下微米颗粒升/降温 DSC 曲线

表 7－2　NMG33 和 NMG34 大块合金和不同热处理下微米颗粒的相变温度　K

合金编号	状态	M_s	M_f	A_s	A_f	T_C 降温	T_C 升温	A_f-A_s	M_s-M_f
NMG33	母合金	317.5	312.2	320.0	327.6	—	—	7.6	5.3
	PV	315.0	302.6	308.7	322.6	339.8	351.7	13.9	12.4
	PA	315.1	304.5	309.5	324.6	338.6	353.1	15.1	10.6
	PC	318.1	307.4	316.4	328.8	333.6	348.7	12.4	10.7

续表7－2

合金编号	状态	M_s	M_f	A_s	A_f	T_C 降温	T_C 升温	A_f-A_s	M_s-M_f
NMG34	母合金	348.9	340.8	350.9	358.0	—	—	7.1	8.1
	PV	342.2	328.6	342.3	354.7	—	—	15.3	13.6
	PA	340.4	323.9	337.6	353.2	—	—	15.6	16.5
	PC	343.6	332.4	341.2	359.5	310.3	315.1	18.3	11.2

对比“PV”“PA”两种热处理后颗粒的 DSC 曲线，发现两曲线基本相同，从表 7－2 也可以看出两者的马氏体相变温度非常接近。Ni－Mn－Ga 合金的相变温度对化学成分非常敏感，所以可以确定两种状态的颗粒成分相差很小。

相变温度的变化必然导致马氏体类型的变化。为了确定热处理后颗粒的具体物相，对不同热处理工艺下两种合金颗粒进行了 XRD 衍射分析，结果如图 7－4所示。由图可知，室温下，均匀化热处理后 NMG33 大块合金中含有 NM 马氏体和少量的母相奥氏体，NMG34 大块合金为单相 NM 马氏体状态。两种合金颗粒经去应力退火和有序化处理后，均含有 7M 和 NM 两种马氏体。合金颗粒中马氏体类型的增多也是马氏体相变温度区间变宽的原因。

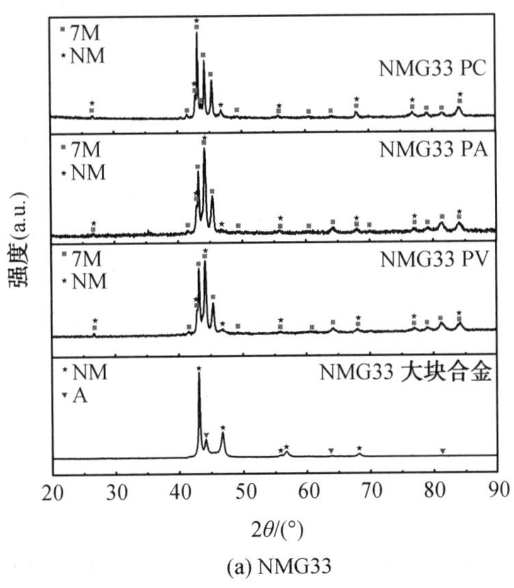

(a) NMG33

图 7－4　大块合金及不同热处理下颗粒的室温 XRD 图谱

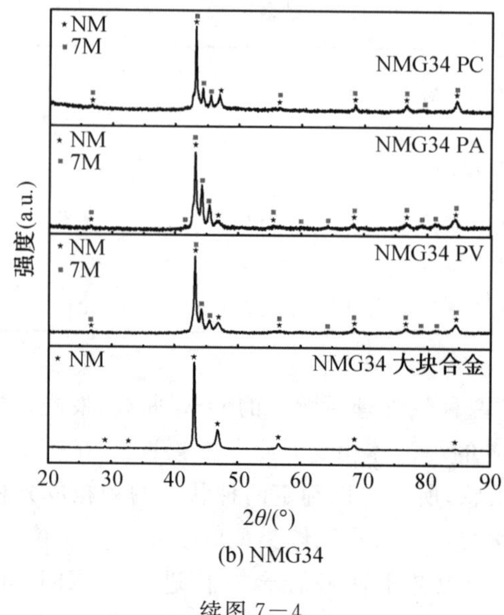

(b) NMG34

续图 7－4

7.3 Ni－Mn－Ga 合金微米颗粒磁热性能研究

小尺寸材料在热传导效率上有很大的优越性，并且能够扩宽相变温宽，减小材料的磁滞后，提高磁制冷能力。利用机械研磨的方法制备 NMG33 和 NMG34 合金颗粒，对粒径为 38.5～45 μm 的颗粒进行去应力热处理和有序化热处理，研究了不同热处理对颗粒成分、马氏体相变和磁性能的影响，并测试了去应力热处理颗粒的磁热效应。将 NMG33 和 NMG34 两种合金微米颗粒按质量比为 1∶1 进行混合，对混合颗粒的 ΔS_m、ΔT_{FWHM} 和 RC 值进行了研究，形成了在 Ni－Mn－Ga 材料中获得宽 ΔT_{FWHM} 的有效方法。

由以上分析可知，“PV”和“PA”热处理的两种合金颗粒的成分基本相当，马氏体相变特征也相似，所以可以认为两者处于相同的状态，后续只对“PV”和“PC”热处理的合金颗粒进行研究。

7.3.1 单一粒径 Ni－Mn－Ga 颗粒热/磁滞后和磁致相变

图 7－5 所示为去应力退火下 NMG33 和 NMG34 合金微米颗粒 100 Oe 和 50 kOe 下升/降温过程的 $M-T$ 曲线。由图可见，去应力退火后，NMG33 合金微米颗粒的相变滞后在 50 kOe 下为 1.3 K，小于大块合金的热滞后(4.6 K)；

NMG34 合金微米颗粒的相变滞后在 50 kOe 下为 3.4 K，同样小于大块合金的热滞后(4.9 K)。有序化热处理后，NMG33 合金微米颗粒的相变滞后在 50 kOe 下为 3.5 K，小于大块合金的热滞后(4.6 K)；NMG34 合金微米颗粒的相变滞后在 50 kOe 下为 3.4 K，同样小于大块合金的热滞后(4.9 K)。

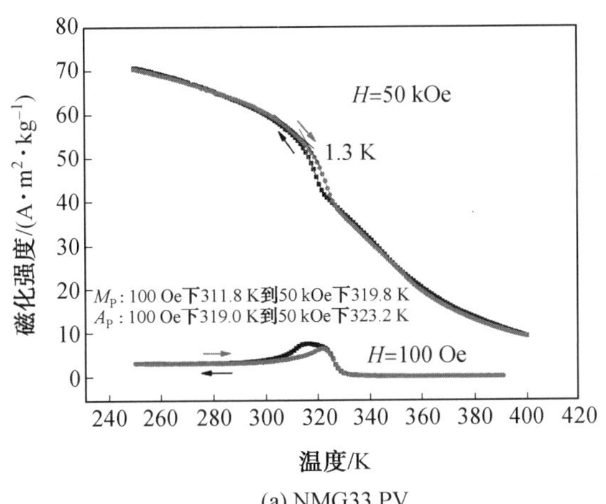

(a) NMG33 PV

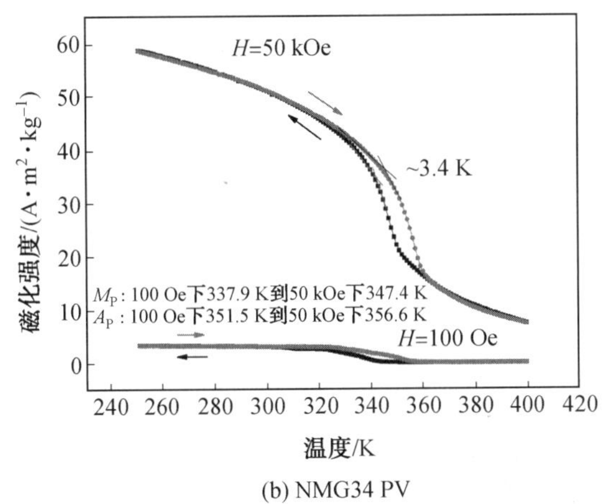

(b) NMG34 PV

图 7—5　合金微米颗粒 100 Oe 和 50 kOe 下升/降温过程的 $M-T$ 曲线

由图 7—5 可知，NMG33 和 NMG34 合金颗粒在升/降温过程中相变温度随磁场的增加而向高温移动，由图 7—5 求导得到 NMG33 和 NMG34 合金颗粒在 100 Oe 和 50 kOe 下的相变峰值温度见表 7—3。

在升温和降温过程中，NMG33 PV 合金颗粒磁场从 100 Oe 增加到 50 kOe 时相变温度的变化 ΔT_{0h} 和 ΔT_{0c} 分别为 4.2 K 和 8.0 K；NMG34 PV 合金颗粒磁场从 100 Oe 增加到 50 kOe 时相变温度的变化 ΔT_{0h} 和 ΔT_{0c} 分别为 5.1 K 和

9.5 K。由于本节中磁热效应只考虑升温过程，因此得到 NMG33 PV 合金颗粒温度随磁场的变化率 $dA_p/dH=0.08$ K/kOe，NMG34 PV 合金颗粒温度随磁场的变化率 $dA_p/dH=0.10$ K/kOe。

表 7－3　NMG33 PV 和 NMG34 PV 合金颗粒在 100 Oe 和 50 kOe 下的相变峰值温度　K

材料	A_p(100 Oe)	A_p(50 kOe)	M_P(100 Oe)	M_P(50 kOe)	ΔT_{0h}	ΔT_{0c}
NMG33 PV	319.0	323.2	311.8	319.8	4.2	8.0
NMG34 PV	351.5	356.6	337.9	347.4	5.1	9.5

小尺寸材料具有高比例的晶粒自由表面，而且本节研究的合金颗粒为单晶状态，相变过程中没有相邻晶粒的束缚，体积变化可以得到有效的释放，所以相变过程的热滞后很小。NMG33 和 NMG34 合金微米颗粒的热滞后均小于大块合金的热滞后。

有序化热处理的目的是使制备过程中未占据正确格点的 Mn 和 Ga 原子，在有序化温度附近充分扩散，重新占据固溶体晶格中正确的位置，从而提高材料的饱和磁化强度。有序化热处理并没有提高合金的饱和磁化强度，这是因为母合金已经过长时间高温保温处理，达到有序化的状态，后续研磨过程只引入内应力而并不改变合金有序化程度。后续只对去应力退火状态的合金颗粒进行研究。

磁场作用下磁制冷材料产生的磁滞后是影响磁热性能的一个重要因素。图 7－6(a)和图 7－7(a)分别为 NMG33 和 NMG34 退火态合金颗粒最大磁场为 50 kOe时相变附近不同温度加/去磁磁化曲线，曲线包围的面积即为磁滞后，通过计算得到磁滞后随温度变化曲线如图 7－6(b)和图 7－7(b)所示。NMG33 PV和 NMG34 PV 合金颗粒在 50 kOe 下磁滞后平均值仅为 1.97 J/kg 和1.04 J/kg，远远小于大块合金的平均磁滞后，基本可以忽略不计。与热滞后相

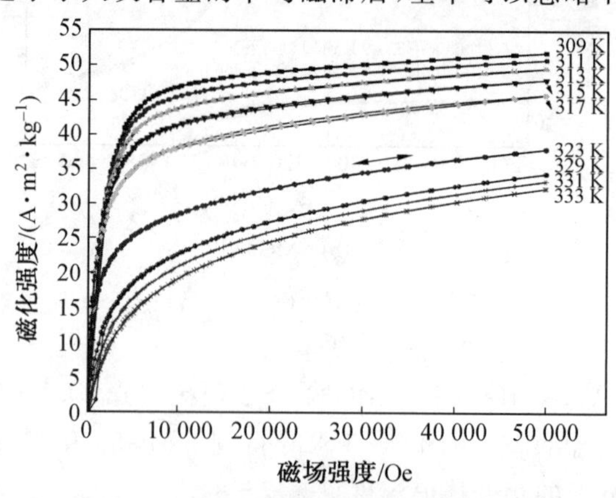

(a) 不同温度加/去磁的等温磁化曲线

图 7－6　NMG33 颗粒(PV)加/去磁的等温磁化曲线及与合金的磁滞后对比

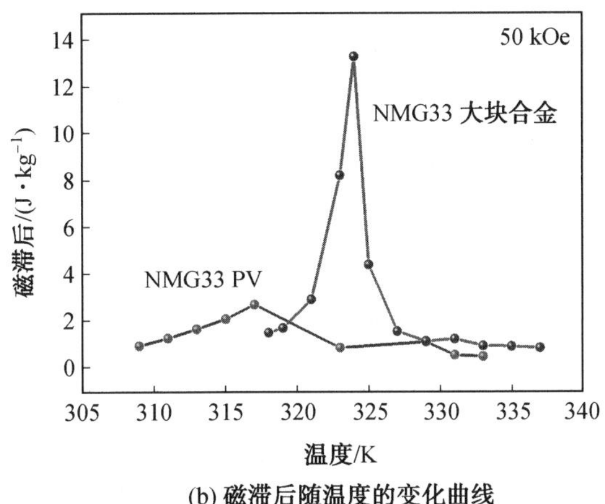

(b) 磁滞后随温度的变化曲线

续图 7－6

同，磁滞后的减小也是依赖于纤维的高比表面积及热处理后缺陷和内应力的减小而导致磁场作用下磁畴壁运动阻力的减小。由以上分析可知，去应力后合金微米颗粒拥有较小的热滞后和几乎可以忽略不计的磁滞后，有利于提高材料的磁热效应。

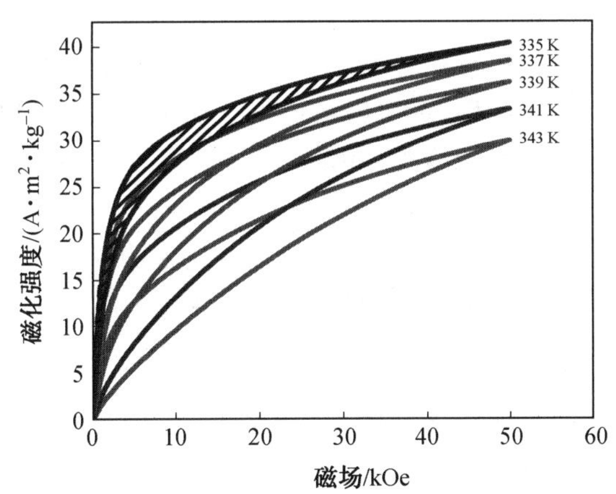

(a) 不同温度加/去磁的等温磁化曲线

图 7－7　NMG34 颗粒(PV)加/去磁等温磁化曲线及与合金磁滞后对比

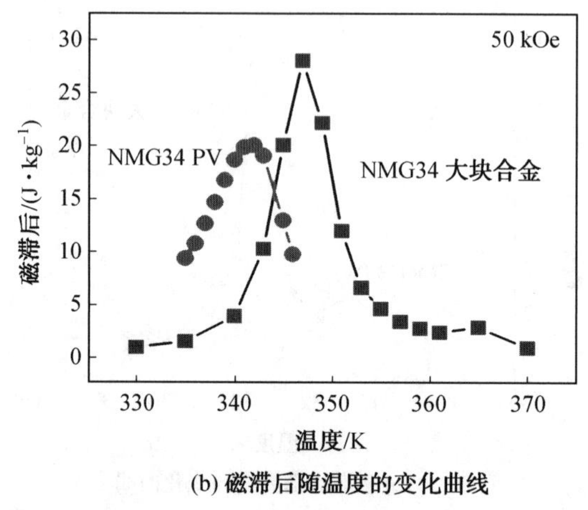

(b) 磁滞后随温度的变化曲线

续图 7—7

7.3.2 单一粒径 Ni—Mn—Ga 颗粒磁热性能

参照块体合金的研究方法，对 NMG33 PV 合金颗粒测试了一系列升温过程的等温磁化曲线，结果如图 7—8(a)所示。由图可见，合金颗粒的饱和磁化强度随着温度的增加而减小，NMG33 合金颗粒在 315 K 时，饱和磁化强度出现了明显的降低，说明在 315 K 开始发生马氏体相变，此温度高于 DSC 测试的马氏体转变开始温度(308.1 K)。同样，参照磁结构耦合状态块体合金降温过程 Loop 法测试 NMG34 PV 合金颗粒的等温磁化曲线，结果如图 7—8(b)所示。

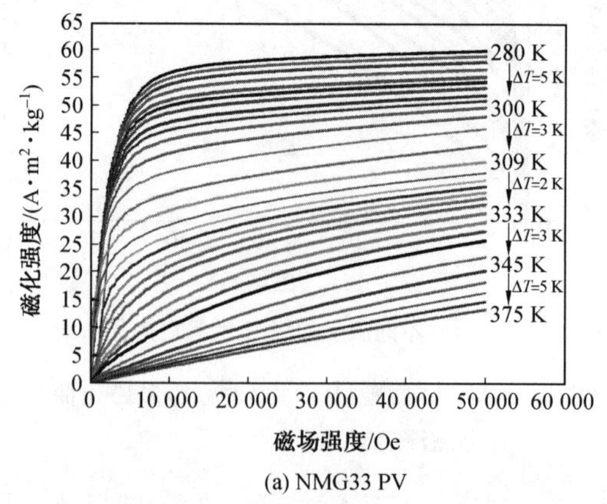

(a) NMG33 PV

图 7—8　NMG33 和 NMG34 合金颗粒不同温度等温磁化曲线

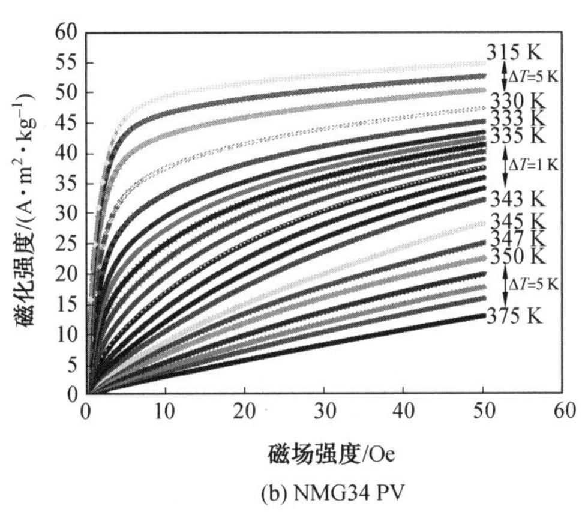

(b) NMG34 PV

续图 7－8

基于不同温度下的等温磁化曲线，计算得到不同磁场下 NMG33 PV 和 NMG34 PV 合金颗粒 ΔS_m 与温度的关系曲线，如图 7－9 所示。由图可知，NMG33 PV合金颗粒 ΔS_m 最大值出现在 318 K，并且 20 kOe 和 50 kOe 下 ΔS_m 最大值分别为－2.92 J/(kg·K)和－7.0 J/(kg·K)；NMG34 PV 合金颗粒 ΔS_m 最大值出现在 340.5 K，并且 20 kOe 和 50 kOe 下 ΔS_m 最大值分别为－4.94 J/(kg·K)和－10.7 J/(kg·K)。两合金微米颗粒的磁热值均大于文献报道的 $Ni_{50.7}Mn_{29.7}Ga_{19.6}$(－2 J/(kg·K))和 $Ni_{54.5}Mn_{20.5}Ga_{25}$(－1.5 J/(kg·K))在 20 kOe 下的磁热值。

由图 7－9 可知，NMG33 PV 合金颗粒的磁热峰半高宽 ΔT_{FWHM} 达到了 25 K，是大块合金的 10 倍以上；NMG34 PV 合金颗粒的 ΔT_{FWHM} 为 15 K，同样大

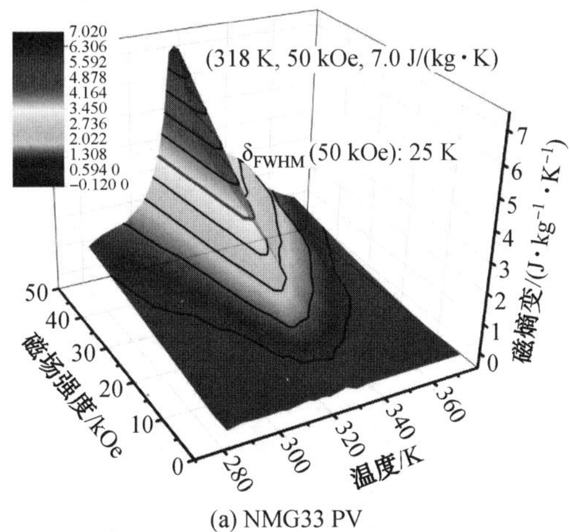

(a) NMG33 PV

图 7－9　NMG33 和 NMG34 合金颗粒不同磁场下 ΔS_m 与温度的关系曲线(见附录彩图)

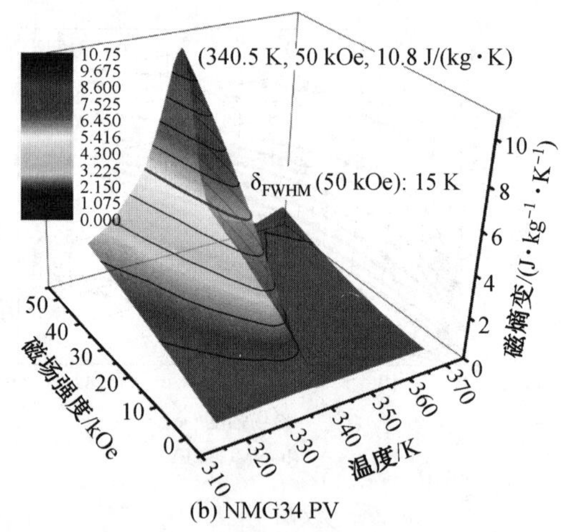

(b) NMG34 PV

续图 7－9

于大块合金的半高宽。根据 $\Delta S_m - T$ 曲线，计算材料的 RC 值来综合评价磁热效应。由式(1.18)计算可知，NMG33 PV 合金颗粒在 50 kOe 下的 RC_{net} 值为 117.1 J/kg，NMG34 PV 合金颗粒在 50 kOe 下的 RC_{net} 值为 99.34 J/kg，远远大于相应块体的 RC_{net} 值。

图 7－10 所示为 NMG33 PV 和 NMG34 PV 合金颗粒随磁场的变化规律。由图可知，两者基本呈线性关系，斜率分别为 0.14 J/(kg·K·kOe)和 0.26 J/(kg·K·kOe)，小于文献报道的单晶 $Ni_{52.6}Mn_{23.1}Ga_{24.3}$ 的斜率变化值 0.4 J/(kg·K·kOe)。同一磁场下，NMG34 PV 合金颗粒的等温磁熵变最大值均比 NMG33 PV 要大，与对应的块材刚好相反。

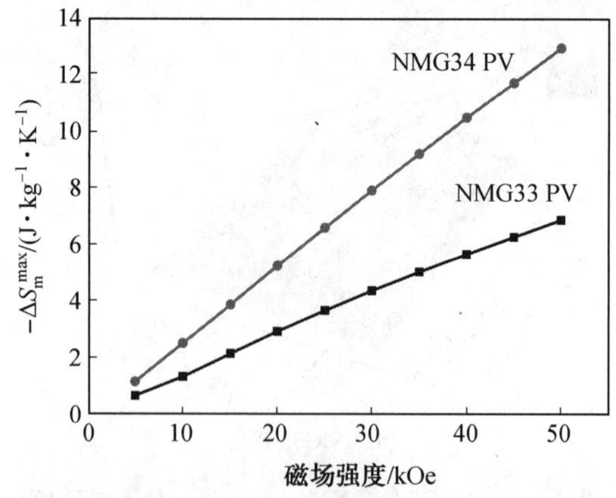

图 7－10 NMG33 PV 和 NMG34 PV 合金颗粒随磁场的变化规律(见附录彩图)

7.3.3 混合粒径 Ni－Mn－Ga 颗粒磁热性能

由以上分析可知，相比于大块合金，微米颗粒的滞后减小，磁热峰半高宽 ΔT_{FWHM} 增加，磁制冷能力得到了大幅度提升。为了进一步拓宽制冷工作区间，提高磁制冷能力，将相变温度不同的合金颗粒 NMG33 PV 和 NMG34 PV 按质量比为1∶1进行混合，对其磁热性能进行测试。

图 7－11 所示为混合颗粒 50 kOe 下升/降温过程的 $M-T$ 曲线。由图可见，相变过程中出现了两个独立的相变温度区间，间隔约 10.0 K，测试磁热性能时，两磁热峰之间形成一个平稳的过渡区，获得宽的工作温度区间与高的磁熵变的有利结合。

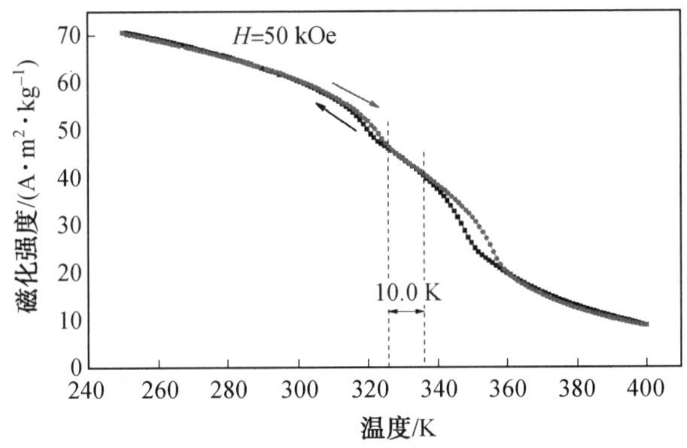

图 7－11　NMG33 和 NMG34 混合颗粒 50 kOe 下升/降温过程的 $M-T$ 曲线

磁场作用下的磁滞后会影响磁热性能，所以在 50 kOe 下对混合颗粒进行不同温度加/去磁磁化曲线，测试温度范围包含 $M-T$ 曲线中两个磁热峰的宽度，结果如图 7－12 所示。从图中可以看出，混合颗粒加/去磁磁化曲线基本重合，说明磁滞后很小，可以忽略不计。

基于不同温度下的等温磁化曲线，根据 MAMEU 关系式计算得到不同磁场下合金混合颗粒 ΔS_{m} 与温度的关系曲线，如图 7－13 所示。从图中可知，ΔS_{m} 在 318 K 和 349 K 附近出现了两个极值峰，分别对应 NMG33 PV 和 NMG34 PV 合金颗粒的相变温度，在 50 kOe 下的值分别为 5.44 J/(kg·K) 和 7.46 J/(kg·K)。以两个磁热峰过渡区最小值作为磁热峰半高宽 ΔT_{FWHM}，达到了 42 K，由式(1.10)计算出混合颗粒在 50 kOe 下的 $\mathrm{RC}_{\mathrm{net}}$ 值为 175 J/kg，远大于单一粒径颗粒的 $\mathrm{RC}_{\mathrm{net}}$ 值，实现了巨磁热效应。此处需要说明的是，由于混合颗粒需同时测试等温磁化曲线，因此均在升温过程测试，本节测试结果仅作为与单一颗粒的对比参考。

将混合颗粒、NMG33 PV 合金颗粒、NMG34 PV 合金以及其他多种磁制冷

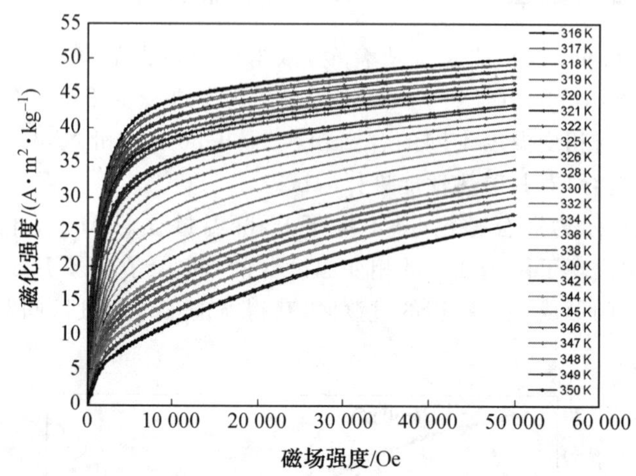

图 7－12 NMG33 和 NMG34 混合颗粒的等温磁化曲线

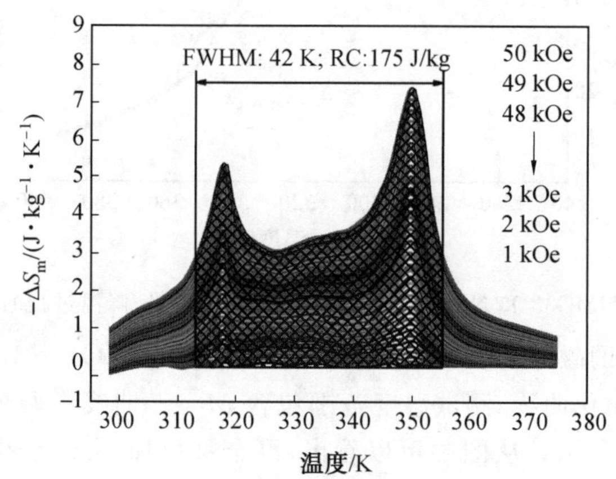

图 7－13 NMG33 和 NMG34 混合颗粒不同磁场下 ΔS_m 与温度的关系曲线(见附录彩图)

材料的 RC_{net} 值进行对比总结，如图 7－14 所示。由图可见，混合颗粒在 20 kOe 和 50 kOe 下的 RC_{net} 值分别约为 70.0 J/kg 和 175 J/kg，而 NMG34 PV 合金颗粒虽然拥有高的 ΔS_m，但是由于其 ΔT_{FWHM} 约为 8.9 K，小于 NMG33 PV 合金颗粒(约 20.3 K)，导致其 RC_{net} 值较小。混合颗粒在不同磁场下的 RC_{net} 值均高于文献报道的其他镍锰基合金。与稀土化合物相比，混合颗粒拥有较小的 RC_{net} 值，但是却更加经济实用。

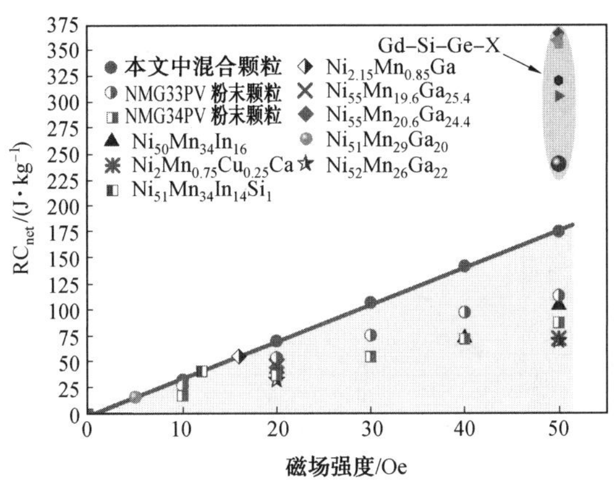

图 7—14　不同合金不同磁场下 RC_{net} 值对比

7.3.4　不同粒径颗粒混合比例优化

将 NMG33 PV 和 NMG34 PV 合金颗粒按质量比为 1∶1 混合后，混合颗粒的两个磁热峰分别对应单一颗粒的相变温度，推测混合颗粒的等温磁熵变符合质量混合定律，即

$$\Delta S_m^{mix} = w_A \Delta S_m^A + w_B \Delta S_m^B \tag{7.1}$$

式中　ΔS_m^{mix}——混合颗粒的等温磁熵变；

ΔS_m^A 和 ΔS_m^B——NMG33 PV 和 NMG34 PV 合金颗粒的等温磁熵变；

w_A 和 w_B——NMG33 PV 和 NMG34 PV 合金颗粒的质量分数。

用质量混合定律计算混合颗粒 ΔS_m 与实际测试结果对比如图 7—15 所示，由图

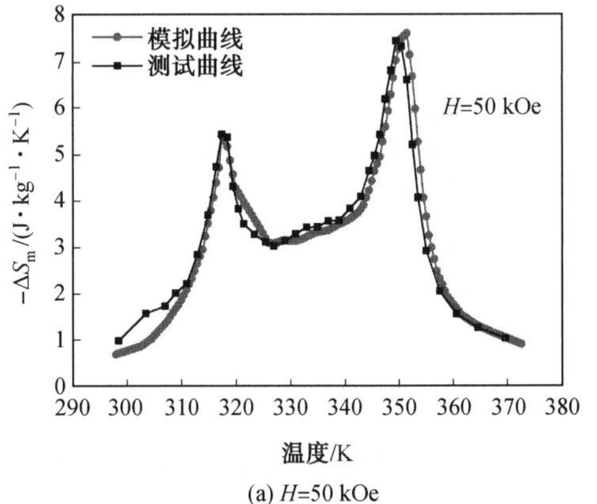

图 7—15　质量混合定律计算混合颗粒 ΔS_m 与实际测试结果对比

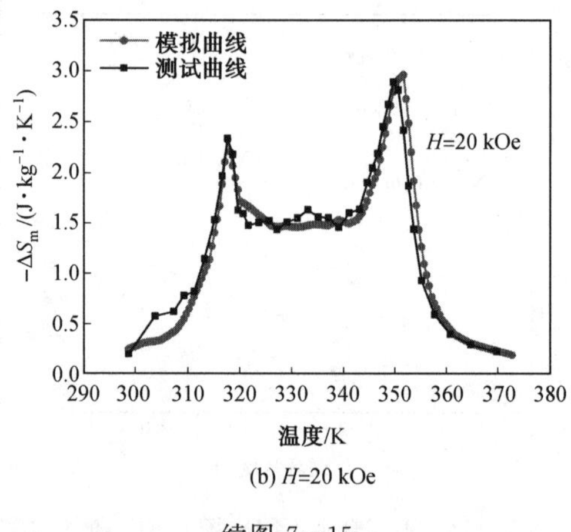

(b) H=20 kOe

续图 7—15

可见，计算结果和实际测试结果吻合得很好，说明混合颗粒的 ΔS_m 符合质量混合定律，这可以用来优化混合颗粒的质量配比，获得满足实际需求的结果。

7.4 Ni－Mn－In－Co 合金颗粒的热处理

7.4.1 去应力退火对颗粒组织和成分的影响

经过机械研磨所得的制备态颗粒内部必然存在很大的缺陷和内应力，为此对所有颗粒进行去应力退火热处理，以改善颗粒组织形态和性能。考虑到粒径不同的颗粒在研磨过程中引入的缺陷及应力会有所不同，本书所采用的去应力热处理工艺见表 7—4。

表 7—4 Ni—Mn—In—Co 合金颗粒去应力热处理工艺

热处理温度/℃	热处理对象	热处理时间/h	外部环境	冷却方式
450	P2、P3、P5、P7、P8	20	0.5 atm 氩气	随炉冷却
700	P2、P3、P5、P7、P8	20	0.5 atm 氩气	随炉冷却
900	P2、P3、P5、P7、P8	20	0.5 atm 氩气	随炉冷却

为了反映在不同热处理过程中样品颗粒成分的变化，利用扫描电子显微镜配备的能谱仪对均匀化热处理后的块状合金及不同热处理后的颗粒成分进行测试分析。其中，每个粒径成分至少取 10 个不同区域的成分平均得到，而颗粒成分的均匀性通过成分标准差 σ 来表示，结果见表 7—5、表 7—6、表 7—7。结果显示，相同热处理条件下，颗粒中 In 和 Co 元素随颗粒尺寸的变化不明显，而 Ni 和

Mn 元素变化较明显。对比同一热处理不同粒径颗粒的成分可以发现，当粒径大于45 μm时合金颗粒成分基本不变，而当粒径小于 45 μm 时 Mn 元素含量降低较为明显，Ni 元素含量升高，同时颗粒成分均匀性降低。这可能是由于在0.5 atm 氩气氛围保护下大尺寸颗粒成分挥发少，而小尺寸颗粒比表面积更大，即使在氩气保护下依旧容易挥发。此外，对比不同热处理颗粒样品发现，随着热处理温度的升高，合金颗粒成分标准差 σ 变大，表明温度越高合金元素越容易挥发导致其成分均匀性变差。

表 7－5　450 ℃/20 h 热处理不同粒径颗粒成分

颗粒编号	颗粒尺寸/μm	颗粒成分
B	块状合金	$Ni_{44.0\pm0.10}Mn_{38.5\pm0.08}In_{12.4\pm0.03}Co_{5.1\pm0.10}$
P1	880～1 000	$Ni_{44.1\pm0.31}Mn_{38.2\pm0.35}In_{12.6\pm0.13}Co_{5.1\pm0.16}$
P2	550～650	$Ni_{44.0\pm0.19}Mn_{38.3\pm0.28}In_{12.5\pm0.16}Co_{5.2\pm0.16}$
P3	325～380	$Ni_{43.9\pm0.06}Mn_{38.3\pm0.19}In_{12.5\pm0.06}Co_{5.3\pm0.20}$
P4	212～230	$Ni_{44.0\pm0.15}Mn_{38.4\pm0.05}In_{12.5\pm0.16}Co_{5.1\pm0.08}$
P5	125～150	$Ni_{44.0\pm0.23}Mn_{38.5\pm0.07}In_{12.5\pm0.09}Co_{5.0\pm0.17}$
P6	61～96	$Ni_{44.0\pm0.14}Mn_{38.2\pm0.37}In_{12.6\pm0.15}Co_{5.2\pm0.09}$
P7	38～45	$Ni_{44.3\pm0.04}Mn_{38.2\pm0.10}In_{12.4\pm0.20}Co_{5.1\pm0.10}$
P8	13～18	$Ni_{44.6\pm0.18}Mn_{38.0\pm0.08}In_{12.5\pm0.15}Co_{4.9\pm0.06}$

表 7－6　700 ℃/20 h 热处理不同粒径颗粒成分

颗粒编号	颗粒尺寸/μm	颗粒成分
B	块状合金	$Ni_{44.0\pm0.10}Mn_{38.5\pm0.08}In_{12.4\pm0.03}Co_{5.1\pm0.10}$
P1	880～1 000	$Ni_{43.9\pm0.17}Mn_{38.5\pm0.09}In_{12.5\pm0.07}Co_{5.1\pm0.10}$
P2	550～650	$Ni_{43.9\pm0.22}Mn_{38.4\pm0.14}In_{12.5\pm0.08}Co_{5.2\pm0.13}$
P3	325～380	$Ni_{44.0\pm0.17}Mn_{38.4\pm0.13}In_{12.4\pm0.17}Co_{5.3\pm0.16}$
P4	212～230	$Ni_{44.0\pm0.17}Mn_{38.4\pm0.15}In_{12.4\pm0.10}Co_{5.2\pm0.13}$
P5	125～150	$Ni_{44.0\pm0.15}Mn_{38.4\pm0.18}In_{12.4\pm0.08}Co_{5.2\pm0.10}$
P6	61～96	$Ni_{44.0\pm0.24}Mn_{38.3\pm0.25}In_{12.5\pm0.02}Co_{5.2\pm0.05}$
P7	38～45	$Ni_{44.4\pm0.23}Mn_{38.2\pm0.25}In_{12.3\pm0.08}Co_{5.1\pm0.13}$
P8	13～18	$Ni_{44.5\pm0.30}Mn_{38.0\pm0.45}In_{12.4\pm0.00}Co_{5.1\pm0.14}$

表 7－7　900 ℃/20 h 热处理不同粒径颗粒成分

合金编号	合金尺寸/μm	颗粒成分
B	铸锭	$Ni_{44.0\pm0.10}Mn_{38.3\pm0.08}In_{12.4\pm0.03}Co_{5.1\pm0.10}$
P2	550～650	$Ni_{44.0\pm0.26}Mn_{38.3\pm0.20}In_{12.4\pm0.12}Co_{5.2\pm0.10}$
P8	13～18	$Ni_{44.6\pm0.40}Mn_{37.9\pm0.63}In_{12.4\pm0.45}Co_{5.1\pm0.32}$

7.4.2　去应力退火对颗粒马氏体相变的影响

为了揭示上述 450 ℃/20 h 去应力退火热处理后不同粒径颗粒样品的整体相变特征及相应磁学性能，对所有样品进行 200 Oe/50 kOe 外磁场下的 $M-T$ 曲线测试。通过切线法对 $M-T$ 曲线进行分析可以得出各种状态下样品的奥氏体转变开始温度 A_s、奥氏体转变结束温度 A_f、马氏体转变开始温度 M_s、马氏体转变结束温度 M_f 及热滞后 ΔT（$\Delta T=\frac{A_s+A_f}{2}-\frac{M_s+M_f}{2}$），结果见表7－8。对比表中 200 Oe 和 50 kOe 数据可以看出，随着外加磁场的增大，各合金颗粒相变温度点均降低且相变过程滞后增加。同时可以观察到 450 ℃/20 h 热处理后马氏体相变过程滞后随着合金颗粒粒径的减小而增大。

表 7－8　450 ℃/20 h 热处理不同粒径颗粒相变温度　　K

合金编号	磁场	A_s	A_f	M_s	M_f	ΔT
P1	200 Oe	358	374	353	347	16
	50 kOe	343	363	344	332	15
P2	200 Oe	344	354	344	335	9.5
	50 kOe	318	339	327	305	12.5
P3	200 Oe	343	364	347	331	14.5
	50 kOe	315	345	330	298	16
P5	200 Oe	346	370	349	327	20
	50 kOe	325	350	328	297	25
P7	200 Oe	349	371	347	318	27.5
	50 kOe	333	353	325	273	44
P8	200 Oe	352	372	346	317	30.5
	50 kOe	332	353	323	270	46

相变滞后是影响材料磁热效应的一个关键因素，主要与马氏体相变过程中的阻力有关。虽然将块状合金制备成小尺寸颗粒后材料相变滞后大大减小，但

是从上述试验中可以观察到当继续减小颗粒尺寸时，相变过程滞后有所增大，可能是 450 ℃处理温度过低未能完全有效地去除内应力及缺陷所导致的，这也与 7.4.1 节中对颗粒微观组织的观察所得出结论一致。高温去应力热处理后颗粒的 $M-T$ 曲线表明，提高退火温度后合金颗粒仍然保持马氏体相变特征，即随着温度的降低由铁磁态的母相奥氏体转变为顺磁性的马氏体。

与低温热处理不同的是，升高温度后合金颗粒的相变滞后发生了变化：对于相对较大尺寸($D>325\ \mu m$)的颗粒样品，滞后基本无影响；而对于小尺寸($D<325\ \mu m$)的颗粒样品，相变滞后大大减小。这是温度的提高使得合金颗粒内部应力及缺陷减少，结构完整性提高导致的相变阻力减小。但当继续提高退火温度至 900 ℃后滞后不再改变，这说明 700 ℃/20 h 热处理已基本去除内应力。

热处理工艺及颗粒粒径的不同必然导致材料相变温度的改变，而相变温度是影响材料最终磁热效应的关键因素。利用切线法得出高温退火后各组合金颗粒样品的相变温度见表 7－9、表 7－10。从表中可以看出，随着外加磁场的增大，相变温度整体向低温方向移动，这一现象也说明合金马氏体相变过程会受磁场的影响。

表 7－9　700 ℃/20 h 热处理不同粒径颗粒相变温度　　K

合金编号	磁场	A_s	A_f	M_s	M_f	ΔT
P2	200 Oe	345	355	346	334	10
	50 kOe	322	339	325	309	13.5
P3	200 Oe	347	355	345	335	11
	50 kOe	323	336	323	309	13.5
P5	200 Oe	346	354	341	332	14.5
	50 kOe	326	337	320	307	18
P7	200 Oe	351	361	349	331	16
	50 kOe	331	347	329	305	22
P8	200 Oe	340	366	351	325	15
	50 kOe	316	352	332	297	19.5

表 7－10　900 ℃/20 h 热处理部分粒径颗粒相变温度　　K

合金编号	磁场	A_s	A_f	M_s	M_f	ΔT
P2	200 Oe	344	357	348	334	9.5
	50 kOe	325	341	329	308	14.5
P8	200 Oe	343	367	351	325	17
	50 kOe	316	350	333	290	21.5

由于相变滞后是影响材料最终磁热性能的关键因素之一，对不同去应力热处理下 Ni－Mn－In－Go 合金颗粒在 200 Oe 和 50 kOe 外场下的相变热滞后进行总结分析，如图 7－16 所示。从图中可以看出，对于同一尺寸合金颗粒，当颗粒粒径大于 325 μm 时，滞后基本不受热处理温度的影响；而当颗粒粒径小于 325 μm时，相变滞后随热处理温度的升高而明显减小，这一现象暗示滞后可能与材料内部缺陷及应力状态有关。结合上述组织及物相结果可以得出，在研磨过程中小尺寸颗粒（$D<325$ μm）承受应力比大尺寸颗粒更大，导致其颗粒内部应力聚集。综上分析，大尺寸颗粒（$D>325$ μm）的去应力热处理工艺为 450 ℃/20 h，而对于小尺寸颗粒（$D<325$ μm）其去应力热处理工艺则需要更高温度，为 700 ℃/20 h。

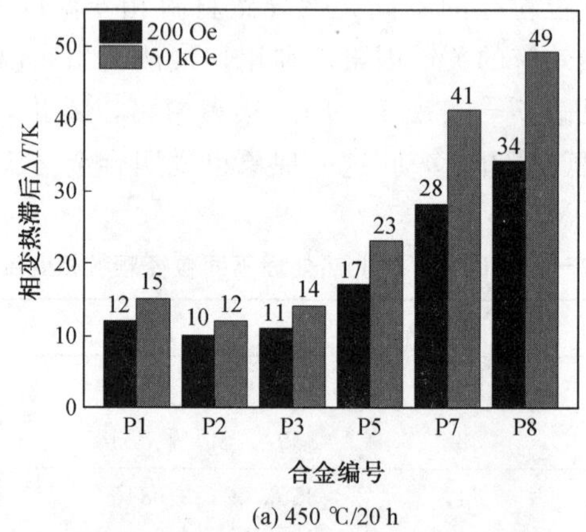

(a) 450 ℃/20 h

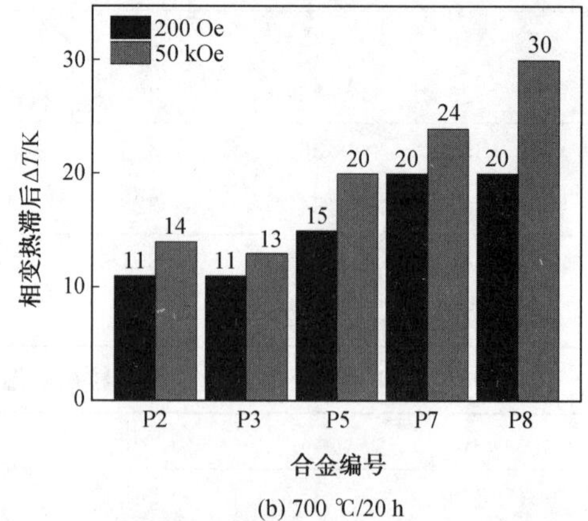

(b) 700 ℃/20 h

图 7－16　不同去应力热处理下 Ni－Mn－In－Go 合金颗粒在 200 Oe 和 50 kOe 外场下的相变热滞后

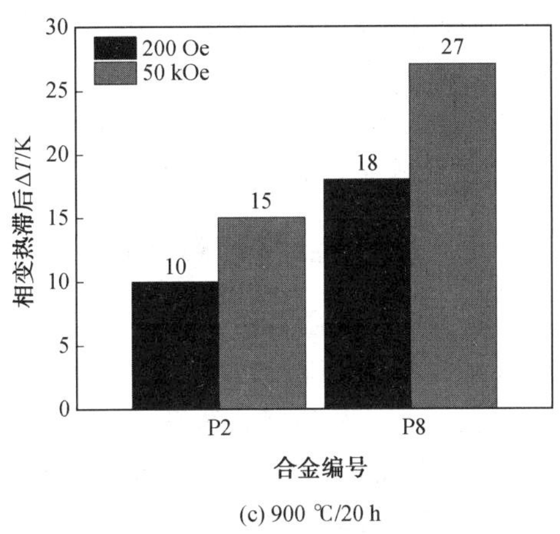

(c) 900 ℃/20 h

续图 7－16

而对于同一热处理的不同尺寸颗粒，相变滞后随颗粒尺寸的减小呈现增大的趋势，这一现象说明相变滞后可能与马氏体相变过程的能量耗散有关。

尺寸越小的颗粒在研磨的过程中承受的研磨功更大，内应力累积越多，同样在 450 ℃下进行退火，去内应力过程不完全，从而在磁场下升/降温过程发生相变时，产生由内应力存在而产生的大的弹性应变能。弹性应变能作为相变的阻力导致小尺寸颗粒相变宽度显著增加，并且由于在小尺寸颗粒中弹性应变能更容易释放，因此逆向变困难，滞后增加。对于 $D>325\ \mu m$ 的颗粒，内应力可能已大部分去除，因此滞后已没有太大的变化，继续升高温度热处理对其没有太大的影响。颗粒尺寸增大，相界面运动阻力增大，滞后反而增加。

进一步对 450 ℃/20 h 热处理合金颗粒进行 700 ℃/20 h 以及更高温度的 900 ℃/20 h 热处理后，700 ℃和 900 ℃退火减小了小尺寸颗粒的滞后，但是对大尺寸颗粒没有影响，验证了之前的假设。此外，对比 700 ℃和 900 ℃两种热处理发现小尺寸颗粒滞后也不再变化，这说明 700 ℃/20 h 热处理已基本去除颗粒内部的应力及缺陷。

综上分析，机械研磨制备得到的不同粒径颗粒内部应力不同，因此所需的退火工艺也不同：对于 $D>325\ \mu m$ 的大尺寸颗粒，450 ℃/20 h 热处理已经足以消除内应力；而对于 $D<325\ \mu m$ 的小尺寸颗粒，去应力退火工艺为 700 ℃/20 h。

7.5　Ni－Mn－In－Co 颗粒的磁热性能

Ni－Mn－In－Co 合金作为一种新型的室温磁制冷材料在制冷领域中拥有广阔前景，为了验证本试验所研究的合金颗粒的实际应用情况，通过设计颗粒的

成分，分别测量单一粒径和混合粒径的 Ni－Mn－In－Co 合金颗粒的磁热效应，从而评价其室温制冷能力。材料磁热效应的评价参数主要有相变过程的磁熵变 ΔS_m、绝热温变 ΔT_{ad} 及制冷能力 RC 值，为此对混合颗粒测试不同温度下的等温磁化曲线并通过 Maxwell 关系式来计算上述参数。

7.5.1 Ni－Mn－In－Co 混合颗粒的成分

Ni－Mn－In－Co 合金相变温度强烈依赖于成分，并且相变温度影响合金马氏体结构及性能。由于颗粒的比表面积和自由表面很大，且合金中 Mn 元素在高温下容易挥发。同时根据 7.4.1 节的试验结果，发现在玻璃管内充入 0.5 atm 高纯氩气时不同尺寸范围颗粒样品的成分基本不变。因此在本节中为了混合相变温度不同的合金颗粒以拓宽合金材料工作温度区间，挑选前述试验中的部分样品，调整了充入氩气浓度及热处理时间进行试验。具体热处理工艺见表 7－11。

表 7－11　Ni－Mn－In－Co 合金颗粒成分调节热处理工艺

热处理温度/℃	热处理对象	热处理时间/h	外部环境	冷却方式
900	P2、P5、P7	5	真空	随炉冷却
900	P2、P5、P7	10	真空	随炉冷却
900	P2、P5、P7	40	真空	随炉冷却
900	P7	2	0.2 atm 氩气	随炉冷却
900	P7	5	0.2 atm 氩气	随炉冷却
900	P7	10	0.2 atm 氩气	随炉冷却

为了揭示上述挥发热处理对合金颗粒成分的调控效果，测试了所有样品的成分，见表 7－12，每个成分点至少取 10 个该成分颗粒样品取平均得到。分析表中数据发现，各组颗粒在热处理后成分偏差都较大，说明该温度能有效调控合金颗粒的相变温度，并且随着保温时间的延长各组合金颗粒中 Mn 元素最小含量呈现降低的趋势，然而在 P7 样品中 5 h 处理后 Mn 元素含量却较 40 h 处理后的略高。这可能是由于该温度处理对小尺寸颗粒中元素挥发影响更大，颗粒成分更不均匀，试验中测试成分时采取的 10 个样品数量偏少。观察充入 0.2 atm 氩气的合金颗粒可以看出，颗粒中 In 元素含量降低，Co 元素含量升高，而 Mn 元素含量并未改变。

相比于块状合金，小尺寸 Ni－Mn－In－Co 合金颗粒的滞后大大减小，性能有所提高。为了进一步拓宽该种材料的工作温度区间，挑选上节中成分变化较大的几种不同热处理后的合金颗粒进行 1∶1 等质量混合后测试其性能。

表 7－12　不同热处理后各样品成分

样品尺寸	热处理工艺及编号	合金成分
P7 (38～45 μm)	①900 ℃/2 h、0.2 atm Ar 气	$Ni_{43.4\pm0.69}Mn_{38.4\pm0.58}In_{11.6\pm0.66}Co_{6.6\pm0.90}$
	②900 ℃/5 h、0.2 atm Ar 气	$Ni_{43.4\pm0.75}Mn_{38.4\pm0.64}In_{11.7\pm0.80}Co_{6.5\pm1.19}$
	③900 ℃/10 h、0.2 atm Ar 气	$Ni_{44.1\pm0.43}Mn_{38.3\pm0.37}In_{12.1\pm0.86}Co_{5.5\pm0.88}$
	④900 ℃/5 h、真空	$Ni_{45.2\pm0.34}Mn_{37.3\pm0.74}In_{12.3\pm0.58}Co_{5.2\pm0.28}$
	⑤900 ℃/10 h、真空	$Ni_{45.1\pm0.31}Mn_{36.9\pm0.29}In_{12.9\pm0.27}Co_{5.1\pm0.09}$
	⑥900 ℃/40 h、真空	$Ni_{45.0\pm0.44}Mn_{37.7\pm0.25}In_{12.2\pm0.29}Co_{5.1\pm0.45}$
P5 (125～150 μm)	⑦900 ℃/5 h、真空	$Ni_{44.0\pm0.26}Mn_{38.0\pm0.40}In_{13.0\pm0.20}Co_{5.0\pm0.13}$
	⑧900 ℃/10 h、真空	$Ni_{43.8\pm0.33}Mn_{38.2\pm0.20}In_{12.9\pm0.20}Co_{5.1\pm0.11}$
	⑨900 ℃/40 h、真空	$Ni_{39.7\pm0.40}Mn_{32.0\pm0.27}In_{23.6\pm0.50}Co_{4.7\pm0.11}$
P2 (550～650 μm)	⑩900 ℃/5 h、真空	$Ni_{44.0\pm0.32}Mn_{38.4\pm0.30}In_{12.5\pm0.15}Co_{5.1\pm0.07}$
	⑪900 ℃/10 h、真空	$Ni_{44.0\pm0.25}Mn_{38.4\pm0.21}In_{12.5\pm0.15}Co_{5.1\pm0.11}$
	⑫900 ℃/40 h、真空	$Ni_{44.0\pm0.25}Mn_{38.4\pm0.17}In_{12.5\pm0.16}Co_{5.1\pm0.08}$

7.5.2　单一粒径 Ni－Mn－In－Co 颗粒的磁热性能

根据 7.5.1 节中的结果发现，0.2 atm 氩气环境下 P5(125～150 μm)和真空环境下 P7(38～45 μm)样品在经历不同热处理后成分较为合适，猜测其相变温度可能会发生合适的变化，因此对上述各组颗粒分别测试 $M-T$ 曲线，如图 7－17和图 7－18 所示。对比 7.4.3 节中去应力热处理后相同粒径范围的合金颗粒，该节中调控成分热处理后样品仍然具有相同的马氏体相变特征，即随着温度的降低母相奥氏体转变为顺磁马氏体，磁化强度先增大后减小，但可以观察到此处颗粒马氏体相变温宽$|A_f-A_s|$与之前相比明显增大，这是由于高温下长时间热处理合金颗粒成分挥发导致分布不均匀，造成不同区域相变温度的差异和相变的先后进行，因此相变温宽增加。另外，由 7.4.2 节中物相分析可知，高温热处理后合金颗粒中马氏体类型与制备态相比发生变化，这一现象也可能是相变温宽增大的原因之一。

对比同一尺寸不同热处理工艺的颗粒样品可以发现，随着保温时间的延长，相变温度向高温方向移动，这一现象也证实了成分挥发会导致相变温度的改变，如图 7－19 所示，在 P5(125～150 μm)合金颗粒中 5 h 和 40 h 保温后相变温度相差了 27 K；而在 P7(138～45 μm)合金颗粒中 5 h 和 10 h 处理后相变温度相差 10 K，这与 P5 颗粒相比改变较小是因为在热处理时充入了 0.2 atm 氩气抑制了成分的挥发，另一方面是由于热处理时间缩短导致成分改变较小。

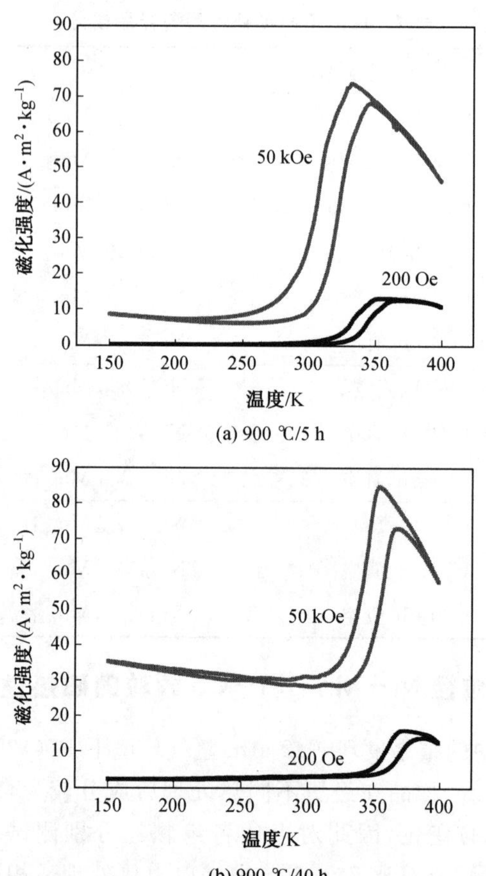

(a) 900 ℃/5 h

(b) 900 ℃/40 h

图 7－17　P5(125～150 μm)Ni－Mn－In－Co 合金颗粒不同热处理后 $M-T$ 曲线

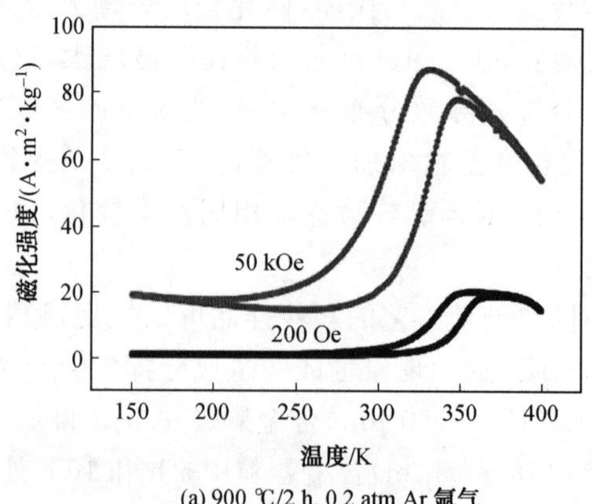

(a) 900 ℃/2 h, 0.2 atm Ar 氩气

图 7－18　P7(38～45 μm)Ni－Mn－In－Co 合金颗粒不同热处理后 $M-T$ 曲线

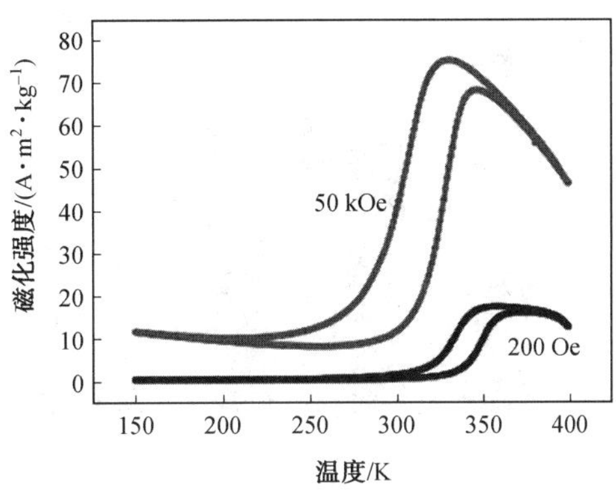

(b) 900 ℃/5 h, 0.2 atm Ar气

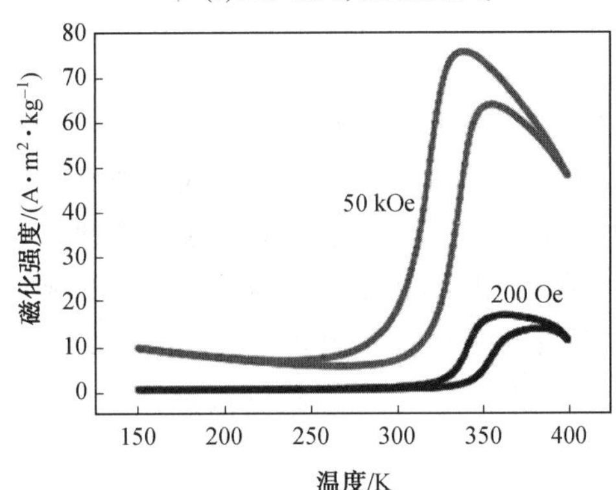

(c) 900 ℃/10 h, 0.2 atm Ar 氩气

续图 7－18

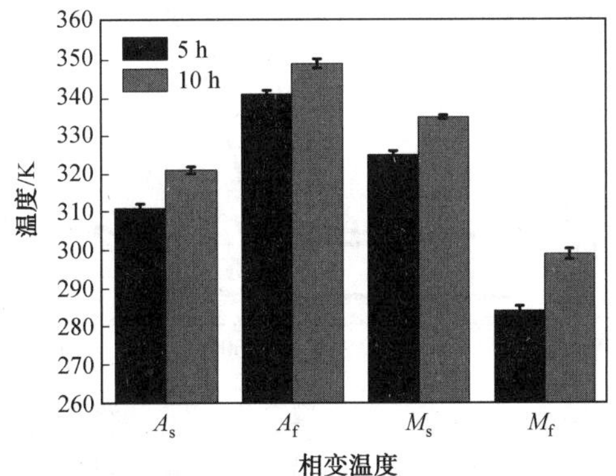

(a) P7颗粒0.2 atm氩气、900 ℃/5 h和900 ℃/10 h

图 7－19　不同状态 Ni－Mn－In－Co 合金颗粒 50 kOe 磁场下相变温度

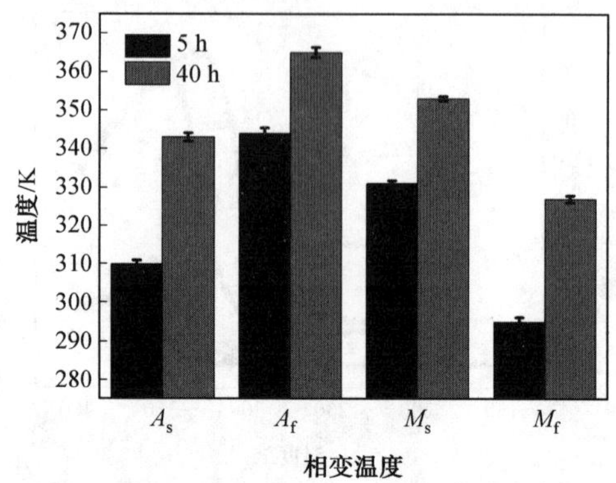

(b) P5颗粒真空环境、900 ℃/5 h和900 ℃/40 h

续图 7－19

后续试验将热处理 5 h 和 40 h 的 P5 颗粒样品按质量比 1∶1 混合以期扩宽该合金的相变温度区间。对混合颗粒的 $M-T$ 曲线如图 7－20 所示，从图中可以看出，$M-T$ 曲线出现 P1、P2 两个峰值，分别对应两种颗粒的相变过程。结果表明，与单一尺寸合金颗粒相比，混合颗粒相变温度明显宽化，从单一颗粒的 50 K增大为 100 K，并且磁化强度得到改善，同时相变滞后保持不变，预期测试磁热性能时，两磁热峰之间有望形成一个平稳的过渡区，获得宽的工作温度区间与高的磁熵变的有利结合。

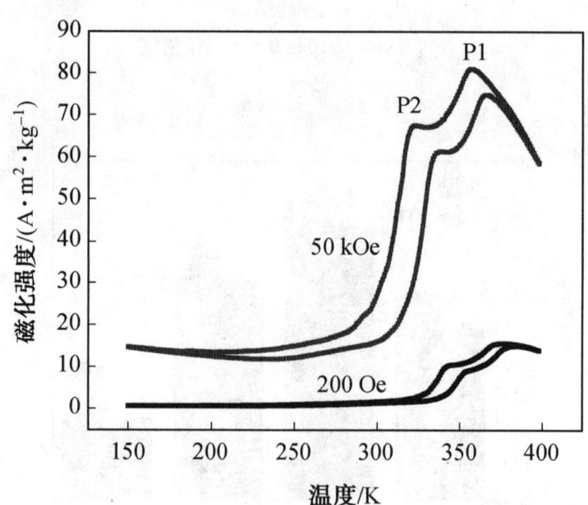

图 7－20　Ni－Mn－In－Co P5 样品 900 ℃/5 h 和 900 ℃/40 h 热处理后混合颗粒 $M-T$ 曲线

相比于大块合金，微米颗粒的滞后减小，磁热峰半高宽 ΔT_{FWHM} 增加，磁制冷能力得到了大幅度提升。为了进一步拓宽制冷工作区间，提高磁制冷能力，将在 900 ℃热处理 5 h 和 40 h(相变温度不同)的 P5(125～150 μm)合金颗粒分别按

质量比为 1∶1 进行混合，对其磁热性能进行测试。根据 Maxwell 关系式计算合金 ΔS_m，其大小取决于$\partial M/\partial T$ 的值，因此对 Ni－Mn－In－Co 合金的升温 $M-T$ 曲线进行一阶微分，结果显示在 323 K 和 364 K 两个温度点出现极值，因此在 323 K和 364 K 附近采用 Loop 法测试了一系列升温过程的等温磁化曲线，即选择测试温度区间为 280～390 K，等温磁化曲线的温度间隔选择为 2 K、3 K 和 5 K，并随着距离两个温度点的距离而增加，$M-H$ 曲线如图 7－21 所示。从图中可以看出，合金颗粒的饱和磁化强度随温度的升高而增大，说明随着温度升高有越来越多的马氏体转变为铁磁性的奥氏体。在 326 K 时，饱和磁化强度明显增大，说明在 326 K 开始发生相变温度较高的一种颗粒也开始发生逆马氏体相变。在 335～353 K 之间混合颗粒的磁化强度呈现上下波动的规律，这是由于前一相变温度较低的颗粒逆马氏体相变接近结束，其磁化强度降低，而后一相变温度较高的颗粒仍处于马氏体向奥氏体转变阶段，其磁化强度升高，这两个因素叠加导致混合颗粒总体磁化强度上下波动。

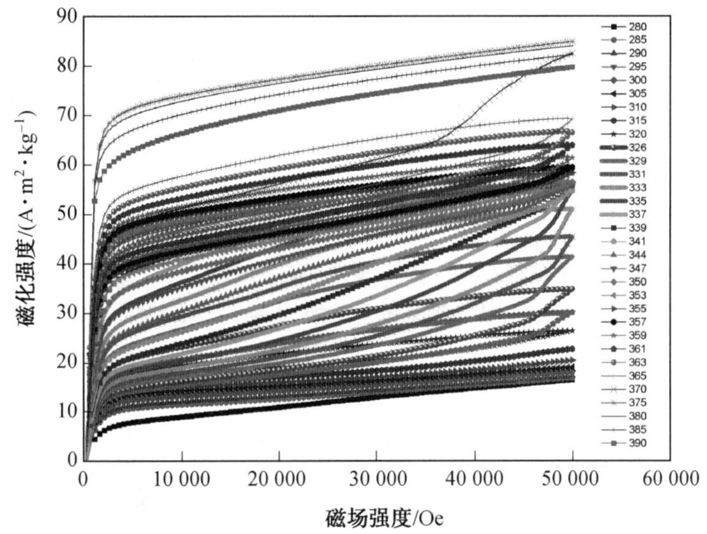

图 7－21　Ni－Mn－In－Co P5 样品 900 ℃/5 h 和 900 ℃/40 h 热处理后混合颗粒 $M-H$ 曲线(见附录彩图)

除了相变热滞后以外，磁场作用下磁制冷材料产生的磁滞后也是影响磁热性能的一个重要因素。相变磁滞后可由图 7－21 中所示混合颗粒最大磁场为 50 kOe时相变附近不同温度加/去磁磁化曲线计算得出，每一温度下闭合曲线包围的面积即为磁滞后，通过计算得到磁滞后－温度曲线，如图 7－22 所示。结果表明，该混合颗粒平均磁滞后为 26.45 J/kg。

基于不同温度下的等温磁化曲线，ΔS_m 通过 Maxwell 方程计算。通过计算得到

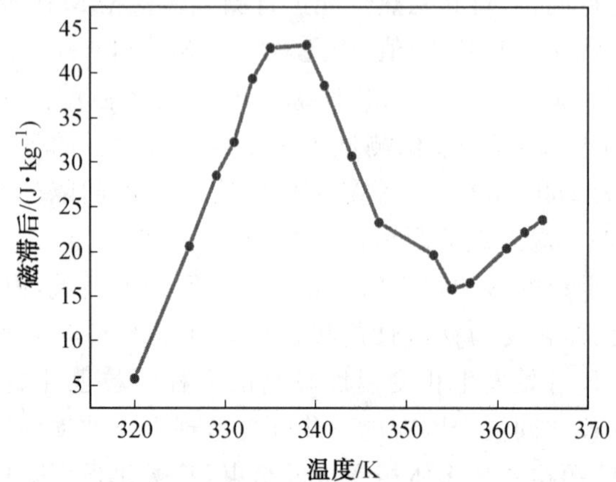

图 7－22　Ni－Mn－In－Co P5(125～150 μm)混合颗粒磁滞后－温度曲线

不同磁场下 ΔS_m 随温度的变化关系，如图 7－23 所示。从图中可知，ΔS_m 在 335 K 和 371 K 附近出现了 P1 和 P2 两个极值峰，分别对应两种不同热处理后合金颗粒的相变温度，在 50 kOe 下的值分别为 5.27 J/(kg·K)和 10.67 J/(kg·K)。当以两个磁热峰过渡区最小值作为磁热峰半高宽 ΔT_{FWHM}，制冷工作温度区间可达到 54 K，远远大于文献报道的 Ni－Mn－In－Co 合金的工作区间。为了评价磁制冷材料的磁热性能，不仅需要考虑 ΔS_m 和制冷温度区间的值，还需要考虑其温度依赖性。用材料的 RC 值来综合评价磁热效应，通过对 $\Delta S_m - T$ 曲线下 $\delta T_{FWHM}(T_1 - T_2)$ 范围内的积分减去磁滞后值来表示，计算得出该种混合颗粒的 RC 值为 180 J/kg，大于文献报道的值。

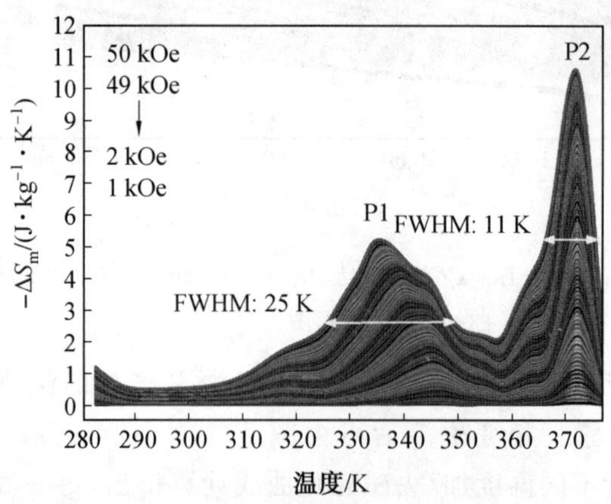

图 7－23　Ni－Mn－In－Co P5(125～150 μm)混合颗粒不同磁场下 ΔS_m 随温度的变化关系(见附录彩图)

从图 7—23 中可以看出，混合颗粒在过渡区磁熵变强度较低，因此仍存在较大的改进空间。这一特性也决定了后续的研究方向，即通过调控相同尺寸颗粒的相变温度，使其相变温度为 356 K 附近，拟合后 ΔS_m 随温度的变化关系如图 7—24所示。结果显示，可得到实际工作温度为 53 K，制冷能力 RC 值为 290 J/kg，实现巨磁热效应。

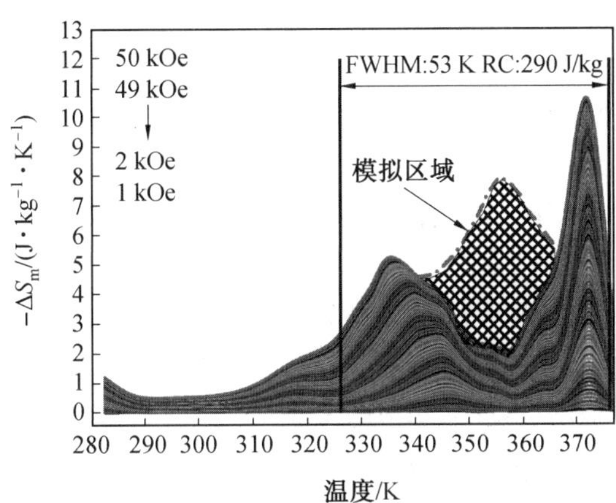

图 7—24　多种混合颗粒不同磁场下 ΔS_m 随温度的变化关系（见附录彩图）

本章参考文献

[1] TANG Y J, SMITH D J, HU H, et al. Structure and phase transformation of ferromagnetic shape memory alloy $Ni_{49}Mn_{30}Ga_{21}$ fine particles prepared by spark erosion [J]. IEEE Transactions on Magnetics, 2003, 39(5): 3405-3407.

[2] SOLOMON V C, SMITH D J, TANG Y, et al. Microstructural characterization of Ni-Mn-Ga ferromagnetic shape memory alloy powders [J]. Journal of Applied Physics, 2004, 95(11): 6954-6956.

[3] SOLOMON V C, HONG J I, TANG Y, et al. Electron microscopy investigation of spark-eroded Ni-Mn-Ga ferromagnetic shape-memory alloy particles [J]. Scripta Materialia, 2007, 56(7): 593-596.

[4] TANG Y J, SOLOMON, V C, SMITH D J, et al. Magnetocaloric effect in NiMnGa particles produced by spark erosion [J]. Journal of Applied Physics, 2005, 97(10): 10M309.

[5] TIAN B, CHEN F, LIU Y, et al. Structural transition and atomic ordering of $Ni_{49.8}Mn_{28.5}Ga_{21.7}$ ferromagnetic shape memory alloy powders prepared by ball milling [J]. Materials Letters, 2008, 62(17-18): 2851-2854.

[6] TIAN B, CHEN F, LIU Y, et al. Effect of ball milling and post-annealing on magnetic properties of $Ni_{49.8}Mn_{28.5}Ga_{21.7}$ alloy powders [J]. Intermetallics, 2008, 16(11-12): 1279-1284.

[7] QIAN M F, ZHANG X X, JIA Z G, et al. Enhanced magnetic refrigeration capacity in Ni-Mn-Ga micro-particles [J]. Materials & Design, 2018, 148: 115-123.

[8] 高开远. Ni－Mn－In－Co 合金粉末马氏体相变和磁热性能研究[D]. 哈尔滨:哈尔滨工业大学,2017.

[9] 万鑫浩. 镍锰镓合金微米颗粒的相变及磁热性能[D]. 哈尔滨:哈尔滨工业大学,2016.

[10] DESANTANNA Y V B, DEMELO M A C, SANTOS I A, et al. Structural, microstructural and magnetocaloric investigations in high-energy ball milled $Ni_{2.18}Mn_{0.82}Ga$ powders [J]. Solid State Communications, 2008, 148(7-8): 289-292.

[11] HU F X, SHEN B G, SUN J R, et al. Large magnetic entropy change in a Heusler alloy $Ni_{52.6}Mn_{23.1}Ga_{24.3}$ single crystal [J]. Physical Review B, 2001, 64(13): 13241213.

[12] ZHANG T B, CHEN Y G, TANG Y B. The magnetocaloric effect and hysteresis properties of melt-spun $Gd_5Si_{1.8}Ge_{1.8}Sn_{0.4}$ alloy [J]. Journal of Physics D-Applied Physics, 2007, 40(18): 5778-5784.

[13] LI Z B, ZHANG Y D, SANCHEZ-VALDES C F, et al. Giant magnetocaloric effect in melt-spun Ni-Mn-Ga ribbons with magneto-multistructural transformation [J]. Applied Physics Letters, 2014, 104(4): 44101.

[14] ZHANG Y P, HUGHES R A, BRITTEN J F, et al. Magnetocaloric effect in Ni-Mn-Ga thin films under concurrent magnetostructural and Curie transitions [J]. Journal of Applied Physics, 2011, 110(1): 13910.

[15] RAO N V R, GOPALAN R, CHANDRASEKARAN V, et al. Microstructure, magnetic properties and magnetocaloric effect in melt-spun Ni-Mn-Ga ribbons [J]. Journal of Alloys and Compounds, 2009, 478(1-2): 59-62.

[16] STADLER S, KHAN M, MITCHELL J, et al. Magnetocaloric properties of $Ni_2Mn_{1-x}Cu_xGa$ [J]. Applied Physics Letters, 2006, 88(19): 192511.

[17] PARETI L, SOLZI M, ALBERTINI F, et al. Giant entropy change at the

co-occurrence of structural and magnetic transitions in the $Ni_{2.19}Mn_{0.81}Ga$ Heusler alloy [J]. European Physical Journal B,2003,32(3):303-307.

[18] SHARMA V K,CHATTOPADHYAY M K,KUMAR R,et al. Magnetocaloric effect in heusler alloys $Ni_{50}Mn_{34}In_{16}$ and $Ni_{50}Mn_{34}Sn_{16}$ [J]. Journal of Physics-Condensed Matter,2007,19(49):49620749.

[19] SHULL R D,PROVENZANO V,SHAPIRO A J,et al. The effects of small metal additions(Co,Cu,Ga,Mn,Al,Bi,Sn)on the magnetocaloric properties of the $Gd_5Ge_2Si_2$ alloy [J]. Journal of Applied Physics,2006,99:08K908.

第 8 章

铁磁形状记忆合金的应用

铁磁形状记忆合金应用领域正不断扩大，本章介绍了其温控形状记忆效应和超弹性，以及磁控形状记忆效应在航空航天、生物医学、汽车等领域的应用情况，重点分析了其在磁制冷领域的应用情况。

铁磁形状记忆合金具有优异的功能特性，具有广泛的应用前景。合金的温控形状记忆效应和超弹性可应用于温控传感器、驱动器或者阻尼减震装置，磁感生应变特性可应用于高频传感器和驱动器，磁热性能可应用于室温制冷从而有望取代传统气体压缩制冷技术。通过制备成不同维度的小尺寸形态，可以优化温控/磁控形状记忆效应，降低相变滞后，拓宽相变区间，可作为性能优良的制冷材料。本章主要介绍温控/磁控形状记忆效应、磁制冷效应的应用。

8.1　形状记忆效应的应用

8.1.1　温控形状记忆效应

传统的形状记忆合金(如镍钛合金)，因具有优异的形状记忆效应和超弹性，加之比强度高、抗腐蚀和生物相容性好等特点，广泛应用于航空航天、电子能源、民用和医疗器械等领域。随着现代高新技术的发展，要求功能材料能够同时感知多种信号(热、磁、光、电等)并做出相应的响应，以适应新的应用领域对多信号响应的需求。因此，在传统的温控形状记忆效应应用领域中，铁磁形状记忆合金因其可感知多种信号、响应频率高，从而有望替代传统记忆合金，满足更高性能的要求。

1. 航空航天领域

形状记忆合金在航空航天领域的应用主要包括可展开天线、驱动/分离机构、可变形智能器件和智能机器人，从而发挥其轨热控制、主动精度控制等方面的优势。

(1)月球飞船天线。

月球飞船为了收集月球上的信息并将其发送回地球，需要直径为几米的半月面天线。为了运输方便，采用形状记忆合金，在低温下将处于马氏体状态的天线折叠成小团，到达月球后，借助于阳光照射加热使天线转变成奥氏体，恢复展开的状态。美国在 1970 年首先将镍钛系记忆合金材料用于制造阿波罗宇宙飞船的天线，天线发射时可折成直径 5 cm 的球状，飞船进入太空后，通过加热将镍钛记忆合金丝升温至奥氏体转变温度以上，天线即恢复原来设定的抛物面形状。目前 4D 在轨打印技术的发展，有望将类似展开机构打印成卷状，在太阳光下展开。

(2)无动力驱动器。

记忆合金材料因其在形变和恢复过程中产生驱动力，可作为驱动器的能量

源。在航空航天领域，利用将形状记忆合金制作成随温度变化的自适应无动力驱动器，可完成开启或闭合等简单动作。该项技术已用于“火星探路者”号太空飞船测试单元防护罩的打开动作器、驱动卫星的太阳能帆板等。温控记忆合金无动力驱动器示意图如图 8－1 所示，与磁致伸缩材料或者压电材料相比，温控记忆合金具有驱动行程大、工作应力高、驱动力大等优点，太空中太阳辐射能量充足，无动力驱动器可以直接利用太阳辐射能来改变温度场，利用合金的相变记忆效应，获得所需的驱动力和位移量。其最大的缺点就是工作频率低，目前最高只能达到 4 Hz，提高记忆合金材料的响应频率是拓展其应用前景的一个重要研究方向。铁磁形状记忆材料可在磁场作用下产生大应变量，磁感生应变响应频率高，只需要在太阳能作用下使得合金温度到达合适的范围，在永磁体的磁场中即可产生高频大应变，因此具有潜在的应用前景。

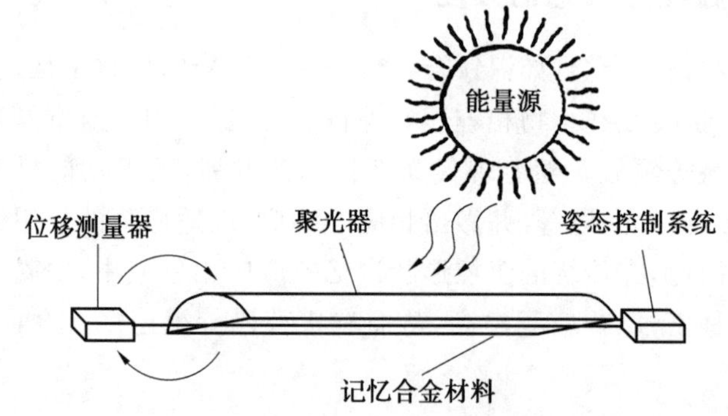

图 8－1　温控记忆合金无动力驱动器示意图

(3)分离机构。

形状记忆合金已在卫星的分离机构上得到应用。分离装置分为火工装置和非火工装置。火工装置靠火药的爆炸或是燃烧产生高压燃气来推动功能机构完成预定功能；而非火工装置不需要利用火药来驱动。目前，形状记忆驱动器就是主要的非火工释放装置。形状记忆合金分离装置有以下几种类型。

①形状记忆合金脆断螺栓。形状记忆合金脆断螺栓是利用形状记忆合金驱动器使得预先带有削弱槽处于受拉状态的钛制螺钉断裂的方式来达到分离的目的，当形状记忆合金被内置的加热器加热到相变温度以上，形状记忆驱动器伸长，连带带有削弱槽的螺栓一直伸展直到失效断裂，这个过程减少了在连接时的预加载荷，也减少了冲击力。目前脆断螺栓可用于释放 22 000 N 的载荷，运作时间少于 25 s。形状记忆合金驱动器在冷却并恢复到马氏体状态后可重新被使用。

②基于形状记忆合金的释放装置。美国空军研究实验室和洛克希德－马丁公司研制了两种基于形状记忆合金释放装置，分别是低应力分离螺母(LFN)(图

8－2(a))和两步分离螺母(TSN)(图 8－2(b))。LFN 分离螺母和 TSN 分离螺母连接力分别可达到 1 300 kgf① 和 2 500 kgf,都使用冗余形状记忆合金驱动钢球制动器,两者都具有恢复功能且反应时间小于 50 ms。这是因为使用了独立电流控制器预先加热形状记忆合金部件,使其温度刚好只比形状记忆合金的相变温度稍低,所以反应速度较快。

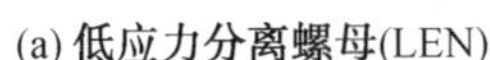

(a) 低应力分离螺母(LEN)

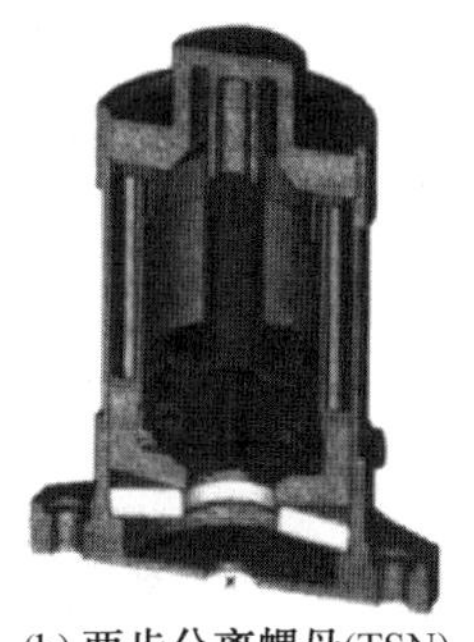

(b) 两步分离螺母(TSN)

图 8－2　LEN 和 TSN 分离螺母

美国空军研究实验室和 Starsys 公司合作研究了一种基于形状记忆合金的释放装置 QWKNUT,QWKNUT 很像 LFN 分离螺母,它用形状记忆合金触发器把螺栓从分段螺母中释放出来。不同的地方是 QWKNUT 综合考虑了设计因素,减小了摩擦力,使得形状记忆合金触发器需要的电能减少,同时释放速度也更快。它的体积和质量与 LFN 分离螺母差不多。QWKNUT 在 2000 年的时候成功地释放了美国空军学院的 FalconSat Ⅰ太空船。

Starsys 公司研制了一种 FASSN 分离螺母。这种分离螺母利用形状记忆合金扭转驱动装置启动飞轮螺母的旋转分离,使得 90％能量在分离完成以后储存在飞轮螺母里,能量转化成飞轮螺母的旋转动能,所以分离冲击力很小。FASSN 分离螺母还具有分离速度快(50 ms)、质量小、体积紧凑,在实际飞行之前可以进行多次试验,可靠性很高等特点。

(4)可变形飞行器结构构件。

为了适应飞行器性能的高速发展,需要可适应任意飞行环境的飞行器及其组件的研发和优化低功率状态时,边缘反向弯曲退出喷射气流,减小边缘产生的阻力。可以利用形状记忆合金变形特性改变直升机转子叶片的扭转角度,从而可适应不同飞行条件下对转子叶片的扭转,减少损伤。

图 8－3 所示为智能发动机喷口,通过在发动机喷口处安装形状记忆合金驱

① 1 kgf＝9.806 65 N。

动器，加热调节驱动器，喷口达到20%的扩张和收缩，满足不同飞行条件，达到减噪节能的目的。飞机机动性依赖于飞机机翼尾部襟翼的可动性。目前大部分飞机采用复杂的电机械传动的液压系统，而且为了保证可靠性，还需要多个液压系统同时运行(图 8－4(a))，使得飞机载重大、成本高。选择形状记忆合金可以通过外界刺激的方式而使飞机襟翼达到与液压系统相同的效果，从而能够节能减重，降低成本。通过装载形状记忆合金丝来实现襟翼摆动目的，如图8－4(b)所示。通过通电等方式加热使得形状记忆合金丝按照设定的方式弯曲，即可达到摆动的目的。在这种情况下，若采用铁磁形状记忆合金磁驱动，则可大幅度提高摆动的频率。

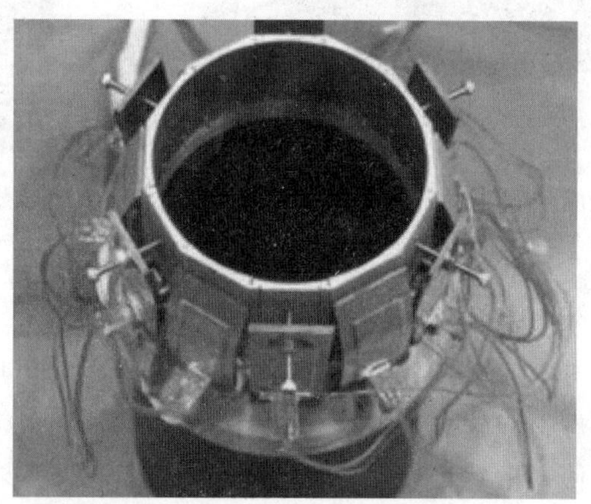

图 8－3　智能发动机喷口

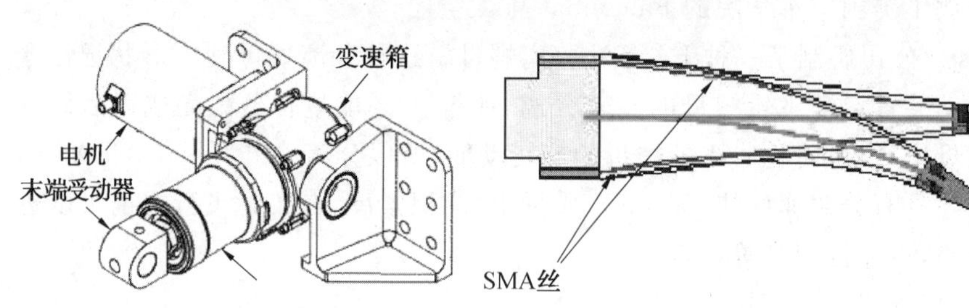

(a) 飞机机翼尾部襟翼用液压系统　　(b) 形状记忆合金襟翼示意图

图 8－4　形状记忆合金在飞机机翼尾部襟翼的应用

智能蒙皮技术是在飞行器构件和蒙皮内植入智能结构，包括探测元件(传感器)、微处理控制系统(信号处理器)、驱动元件(微制动器)和互联线路等，形成飞行器的神经网络，不仅能感知自身的物理情况，而且能对外部环境保持敏感，从而赋予材料、构件乃至整个飞行器体内自检测、自监控、自校正、自适应以及记忆、思维、判断和反应等功能，而这些传感和驱动器都用到形状记忆合金。同理，也通过将探测元件粘贴在机体结构表面或者埋入机体结构中，用于监测机体健康状态。

(5)智能机器人。

目前在航空航天领域，特别是涉及暴露在太空环境下的情况，通常采用机器人替代。在这种情况下，机器人手指和手腕可以依靠合金螺旋弹簧的伸缩实现弯曲和开闭的动作；肘和肩靠直线状合金丝的伸缩来完成弯曲动作，如图 8－5 所示。各个形状记忆合金元件都由直接通上的脉宽可调电流或磁场加以控制。此外，利用形状记忆合金的特性，可以实现各种各样的机器人行为，大多数是基于纤维(丝)状合金来带动整体的运动，主要包括走动、转动、攀爬/匍匐爬、游泳/飞行等摆动，蛇形游动，甚至是类人运动等，如图 8－6 所示。

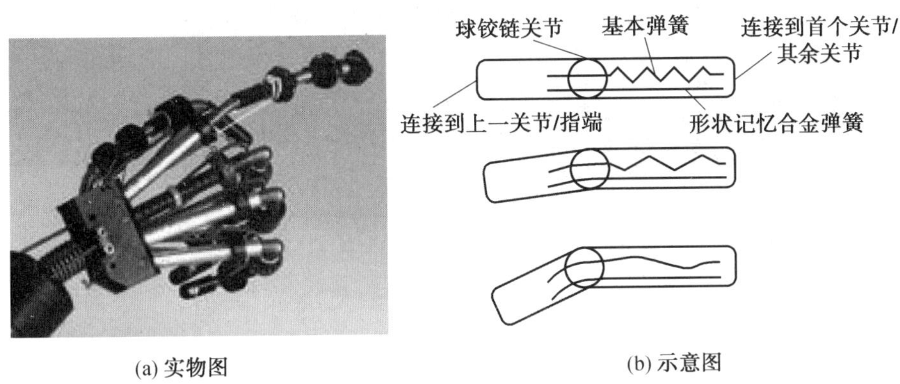

图 8－5　智能机械手/机器人肌肉

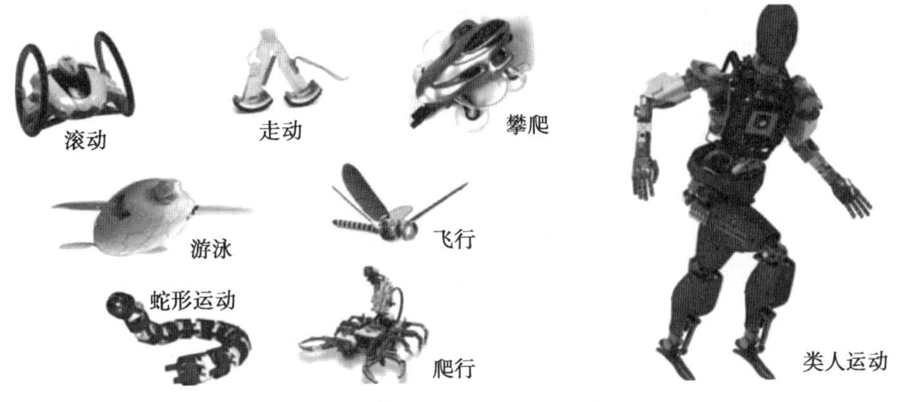

图 8－6　形状记忆合金智能机器人的多种表现形式

2. 汽车领域

形状记忆合金在汽车上的应用面非常广泛，形状记忆合金在汽车上的应用如图 8－7 所示，不仅可用于车内部和发动机舱部分，比如散热器、风扇离合器、离合器启动装置、活塞上下运动装置等，还可用于车体和外在部分，比如车灯、雨

刷、车外壳、后视镜等。

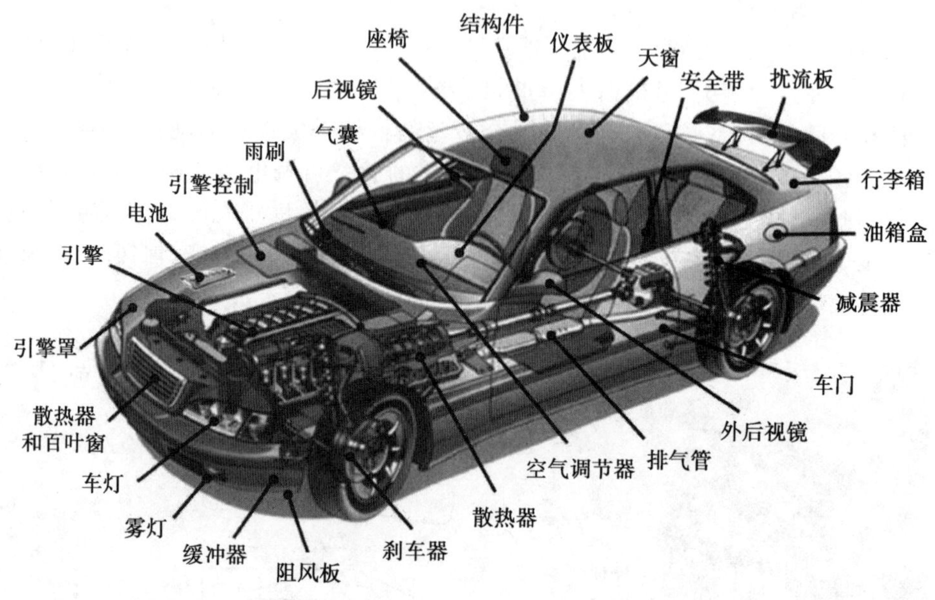

图 8—7　形状记忆合金在汽车上的应用

3. 医学领域

形状记忆合金中研究最多的镍钛合金具有较好的生物相容性，适宜在生物体内长时间存在，因此在生物医学领域拥有很广泛的应用。主要可用于牙科中的牙套、畸齿矫正器、腭弓等，心血管科中的血管支架等，以及可替代肌肉。形状记忆合金在骨科中的应用也很广泛，如脊柱（脊柱侧凸）矫正器、骨裂愈合器等，目前已成功用在髌骨、锁骨、腕骨、股骨头、脊柱等方面。

4. 日常生活

形状记忆合金在日常生活中也有广泛应用，图 8—8 所示为形状记忆合金温度调节器，利用形状记忆合金的双程形状记忆效应，通过装置中水温的变化来调节形状记忆合金弹簧的长度，从而获得适宜的水温。

形状记忆合金还可用作电子紧固件、高压装置塞子、记忆眼镜框、防烫阀门等，均是利用形状记忆合金奥氏体对形状的记忆特性制成。形状记忆合金眼镜框在马氏体状态下使用时，即合金马氏体相变温度大于室温，若眼镜发生变形，只需要将其加热，即可恢复到原来的形状。

近年来，形状记忆合金纤维作为织物面料添加剂，在消防防火隔热面料，控温结构织物等方面进行了初步尝试，显示了一定的应用潜力。在阻尼防震方面形状记忆合金在美国阿拉斯加路高架桥替换桥上实现了应用。为了降低地震带

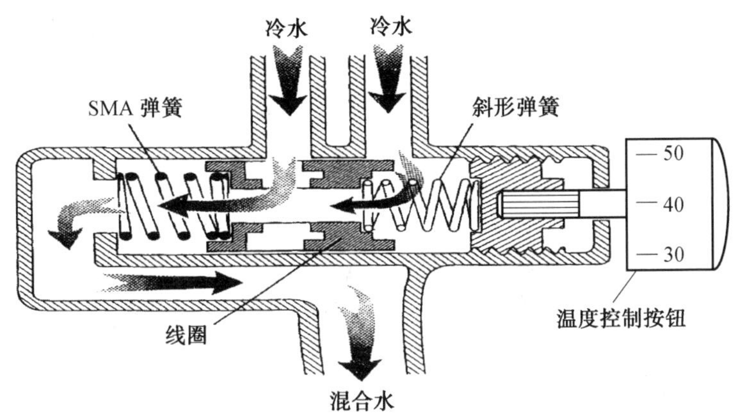

图 8－8　形状记忆合金温度调节器

来的损坏，阿拉斯加路高架桥桥墩上使用形状记忆合金和纤维混凝土，为控制造价，这两种材料的用量不多。试验证明，使用了有记忆保留功能的形状记忆合金和高延性纤维混凝土桥墩柔性更突出，在强度 7.5 级的地震作用后，桥墩仍然可以恢复原来的形状。形状记忆合金的作用是减小桥墩的残余位移，高延性纤维混凝土的作用是避免地震荷载引起的破坏。

形状记忆合金在日常生活中还可以应用于记忆车灯、记忆照明灯罩、记忆衣服、智能路灯等。未来记忆合金的材料研究将向高温、低温、双程、全程、磁控响应、色调记忆等方向发展；工艺研究将向低成本、高质量、多品种的目标迈进，开发研制记忆合金多孔材料、薄膜、超细丝、纤维等具有全新用途的功能材料，并且记忆合金元件的小型化、智能化是元件设计的主流方向。

8.1.2　磁控形状记忆效应

铁磁形状记忆合金，特别是镍锰镓合金拥有大磁感生应变的能力，可实现快速驱动，也可利用在外加应力作用下自身磁化强度的变化而作为传感器使用。与传统温控记忆合金相比，磁控形状记忆合金拥有更加快速的形变与响应，是一种优异的智能材料，非常适合作为高频传感和驱动元件。

在液压领域，液压阀的研究工作得到了国内外学者的广泛重视。其中，压电材料和超磁致伸缩材料在过去的几十年中应用较多。铁磁形状记忆合金兼具了以上两种材料响应速度快以及应变大的特点，并且具有数百万次的寿命，特别适合于驱动高速高频换向阀。德国 ETO 公司开发了一系列铁磁形状记忆合金驱动器，工作频率可达 400 Hz，响应时间仅为 1.3 ms。图 8－9 所示为利用 $Ni_{50}Mn_{28}Ga_{22}$ 磁控形状记忆合金设计的一种高速开关阀的结构示意图。该阀采用锥阀芯结构，具有正向流动压力小、反向截止以及泄漏量小等优点。当线圈 3

通电时，产生垂直于铁磁形状记忆合金棒 15 的磁场，铁磁形状记忆合金棒伸长推动推杆 13，使得与其相连的锥阀芯 9 开启，压力油由进油口 12 流入出油口 8。断电时，复位弹簧 10 使阀芯关闭，预压弹簧 14 使铁磁形状记忆合金棒形状恢复，准备进入下一个工作周期。

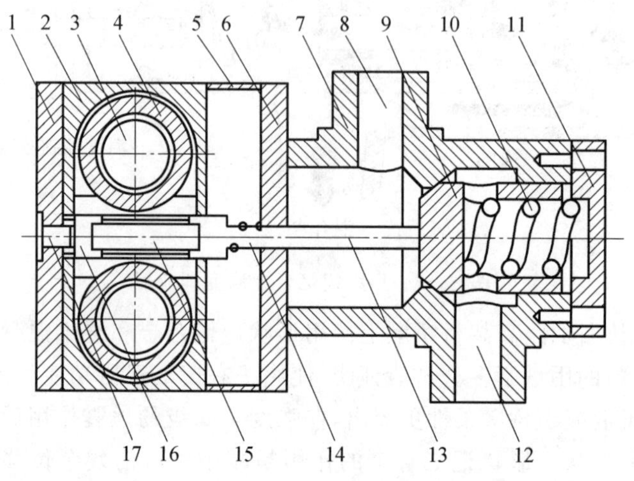

图 8－9　高速开关阀的结构示意图

1—后座；2—线圈衬；3—线圈；4—极头；5—驱动器挡板；6—前座；7—阀体；8—出油口；9—锥阀芯；10—复位弹簧；11—端盖；12—进油口；13—推杆；14—预压弹簧；15—MSMA；16—顶杆；17—微调螺栓

图 8－10 所示为由 Adaptamat 公司设计的一种能量采集器。其工作原理是反复施加拉力和压缩力使铁磁形状记忆合金材料变形，并在线圈中产生电压，可用于小负荷供电。单位体积铁磁形状记忆合金中吸收的功率约为150 kJ/m^3。

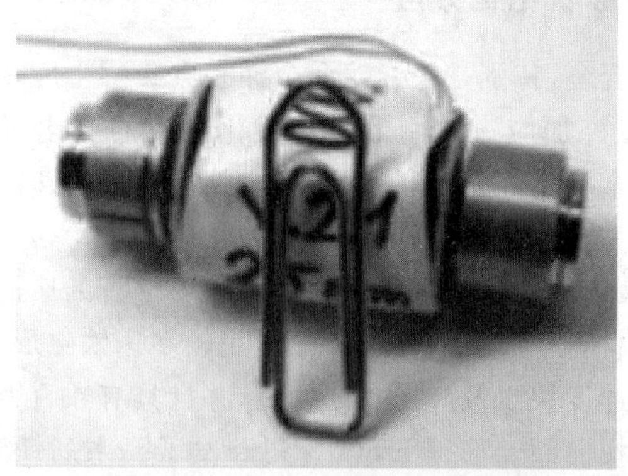

图 8－10　Adaptamat 公司设计的能量采集器

一种用于微镜控制的铁磁形状记忆合金微驱动器如图 8－11 所示，其整体尺寸为7 mm×2 mm×5 mm，原理是将一个弯曲的铁磁形状记忆合金驱动器放

置在一个微型非均匀的磁场中，通过产生磁感生应变控制镜面精确移动。磁力和形状恢复力的方向相反且相应的偏置力也很小，反复运动可以在单一组元驱动器中实现。通过施加交流电，激发信号的周期振荡，利用记忆合金往复运动来控制执行器前端的微镜面的偏转。基于此驱动机构已开发了一种微型扫描仪的样机。

图 8－11 一种用于微镜控制的铁磁形状记忆合金微驱动器

图 8－12 所示为美国博伊斯州立大学开发的一种镍锰镓合金微型泵，可用于将亚微升的药物直接运送到大脑的特定区域。这种微型泵体积小、功能强大，可以放在大鼠的头部，以便在大鼠走动时进行药物输送和监测大脑活动。

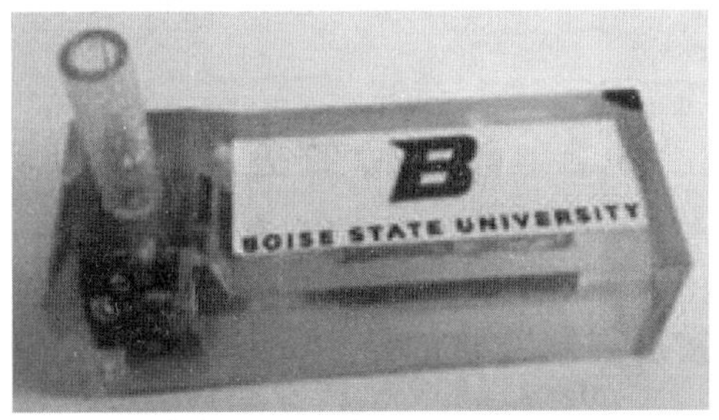

图 8－12 镍锰镓合金微型泵

在医学方面，铁磁形状记忆合金可用于检测如断骨复原情况，减轻现有需用射线成像技术检测愈合复原情况而对人体造成的伤害。图 8－13 所示为铁磁形状记忆合金检测断骨愈合的示意图，用铁磁形状记忆合金片固定在断骨两侧。测试断骨复原过程仅需在合金片上施加一个对人体无害的磁场，通过检测合金片中产生的应变反馈来判断愈合情况。

铁磁形状记忆合金可用于脊柱牵引，图 8－14 所示为铁磁形状记忆合金脊柱牵引装置示意图，上下黑色矩形示意为两个脊椎棘突，将两个脊椎棘突用钛合

金架子隔开，并将图 8－13 中的元件置于图 8－14 的钛合金架子中，在施加外场的过程中，记忆合金元件伸长，达到牵引脊柱的作用。

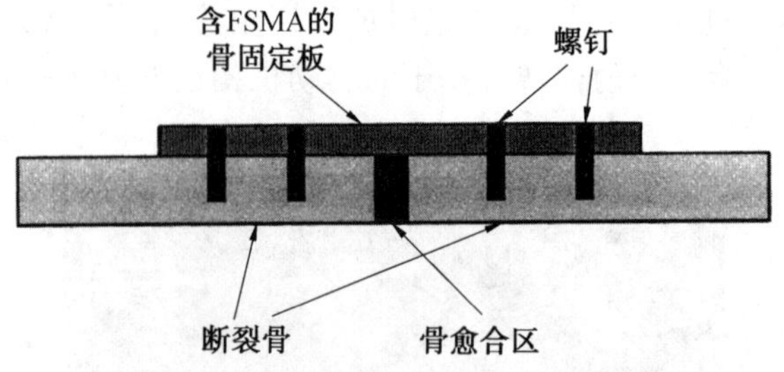

图 8－13　铁磁形状记忆合金检测断骨愈合的示意图

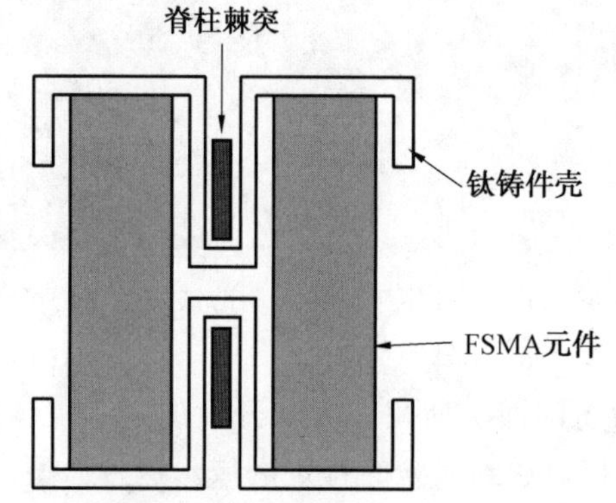

图 8－14　铁磁形状记忆合金脊柱牵引装置示意图

8.2　磁制冷效应的应用

8.2.1　传统室温磁制冷机的结构

磁制冷机的第一台原型机由美国通用电气公司制备，近些年各国科研机构也纷纷开发出各具特色的磁制冷机。室温磁制冷机分为往复式和旋转式。往复式室温磁制冷机由永磁磁场系统及驱动机构、磁制冷材料回热器、冷热端换热器、换热流体及驱动机构、运动控制部件及数据采集部件和机器操控界面等组成，图 8－15 所示为往复式磁制冷机结构示意图。

通常室温磁制冷机主要由磁场系统、蓄冷器(含磁制冷工质)、冷热端换热器、热交换液、驱动机构及控制器等组成。蓄冷器的性能受许多因素的影响，包括流体流量、比热容、导热系数、磁工质粒径大小、磁场强度、工质盘转速等。主

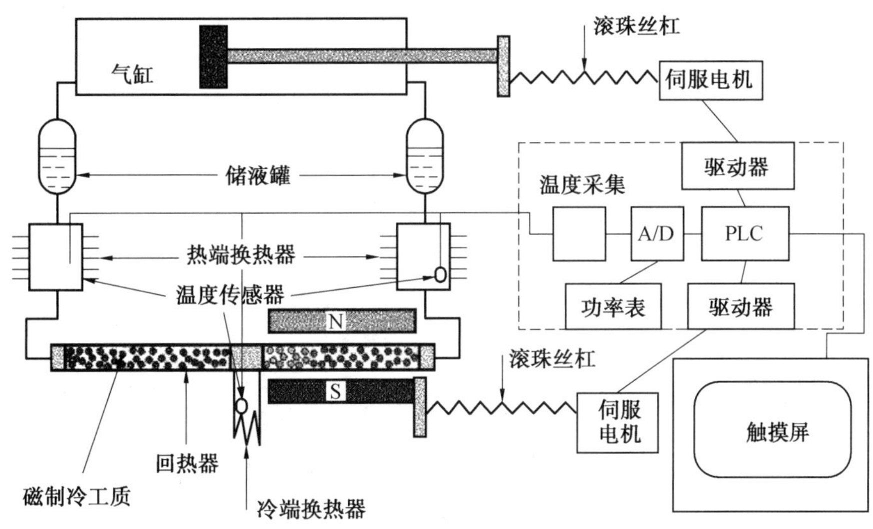

图 8—15　往复式磁制冷机结构示意图

动式蓄冷器(AMR)可以有效减少磁热性工质中的晶格热损失，而成为室温磁制冷系统中的核心部件和室温磁制冷样机的优化重点。AMR 的性能对于磁制冷机的效率有着重要的影响，研究 AMR 内部磁热性材料与换热流体间的性能对于改善磁制冷机的性能有着重要的意义。

图 8—16 所示为旋转式室温磁制冷蓄冷器示意图，整个 AMR 分为 4 个区域：1 级磁场区、退磁区、2 级磁场区、过渡区。1 级磁场区以及 2 级磁场区由冷却

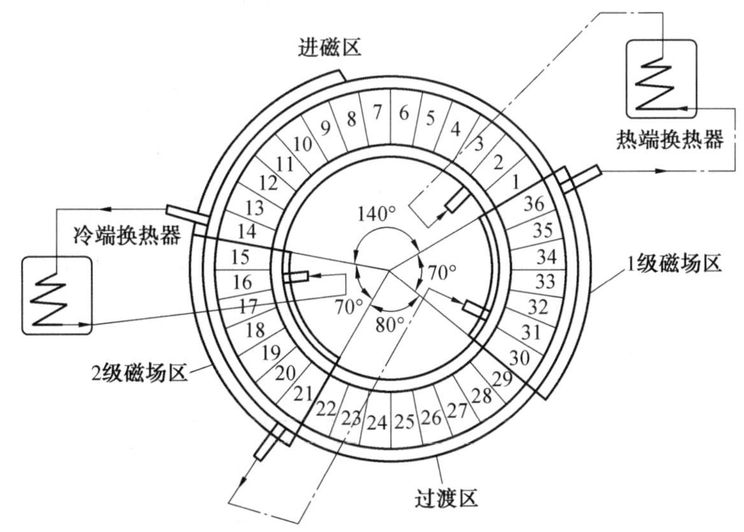

图 8—16　旋转式室温磁制冷蓄冷器示意图

水管路进行冷却，退磁区由冷冻水将冷量带走。为了研究流量、转速等因素对于换热流体以及磁热性工质换热的影响，过渡区则不设水路，以区别于退磁区。整个 AMR 被分为 36 个小单元，各个单元之间被金属板隔开。

图 8－17 所示为 AMR 的工作过程示意图，包含贮有流体的高低温两个热交换器，流体通过 AMR 工作床往复流动。对 AMR 加场，AMR 温度上升，低温端流体流入将 AMR 的热量带入高温端；反之，减场，AMR 温度降低，高温端的流体反向流入将 AMR 的冷量送入低温端。

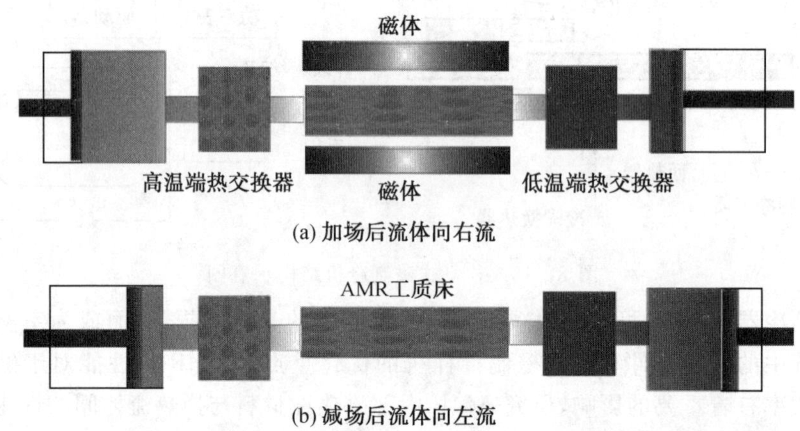

图 8－17　主动式蓄热器(AMR)工作过程示意图

图 8－18 所示为室温 AMR 的系统结构图。系统主要由 4 个部分构成。①2 个 NdFeB 永磁体；②2 个 AMR；③1 个由电机驱动作往复运动的气缸－活塞系统；④被动式蓄冷器系统，包括 1 个冷端蓄冷器和 2 个热端蓄冷器。室温 AMR 的永磁体磁化场通常由凹圆柱永磁体阵列(HCPMA)提供。

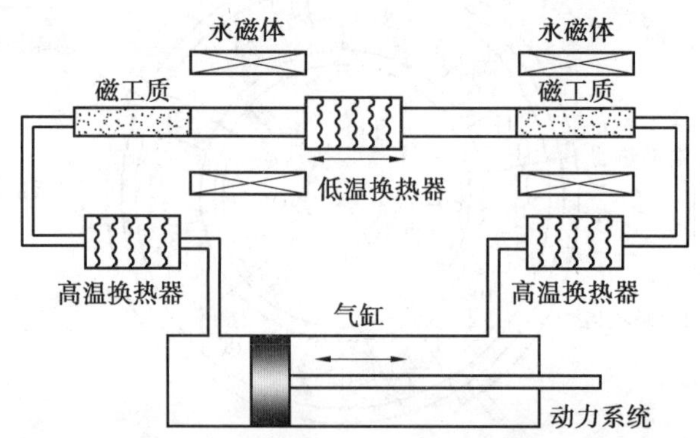

图 8－18　室温 AMR 的系统结构图

8.2.2　新型室温磁制冷机的设计和研究

目前出现的室温磁制冷样机，根据所采用的励磁源的不同可分为电磁体、超导体和永磁体室温磁制冷样机；根据所采用的磁工质的不同可分为磁流体和固体磁工质室温磁制冷样机；根据磁工质和磁场的运动方式可分为静止式、往复式和旋转式室温磁制冷机。这些磁制冷样机均具有一定的优缺点。

(1)虽然静止式的磁体和磁工质都保持静止，没有运动部件使得结构简单，但是静止式的室温磁制冷机却极少有人研究。这是因为要想使磁工质和磁场都可以保持静止，需要采用电磁体提供磁场，通过通电与断电实现磁工质的磁化与退磁，从而实现制冷。然而采用电磁体提供磁场，要想使磁场强度达到较高的强度需要庞大体积的线圈绕组，同时需要相应的冷却辅助系统，从经济、环保等角度看，这些要求都使得静止式室温磁制冷机难以商业实用化。

(2)往复式室温磁制冷机，磁工质相对磁场做往复直线运动，进出磁场，实现磁化与退磁，完成制冷。这种制冷机结构简单、易于实现，但是具有运动频率低、制冷效率低的缺点，严重影响了制冷效率。

(3)旋转式室温磁制冷机，磁工质相对磁场做旋转运动，进出磁场，实现磁化与退磁，完成制冷。这种制冷机结构紧凑、运动频率高、制冷效率高，但是同时也存在着结构复杂的问题。流体管路循环复杂，往往需要设计复杂的专用配流阀组，而且工质盘还会受到单边力作用等问题。

1. 新型复合式室温磁制冷机

往复式室温磁制冷机因其循环频率受原理限制，无法达到更高的制冷效率。而旋转式室温磁制冷机虽然能够达到很高的频率，但是其热交换系统复杂，故障率高。为了避免这些缺点，第四代复合式室温磁制冷机利用双旋转永磁磁场系统来代替上述两类室温磁制冷机中常用的固定永磁磁场系统，而热交换仍采用往复式，这样既可以保证室温磁制冷机的热交换系统简单可靠，又能够使效率大幅度提高。其系统示意图如图 8－19 所示，系统组成如下：

①旋转式永磁体。由内外两个永磁体通过轴承连接，实现旋转可变磁场。

②主动式磁回热器、高温端换热器(HEX)、低温端换热器(LEX)。其中，HEX 采用管壳式换热器，LEX 为铜芯线形槽式换热器，外缠加热丝调节低温端热流量。

③动力驱动。同步联动系统采用一台变频压缩机驱动气缸活塞做往复运动，同时延伸输出轴通过同步带轮联动活塞及磁体运转，达到机械同步的目标。

④水系统。水泵驱动高温端换热器循环换热水、软管、温控水箱系统。

⑤密封系统。螺纹、密封带、四氟垫圈、O 圈、真空脂。

⑥数据采集系统。铠装热电偶温度计测量系统高低温端温度，压力传感器测量系统压缩腔和膨胀腔压力，采集数据通过 Kaithly2700 表连接至计算机采集，制冷量则通过低温端换热器外缠绕的加热丝(直流稳压电源供电)用热平衡法测量。

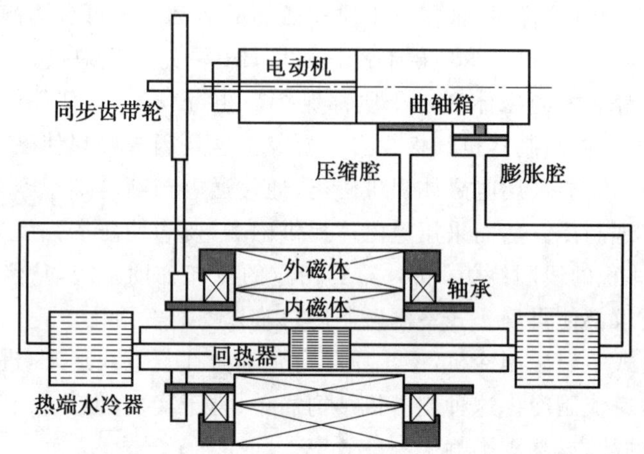

图 8-19　复合式室温磁制冷样机系统示意图

图 8-20 所示为复合式永磁室温磁制冷机，该磁制冷机主要由磁场系统、主动磁蓄冷器、动力与传动系统、换热流体驱动与循环系统、控制系统、冷热端换热器和冰箱组成。磁场系统是由两个嵌套的圆筒状 Halbach 阵列组成，两个串联 AMR，嵌套结构的外筒固定，通过内筒旋转产生类正弦波的磁场，磁场是由钕铁硼永磁体组成，变化的磁场为磁性材料励磁、退磁。控制系统是由可编程控制器(PLC)电路控制，可以改变磁体的转角与转速。动力系统由伺服电机和减速器构成，传动系统为齿轮传动。换热流体的循环是水泵和电磁阀控制。

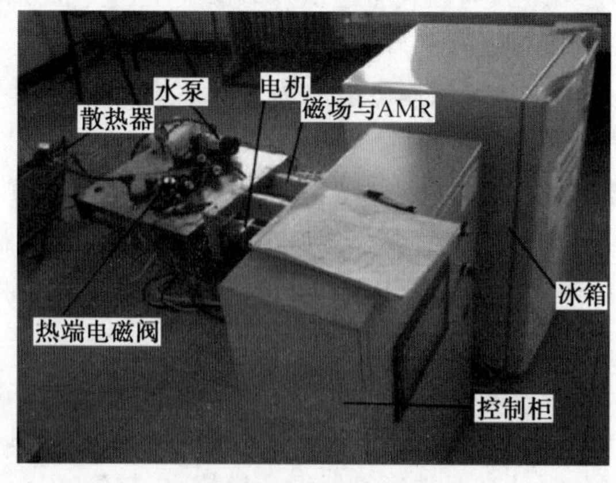

图 8-20　复合式永磁室温磁制冷机

目前，复合式室温磁制冷机已实现一体化，可以搭载大于 100 L 的制冷空间，最大制冷温差 26 K，冷端最低温度可达－266.5 K，磁制冷机制冷功率的计算值为 1 000 W，可将罐装啤酒从 298 K 冷却到 278 K，满足冷藏要求，初步具备实用性。分别装配 67 L、117 L 冰箱、酒柜时，最大制冷温差达到 24.5 K，冷藏室温度达到 272.9 K，制冷功率超过 100 W，长期运行效果良好。该磁制冷机是国内外首次应用到冰箱和酒柜上，满足了冷藏要求，初步具备实用性。

2. 双环双组磁制冷机

双环双组磁制冷机主要由磁场系统、蓄冷器（含磁制冷材料）、冷热端换热器、热交换液、驱动机构及 PLC 控制器等组成。双环 2 组磁制冷机磁场系统由两套内外嵌套的环形筒式磁体构成，每套磁体外磁体固定，内磁体由电机驱动旋转，内磁体中心留有圆柱形工作空间。两套磁体的内磁体通过齿轮啮合保持同步联动，并保证两套磁体产生的磁场相位错开半周，即当驱动内磁体旋转时，两工作空间的磁场产生周期性强弱变化并且相位相差 180°。图 8－21 所示为双环双组磁制冷机嵌套筒式磁体图，当处于图 8－21 中所示位置时，其工作空间中心磁感应强度达到最大，约为 1.5 T。当内磁体旋转 180°时，其工作空间中心磁感应强度达到最小，约为 0 T。中心工作空间用于放置含有磁制冷工质的蓄冷器。当内磁体旋转时产生的周期性磁场变化作用于磁制冷材料时会产生磁热效应，按照 AMR 循环会产生较大的制冷温差，实现制冷。

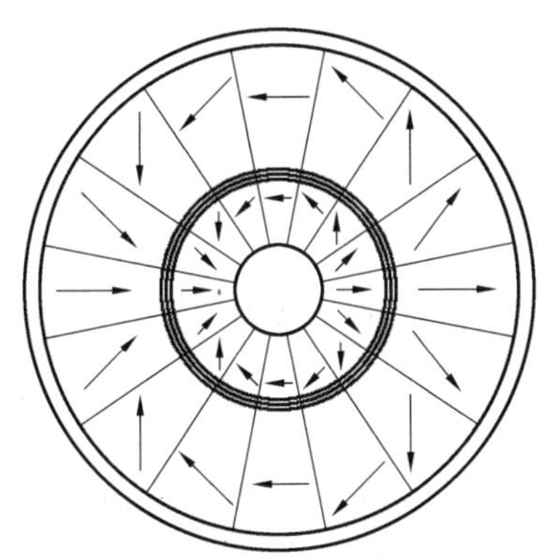

图 8－21 双环双组磁制冷机嵌套套筒式磁体图

3. 双效应式磁制冷机

双效应式磁制冷机具有两个磁工质床，始终保持一个磁工质床处于励磁放热状态，另一个处于退磁吸热状态，双效应式磁制冷机可以提高往复式磁制冷机的制冷效率。该制冷机中提供磁化场的永磁体保持不动，两个磁工质床 1、2 的往复运动，分别进出磁场，其制冷原理示意图如图 8－22 所示。

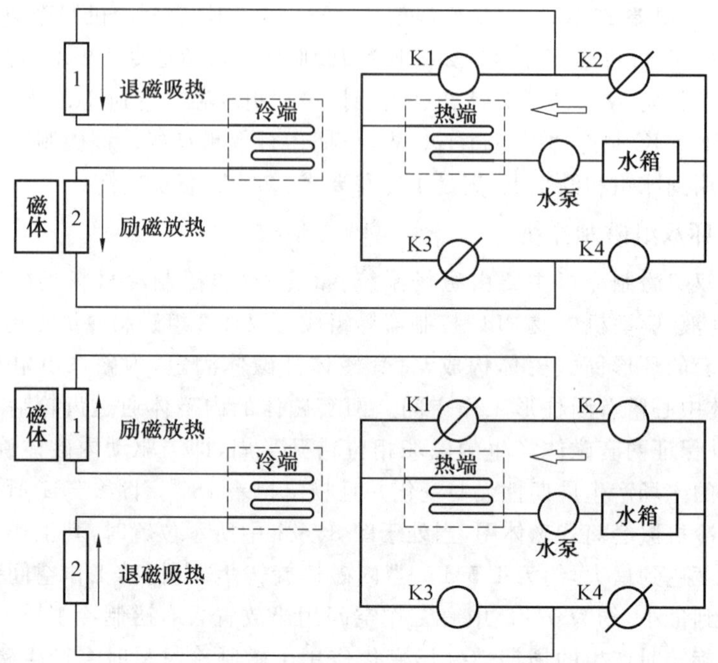

图 8－22　双效应式(双磁工质床往复式)磁制冷机制冷原理示意图

4. 摆动式磁制冷机

往复式室温磁制冷机所做的直线往复运动不会发生管路纠缠现象，简化了流体管路循环的设计，同时又因为往复运动具有运动频率的限制产生了频率低、制冷效率低的缺点；旋转式室温磁制冷机所做的旋转运动，使得流体管路循环复杂但是却具有频率连续可调、制冷效率高的优点。摆动式室温磁制冷机运动模式满足上述要求。所谓的摆动式就是类似钟摆的往复角运动。摆动式运动既具有旋转的角运动特点(使得磁工质可以快速定位，提高频率)，又具有往复直线运动的往复性特点(不会发生管路纠缠的现象，简化结构)。

摆动式室温磁制冷机的运动模式如图 8－23 所示。运行时，转动轴先逆时针旋转 90°，转动轴暂，通流体，再顺时针旋转 90°，转动轴再次暂停，通流体，如此循环运行。摆动式室温磁制冷机的特点是不会存在管路纠结缠绕的问题，不必配备复杂的流体配流阀，因此流体管路可以做到像往复式室温磁制冷机一样简单；同时由于是角运动可以实现磁工质盒的快速定位，提高制冷机的运行频率。摆动式室温磁制冷机制冷原理示意图，如图 8－24 所示。

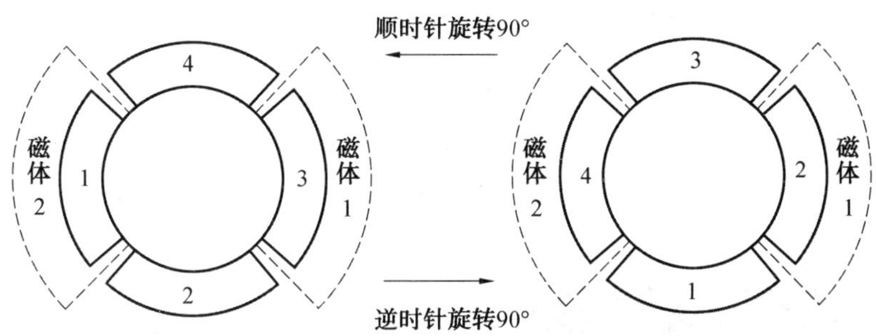

图 8—23　摆动式室温磁制冷机的运动模式

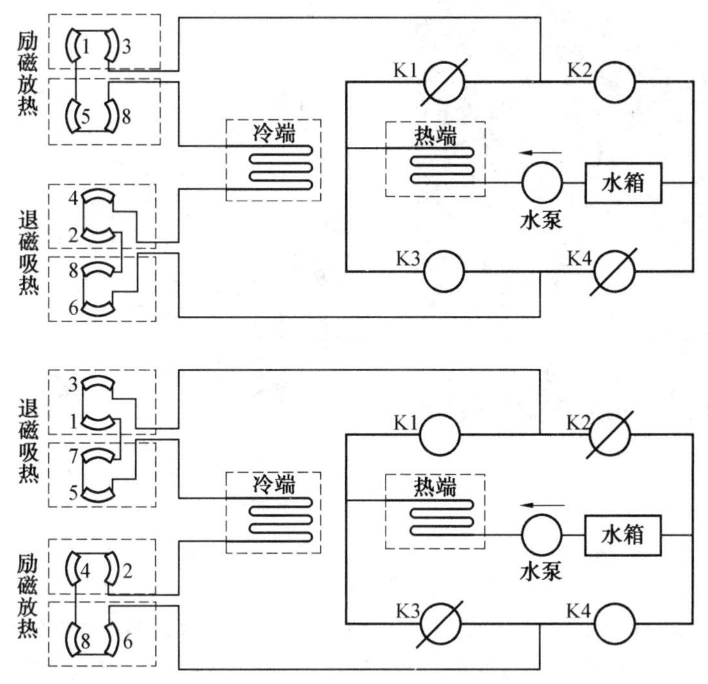

图 8—24　摆动式室温磁制冷机制冷原理示意图

8.2.3　室温磁制冷机样机

下面简要介绍一些对室温磁制冷发展具有重要意义的室温磁制冷样机，目前室温磁制冷样机选用的制冷材料多为 Gd 或者 La—Fe—Si 等稀土材料。1976 年，Brown 设计出世界上第一台室温磁制冷样机，该样机率先采用高纯金属 Gd 作为室温磁制冷工质，在由超导体提供的 7 T 的磁场强度下，往复运动 50 个周期后冷端和热端温差达到 47 K。1978 年，Steyert 设计出世界上第一台旋转式室温磁制冷样机，该样机采用 Stiring 循环，Gd 工质盘旋转运动进出磁场，1 Hz 的

频率下获得了 14 K 的温跨，32 kW/L 的制冷量。

1997 年，美国宇航公司与 AMES 实验室联合研制的室温磁制冷样机成功地连续运行了 5 000 多小时。该样机为往复式，采用超导体磁场，磁场强度达到 50 kOe，采用平均粒径为 0.15 mm 和 0.30 mm 的 Gd 颗粒填充磁工质流化床。最大制冷功率为 600 W，最大温差为 38 K(274～312 K)，制冷效率达到卡诺循环的 60%，如图 8－25 所示。

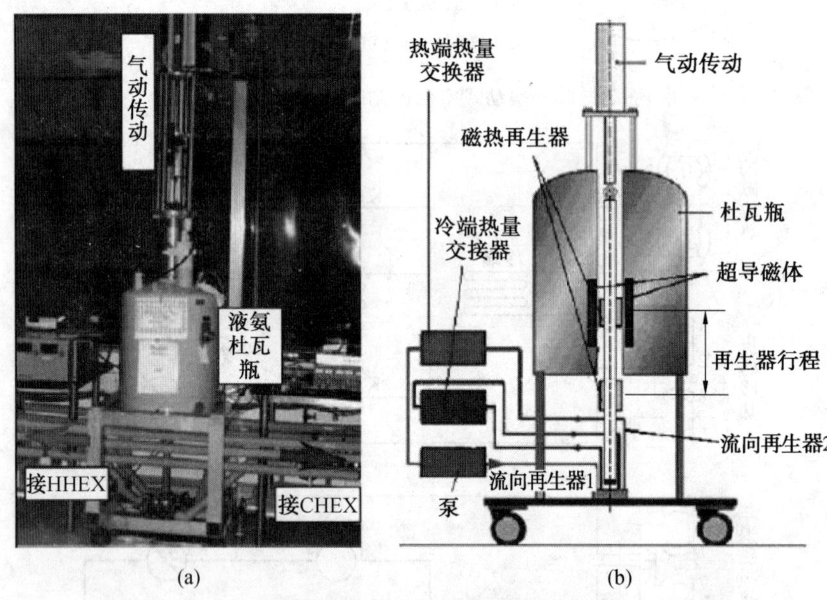

图 8－25　美国宇航公司与 AMES 实验室联合研制的磁制冷机

2000 年，Bohigas 等发明了旋转式永磁体磁制冷机。该制冷机采用八块永磁体组装成两个励磁源；磁工质为带状 Gd，封装在直径 11 cm、厚 8 mm 和直径 7 cm、厚 8 mm 的两个圆柱塑料盘中；橄榄油注入塑料盘中作为换热介质。在最初的试验中磁场强度只有 3 kOe，温跨只有 1.6 K。在对永磁体励磁源结构设计改进后，磁场强度达到 0.9 T，温跨最大为 5 K；运行频率只有 0.06～0.8 Hz。

美国宇航公司的 Zimm 等人设计制造的磁制冷样机，如图 8－26 所示。该样机采用活性蓄冷器循环，用水作为传热介质，NdFeB 永磁体提供 15 kOe 的磁场，Gd 金属粉末与 $La(Fe_{1-x}Six)13H_y$ ($x=0.12$，$y=1.0$)合金被填入环状蓄冷器内。环状蓄冷器等分为三部分，在高、低磁场间连续旋转。该样机运行稳定、噪声小，运行频率在 0.5～4 Hz 间连续可调。运行结果显示：制冷量随温跨的增大而减少，随流速的增大而增大，最大制冷量为 50 W。

卢定伟等开发的室温磁制冷样机采用活性蓄冷器循环方式，永磁体提供高达 1.7 T 的磁场，工作间隙为 9 mm×18 mm×12 mm，拥有高温、低温两个热

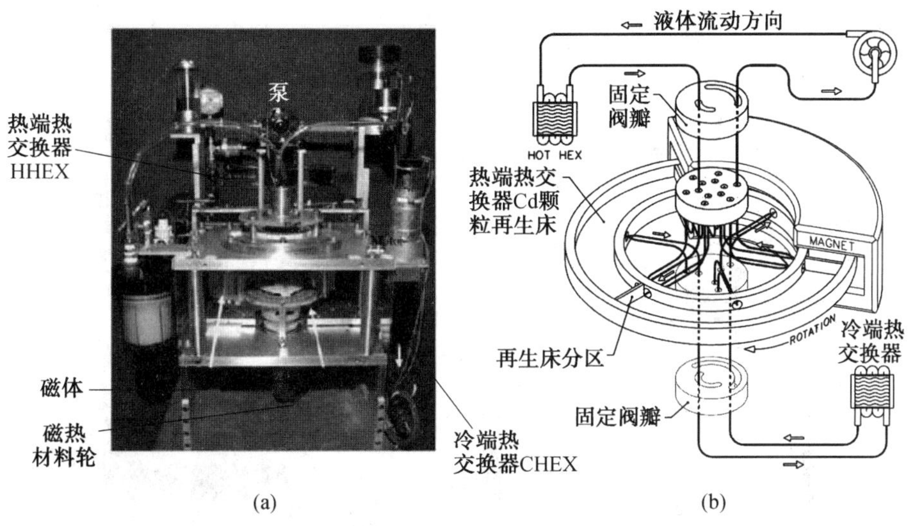

(a)　　(b)

图 8－26　Zimm 等制造的永磁旋转室温磁制冷机

源，每个热源容积大约为 30 mL，磁制冷工质选用的是金属 Gd，质量为 112 g，混有软物质的水作为传热介质，气动装置驱动工质往复式进出磁场，每次循环的载冷剂量约为 10 mL，运行周期为 5 s。该样机实现了最大 8 K 的制冷温跨，输出功率约为 10 W。

四川大学设计的永磁旋转式室温磁制冷机中，工质轮被分为 36 个部分，各部分之间填充满金属 Gd 颗粒，粒径约为 0.5 mm，总质量为 1 kg；工质轮的旋转频率在 0.1～0.7 Hz 之间连续可调；基于 Halbach 原理装配的磁铁，工作间隙为 20 mm，磁通密度为 15 kOe；用水作为传热介质。该制冷机可达到的最大温差为 11.5 K。当运行频率为 0.15 Hz 时最大温差为 6.7 K，获得的最大制冷功率为 40 W。

郑志刚等设计制造了主动式室温磁制冷系统，如图 8－27 所示。该系统由永磁体、活性蓄冷器、液压换热回路以及运动控制单元等组成。其自行设计的磁工质的磁通密度可达 1.5 T，运用有限元优化设计后，磁工质用量减少了 40%。

总之，固体磁制冷技术因其高效节能、绿色环保等优点，得到世界范围内研究者的关注，尽管目前磁制冷机的应用主要集中在稀土材料方面，但是稀土合金价格昂贵并且部分有毒，并不是最为理想的磁制冷材料。铁磁形状记忆合金具有优异的磁热性能，并且通过合理的结构设计与优化，可大幅度降低合金滞后、拓宽制冷温度区间并提高其机械稳定性，并且合金相变温度可调节至室温，是一种理想的室温磁制冷材料。

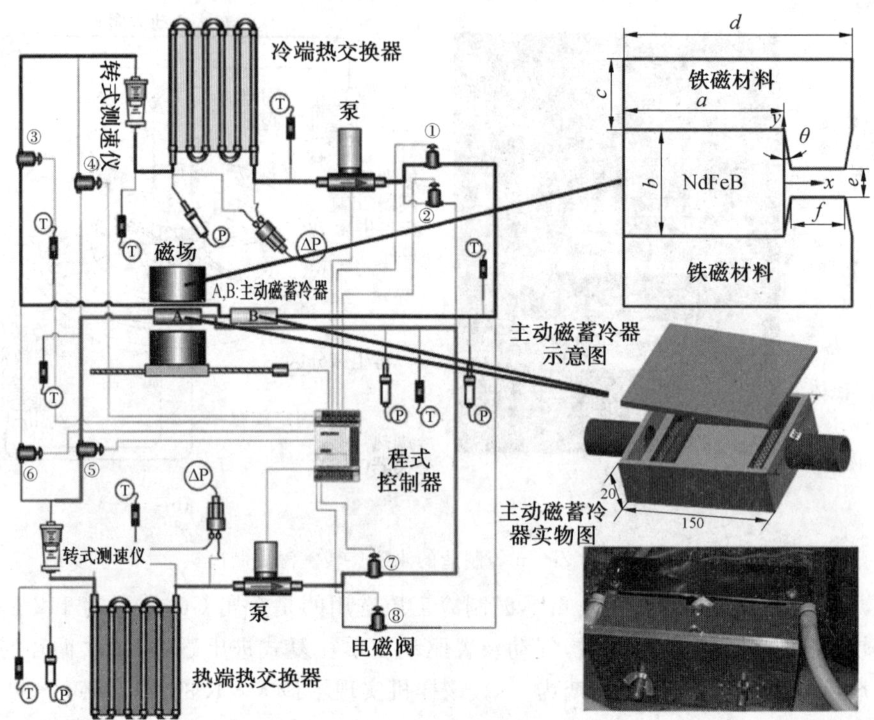

图 8－27　主动式室温磁制冷系统

本章参考文献

[1] 申志刚. 记忆合金材料加工性研究及其在星载领域的应用[J]. 机械制造，2018,56:8-11.

[2] 李琴,朱敏波. SMA 在星载天线上的热变形控制研究[J]. 计算机工程与设计,2009,30:3698-701.

[3] 蔡逢春,孟宪红. 用于连接与分离的非火工装置[J]. 航天返回与遥感,2005,4:50-55.

[4] FOSNESS E R,BUCKLEY S J,GAMMILL W F. Development and release devices efforts at the air force research laboratory space vehicles directorate [C]// AIAA Space 2001-Conference and Exposition. Albuquerque: AerospaceResearchCentra,2001.

[5] LUCY M,HARFDY R,KIST E,et al. Report on alternative devices to pyrotechnic on spacecraft [R]. Washington: National Acrospace and Space

Administration(NASA),1996.

[6] DOWEN D, CHRISTIANSEN S. Development of a reusable, low-shock clamp band separation system for small spacecraft release applications [C]. 15th Annual/USU Conference on Small Satellites,1-10.

[7] GALL K R, LAKE M S, HARVEY J, et al. Development of a shockless thermally actuated release nut using elastic memory composite material [C]. 44th Structure, Structural Dynamics, and Materials conference, Norfolk, Virginia, AIAA, 2003-1582.

[8] RUGGERI R T, BUSSOM R C, ARBOGAST D J. Development of a 1/4-scale Nitinol actuator for recon gurable structures [C]. USA: Proc SPIE, 2008.

[9] MABE J H, CALKINS F T, ALKISLAR M B. Variable area jet nozzle using shape memory alloy actuators in an antagonistic design [C]. USA: Proc SPIE, 2008.

[10] SMA/MENS Reseach Group. Educationol Software for Micromachines and Related Technologies. Aircraft maneuverability[EB/OL]. (2001). http://webdocs.cs.ualberta.ca/～database/MEMS/sma_mems/flap.html.

[11] MOHD J J, LEARY M, SUBIC A, et al. A Review of shape memory alloy research, applications and opportunities [J]. Materials & Design, 2014, 56: 1078-1113.

[12] 赵欣,张海芹.形状记忆合金在骨科的临床应用[J].世界最新医学信息文摘,2019,19(11):95,279.

[13] 余洋,李新志,郑之和.镍钛形状记忆合金材料在骨科的应用[J].中国组织工程研究与临床康复,2010,14(47):8840-8842.

[14] 赵维彪.镍钛形状记忆合金的材料学特征与医学应用[J].中国组织工程研究与临床康复,2007,11(22):4376-4379.

[15] 李强,唐际存.镍钛形状记忆合金的生物相容性及其在骨科的应用[J].中国组织工程研究与临床康复,2010,14:4745-4750.

[16] 李强,夏亚一,唐际存,等.镍钛合金表面改性后生物相容性及其力压应力对骨折愈合的影响[J].中国组织工程研究与临床康复,2009,13(38):7593-7596.

[17] 陈志恒,周连庚,严敏杰.形状记忆合金节温器的研制[J].东华大学学报(自然科学版),2002,28(6):92-95.

[18] 周轩丞.神奇的织物:形状记忆合金在织物中的应用[J].当代化工研究,2019,3:135-137.

[19] 张妮. 形状记忆合金在美国阿拉斯加路高架桥替换桥上的应用[J]. 世界桥梁,2018,46:91.

[20] 施虎,何彬,汪政,等. 磁控形状记忆合金驱动特性及其在液压阀驱动器中的应用分析[J]. 机械工程学报,2018,54(20):235-243.

[21] THOMAS S, EMMANOUEL P, LAUFENBERG M. Magnetic shape memory actuators for fluidic applications [C]. Aachen: RWTH Aachen University Press,2014.

[22] MURRAY S J, MARIONI M, ALLEN S M, et al. 6% magnetic-field-induced strain by twin-boundary motion in ferromagnetic Ni-Mn-Ga [J]. Applied Physic Letter, 2000,77:886-888.

[23] CHMIELUS M, ZHANG X X, WITHERSPOON C, et al. Giant magnetic-field-induced strains in polycrystalline Ni-Mn-Ga foams [J]. Natrue Materials,2009,8:863-866.

[24] SCHIEPP T, MAIER M, PAGOUNIS E, et al. FEM-simulation of magnetic shape memory actuators [J]. IEEE Transactions on Magnetics 2014,50: 989-992.

[25] ZHANG X X, QIAN M F. Ferromagnetic shape memery alloys: foams and microwires[M]. London: IntechOpen,2017.

[26] WILSON S A, JOURDAIN R P J, ZHANG Q, et al. New materials for micro-scale sensors and actuators [J]. Materials Science and Engineering R, 2007,56:1-129.

[27] 卢定伟,俞力,金新. 使用永磁体的室温磁制冷样机研究[J]. 低温工程,2003,4:33-35.

[28] GUO W M. Orthopaedic applications of ferromagnetic shape memory alloys [D]. Cambriage: Massachusetts Institute of Technology,2008.

[29] 金培育,黄焦宏,闫宏伟,等. 数控往复式室温磁制冷机的研制[J]. 稀土,2012,33:90-93.

[30] 侯普秀,刘超鹏,巫江虹. 旋转式室温磁制冷回热器二维多孔介质模型仿真[J]. 兵工学报,2015,36:938-945.

[31] 靳慧,徐小农,卢定伟,等. 主动蓄冷室温磁制冷机制冷能力的简易解析计算方法 [J]. 低温工程,2013,5:37-40.

[32] 栗鹏,余国瑶,公茂琼,等. 主动式磁回热制冷机的磁力及磁功分析[J]. 工程热物理学报,2007,28(S1):53-56.

[33] 张弘,和晓楠,沈俊,等. 新型复合室温磁制冷机试验性能研究[J]. 工程热物理学报,2013,34:5-8.

[34] 王占洲. 复合式永磁室温磁制冷机制冷性能研究[D]. 包头：内蒙古科技大学，2015.

[35] 李兆杰，夏昕昱. 双环双组磁制冷机的一体化研究[J]. 稀土信息，2015，375：30-31.

[36] 柏占. 室温磁制冷机的设计和研究 [D]. 广州：华南理工大学，2012.

[37] BROWN G V. Magnetic heat pumping near room temperature[J]. Journal of Applied Physics，1976，47(8)：3673-3680.

[38] ZHENG Z G，YU H Y，ZHONG X C，et al. Design and performance study of the active magnetic refrigerator for room-temperature application [J]. International Journal of Refrigeration，2009，32(1)：78-86.

[39] STEYERT W A. Stirling-cycle rotating magnetic refrigerators and heat engines for use near room temperature [J]. Journal of Applied Physics，1978，49(3)：1216-1226.

[40] GSCHNEIDNERJR K A，PECHARSKY V K. Thirty years of near room temperature magnetic cooling：where we are today and future prospects [J]. International Journal of Refrigeration，2008，31(6)：945-961.

[41] BOHIGAS X，MOLINS E，ROIG A，et al. Room-temperature magnetic refrigerator using permanent magnets [J]. IEEE Transactions on Magnetics，2000，36(3)：538-544.

[42] ZIMM C，BOEDER A，CHELL J，et al. Design and performance of a permanent-magnet rotary refrigerator [J]. International Journal of Refrigeration，2006，29(8)：1302-1306.

附录 彩 图

X　Y　Z

自由电子

1	2	3	4	5	6	7	8	9	10	11	2	3	4	5	6	7	8
H																	He
Li	Be											B	C	N	O	F	Ne
Na	Mg											Al	Si	P	S	Cl	Ar
K	Ca	Sc	Ti	V	Cr	Mn	Fe	Co	Ni	Cu	Zn	Ga	Ge	As	Se	Br	Kr
Rb	Sr	Y	Zr	Nb	Mo	Tc	Ru	Rh	Pd	Ag	Cd	In	Sn	Sb	Te	I	Xe
Cs	Ba		Hf	Ta	W	Re	Os	Ir	Pt	Au	Hg	Tl	Pb	Bi	Po	At	Rn
Fr	Ra																

3														3
La	Ce	Pr	Nd	Pm	Sm	Eu	Gd	Tb	Dy	Ho	Er	Tm	Yb	Lu
Ac	Th	Pa	U	Np	Pu	Am	Cm	Bk	Cf	Es	Fm	Md	No	Lr

图 1—1

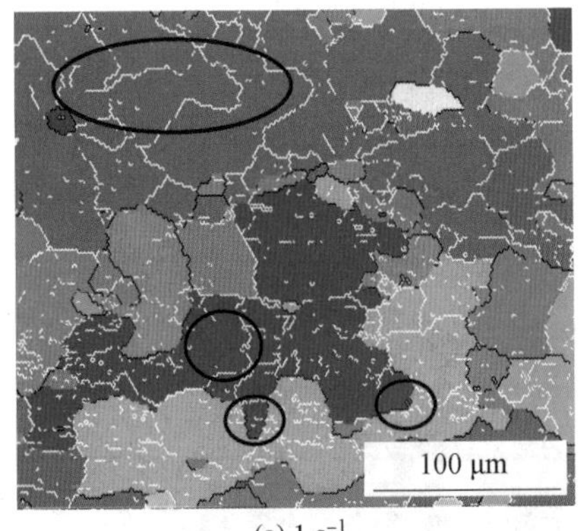

(a) 1 s^{-1}

(b) 0.1 s^{-1}

图 2—13

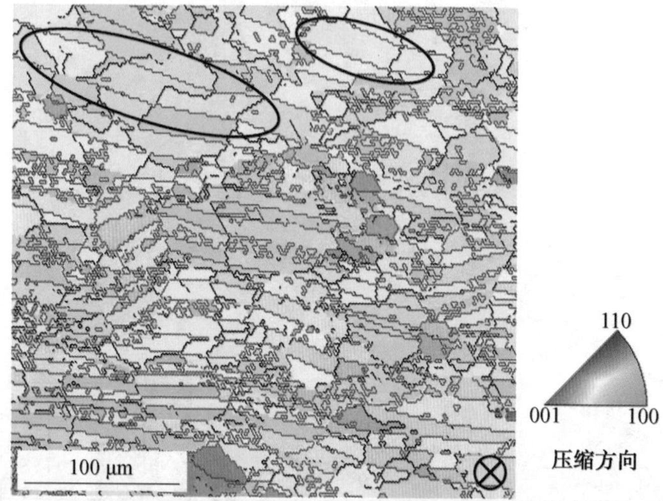

图 2—15

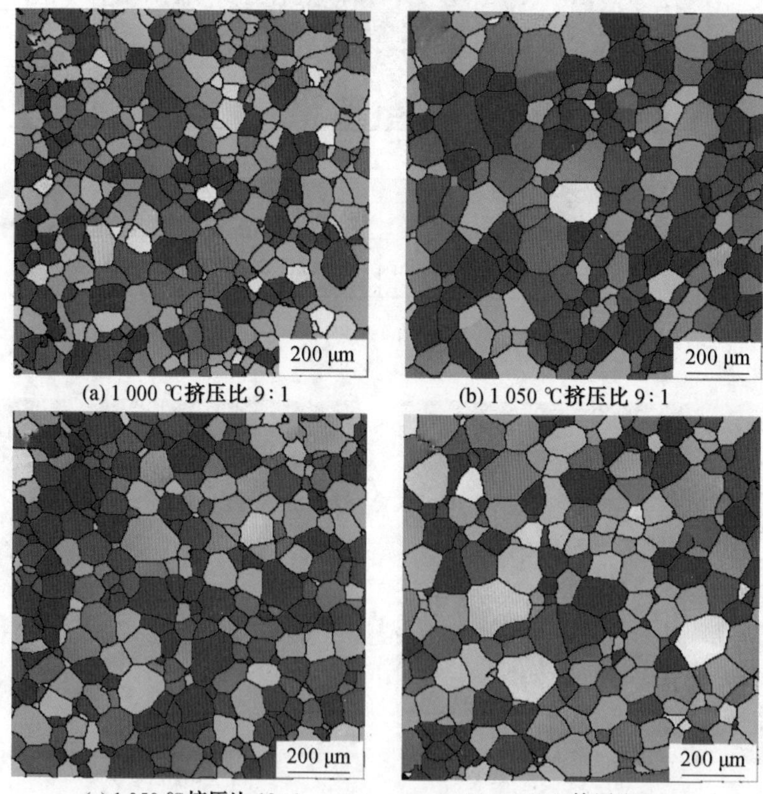

(a) 1 000 ℃挤压比 9∶1

(b) 1 050 ℃挤压比 9∶1

(c) 1 050 ℃挤压比 12∶1

(d) 1 050 ℃挤压比 16∶1

图 2—17

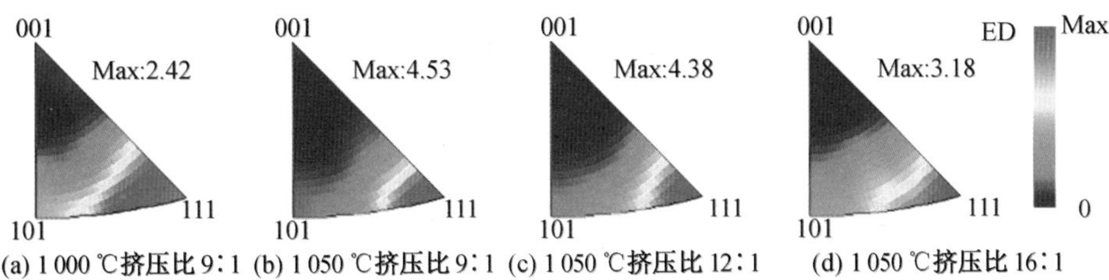

(a) 1 000 ℃挤压比 9∶1 (b) 1 050 ℃挤压比 9∶1 (c) 1 050 ℃挤压比 12∶1 (d) 1 050 ℃挤压比 16∶1

图 2—18

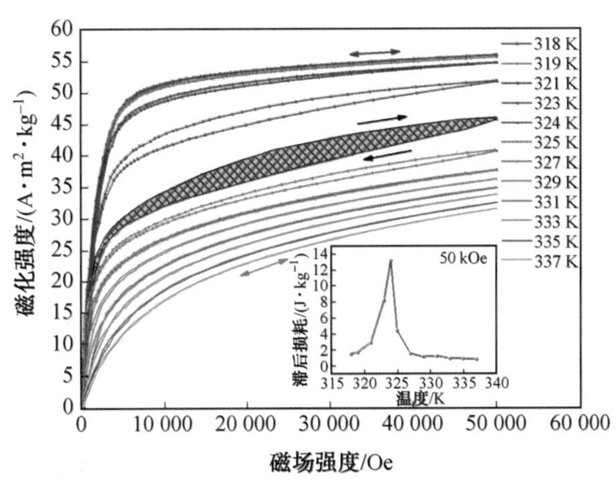

(a) $Ni_{54}Mn_{21.2}Ga_{24.8}$

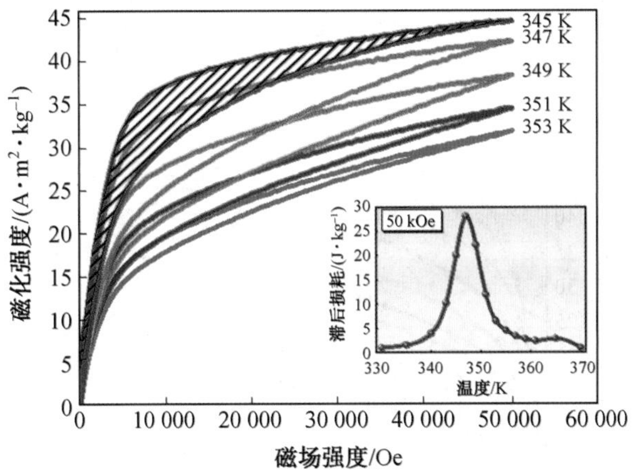

(b) $Ni_{54.8}Mn_{20.7}Ga_{24.5}$

图 2—24

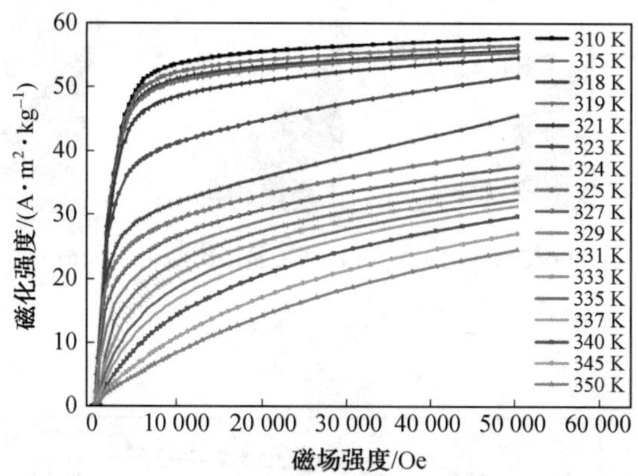

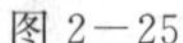
图 2—25

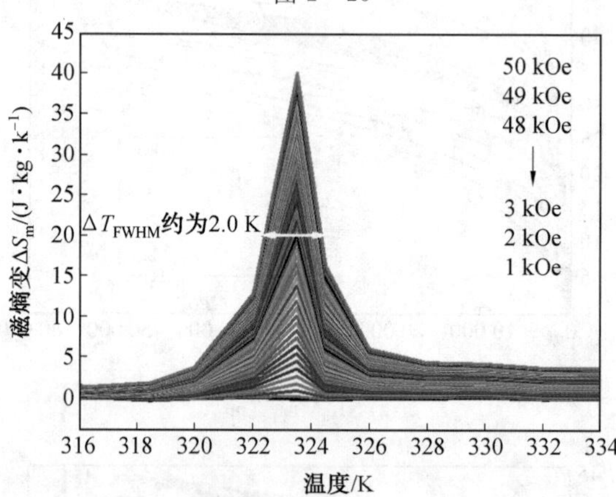

图 2—26

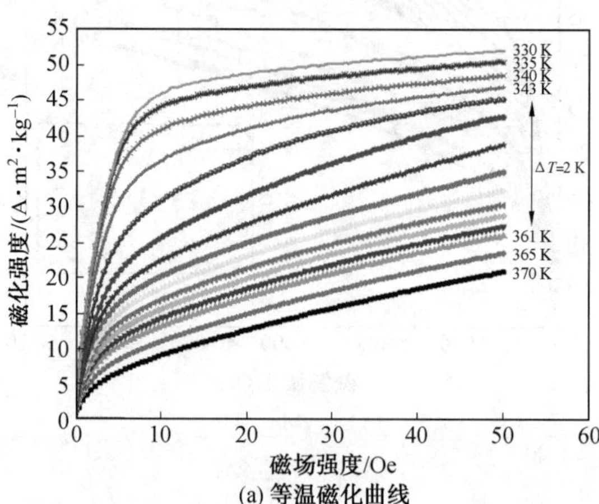

(a) 等温磁化曲线

图 2—27

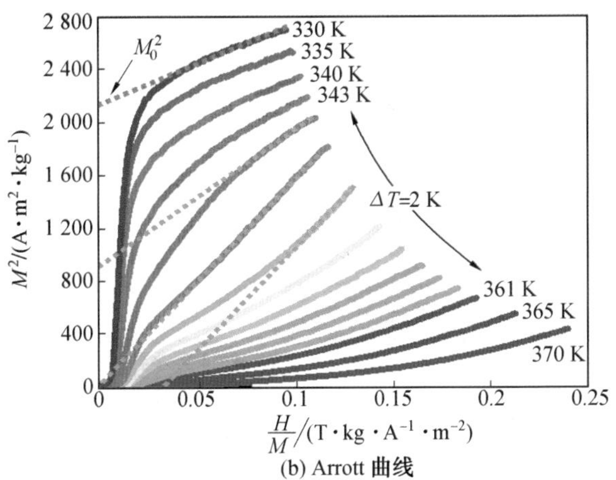

(b) Arrott 曲线

续图 2—27

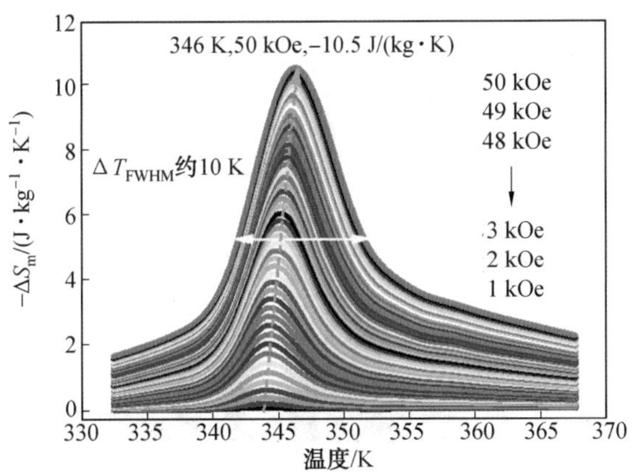

图 2—28

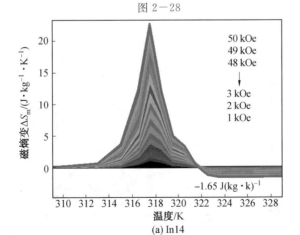

(a) In14

图 2—32

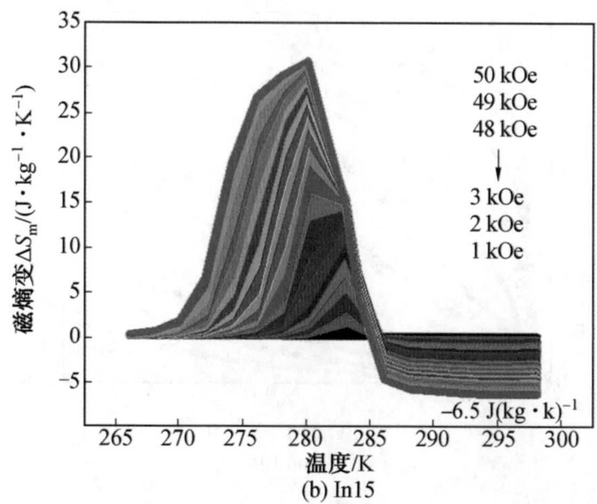

(b) In15

续图 2-32

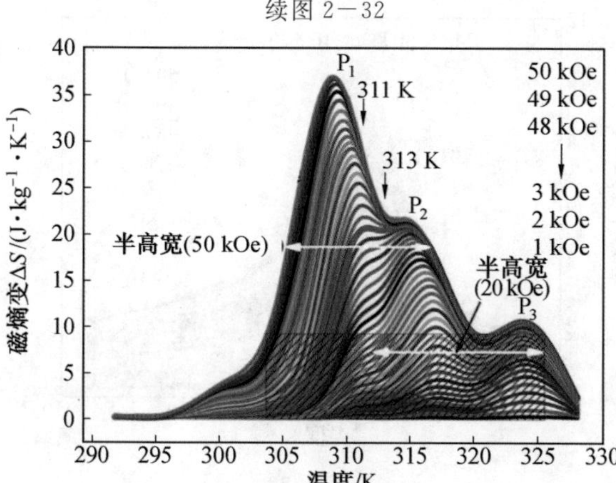

图 2-35

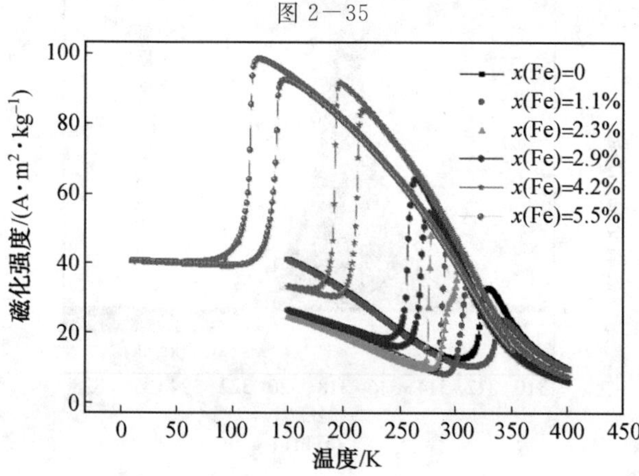

图 2-36

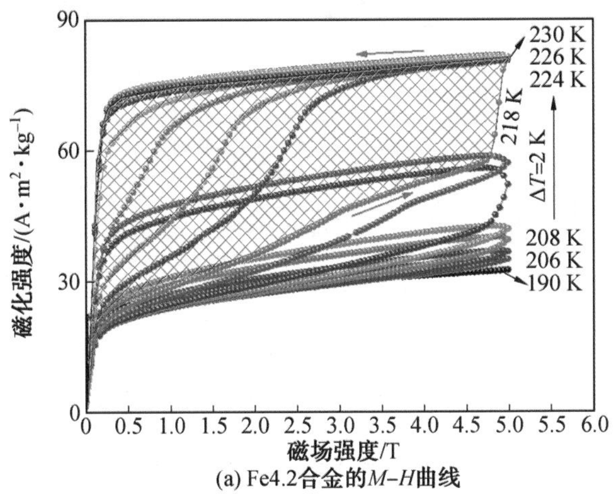

(a) Fe4.2合金的M–H曲线

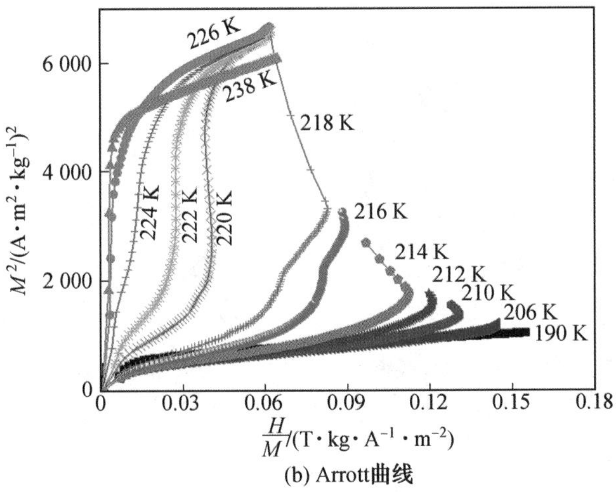

(b) Arrott曲线

图 2—39

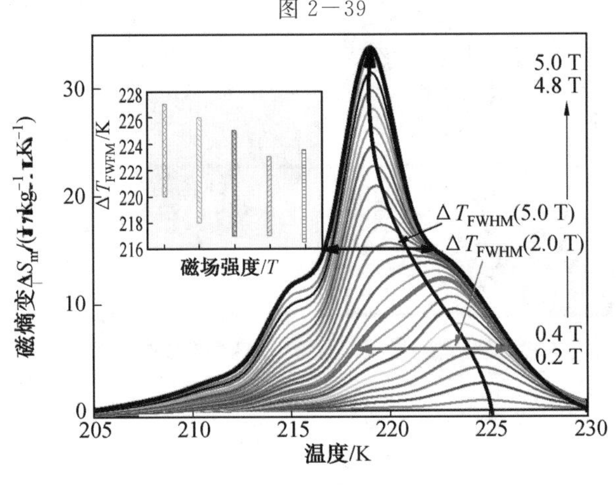

图 2—41

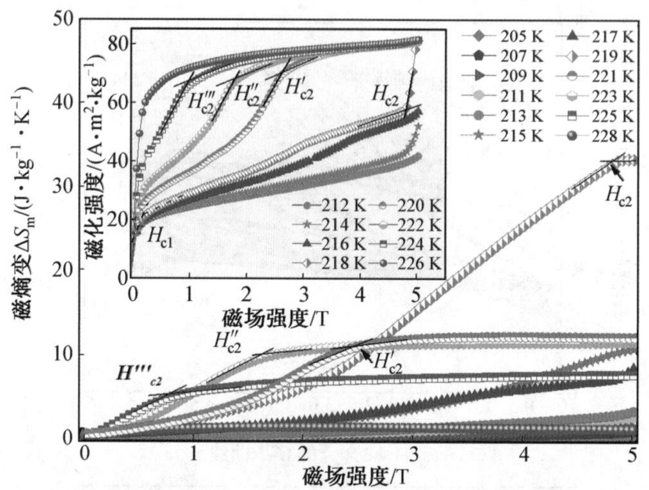

图 2—42

(a) 一个形核点(SEM横截面)

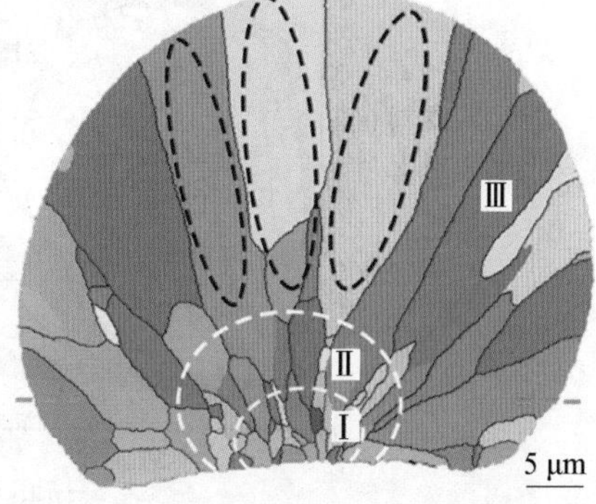

(b) 一个形核点(EBSD MAIPF横截面图)

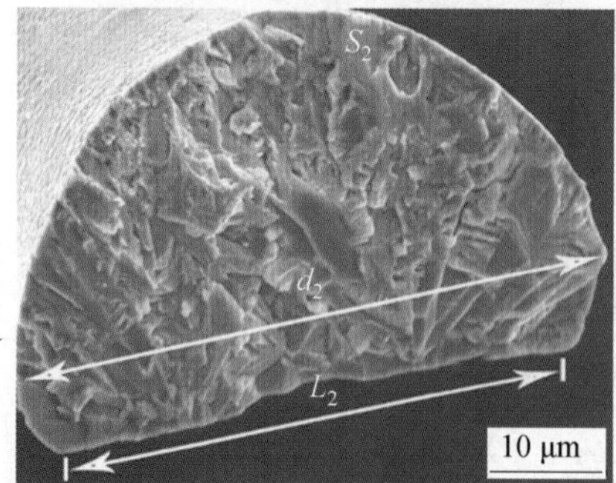

(c) 两个形核点(SEM横截面)

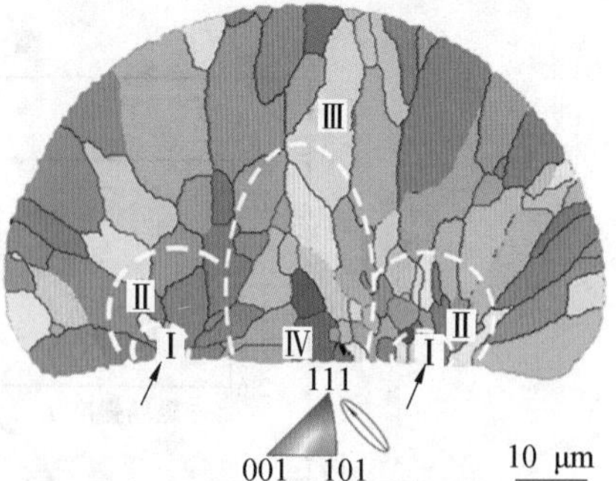

(d) 两个形核点(EBSD MAIPF横截面图)

图 5—19

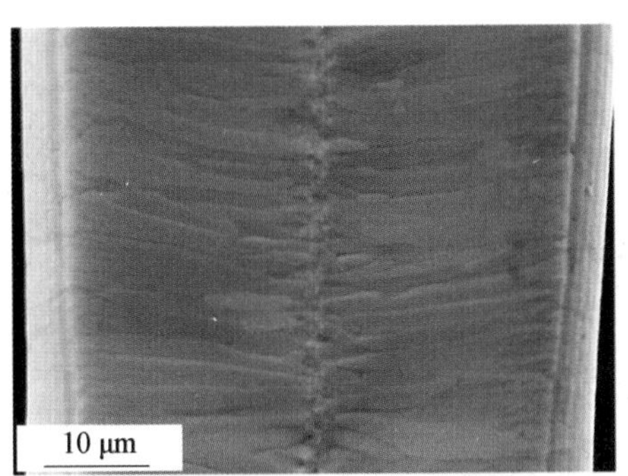

(a) 一个形核点(SEM铜轮接触面)

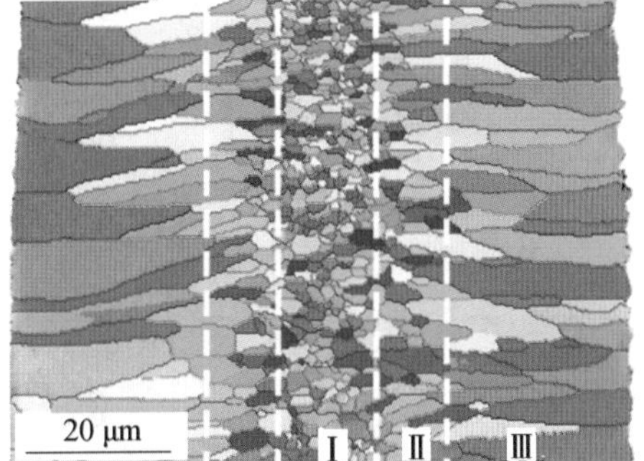

(b) 一个形核点(EBSD IPF纵截面图)

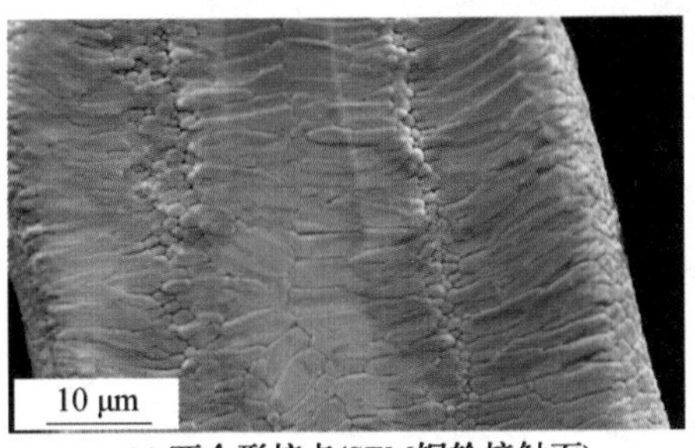

(c) 两个形核点(SEM铜轮接触面)

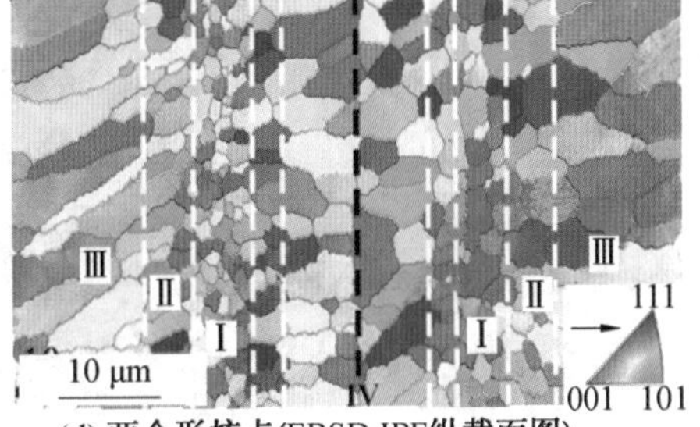

(d) 两个形核点(EBSD IPF纵截面图)

图 5—20

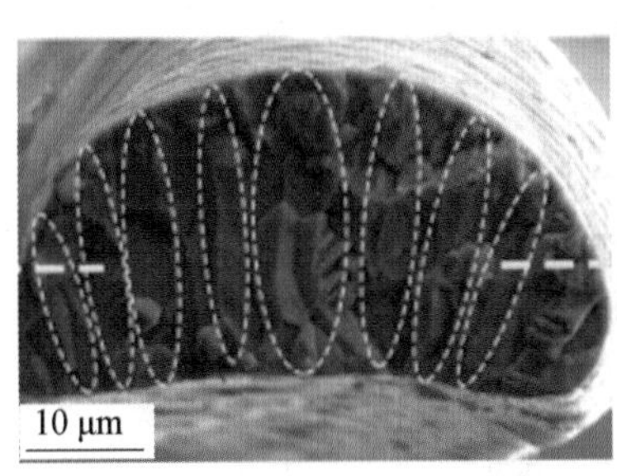

(a) 横截面

(b) 纵截面

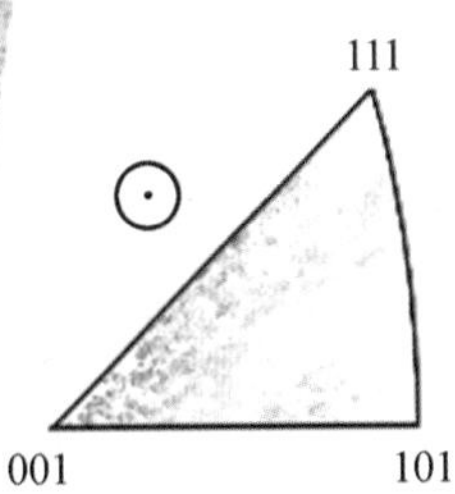

(c) 纵截面相图

图 5—23

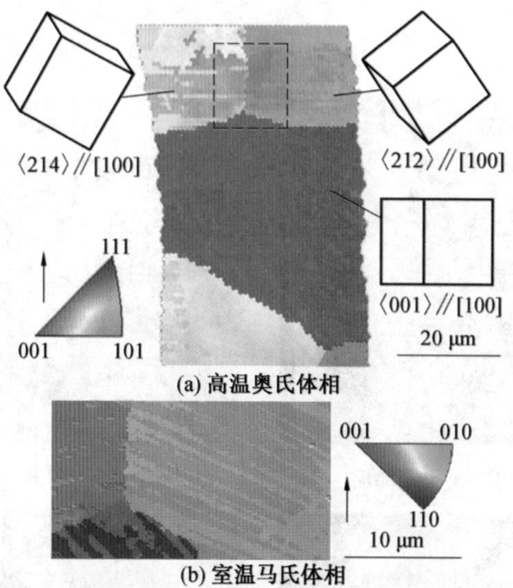

(a) 高温奥氏体相

(b) 室温马氏体相

图 5－49

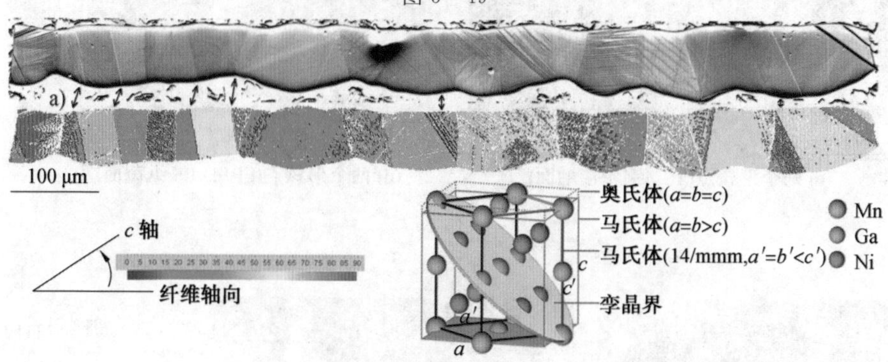

图 6－10

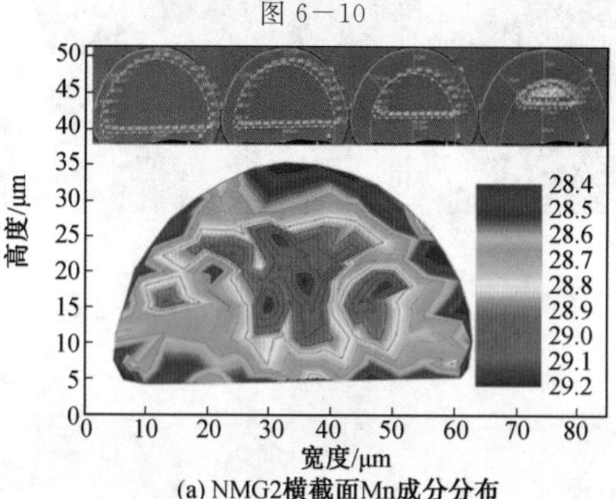

(a) NMG2横截面Mn成分分布

图 6－13

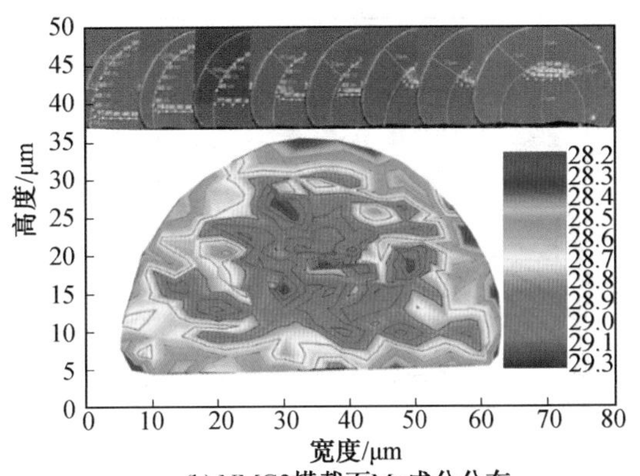

(b) NMG2横截面Mn成分分布

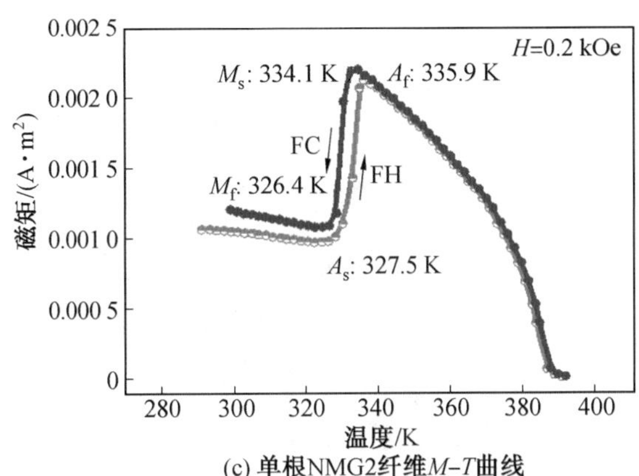

(c) 单根NMG2纤维M–T曲线

续图 6—13

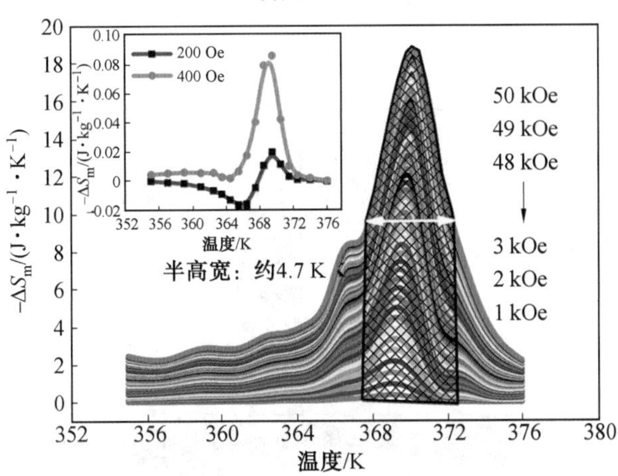

图 6—19

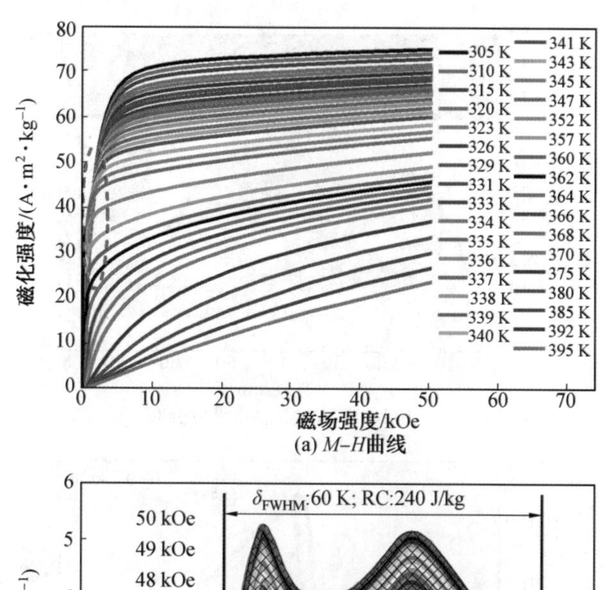

(a) M–H曲线

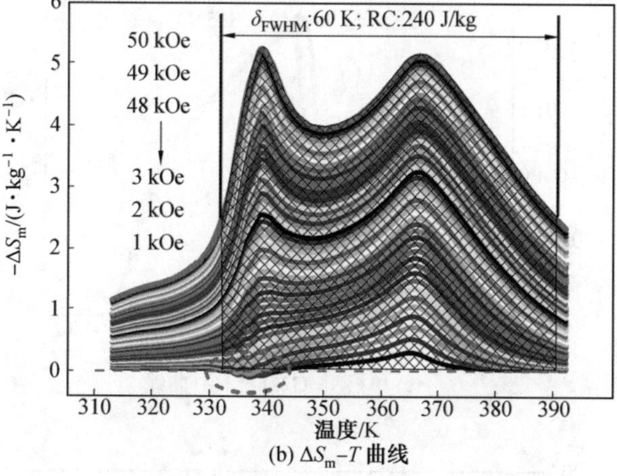

(b) ΔS_m–T 曲线

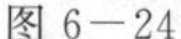
图 6－24

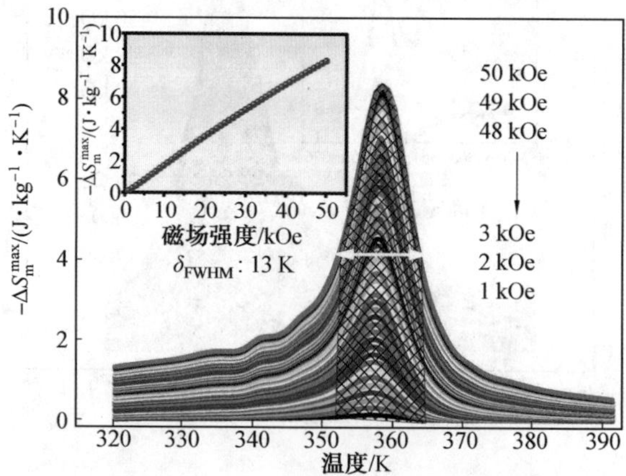

图 6－31

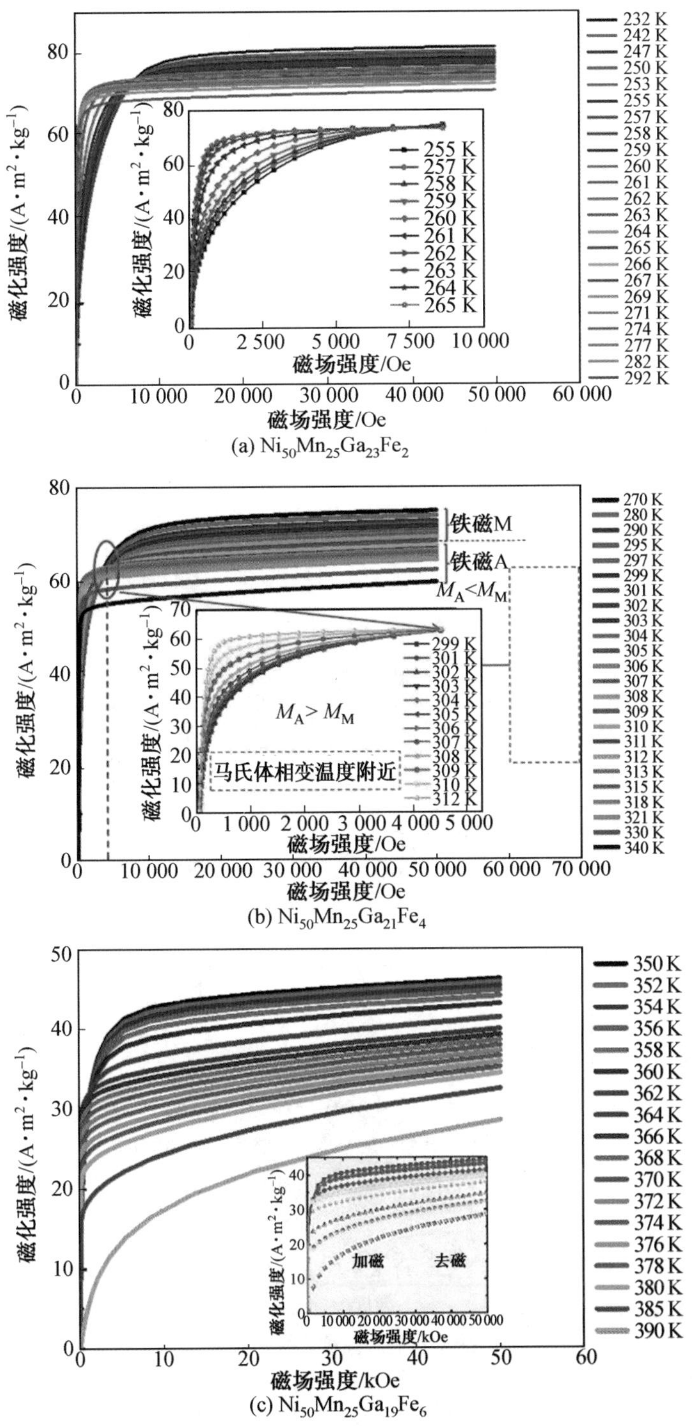

磁化强度/(A·m²·kg⁻¹)
磁场强度/Oe
232 K
242 K
247 K
250 K
253 K
255 K
257 K
258 K
259 K
260 K
261 K
262 K
263 K
264 K
265 K
266 K
267 K
269 K
271 K
274 K
277 K
282 K
292 K
(a) Ni50Mn25Ga23Fe2
铁磁M
铁磁A
MA<MM
MA>MM
马氏体相变温度附近
270 K
280 K
290 K
295 K
297 K
299 K
301 K
302 K
303 K
304 K
305 K
306 K
307 K
308 K
309 K
310 K
311 K
312 K
313 K
315 K
318 K
321 K
330 K
340 K
(b) Ni50Mn25Ga21Fe4
磁场强度/kOe
加磁
去磁
350 K
352 K
354 K
356 K
358 K
360 K
362 K
364 K
366 K
368 K
370 K
372 K
374 K
376 K
378 K
380 K
385 K
390 K
(c) Ni50Mn25Ga19Fe6

图 6—44

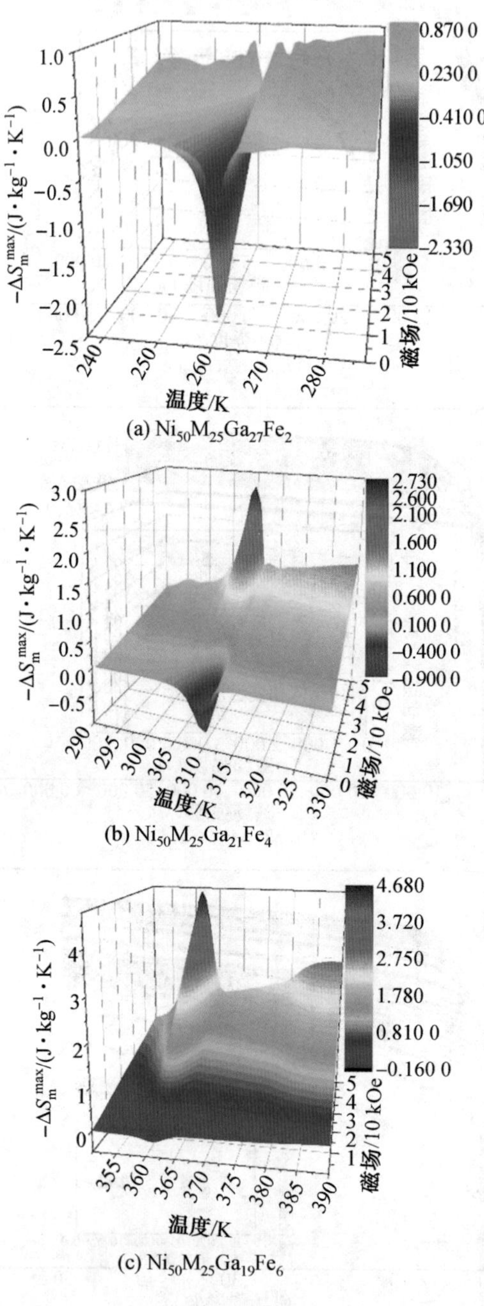

(a) $Ni_{50}M_{25}Ga_{27}Fe_2$

(b) $Ni_{50}M_{25}Ga_{21}Fe_4$

(c) $Ni_{50}M_{25}Ga_{19}Fe_6$

图 6—45

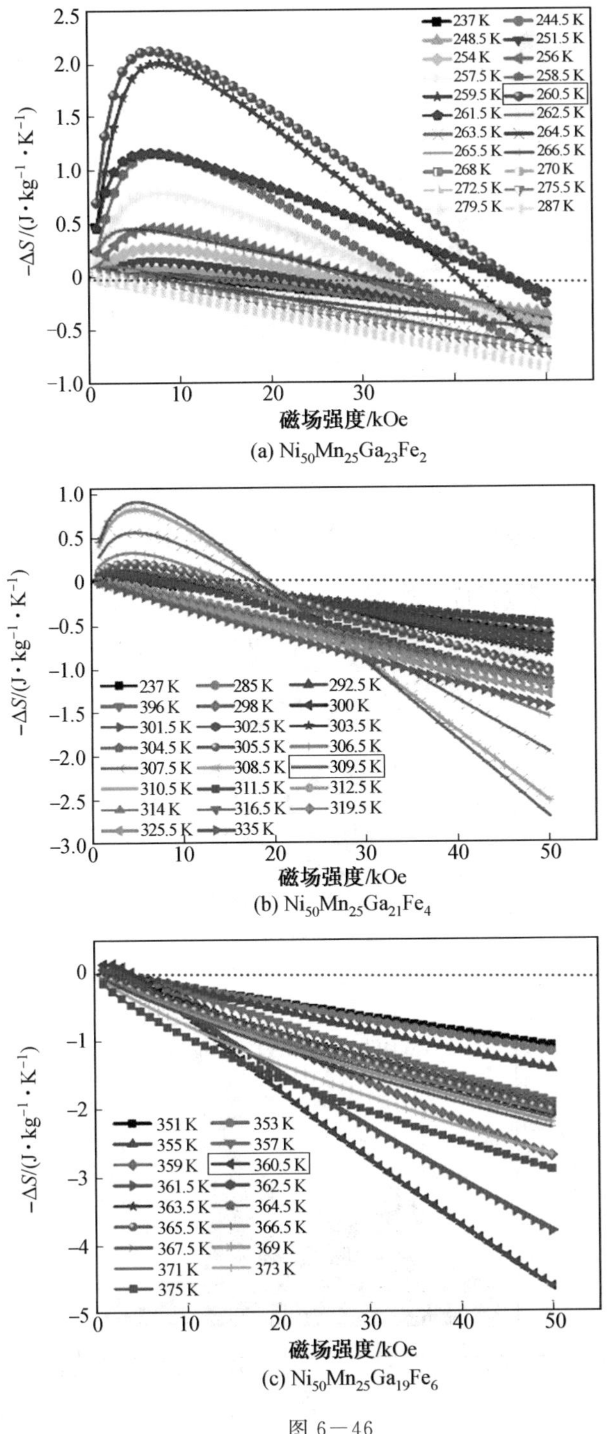

(a) $Ni_{50}Mn_{25}Ga_{23}Fe_2$

(b) $Ni_{50}Mn_{25}Ga_{21}Fe_4$

(c) $Ni_{50}Mn_{25}Ga_{19}Fe_6$

图 6—46

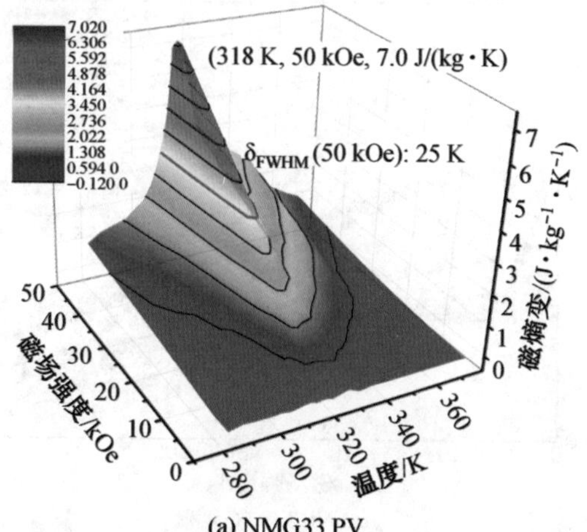

(a) NMG33 PV

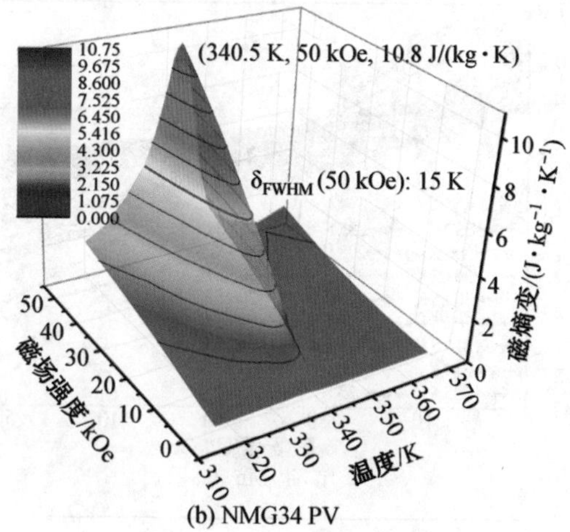

(b) NMG34 PV

图 7—9

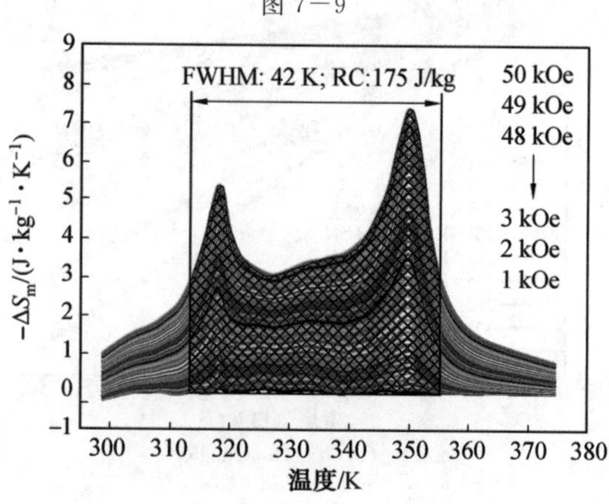

图 7—13

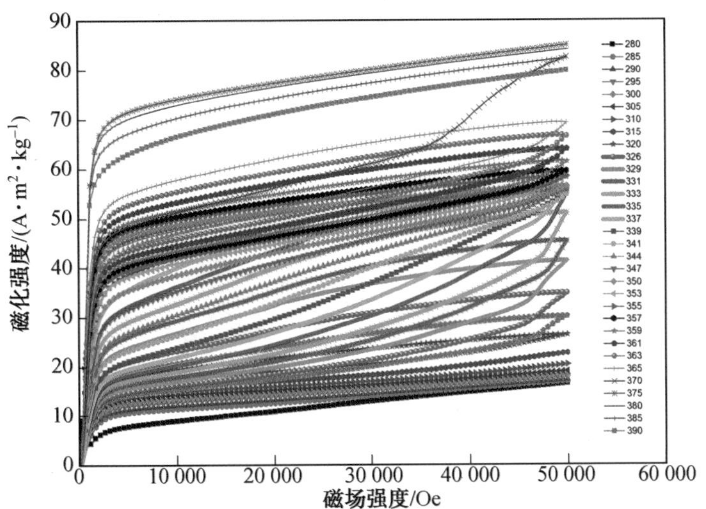

图 7—21

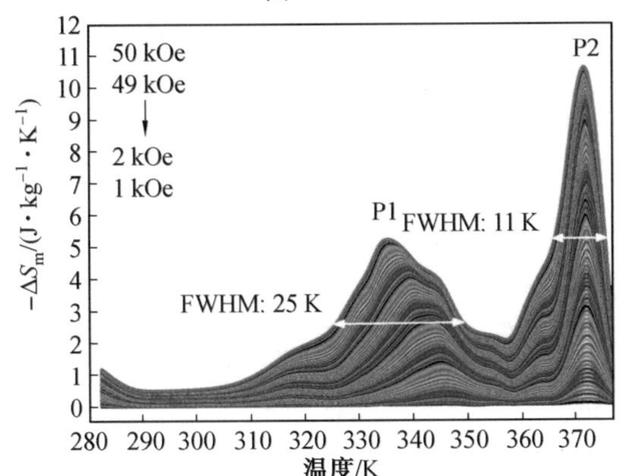

图 7—23

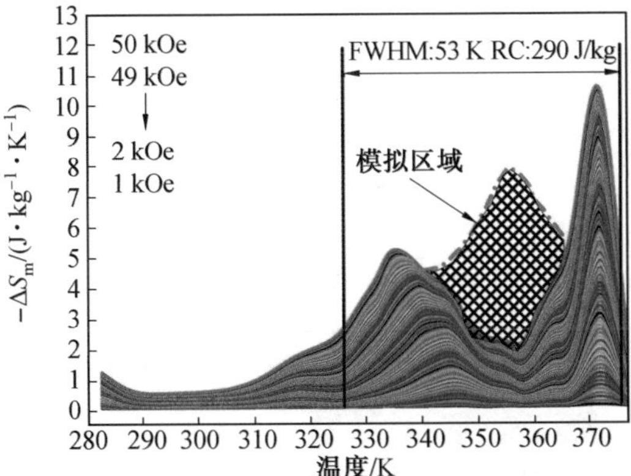

图 7—24